工程造价管理

主　编　崔武文
副主编　孙维丰　韩红霞　吕佳丽　张俊玲

中国建材工业出版社

图书在版编目（CIP）数据

工程造价管理/崔武文主编 . —北京:中国建材工业
出版社,2010.3 （2012.1 重印）

ISBN 978-7-80227-738-0

Ⅰ.①工… Ⅱ.①崔… Ⅲ.①建筑造价管理 Ⅳ.
①TU723.3

中国版本图书馆 CIP 数据核字（2010）第 027321 号

内容简介

本书根据高等院校土木工程、工程管理等专业主干课程教学的基本要求编写,全面系统地介绍了工程造价基本理论和方法,体现了工程造价领域的最新政策及研究成果。

本书共分 10 章,主要内容包括:工程造价管理概论,工程造价构成,工程造价管理相关知识,工程造价确定的方法与依据,项目投资决策阶段工程造价管理,项目设计阶段工程造价管理,项目招投标与合同价款的确定,项目施工阶段工程造价管理,竣工阶段造价管理,工程造价文件的编制实例等。

本书可用作高等院校土木工程、工程管理等相关专业的教材或教学参考书,也可作为造价工程师、监理工程师、咨询工程师(投资)、建造师等执业资格考试的参考用书,还可作为工程造价、工程咨询等从业人员及自学人员的参考用书。

工程造价管理

主　编　崔武文

副主编　孙维丰　韩红霞　吕佳丽　张俊玲

出版发行:**中国建材工业出版社**

地　　址:北京市西城区车公庄大街 6 号
邮　　编:100044
经　　销:全国各地新华书店
印　　刷:北京雁林吉兆印刷有限公司
开　　本:787mm×1092mm　1/16
印　　张:24
字　　数:593 千字
版　　次:2010 年 3 月第 1 版
印　　次:2012 年 1 月第 2 次
书　　号:ISBN 978-7-80227-738-0
定　　价:**38.00** 元

本社网址:**www. jccbs. com. cn**

本书如出现印装质量问题,由我社发行部负责调换。联系电话:(010)88386906

前　　言

随着对工程造价认识的不断深入和我国对工程造价管理改革的不断完善,我国工程造价管理体制和计价模式逐渐与国际惯例接轨。原有的工程概预算造价管理模式已经不能满足工程对造价管理的需求,教材体系必须进行相应的补充和调整。本书根据高等院校土木工程、工程管理等专业的培养目标和要求,结合多年的教学经验和研究工作进行编写,以满足新形势下土木工程、工程管理等相关专业的教学需要。

本书依据《建设工程工程量清单计价规范》(GB 50500—2008)、《建筑安装工程费用项目组成》(建标[2003]206 号)、《建筑工程施工发包与承包计价管理办法》(建设部第 107 号令)、《建设工程价款结算暂行办法》(财建(2004)369 号)、《建设工程施工合同(示范文本)》(GF—1999—2001)和《FIDIC 施工合同条件》(1999)等内容编写,以保证内容的时效性。

《工程造价管理》教材具有以下特色:

1. 注重基本理论与概念的阐述。如本书对建设项目、工程造价、定额、工程量清单、投资估算、设计概算、施工图预算、施工预算、合同价、工程结算、工程决算等概念进行系统细致的阐述,以帮助读者系统学习工程造价管理的理论知识。

2. 注重理论与实践的统一。教材涵盖了工程造价领域的知识体系,全面系统地分析和阐述了工程造价的理论、方法,同时配备了相应的实例,以提高学生学习效果。

3. 内容的时效性强。本书完全按照国家现行的关于工程造价的制度与政策以及国际通行的工程造价管理编写。如引入新的"建筑安装工程费"计价内容与程序,以《FIDIC 施工合同条件》(1999)等作为编写依据。

4. 对原有的《工程概预算(工程造价)》知识体系进行筛选、补充(如清单计价、经济评价、施工验收、结算与决算等)和整合,使知识脉络更趋于清晰,更易于学生接受。贴近造价工程师资格考试知识体系,为学生就业后进一步取得造价工程师资格做了知识上的准备。

本书可用作高等院校土木工程、工程管理等相关专业的教材,也可作为工程造价管理人员的参考用书。

本书共分 10 章,编写分工如下:第 1、2、4 章(崔武文、韩红霞、贺云、温淑萍),第 3、5 章(张俊玲、韩红霞),第 6 章(孙维丰、吕佳丽、李楠、潘峰),第 7 章(孙维丰、崔武文、王志刚、吴丽明),第 8 章(崔武文、孙维丰、陈广玉、崔克让),第 9 章(张凌毅、吕佳丽、陈广玉、耿小苗),第 10 章(崔武文、宋金华)。全书由崔武文负责统稿。张健新做了材料整理与例题验算工作。

在教材编写过程中得到许多同行的支持与帮助,在此表示感谢! 由于笔者水平有限,书中难免有不当或错误之处,恳请读者批评指正。

编者

2010 年 2 月

目　　录

第一章　工程造价管理概论

学习目标

1. 了解国内外工程造价管理的发展历程；
2. 熟悉工程造价和工程造价管理的基本概念；
3. 掌握建设项目的组成及基本建设程序。

学习重点

建设项目的组成及相关概念。

第一节　建设项目组成与基本建设程序

项目的概念："项目"一词被广泛应用于社会经济与文化生活的各方面。人们经常用"项目"来表示一类事物。"项目"的概念很多，本书推荐两个最权威的定义。

定义一：项目是为了创造某项独特的产品或服务而进行的一项临时性努力。这是美国项目管理学会(PMI)在它的项目管理知识体系(PM-BOK)中对项目的定义。

定义二：项目是为了在规定的时间、费用和性能参数下满足特定的目标而由一个个人或组织所进行的具有规定的开始和结束日期、相互协调的独特的活动集合。这个定义是英国项目管理协会(APM)提出的，并被国际标准化组织(ISO)采用。

从以上定义可以总结出项目的特征：

（1）为一次性的任务；

（2）具有预定的目标；

（3）具有时间、财务、人力和其他限制条件；

（4）具有专门的组织；

（5）可以分解成许多活动。

一、建设项目的组成

（一）建设项目的概念

建设项目是指具有独立的行政组织机构并实行独立的经济核算，具有独立的设计任务书，并按一个总体设计组织施工的一个或几个单项工程所组成的建设工程，建成后具有完整的系统，能独立地形成生产能力或工程效益的工程。

在我国，通常把建设一个企业、事业单位或一个独立工程项目作为一个建设项目。凡属于一个总体设计中分期分批建设的主体工程、水电气供应工程、配套或综合利用工程都应合归作为一个建设项目。分期建设的工程，如果分为几个总体设计，则就有几个建设项目。

1

建设项目一般在行政上实行统一管理,在经济上实行统一核算。管理者有权统一管理总体设计所规定的各项工程。建设项目的工程量是指建设的全部工程量,其造价一般指投资估算、设计总概算和竣工总决算的造价。

(二)建设项目的特点

建设项目一般具有以下特征:

1. 建设项目具有明确的建设目标;

2. 建设项目目标的实现受众多约束条件的限制;

3. 建设项目具有一次性和不可逆性;

4. 建设项目的投资额巨大,建设周期较长;

5. 建设项目风险大(由于具有一次性和不可逆性、投资额巨大、建设周期较长,因此,建设过程中各种不确定的因素多);

6. 建设项目内部存在许多结合部,是项目管理的薄弱环节,给参加建设的各单位之间的沟通与协调造成许多困难。

(三)建设项目的组成

为确定工程造价与项目管理的需要,通常把建设项目分解为若干个独立单元和若干层次。一般建设项目分为五个层次,依次为:建设项目、单项工程、单位工程、分部工程与分项工程。

一个建设项目由若干个单项工程、单位工程、分部工程、分项工程组成。分项工程是最基本的计价单元,工程量和工程造价是由局部到整体的分步骤、分层次的组合计算过程,认识建设项目的组成,对研究工程计量与工程造价的确定与控制具有重要作用。

1. 单项工程

单项工程是指具有独立的设计文件,竣工后可以独立发挥生产能力或产生效益的工程。

一个建设项目可由一个单项工程组成,也可以由若干个单项工程组成,同时任何一项单项工程都是由若干个单位工程组成的。单项工程中一般包括建筑工程和安装工程,例如工业建设中的一个车间或住宅区建设,是构成该建设项目的单项工程。单项工程的工程量与工程造价,分别由构成该单项工程的各单位工程的工程量与工程造价的总和组成。

2. 单位工程

单位工程是单项工程的组成部分。单位工程是单项工程中具有独立的设计图纸和具备独立施工条件,可以独立组织施工,但完工后不能独立发挥生产能力或产生效益的工程。

任何一项单项工程都是由若干个不同专业的单位工程组成的,同时任何一项单位工程都是由若干个分部工程组成的。这些单位工程可以归纳为建筑工程和设备安装工程两大类。例如:车间的土建工程、电气工程、给排水工程、机械安装工程等。

3. 分部工程

分部工程是按照单位工程(如建筑物)的工程部位、专业性质划分的,是单位工程的进一步分解。

土建工程的分部工程是按建筑工程的主要部位划分的,例如:基础工程、主体工程、装饰工程、屋面工程等。安装工程的分部工程是按工程的专业和部位划分的,例如:管道工程、电气工程、通风工程以及设备安装工程等。

当分部工程较大或较复杂时,可按材料种类、施工特点、施工程序、专业系统及类别等划分为若干子分部工程。

4. 分项工程

分项工程是分部工程的组成部分,分项工程应按主要工种、材料、施工工艺、设备类别等进行划分。分项工程是指通过较为简单的施工过程就能产生出来的,并可以利用某种计量单位计算的中间产品与最基本的计价单元。

土建工程的分项工程是按建筑工程的主要工种划分的,例如:土石方工程、混凝土工程、抹灰工程等,安装工程的分项工程是按用途或输送不同物料以及材料、设备的组别划分的,例如:安装管、安装线、安装设备、刷油漆面等。

二、基本建设程序

基本建设是一种形成固定资产的宏观经济活动。它包括新建、扩建、改建、迁建等多种形式。

基本建设程序是指建设项目从设想、选择、评估、决策、勘察、设计、施工、竣工验收到投入生产整个建设过程中的各项工作过程及其先后次序。基本建设的核心思想是:先勘察,再设计,然后施工。与其相背而言的是"三边工程",即边勘察、边设计、边施工的工程,极易导致重大工程事故。

基本建设程序是人们在认识客观规律的基础上制定出来的,是建设项目科学决策和顺利进行的重要保证。按照建设项目发展的内在联系和发展过程,我国项目建设程序划分为以下几个阶段:

(一)项目建议书阶段

项目建议书是项目建设程序中最初阶段的工作,根据各部门的规划要求,结合自然资源、生产力布局状况和市场预测,向国家提出要求建设某一具体项目的建议文件。项目建议书应论证拟建项目的必要性、条件的可行性和获利的可能性,供建设主管部门选择并确定是否进行下一步的工作。

项目建议书一般包括以下几个方面的内容:

1. 提出项目建设的必要性、可行性及建设依据;
2. 建设项目的用途、产品方案、拟建规模和建设地点的初步设想;
3. 项目所需资源情况、建设条件、协作关系的初步分析;
4. 投资估算和资金筹措;
5. 项目的进度安排并对建设期限进行估测;
6. 经济效益、社会效益、环境效益的初步估算。

根据国家有关文件规定,所有建设项目都有提出和审批项目建议书这一道程序,大中型项目或限额以上项目由行业归口主管部门初审后,由国家发改委审批,小型和限额以下项目,按投资隶属关系由部门或地方发改委审批。

(二)可行性研究报告阶段

项目建议书一经批准,即可着手进行可行性研究,其实质就是根据国民经济发展规划和已经批准的项目建议书,运用多种研究成果对建设项目进行进一步的技术经济论证。其目的就是进一步论证该项目在技术上是否先进、适用、可靠;在经济上是否合理,在财务上是否赢利,并通过多方案的比较进行择优。其内容可以概括为市场供求研究、技术研究和经济研究。可行性研究阶段一般要根据概算指标编制投资估算,投资估算偏差应满足可行性研究阶段对精度的要求,因为此阶段的投资估算可作为将来初步设计阶段设计概算的目标。

可行性研究批准后,如果投资额度、建设规模、建设地区、产品方案、主要协作机关有变动,应经过原审批机关同意。

(三)编制计划任务书和选择建设地点

1. 编制计划任务书

建设单位根据可行性研究报告的结论和报告中提出的内容来编制计划任务书。计划任务书是确定建设项目和建设方案的基本文件,是对可行性研究所得到的最佳方案的确认,是编制设计文件的依据,是可行性研究报告的深化和细化,必须报上级主管部门审核。

2. 选择建设地点

建设地点选择前,应征得有关部门的同意,选址时应考虑以下几个方面:

(1)工程地质、水文地质等自然条件是否可靠;

(2)水、电、运输条件是否落实;

(3)投产后原材料、燃料等是否具备;

(4)是否满足环保要求;

(5)项目生产人员的生活条件、生产环境是否安全。

(四)编制设计文件(设计图纸、设计说明、设计概算等)

在可行性研究报告批准后,应先行办理项目计划、拆迁征地、报建等手续后方可进行设计。

设计的质量直接影响工程质量、建设项目的投资额度、将来的使用效果与最终的工程效益,是整个工程的决定性环节。

设计阶段:可以分为三阶段设计和两阶段设计,一般建设项目分为扩大的初步设计与施工图设计两个阶段进行。对于特别复杂而又缺乏经验的项目,需经主管部门指定,增加技术设计阶段,即按初步设计、技术设计和施工图设计三个阶段进行。

初步设计阶段或扩大的初步设计阶段应编制设计概算(根据概算定额或概算指标)作为拟建项目工程造价的最高限额。

如果初步设计提出的总概算超过可行性研究报告确定的总投资估算 10% 以上或其他主要指标需要变更时,要重新报批可行性研究报告。

技术设计阶段应编制修正设计概算,修正设计概算确定的工程造价不应超过设计概算确定的工程造价。

施工图设计阶段应根据预算定额和施工图编制施工图预算,施工图预算确定的工程造价不应超过设计概算确定的工程造价,并作为招标投标中确定招标标底和投标报价的依据。

(五)建设准备阶段

项目在开工建设之前要切实做好各项准备工作,主要内容有:

1. 组织图纸会审,协调解决图纸和技术资料的有关问题;

2. 完善征地、拆迁工作和场地平整,领取"建设工程施工许可证";

3. 完成施工用水、用电、用路等工程;

4. 组织设备、材料订货;

5. 组织招标投标,择优选定监理单位与施工单位;

6. 编制项目建设计划和年度建设投资计划。

项目在报批开工之前,应由审计机关对项目的有关内容进行审计证明。审计机关主要是对项目资金来源是否正当、落实,项目开工前的各项支出是否符合国家的有关规定,资金是否存入规定的银行等方面进行审计。以上工作主要由项目法人负责。

（六）建设施工阶段

建设项目经批准开工建设,项目即进入了施工阶段。项目开工是指建设项目设计文件中规定的任何一项永久性工程第一次破土、正式打桩。建设工期则是从开工时算起。施工阶段一般包括土建、装饰、给排水、采暖通风、电气照明、工业管道以及设备安装等工程项目。

本阶段的中心任务是做好质量、进度与成本控制。任务能否顺利完成取决于项目参与的各方,但主要取决于建设单位与承包单位是否能按照合同执行。

建设单位的主要任务:根据已批准的年度计划和与项目实施的其他单位(主要是施工单位)签订的合同,做好项目资金的落实,设备与材料的选型、采购及组织实施工作(如对前期拆迁工作的完善等)。

施工单位的主要任务:认真做好图纸会审,参与设计交底,了解设计意图,明确质量要求,做好人员培训,选择材料供应商,做好施工机械的准备,按照单位工程施工组织设计与施工程序组织施工,做好施工原始记录,使整个施工过程处于良好的受控状态。

（七）竣工验收阶段

当建设项目完成建设合同确定的全部施工任务后,按照规定的竣工验收标准与程序进行竣工验收,并办理固定资产交付使用的转账手续。竣工验收是全面考核建设成果、检验设计和工程质量的重要步骤,也是项目建设转入生产或使用的标志。

竣工验收一般由施工单位提出,由建设单位组织有关单位共同进行验收。

负责竣工验收的单位,根据工程规模和技术复杂程度,组成验收委员会或验收组。验收委员会或验收组由银行、物资、环保、劳动、统计及其他相关部门的专家组成。建设、勘察、设计、监理、施工单位参加验收工作。

验收委员会或验收组负责审查工程建设的各个环节,审阅工程档案并实地查验建筑工程和设备安装工程质量,并对工程做出全面评价,不合格的工程不予验收。对遗留问题提出具体意见,限期落实完成。

竣工、投产或交付使用的日期是指经验收合格、达到竣工验收标准、正式移交生产或使用的时间。在正常情况下,建设项目投入使用的日期与竣工日期是一致的,但是实际上,有些项目的竣工日期往往迟于投产日期。这是因为建设项目的生产性工程全部建成,经试运转、验收鉴定合格、移交生产部门后,便可算为全部投产,而竣工则要求该项目的生产性、非生产性工程全部建成完工。

竣工项目正式验收前,建设单位要组织设计、监理、施工等单位进行初验,初验通过后,再向项目主管部门提出竣工验收报告,并整理好技术资料、竣工图纸,竣工验收后移交使用单位保存。

建设工程在办理完竣工验收后,如果因为勘察、设计、施工、材料等原因造成的质量缺陷,应由施工单位及时进行返修,费用由责任方负责。项目的保修期限是从竣工验收交付使用日起对出现质量缺陷承担保修和赔偿责任的年限,保修期按照合同执行,但合同规定的保修期不得小于根据建筑法与相关法规规定的保修期。

保修期满,建设项目实施阶段结束。

(八)建设项目后评价阶段

建设项目后评价是指项目竣工投产运营一段时间后,再对项目的立项决策、勘察、设计、施工、竣工投产、生产运营等全过程进行系统评价的一种技术经济活动,是固定资产投资管理的一项重要内容,也是固定资产投资管理的最后一个环节。通过建设项目后评价,可以达到肯定成绩,总结经验,研究问题,提出建议,改进工作,不断提高项目决策水平和达到投资效果的目的。

第二节　工程造价与工程造价管理

一、工程造价

(一)工程造价的含义

工程造价本质上属于价格范畴,是指建筑产品的建造价格,在市场经济条件下,工程造价有两种含义。

第一种含义是从投资者的角度来定义的,建设项目工程造价是指建设项目的建设成本,即预期开支或实际开支的项目的全部费用,包括建筑工程、安装工程、设备及相关费用;从这个意义上说,工程造价就是工程投资费用,建设项目工程造价就是建设项目固定资产投资。

这一含义是针对投资方、业主、项目法人而言的,表明投资者选定一个投资项目,为了获得预期的效益,就要通过项目评估进行决策,然后进行设计招标、工程监理招标,直至工程竣工验收,在整个过程中,要支付与工程建造有关的费用,因此,工程造价就是工程投资费用。生产性建设项目的工程造价是项目固定资产投资和铺垫流动资金投资的总和,非生产性投资项目工程造价就是项目固定资产投资的总和。

第二种含义是指建设工程的承包价格,即工程价格,即为建成一项工程,预计或实际在土地市场、设备市场、技术劳务市场、承包市场等交易活动中,所形成的工程承包合同价和建设工程总造价。显然,工程造价的第二种含义是以社会主义商品经济和市场经济为前提的。

这一含义是针对承包方、发包方而言的。人们将工程造价的第二种含义认定为工程承发包价格。承发包价格是工程造价中一种重要的,也是最典型的价格形式。是以市场经济为前提,以工程、设备、技术等特定商品作为交易对象,通过招标投标或其他交易方式,由承、发包双方在进行反复测算的基础上,共同认可(最终由市场形成)的价格。

工程造价的两种含义是以不同角度对同一事物本质的把握。从建设工程的投资者来说,工程造价是"购买"项目要付出的价格。对于承包商、供应商等机构来说,工程造价是他们出售商品和劳务的价格总和。为提高工程效益而降低工程造价是投资者始终如一的追求;为了得到高额利润而追求较高的工程造价,是承包商的目标。

(二)建筑产品与工程造价特点

1. 建筑产品及其生产的特点

我们知道,一般工业产品的价格是由物价部门统一核定的,而建筑产品的价格是通过单独编制概预算的方式确定的,为什么两者存在如此大的区别?原因在于建筑产品及其生产具有与一般工业产品不同的技术经济特点。下面说明建筑产品及其生产的主要特点。

（1）建筑产品及其生产的单件性

其他工业产品，批量化重复生产；建筑产品，由于功能、标准、规模、形式、构造、装饰、建筑地点、地质、水文、气候等不同，就决定了建筑产品及其生产的单件性。

（2）建筑产品生产的流动性

建筑产品的固定性决定了建筑产品生产的流动性，因为建筑产品的固定性，使得工人与机具在建筑物上流动作业。

（3）建筑产品的生产为露天作业、高空作业并受外界影响比较大。

（4）建筑产品生产周期长、投资大、涉及的范围广。

所以，建筑产品只能是通过单独编制概预算的方式确定其工程造价。

2. 工程造价特点

由于工程建设产品和施工的特点，工程造价具有以下特点：

（1）工程造价的大额性

任何一个建设项目或一个单项工程，不仅实物形体庞大，而且造价高昂，可以是数百万、数千万、数亿、数十亿，特大的工程项目造价可达百亿、千亿元人民币。由于工程造价的大额性，消耗的资源多，与各方面有很大的利益关系，同时也会对宏观经济产生重大影响。这就决定了工程造价的特殊地位，也说明了造价管理的重要意义。

（2）工程造价的个别性和差异性

建筑产品及其生产的单件性决定了工程造价的个别性和差异性。任何一项工程都有特定的用途、功能、规模，其内部的结构、造型、空间分割、设备设置和内外装修都有不同要求，这种差异决定了工程造价的个别性，同时，同一个工程项目处于不同的区域或不同的地段，工程造价也会有所差别，因而存在差异性。

（3）工程造价的动态性

建筑产品生产周期长、涉及的范围广决定了工程造价的动态性。一项工程从决策到竣工投产，少则数月，多达数年，甚至十来年，由于不可预测因素的影响，存在许多影响工程造价的因素，如工程变更、设备和材料价格的涨跌、工资标准以及费率、利率、汇率等的变化，因此工程造价具有动态性。

（4）工程造价的广泛性

建筑产品生产周期长、涉及的范围广决定了工程造价的广泛性和复杂性。由于构成工程造价的因素复杂，涉及土地使用、人工、材料、施工机械等多个方面，需要社会的各个方面协同配合，所以具有广泛性的特点。

（5）工程造价的层次性

工程造价的层次性取决于工程的层次性。建设项目往往由多个单项工程组成，一个单项工程由多个单位工程组成，一个单位工程由多个分部工程组成，一个分部工程由多个分项工程组成。决定了构成工程造价的 5 个层次：最基本的造价单位（分项工程造价）、分部工程造价、单位工程造价、单项工程造价和建设项目造价。

（6）工程造价的阶段性

对同一工程的造价，在不同的建设阶段，有不同的名称、内容。如图 1-1 所示。

工程造价的阶段性十分明确，在不同建设阶段，工程造价的名称、内容、作用是不同的，这是长期大量工程实践的总结，也是工程造价管理的规定。

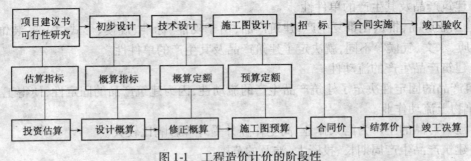

图 1-1　工程造价计价的阶段性

（三）工程造价的职能

工程造价除具有一般商品的价格职能外，还具有其特殊的职能。

1. 预测职能

由于工程造价具有大额性和动态性的特点，无论是投资者还是建筑商都要对拟建工程造价进行预先测算。投资者预先测算工程造价，不仅作为项目决策依据，同时也是筹集资金、控制造价的需要。承包商对工程造价的测算，既为投标决策提供依据，又为投标报价和成本管理提供依据。

2. 控制职能

工程造价一方面可以对投资进行控制，在投资的各个阶段，根据对造价的多次性预估，对造价进行全过程、多层次的控制；另一方面可以对以承包商为代表的商品和劳务供应企业的成本进行控制，在价格一定的条件下，企业实际成本开支决定企业的盈利水平，成本越低盈利越高。

3. 评价职能

工程造价既是评价投资合理性和投资效益的主要依据，也是评价土地价格、建筑安装工程产品和设备价格的合理性的依据，同时也是评价建设项目偿还贷款能力、获利能力和宏观效益的重要依据。

4. 调控职能

由于工程建设直接关系到经济增长、资源分配和资金流向，对国计民生都产生重大影响，所以国家对建设规模、结构进行宏观调控，这些调控都是要用工程造价作为经济杠杆，对工程建设中的物质消耗水平、建设规模、投资方向等进行调控和管理。

（四）工程造价的作用

工程造价的作用范围和影响程度都很大。其中作用主要有以下几点：

1. 建设工程造价是项目决策的依据；

2. 建设工程造价是制定投资计划和控制投资的依据；

3. 建设工程造价是筹集建设资金的依据；

4. 建设工程造价是评价投资效果的重要指标；

5. 建设工程造价是合理利益分配和调节产业结构的手段。

（五）工程造价计价的特点

建设工程造价的计价，除具有一般商品计价的共同特点外，由于建设产品及其生产的特殊性决定了工程造价的计价具有以下不同于一般商品计价的特点。

1. 单件性计价

工程造价计价的单件性由建筑产品和生产的技术经济特点所决定。

建设工程的实物形态千差万别,尽管采用相同或相似的设计图纸,在不同地区、不同时间建造的产品,其构成投资费用的各种价值要素存在差别,最终导致工程造价千差万别。建设工程的计价不能像一般工业产品那样按品种、规格、质量等成批定价,只能是单价计价,即按照各个建设项目或其局部工程,通过一定程序,执行计价依据和规定,计算其工程造价。

2. 分部组合计价

工程造价计价的组合性由建设项目的组合性决定。

建设项目是一个工程综合体,可以依次分解为单项工程、单位工程、分部工程、分项工程,建设项目的这种组合性决定了计价的过程是一个逐步组合的过程,分部组合计价程序如图1-2所示。其中分项工程是最基本的计价单元,是能通过较简单的施工过程生产出来的、可以用适当的计量单位计算并便于测定或计算其消耗的工程基本构成要素。在工程造价管理中,分项工程作为一种"假想的"建筑安装工程产品。例如计算一个建设项目的设计总概算时,应先计算各单位工程的概算,再计算构成这个建设项目的各单项工程的综合概算,最后汇总成总概算。在计算一个单位工程的施工图预算时,也是从各分项工程的工程量计算开始,再考虑各分部工程,直至计算出单位工程的工程费,随后按规定计算间接费、利润、税金等,最后汇总成该单位工程的施工图预算的工程造价。

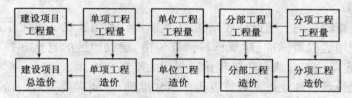

图1-2 分部组合计算工程造价

3. 多次性计价

工程造价计价的多次性由基本建设程序所决定。

建设项目周期长、资源消耗数量大、造价高。因此,其建设必须按照基本建设程序进行,相应的在不同的建设阶段多次计价,以保证工程造价管理的准确性和有效性。随着工程的进展与逐步详化,工程造价也逐步深化、逐步细化、逐步接近实际工程造价。在不同的建设阶段,工程造价有着不同的名称,包含着不同的内容,起着不同的作用。对于大型基本建设项目,其造价计算过程如图1-3所示。

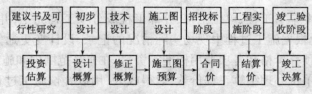

图1-3 工程造价计价的多次性

（1）投资估算

投资估算,一般是指在基本建设前期工作(项目建议书和设计任务书)阶段,建设单位向国家申请拟立项目或国家对拟立项目进行决策时,确定建设项目在项目建议书、设计任务书等不同阶段的相应投资总额而编制的经济文件。

可行性研究报告被批准后,投资估算就作为控制设计任务书下达的投资限额,对初步设计概算编制起控制作用,也可作为资金筹措及建设资金贷款的计划依据。

（2）设计概算

设计概算是指在初步设计阶段,由设计单位根据初步设计或扩大初步设计图纸,概算定额或概算指标,各项费用定额或取费标准,建设地区的自然、技术经济条件和设备预算价格等资料,预先计算和确定建设项目从筹建到竣工验收、交付使用的全部建设费用的文件。

设计概算较投资估算准确性有所提高,同时,设计概算受投资估算的控制。设计概算可分为单位工程概算、单项工程综合概算、建设项目总概算三级,根据设计总概算确定的投资数额,经主管部门审批后,就成为该项工程基本建设投资的最高限额。

（3）修正概算

修正概算是指采用三阶段设计形式时,在技术设计阶段,随着设计内容的深化,可能会发现建设规模、结构性质、设备类型和数量等内容与初步设计内容相比有出入,为此,设计单位根据技术设计图纸,概算指标或概算定额,各项费用取费标准,建设地区自然、技术经济和设备预算价格等资料,对初步设计总概算进行修正而形成的经济文件。修正概算比设计概算更准确,但受设计概算的控制。

（4）施工图预算

施工图预算是指根据施工图设计成果、施工组织设计和国家规定的现行工程预算定额、单位估价表及各项费用的取费标准、建筑材料预算价格、建设地区的自然和技术经济条件等资料,进行计算和确定单位工程或单项工程建设费用的经济文件。

施工图预算比设计概算或修正概算更为详尽和准确,但同样要受前一阶段所确定的工程造价的控制。

（5）合同价

合同价指在工程招投标阶段通过签订总承包合同、建筑安装工程承包合同、设备材料采购合同,以及技术和咨询服务合同确定的价格。合同价属于市场价格的性质,它是由承发包双方根据市场行情共同议定和认可的成交价格,它不同于最终决算实际工程造价,仍属于工程概预算的范畴。

按现行有关规定的三种合同价形式是:固定合同价、可调合同价和工程成本加酬金合同价。

（6）结算价

工程结算是指一个单项工程、单位工程、分部工程或分项工程完工,并经建设单位及有关部门验收后,施工企业根据施工过程中现场实际情况的记录、设计变更通知书、现场工程更改签证、预算定额、材料预算价格和各项费用标准等资料,在概算范围内和施工图预算的基础上,按规定编制的向建设单位办理结算工程价款,取得收入,用以补偿施工过程中的资金耗费,确定施工盈亏的经济文件。结算价属于该结算工程实际造价。

（7）实际造价

竣工决算是指在竣工验收阶段,当建设项目完工后,由建设单位通过编制的建设项目从筹建到建成投产或使用的全部实际成本的技术经济文件(竣工决算),最终确定的实际工程造价。

4. 方法多样性

工程造价计价方法的产生,取决于研究对象的客观情况,当建设项目处于可行性研究阶段时,一般采用估算指标进行投资估算,当完成初步设计时,可采用概算定额编制设计概算,当施工图设计完成后,一般采用单价法和实物法来编制施工图预算。不管采用哪种工程造价计价方法,都是以研究对象的特征、生产能力、工程数量、技术含量、工作内容等为前提的,计算的准确与否取决于工程量和单价是否准确、适用、可靠。

二、工程造价管理

(一)工程造价管理的含义

工程造价管理是以工程项目为研究对象,以工程技术、经济、管理为手段,以效益为目标,与技术、经济、管理相结合的一门交叉的、新兴的边缘学科。

工程造价有两种含义,与之相应工程造价管理也有两种含义:一是建设工程投资费用管理;二是工程价格管理。

1. 工程投资费用管理

工程投资费用管理属于投资管理范畴,是为了实现一定的预期目标,在拟定的规划、设计方案的条件下,预测、计算、确定和监控工程造价及其变动的系统活动。这一含义涵盖了微观层次的项目投资费用的管理,也涵盖了宏观层次的投资费用管理。

它包括了合理确定和有效控制工程造价的一系列工作。合理确定工程造价,即在建设程序的各个阶段,采用科学的、切合实际的计价依据,合理确定投资估算、设计概算、施工图预算、承包合同价、竣工结算价和竣工决算价。有效控制工程造价,即在投资决策阶段、设计阶段、建设项目发包阶段和实施阶段,把建设工程的造价控制在批准的造价限额以内,随时纠正发生的偏差,以保证项目投资控制目标的实现。

2. 工程价格管理

工程价格管理属于价格管理范畴。价格管理可以分为微观层次和宏观层次两个方面。微观层次是指企业在掌握市场价格信息的基础上,为实现管理目标而进行的成本控制、计价、定价和竞价的系统活动,反映微观主体按支配价格运动的经济规律。宏观层次是政府根据经济发展的需要,利用法律手段、经济手段和行政手段对价格进行管理和调控以及通过市场管理,规范市场主体价格行为的系统活动。

(二)工程造价管理的目标与特点

工程造价管理的对象分主体和客体。主体是业主或投资人(建设单位)、承包商或承建商(设计单位、施工企业)以及监理、咨询等机构及其工作人员;客体是工程建设项目。具体的工程造价管理工作,其管理的范围、内容以及作用各不相同。

1. 工程造价管理的目标

从根本上说,工程造价管理服务于建设项目的投资效益。因此,工程造价管理的目标之一是造价本身(投入产出比)合理;二是使工程投资始终处于受控状态。因为,只有保证这两个目标,建设项目才能按照计划顺利进行并实现建设项目的核心目标。在具体管理过程中要遵循市场经济规律,健全价格调控机制,实现资源优化配置,培育和规范建筑市场中劳动力、技术、信息等市场要素,利用科学的管理方法和先进的管理手段,合理确定工程造价、合理使用投资、有效控制工程造价,以提高建设项目的投资效益和建筑业企业的经营效益。

2. 工程造价管理的特点

工程造价管理的特点主要表现在以下几个方面：

（1）时效性。反映的是某一时期内的价格特性，即随时间的变化而不断变化。

（2）公正性。既要维护业主（投资人）的合法权益，也要维护承包商的利益，站在公正的立场上一手托两家。

（3）规范性。由于工程项目千差万别，构成造价的基本要素可分解为便于可比与便于计量的假定产品，因而要求标准客观、工作程序规范。

（4）准确性。即运用科学、技术原理及法律手段进行科学管理，使计量、计价、计费有理有据，有法可依。

（三）工程造价管理的基本内容

工程造价管理的基本内容就是合理确定和有效控制工程造价。

合理确定和有效控制工程造价，两者相互依存、相互制约。首先，工程造价的确定是工程造价控制的前提和先决条件，没有造价的确定就没有造价的控制；其次，造价的控制贯穿于造价确定的全过程，造价的确定过程也就是造价的控制过程，通过逐项控制、层层控制才能最终合理地确定造价，确定造价和控制造价的最终目标是一致的，两者相辅相成。

1. 工程造价的合理确定

工程造价的合理确定是控制工程造价的前提和先决条件。没有工程造价的合理确定，也就无法进行工程造价控制。

所谓工程造价的合理确定，就是在建设程序的各个阶段，采用科学的计算方法和切合实际的计价依据，合理确定投资估算、设计概算、施工图预算、承包合同价、结算价、施工预算价、竣工决算价。

在项目建议书阶段，按照有关规定，应编制初步投资估算。经有关部门批准，作为拟建项目列入国家中长期计划和开展前期工作的控制造价。

在可行性研究报告阶段，按照有关规定编制的投资估算，经有关部门批准，即为该项目控制工程造价。

在初步设计阶段或扩大的初步设计阶段，按照有关规定编制的设计概算，经有关部门批准，即作为拟建项目工程造价的最高限额。在初步设计阶段或扩大的初步设计阶段，实行建设项目招标承包制签订承包合同协议的，也应在最高限价相应的范围以内。

在施工图设计阶段，按规定编制施工图预算，用以核实施工图预算造价是否超过批准的设计概算。对以施工图预算为基础的招标投标工程，承包合同价也是以合同形式确定的建筑安装工程造价。

在工程实施阶段，要按照承包方实际完成的工程量，以合同价为基础，同时考虑物价所引起的造价提高，考虑到设计中难以预计的实施阶段实际发生的工程和费用，合理确定结算价。

在竣工验收阶段，全面汇集工程建设过程中的实际的全部费用，编制竣工决算，确定建设工程的实际造价。

2. 工程造价的有效控制

在投资决策阶段、设计阶段、工程发包阶段和工程实施阶段，把工程造价的发生控制在造价限额以内，随时纠正发生的偏差，以保证项目管理目标的实现，以求在各个建设项目中能合理使用人力、物力、财力，取得较好的投资效益和社会效益。

（1）合理设置工程造价控制目标。

（2）以设计阶段为重点进行全过程工程造价控制。

虽然工程造价控制贯穿于项目建设全过程，但是必须突出重点。工程造价控制的关键在于施工前的投资决策和设计阶段，在项目投资决策后，控制工程造价的关键在于设计。资料统计，在初步设计阶段，影响项目造价的可能性为75%～95%；在技术设计阶段，影响项目造价的可能性为35%～75%；在施工图设计阶段，影响项目造价的可能性为5%～35%，由此可见，设计质量对整个工程建设的效益至关重要。

（3）采取主动控制措施。

人们只把工程造价控制理解为目标值与实际值的比较，以及在实际值与目标值偏离时，分析其产生偏离的原因，并确定下一步的策略。这种立足于结果反馈、对比分析、采取纠偏措施基础上的偏离、纠偏、再偏离、再纠偏的控制方法，只能先发现偏离，再进行调整，不能预防可能发生的偏离，因而只能说是被动控制。工程造价控制更需要将控制立足于事先主动地采取措施，以尽可能地减少目标值与实际值的偏离，这就是主动控制。工程造价控制，不仅需要反映投资决策，反映设计、发包和施工的被动工程造价控制，更需要能事前影响投资决策，影响设计、发包和施工的主动工程造价控制。

目前，我国工程造价的控制主要是被动控制，主要表现为根据设计图纸上的工程量，套用概预算定额计算工程造价，这样计算的造价是静态造价。如果采用的定额过时，算出的造价与实际造价有较大的差别，起不到控制造价的作用。因此，工程造价实行主动控制，任务繁重而紧迫。

（4）技术与经济相结合是控制工程造价的最有效的手段。

有效地控制工程造价，应从组织、技术、经济、合同与信息管理等多方面采取措施，从组织上明确项目组织结构，明确管理职能分工。从技术上重视设计方案的选择，严格审查监督初步设计、技术设计、施工图设计、施工组织设计。从经济上要动态地比较造价的计划值和实际值，严格审查各项费用的支出，采取对节约投资有效的措施。

第三节　工程造价管理的发展历程

一、工程造价管理的发展回顾

随着社会化大生产的发展，使劳动分工与协作变得既精细又复杂，出现了对工程建设消耗的测量与估价，产生了工程造价管理。

对于工程造价管理的认识是一个不断深入和扩展的过程。涉及的管理内容不断扩展，管理工作不断深入细致。理论体系和技术方法不断完善和健全。

1. 简单概预算控制

简单的概预算控制主要是为了满足人类大兴土木建设，需要对建设项目的造价成本进行控制的要求应运而生的。但是所注重的是在施工阶段去确定和控制工程所需的人工、材料和机械，从而达到对项目造价的确定和控制。

2. 全过程造价管理

随着工程造价管理的进一步发展，人们逐渐认识到：仅靠施工阶段的造价管理远远不能满足对工程项目造价和成本的控制要求。

自20世纪80年代中期开始，我国工程造价管理领域的理论工作者和实际工作者先后提出了对工程项目进行全过程造价管理的思想。全过程造价管理将前期策划、设计这两个成本控制的重点阶段纳入管理范围,相对于简单的概预算控制更为科学和进步。

一个工程项目的全过程造价是由各个分过程和子过程的造价构成的,而这些分过程或子过程的造价又都是由许多具体活动的造价构成的。因此,工程项目全过程的造价管理必须是基于活动与过程的,必须是按照工程项目过程与活动的组成与分解规律去实现对于项目全过程的造价管理。

3. 全生命周期造价管理

工程项目在初期投资建设完毕后,进入使用维护阶段,紧接着就会发生一系列的使用营运费用,而这笔费用有时会因前期的设计施工的不同选择或失误等各种原因造成费用剧增,甚至超过初期投资。

20 世纪 70 年代末和 80 年代初英美的一些造价工程界的学者和实际工作者将项目竣工后的使用维护阶段也纳入造价管理范围。提出了以实现整个生命周期总造价最小化为目标的全生命周期造价管理理论。

全生命造价管理的根本出发点是要求人们从工程项目全生命周期出发去考虑造价和成本问题。最关键的是要实现工程项目整个生命周期总造价的最小化。

二、我国造价工程师执业资格制度及造价工程师

(一)我国造价工程师执业资格制度

造价工程师执业资格制度是造价管理的一项基本制度。为了加强对工程造价的管理,提高造价管理人员的素质,确保工程造价管理工作质量的提高,维护国家和社会公共利益,人事部和建设部于 1996 年颁布了《造价工程师执业资格制度暂行规定》,是我国造价工程师执业资格制度建立的标志。1997 年,人事部和建设部在全国部分省市设立了造价工程师考试试点,并在总结试点经验的基础上,于 1998 年开始在全国组织造价工程师统一考试。

1. 申请报考条件

凡中华人民共和国公民,遵纪守法并具备以下条件之一者,均可申请参加造价工程师执业资格考试:

(1)工程造价专业大专毕业后,从事工程造价业务工作满 5 年,工程或工程经济类大专毕业后,从事工程造价业务工作满 6 年;

(2)工程造价专业本科毕业后,从事工程造价业务工作满 4 年,工程或工程经济类本科毕业后,从事工程造价业务工作满 5 年;

(3)获上述专业第二学士学位或研究生毕业和获硕士学位后,从事工程造价业务工作满 3 年;

(4)获上述专业博士学位后,从事工程造价业务工作满 2 年。

2. 考试内容

造价工程师应该是既懂工程技术又懂经济、管理和法律,并具有实践经验和良好职业道德的复合型人才。因此,造价工程师注册考试内容主要包括:

(1)工程造价的相关知识,如投资经济理论、经济法与合同管理、项目管理等知识;

(2)工程造价的计价与控制,除掌握基本概念外,主要掌握造价、计价与控制的理论方法;

(3)工程技术与工程计量,这一部分分两个专业考试,即建筑工程与安装工程,主要掌握两门专业基本技术知识与计量方法;

14

（4）工程造价案例分析，考查考生实际操作的能力。（含计算或审查专业工程的工程量，编制或审查专业工程投资估算、概算、预算、标底价、决算、结算，投标报价评价分析，设计或施工方案技术经济分析，编制补充定额的技能等。）

3. 注册

造价工程师执业资格实行注册登记制度，以加强对造价工程师的管理。建设部及各省、自治区、直辖市和国务院有关部门的建设行政主管部门为造价工程师的注册管理机构。注册登记制度规定：考试合格人员在取得证书 3 个月内，到当地省级或部级造价工程师注册管理机构办理注册登记手续。造价工程师注册有效期为 3 年，有效期满前 3 个月，持证者应当到原注册机构重新办理注册手续，再次注册者应经单位考核合格并有继续教育、参加业务培训的证明。

遇下列情况之一者，应由所在单位到注册机构办理注销手续：

（1）不具有完全民事能力；

（2）刑事处罚执行完毕至申请注册之日不满 5 年；

（3）行政处罚自决定之日至申请注册不满 3 年；

（4）吊销造价工程师注册证自处罚决定之日至申请注册不满 5 年；

（5）在两个以上单位以造价工程师名义执业的；

（6）有关法律、法规规定不予注册的其他情况。

（二）造价工程师

按我国现行规定，造价工程师是指经全国统一考试合格，取得造价工程师执业资格证书并从事工程造价业务活动的专业技术人员。

1. 造价工程师应具备的能力

造价工程师应具备以下能力：

（1）了解所建项目的生产工艺条件，了解工程和房屋建筑以及施工技术等，了解各分部工程所包括的具体内容，了解指定的设备和材料性能并熟悉施工现场各工种的职能；

（2）能采用现代经济分析方法，对拟建项目计算期内投入产出诸多经济要素进行调查、预测、研究、计算和论证，从而选择、推荐较优方案作为投资决策的重要依据；

（3）能够运用价值工程等技术经济方法，组织评选技术方案，优化设计，使设计在达到必要功能前提下，有效地控制投资项目；

（4）具有根据图纸和现场情况计算工程量的能力，能够对工程项目进行投资估算、设计概算、施工图预算，能使估价的准确度控制在一定范围之内；

（5）需要对合同协议、法律有确切的了解，当需要时，能对协议中的条款作出咨询，在可能引起争论的范围内，要有与承包商谈判的才能和技巧；具有足够的法律基础知识，以了解如何完成一项具有法律约束力的合同以及合同各个部分所承担的义务，有获得价格和成本费用信息、资料的能力和分析这些资料的能力。

2. 造价工程师的权利

（1）有独立依法执行造价工程师岗位业务并参与工程项目经济管理的权利；

（2）有在其经办的工程造价成果文件上签字的权利；凡经造价工程师签字并加盖其执业专用章的工程造价文件，需修改时应征得本人同意；如果因特殊情况不能征得本人同意时，可由所在单位委派本单位具有相应资格的造价工程师，代行签字或盖章，并对其负责；

（3）有使用造价工程师名称的权利；

（4）造价工程师对违反国家有关法律、法规的行为，有权提出劝告、拒绝执行并有向上级或有关部门报告的权利；

（5）有依法申请开办工程造价咨询单位的权利。

3. 造价工程师的义务

（1）熟悉并严格执行国家有关工程造价的法律、法规；

（2）恪守执业道德和行为规范，遵纪守法、秉公办事；

（3）对经办的工程造价文件质量负有经济的和法律的责任；

（4）积累工程的新技术、新材料、新工艺及已完工程造价资料，为工程造价管理部门制定修订工程定额和数据库，提供资料并实行资源共享；

（5）接受继续教育，更新知识，积极参加职业培训，提高业务技术水平；

（6）保守在执业中得知的技术和经济秘密；

（7）不得允许他人以本人名义执行业务。

造价工程师因工作失误造成的经济损失，由其所在单位承担赔偿责任，所在单位有权向签字的造价工程师追偿。

4. 造价工程师的执业范围

（1）建设项目投资估算、概算、预算、结算、决算及工程招标标底价、投标报价的编制或审核；

（2）对建设项目进行经济评价和后评价、设计方案技术经济论证和优化、施工方案优选和技术经济评价；

（3）工程造价的监控；

（4）工程经济纠纷的鉴定；

（5）工程变更及合同价的调整和索赔费用的计算；

（6）工程造价依据的编制和审查；

（7）国务院建设行政主管部门规定的其他业务。

5. 造价工程师的职责

（1）凡需报批或审查的工程造价成果文件，应由造价工程师签字并加盖执业专用章，并在注明单位名称和加盖单位公章后方属有效；

（2）造价工程师的执业范围不得超越其所在单位的业务范围，并只能受聘于一个单位执行业务；

（3）依法签订聘任合同，依法解除聘任合同。

思考题

1. 举例说明以下概念：建设项目、单项工程、单位工程、分部工程和分项工程，并解释为什么将建设项目作如上分解？

2. 简述工程造价与工程造价管理的概念。

3. 简述我国基本建设程序及坚持基本建设程序的意义。

第二章 工程造价构成

学习目标

1. 了解国外工程造价的构成；
2. 熟悉工程建设总投资的构成；
3. 熟悉工程建设其他费的构成；
4. 掌握建筑安装工程费的费用组成及计价程序；
5. 掌握设备购置费、预备费、建设期贷款利息的概念及计算。

学习重点

1. 工程造价的构成；
2. 建筑安装工程费的费用组成及计价程序；
3. 设备购置费、预备费、建设期贷款利息的计算。

本章所述工程造价,是指工程造价的第一含义,即指进行某项工程建设所花费(指预期花费或实际花费)的全部费用,即有计划地进行该工程项目所需费用的总和。明确并掌握工程造价的构成是合理确定和有效控制工程造价的前提与基础。

第一节 建设项目总投资构成

建设项目总投资是指投资主体为获取预期收益,在选定的建设项目上投入所需的全部资金。

生产性建设项目总投资包括固定资产投资和流动资产投资两部分,而非生产性建设项目总投资只有固定资产投资,不含流动资产投资。

建设项目的固定资产投资也就是建设项目的工程造价,因此,固定资产投资和工程造价在量上是等同的;其中建筑安装工程投资也就是建筑安装工程造价,二者在量上也是等同的。这也可以看出工程造价两种含义的同一性。

项目总投资中的流动资金形成项目运营过程中的流动资产,流动资产投资又可称为流动资金,在量上相当于流动资产与流动负债之差。流动资金是指在工业项目投产前预先垫付,在投产后的生产经营过程中用于购买原材料、燃料动力、备品备件,支付工资和半成品、产成品和其他存货占用中的周转资金以及其他费用,流动资产投资不构成建设项目工程造价。

一、我国现行建设项目总投资的构成

我国现行建设项目总投资的构成如表 2-1 所示。

表 2-1　建设项目总投资的构成表

建设项目总投资	工程造价或固定资产投资	前 期 工 程 费		
		建筑安装工程费	直接费	
			间接费	
			利润	
			税金	
		设备工器具购置费	设备购置费	
			工器具及生产家具购置费	
		工程建设其他费	与土地使用有关的其他费用	
			与工程建设有关的其他费用	
			与未来企业生产经营有关的其他费用	
		预备费	基本预备费	
			涨价预备费	
		建设期贷款利息		
		固定资产投资方向调节税		
	流动资产投资——铺底流动资金			

二、工程造价的构成

工程造价由前期工程费、建筑安装工程费用、设备及工器具购置费用、工程建设其他费用、预备费、建设期贷款利息、固定资产投资方向调节税等构成。

前期工程费是指建设项目设计范围内的建设场地平整、竖向布置土石方工程及因建设项目开工实施所需的场外交通、供电、供水等管线的引接、修建的工程费用,即"三通一平"。

三、世界银行和国际咨询工程师联合会建设项目投资组成

世界银行、国际咨询工程师联合会对项目的总建设成本(相当于我国的建设项目总投资)作了统一规定,其详细内容如下。

(一)项目直接建设成本

项目直接建设成本包括以下内容:

1. 土地征购费。

2. 场外设施费用。如道路、码头、桥梁、机场、输电线路等设施费用。

3. 场地费用。指用于场地准备、厂区道路、铁路、围栏、场内设施等的建设费用。

4. 工艺设备费。指主要设备、辅助设备及零配件的购置费用,包括海运包装费用、交货港离岸价,但不包括税金。

5. 设备安装费。指设备供应商的监理费用,本国劳务及工资费用,辅助材料、施工设备、消耗品和工具等费用以及安装承包商的管理费和利润等。

6. 管理系统费用。指与系统的材料及劳务相关的全部费用。

7. 电气设备费。其内容与第4项相似。

8. 电气安装费。指设备供应商的监理费用,本国劳力与工资费用,辅助材料、电缆、管道和工具费用以及营造承包商的管理费和利润。

9. 仪器仪表费。指所有自动仪表、控制板、配线和辅助材料的费用以及供应商的监理费用、外国或本国劳务及工资费用、承包商的管理费和利润。

10. 机械的绝缘和油漆费。指与机械及管道的绝缘和油漆相关的全部费用。

11. 工艺建筑费。指原材料、劳务费以及与基础、建筑结构、屋顶、内外装修、公共设施有关的全部费用。

12. 服务性建筑费用。其内容与第11项相似。

13. 工厂普通公共设施费。包括材料和劳务费以及与供水、燃料供应、通风、蒸汽、下水道、污物处理等公共设施有关的费用。

14. 其他当地费用。指那些不能归类于以上任何一个项目,不能计入项目间接成本,但在建设期间又是必不可少的当地费用。如临时设备、临时公共设施及场地的维护费,营地设施及其管理,建筑保险和债券,杂项开支等费用。

（二）项目间接建设成本

项目间接建设成本包括:

1. 项目管理费。项目管理费包括以下各项内容:

（1）总部人员的薪金和福利费以及用于初步和详细工程设计、采购、时间和成本控制、行政和其他一般管理的费用;

（2）施工管理现场人员的薪金、福利费和用于施工现场监督、质量保证、现场采购、时间及成本控制、行政及其他施工管理机构的费用;

（3）零星杂项费用如返工、差旅、生活津贴、业务支出等;

（4）各种酬金。

2. 开工试车费。指工厂投料试车必需的劳务和材料费用(项目直接成本包括项目完工后的试车和空运转费用)。

3. 业主的行政性费用。指业主的项目管理人员费用及支出(其中某些费用必须排除在外,并在"估算基础"中详细说明)。

4. 生产前费用。指前期研究、勘测、建矿、采矿等费用(其中一些费用必须排除在外,并在"估算基础"中详细说明)。

5. 运费和保险费。指海运、国内运输、许可证及佣金、海洋保险、综合保险等费用。

6. 地方税。指地方关税、地方税及对特殊项目征收的税金。

（三）应急费

应急费用包括:

1. 未明确项目的准备金。此项准备金用于在估算时不可能明确的潜在项目,包括那些在做成本估算时因为缺乏完整、准确和详细的资料而不能完全预见和不能注明的项目,并且这些项目是必须完成的,或它们的费用是必定要发生的,在每一个组成部分中均单独以一定的百分比确定,并作为估算的一个项目单独列出。此项准备金不是为了支付工作范围以外可能增加的项目,不是用以应付天灾、非正常经济情况及罢工等情况,也不是用来补偿估算的任何误差,而是用来支付那些几乎可以肯定要发生的费用。因此,它是估算不可缺少的一个组成部分。

2. 不可预见准备金。此项准备金(在未明确项目准备金之外)用于在估算达到了一定的完整性并符合技术标准的基础上,由于物质、社会和经济的变化,导致估算增加的情况。此种情况可能发生,也可能不发生。因此,不可预见准备金只是一种储备,可能不动用。

（四）建设成本上升费用

通常，估算中使用的构成工资率、材料和设备价格基础的截止日期就是"估算日期"。必须对该日期或已知成本基础进行调整，以补偿直至工程结束时的未知价格增长。

工程的各个主要组成部分（国内劳务和相关成本、本国材料、外国材料、本国设备、外国设备、项目管理机构）的细目划分确定以后，便可确定每一个主要组成部分的增长率。这个增长率是一项判断因素，它以已发表的国内和国际成本指数、公司记录等为依据，并与实际供应进行核对，然后根据确定的增长率和从工程进度表中获得的每项活动的中点值，计算出每项主要组成部分的成本上升值。

第二节 设备、工器具及生产家具购置费

设备、工器具购置费是由设备购置费和工器具及生产家具购置费用组成的，它是固定资产投资中的组成部分。随着技术进步与资本有机构成的提高，该项费用在工程造价中的比例有逐渐增加的趋势。

第一，设备购置费，是指为工程建设项目购置或自制的，国产或进口的达到固定资产标准的设备、工器具及生产家具的费用。确定固定资产的标准是：使用年限在一年以上、单位价值在限额以上的资产，具体单位价值由主管部门规定。新建项目和扩建项目的新建车间购置或自制的全部设备、工器具，不论是否达到固定资产标准，均计入设备购置费用中。设备购置费一般按下式计算：

$$设备购置费 = 设备原价 + 设备运杂费 \qquad (2.2\text{-}1)$$

其中：设备原价是指国产标准设备原价、国产非标准设备原价、进口设备的原价。

设备运杂费是指除设备原价之外的关于设备采购、运输、途中包装及仓库保管等方面支出的费用。如果设备是由设备成套公司供应的，成套公司的服务费也应计入设备运杂费之中。

第二，工器具及生产家具购置费是指新建项目或扩建项目初步设计规定所必须购置的不够固定资产标准的设备、仪器工具、生产家具和备品备件等的费用。其一般计算公式为：

$$工器具及生产家具购置费 = 设备购置费 \times 工器具及生产家具定额费率 \qquad (2.2\text{-}2)$$

其中：工器具及生产家具定额费率按照相关部门或行业的规定计取。

一、设备原价的确定

（一）国产设备原价

国产设备原价是指设备制造厂的交货价，可以是设备出厂价，也可以是设备订货合同价。它一般根据市场询价、报价确定。国产设备分为国产标准设备和国产非标准设备。

1. 国产标准设备原价

国产标准设备是指按照主管部门颁布的标准图纸和技术要求，由国内设备生产厂批量生产的，符合国家质量检验标准的设备。如果设备由设备制造厂直接供应，国产标准设备原价一般指的是设备制造厂的交货价，即出厂价；如果设备由设备成套公司供应，则设备原价是指设备订货合同价。

有的设备有两种出厂价，即带有备件的出厂价和不带有备件的出厂价，在计算设备原价时，一般采用带有备件的出厂价计算。

2. 国产非标准设备原价

国产非标准设备是指国家尚无定型标准,不能成批生产,只能按一次订货,并根据具体的设计图纸制造的设备。非标准设备原价有多种不同的计算方法,通常有以下几种方法:

（1）成本计算估价法

$$非标准设备原价 = 制造成本 + 利润 + 增值税 + 设计费 \qquad (2.2\text{-}3)$$

其中:

①制造成本 = 主要材料费 + 加工费 + 辅助材料费 + 专用工具费 +

废品损失费 + 外购配套件费 + 包装费 $\qquad (2.2\text{-}4)$

主要材料费 = 材料净重 × (1 + 加工损耗系数) × 每吨材料综合价格 $\qquad (2.2\text{-}5)$

加工费 = 设备总重量 × 设备每吨加工费 $\qquad (2.2\text{-}6)$

辅助材料费 = 设备总重量 × 辅助材料费指标

（包括焊条、焊丝、氧气、氮气、油漆等费用） $\qquad (2.2\text{-}7)$

专用工具费 = (主要材料费 + 加工费 + 辅助材料费) × 一定百分比率 $\qquad (2.2\text{-}8)$

废品损失费 = (主要材料费 + 加工费 + 辅助材料费 + 专用工具费) ×

一定百分比率 $\qquad (2.2\text{-}9)$

包装费 = (主要材料费 + 加工费 + 辅助材料费 + 专用工具费 + 废品损失费 +

外购配套件费) × 一定百分比率 $\qquad (2.2\text{-}10)$

②利润 = (主要材料费 + 加工费 + 辅助材料费 + 专用工具费 + 废品损失费 +

包装费) × 一定百分比率 $\qquad (2.2\text{-}11)$

③增值税 = 当期销项税额 − 进项税额 = 销售额 × 税率 − 进项税额 $\qquad (2.2\text{-}12)$

④非标准设备设计费,按国家规定的设计收费标准计算。

（2）扩大定额估价法

$$非标准设备原价 = 材料费 + 加工费 + 其他费 + 设计费 \qquad (2.2\text{-}13)$$

其中:

材料费 = 设备净重 × (1 + 加工损耗系数) × 每吨材料综合价格 $\qquad (2.2\text{-}14)$

加工费 = 加工费比重/材料费比重 × 材料费 $\qquad (2.2\text{-}15)$

其他费 = 其他费比重/材料费比重 × 材料费 $\qquad (2.2\text{-}16)$

设计费 = (材料费 + 加工费 + 其他费) × 设计费费率 $\qquad (2.2\text{-}17)$

（3）类似设备估价法

在类似或系列设备中,当只有一个或几个设备没有价格时,可根据其邻近已有同类设备价格按下式确定拟估设备的价格。

$$P = \frac{\dfrac{P_1}{Q_1} + \dfrac{P_2}{Q_2}}{2} Q \qquad (2.2\text{-}18)$$

式中 P——拟估非标准设备原价;

　　Q——拟估非标准设备总重;

　P_1、P_2——已知的同类非标准设备价格;

　Q_1、Q_2——已知的同类非标准设备重量。

　　(4)概算指标估价法

　　根据各制造厂或其他有关部门收集的各种类型非标准设备的制造价或合同价资料,经过统计分析综合平均得出每吨该类设备的价格,再根据该价格进行非标准设备估价的方法,称为概算指标估价法。计算公式为:

$$P = Q \cdot M \qquad\qquad (2.2\text{-}19)$$

式中 P——拟估非标准设备原价;

　　Q——拟估非标准设备净重;

　　M——该类设备单位重量的理论价格。

　　(二)进口设备原价

　　进口设备原价是指进口设备的抵岸价,即抵达买方国家的边境港口或边境车站,且交完相关税费后所形成的价格。

　　1. 进口设备的交货方式

　　(1)内陆交货类。它是指卖方在出口国内陆的某个地点交货。

　　在交货地点,卖方及时提交合同规定的货物和有关凭证,并负担交货前的费用和风险;买方按时接收货物,交付货款,负担接货后的费用和风险,并自行办理出口手续、装运出口。货物的所有权也在交货后由卖方转移给买方。

　　(2)目的地交货类。它是指卖方在进口国的港口或者内地交货。

　　目的地交货类主要有目的港船上交货价、目的港船边交货价(FOS 价)、目的港码头交货价(关税已付)和完税后交货价(进口国指定地点)等几种交货价。

　　它们的特点是:买卖双方承担的责任、费用和风险是以目的地约定交货点为分界线,只有当卖方在交货点将货物置于买方控制下,才算交货,才能向买方收取货款。这种交货类别对卖方来说承担的风险较大,在国际贸易中卖方一般不愿采用。

　　(3)装运港交货类。它是指卖方在出口国装运港交货。

　　装运港交货类主要有装运港船上交货价(FOB 价),也称离岸价、运费在内价(C&F 价)、运费和保险费在内价(CIF 价),也称到岸价等几种交货价。

　　它们的特点是:卖方按照约定的时间在装运港交货,只要卖方把合同规定的货物装船后提供货物运输单便完成交货任务,可凭单据收回货款。

　　装运港船上交货价(FOB 价)是我国进口设备采用最多的一种货价。采用 FOB 价时卖方的责任是:在规定的期限内,负责在合同规定的装运港口将货物装上买方指定的船只,并及时通知买方;负担货物装船前的一切费用和风险;负责办理出口手续;提供出口国政府或有关方面签发的证件;负责提供有关装运单据。买方的责任是:负责租船或订舱,支付运费,并将船期、船名通知卖方;负担货物装船后的一切费用及风险;负责办理保险及支付保险费,办理在目的港的进口和收货手续;接受卖方提供的有关装运单据,并按合同规定支付货款。

2. 采用装运港船上交货（FOB 价）方式进口设备原价的构成及计算

$$进口设备原价 = 货价 + 从属费用 \qquad (2.2\text{-}20)$$

$$从属费用 = 国际运费 + 国外运输保险费 + 银行财务费 + 外贸手续费 +$$
$$进口关税 + 增值税 + 消费税 + 海关监管手续费 \qquad (2.2\text{-}21)$$

（1）货价（FOB 价）。进口设备货价分为原币货价和人民币货价。原币货价以美元表示，人民币货价按原币货价乘以外汇市场美元兑换人民币中间价确定。进口设备货价按有关生产厂商询价、报价、订货合同价计算。

（2）国际运费。它是指从装运港（站）到达我国抵达港（站）的运费。我国进口设备大部分采用海洋运输，小部分采用铁路运输，个别采用航空运输。

$$国际运费 = 原币货价 × 运费率 \qquad (2.2\text{-}22)$$

或 $$国际运费 = 运量 × 单位运量运价 \qquad (2.2\text{-}23)$$

其中：运费率或单位运量运价参照有关部门或进出口公司的规定执行。

（3）国际运输保险费。对外运输保险是由保险人与被保险人订立保险协议，在被保险人交付议定的保险费后，保险人根据保险契约的规定，对货物在运输过程中发生的承保责任范围内的损失予以经济上的补偿，属于财产保险范畴。中国人民保险公司承保进口货物的保险金额一般是按进口货物的到岸价格计算，具体可参照中国人民保险公司有关规定进行。

$$国际运输保险费 = [货价（FOB） + 国际运输费] × 保险费率 \qquad (2.2\text{-}24)$$

其中：保险费率按中国人民保险公司规定的进出口货物保险费率计算。

（4）银行财务费。它是指我国银行为办理进口商品业务而计取的手续费，一般可按下式简化计算：

$$银行财务费 = 人民币货价（FOB 价） × 财务费费率 \qquad (2.2\text{-}25)$$

（5）外贸手续费。它是指我国的外贸部门为办理进口商品业务而计取的手续费，可按下式计算：

$$外贸手续费 = 到岸价格（CIF 价） × 外贸手续费费率 \qquad (2.2\text{-}26)$$

$$到岸价格（CIF 价） = 离岸价（FOB 价） + 国际运费 + 运输保险费 \qquad (2.2\text{-}27)$$

到岸价格（CIF 价）也作为关税的基础价格。

（6）进口关税。它是指国家海关对引进的成套及附属设备、配件等征收的一种税费，按到岸价格计算，即：

$$进口关税 = 到岸价格（CIF 价） × 关税税率 \qquad (2.2\text{-}28)$$

其中：关税税率按我国海关总署发布的进口关税税率计算。

（7）增值税和消费税。增值税是我国政府对从事进口贸易的单位和个人，在进口商品报关进口后征收的税种。我国规定，进口应税产品均按组成计税价格按增值税税率直接计算应纳税额，不扣除任何项目的金额或已纳税额。即：

$$进口产品增值税额 = 组成计税价格 × 增值税税率 \qquad (2.2\text{-}29)$$

23

其中：   组成计税价格＝到岸价×人民币外汇牌价＋进口关税＋消费税   (2.2-30)

消费税作为增值税的辅助税种,对部分进口设备征收,即：

应纳消费税额＝(到岸价×人民币外汇牌价＋进口关税)/(1－消费税税率)×消费税税率

(2.2-31)

其中:消费税税率根据规定的税率计算。

(8)海关监管手续费。它是指海关对进口减税、免税、保税货物实施监督、管理、提供服务的手续费。对于全额征收进口关税的货物不计本项费用。其计算公式如下：

海关监管手续费＝到岸价格(CIF 价)×海关监管手续费费率×人民币外汇牌价   (2.2-32)

采用装运港船上交货(FOB 价)方式进口设备原价的构成如表2-2 所示。

表2-2　装运港交货类进口设备原价的构成

进口设备原价的构成	计　算　公　式
货价	进口设备货价分为离岸价(原币货价)和人民币货价
国际运费	国际运费＝离岸价×运费率,或国际运费＝运量×单位运量运价
国际运输保险费	国际运输保险费＝(离岸价＋国际运费)×国际保险费费率
银行财务费	银行财务费＝离岸价×财务费费率×人民币外汇牌价
外贸手续费	外贸手续费＝到岸价[①]×外贸手续费费率×人民币外汇牌价
进口关税	进口关税＝到岸价×关税税率×人民币外汇牌价
消费税	消费税＝(到岸价×人民币外汇牌价＋关税)/(1－消费税税率)×消费税税率
增值税[②]	增值税＝组成计税价格[③]×增值税税率
海关监管手续费[②]	海关监管手续费＝到岸价×海关监管手续费费率×人民币外汇牌价

①到岸价(CIF 价)＝离岸价(FOB 价)＋国际运费＋国际运输保险费;

②消费税、海关监管手续费仅对部分进口设备或产品征收;

③组成计税价格＝到岸价×人民币外汇牌价＋进口关税＋消费税。

二、设备运杂费的确定

国产设备运杂费是指由制造厂仓库或交货地点运至施工工地仓库或设备存放地点,所发生的运输及杂项费用。

进口设备国内运杂费是指进口设备由我国到岸港或边境车站运到工地仓库,所发生的运输及杂项费用。其内容包括：

(一)运费

运费包括从交货地点到施工工地仓库所发生的运费及装卸费。

(二)包装费

包装费,是指对需要进行包装的设备在包装过程中所发生的人工费和材料费。该费用已计入设备原价的,不再另计;没有计入设备原价又确实需要进行包装的,则应在运杂费内计算。

(三)采购保管和保养费

采购保管和保养费,是指设备管理部门在组织采购、供应和保管设备过程中所需的各种费用,包括设备采购保管和保养人员的工资、职工福利费、办公费、差旅交通费、固定资产使用费、检验试验费等。

（四）供销部门手续费

供销部门手续费,是指设备供销部门为组织设备供应工作而支出的各项费用。该项费用只有在从供销部门取得设备的时候才产生。供销部门手续费包括的内容与采购保管和保养费包括的内容相同。

设备运杂费的计算公式为:

$$设备运杂费 = 设备原价 \times 设备运杂费费率 \qquad (2.2\text{-}33)$$

设备运杂费率一般由各主管部门根据历年设备购置费统计资料,分不同地区,按占设备总原价的一定百分比确定。

【例2-1】　某公司拟从国外进口一套机电设备,重量1500吨,装运港船上交货价,即离岸价（FOB）为400万美元。其他有关费用参数为:国际运费标准为360美元/吨;海上运输保险费率为0.266%;中国银行财务费费率0.5%;外贸手续费率为1.5%;关税税率为22%;增值税的税率为17%;美元的银行牌价为8.27元人民币,设备的国内运杂费率为2.5%。现对该套设备购置费进行估价。

解:根据上述各项费用的计算公式,则有:

进口设备货价 = 400 × 8.27 = 3308（万元人民币）

国际运费 = 360 × 1500 × 8.27 = 446.6（万元人民币）

国外运输保险费 = （3308 + 446.6）× 0.266% = 10.0（万元人民币）

进口关税 = （3308 + 446.6 + 10）× 22% = 828.2（万元人民币）

增值税 = （3308 + 446.6 + 10 + 828.2）× 17% = 780.8（万元人民币）

银行财务费 = 3308 × 0.5% = 16.5（万元人民币）

外贸手续费 = （3308 + 446.6 + 10）× 1.5% = 56.5（万元人民币）

进口设备原价 = 3308 + 446.6 + 10 + 828.2 + 780.8 + 16.5 + 56.5 = 5446.6（万元人民币）

设备购置费 = （3308 + 446.6 + 10 + 828.2 + 780.8 + 16.5 + 56.5）×（1 + 2.5%）

　　　　　 = 5582.8（万元人民币）

第三节　建筑安装工程费

建筑安装工程费包括建筑工程费和安装工程费。建筑工程费是指各类房屋建筑、一般建筑安装工程、室内外装饰装修、各类设备基础、室外构筑物、道路、绿化、铁路专用线、码头、围护等工程费。一般建筑安装工程是指建筑物（构筑物）附属的室内供水、供热、卫生、电气、燃气、通风孔、弱电设备的管道安装及线路敷设工程。

安装工程费包括专业设备安装工程费和管线安装工程费。专业设备安装工程费是指在主要在产、辅助生产、公用等单项工程中需安装的工艺、电气、自动控制、运输、供热、制冷等设备和装置及各种工艺管道的安装、衬里、防腐、保温等工程费。管线安装工程费是指供电、通信、自控等管线安装工程费。

一、建筑安装工程费用项目组成

根据中华人民共和国建设部、中华人民共和国财政部建标[2003]206号文件《建筑安装工程费用项目组成》规定，建筑安装工程费由直接费、间接费、利润和税金组成，如表2-3所示。

表2-3　建筑安装工程费用项目组成

建筑安装工程费	直接费	直接工程费	人工费
			材料费
			机械费
		措施费	环境保护
			文明施工
			安全施工
			临时设施
			夜间施工
			二次搬运
			大型机械设备进出场及安拆费
			混凝土、钢筋混凝土模板及支架
			脚手架
			已完工程及设备保护
			施工排水、降水
	间接费	规费	工程排污费
			工程定额测定费
			社会保障费（养老保险费、失业保险费、医疗保险费）
			住房公积金
			危险作业意外伤害保险
		企业管理费	管理人员工资
			办公费
			差旅交通费
			固定资产使用费
			工具用具使用费
			劳动保险费
			工会经费
			职工教育经费
			财产保险费
			财务费
			税金
			其他
	利润		
	税金		

（一）直接费

直接费由直接工程费和措施费组成。

26

1. 直接工程费

直接工程费是指施工过程中耗费的构成工程实体的各项费用,包括人工费、材料费、施工机械使用费。即:

$$直接工程费 = 人工费 + 材料费 + 施工机械使用费 \qquad (2.3\text{-}1)$$

(1)人工费:是指直接从事建筑安装工程施工的生产工人开支的各项费用,内容包括:

①基本工资:是指发放给生产工人的基本工资。

②工资性补贴:是指按规定标准发放的物价补贴,煤、燃气补贴,交通补贴,住房补贴,流动施工津贴等。

③生产工人辅助工资:是指生产工人年有效施工天数以外非作业天数的工资,包括职工学习、培训期间的工资,调动工作、探亲、休假期间的工资,因气候影响的停工工资,女工哺乳时间的工资,病假在六个月以内的工资及产、婚、丧假期的工资。

④职工福利费:是指按规定标准计提的职工福利费。

⑤生产工人劳动保护费:是指按规定标准发放的劳动保护用品的购置费及修理费,徒工服装补贴,防暑降温费,在有碍身体健康环境中施工的保健费用等。

注:人工费计算:

$$人工费 = \sum(工日消耗量 \times 日工资单价) \qquad (2.3\text{-}2)$$

$$日工资单价(G) = \sum_{i=1}^{5} G_i \qquad (2.3\text{-}3)$$

$$基本工资(G_1) = \frac{生产工人平均月工资}{年平均每月法定工作日} \qquad (2.3\text{-}4)$$

$$工资性补贴(G_2) = \frac{\sum 年发放标准}{全年日历日 - 法定假日} + \frac{\sum 月发放标准}{年平均每月法定工作日} +$$
$$每工作日发放标准 \qquad (2.3\text{-}5)$$

$$生产工人辅助工资(G_3) = \frac{全年无效工作日 \times (G_1 + G_2)}{全年日历日 - 法定假日} \qquad (2.3\text{-}6)$$

$$职工福利费(G_4) = (G_1 + G_2 + G_3) \times 福利费计提比例(\%) \qquad (2.3\text{-}7)$$

$$生产工人劳动保护费(G_5) = \frac{生产工人年平均支出劳动保护费}{全年日历日 - 法定假日} \qquad (2.3\text{-}8)$$

(2)材料费:是指施工过程中耗费的构成工程实体的原材料、辅助材料、构配件、零件、半成品的费用。内容包括:

①材料原价(或供应价格)。

②材料运杂费:是指材料自来源地运至工地仓库或指定堆放地点所发生的全部费用。

③运输损耗费:是指材料在运输装卸过程中不可避免的损耗。

④采购及保管费:是指为组织采购、供应和保管材料过程中所需要的各项费用。包括:采购费、仓储费、工地保管费、仓储损耗。

⑤检验试验费:是指对建筑材料、构件和建筑安装物进行一般鉴定、检查所发生的费用,包括自设试验室进行试验所耗用的材料和化学药品等费用。不包括新结构、新材料的试验费和建设单位对具有出厂合格证明的材料进行检验,对构件做破坏性试验及其他特殊要求检验试验的费用。

注:材料费计算

$$材料费 = \sum(材料消耗量 \times 材料基价) + 检验试验费 \qquad (2.3-9)$$

（1）材料基价

$$材料基价 = \{(供应价格 + 运杂费) \times [1 + 运输损耗率(\%)]\} \times [1 + 采购保管费率(\%)] \qquad (2.3-10)$$

（2）检验试验费

$$检验试验费 = \sum(单位材料量检验试验费 \times 材料消耗量) \qquad (2.3-11)$$

（3）施工机械使用费：是指施工机械作业所发生的机械使用费以及机械安拆费和场外运费。

施工机械台班单价应由下列七项费用组成：

①折旧费：指施工机械在规定的使用年限内,陆续收回其原值及购置资金的时间价值（注:计算方法有三种,平均年限法、双倍余额递减法、年数总和法）。

②大修理费：指施工机械按规定的大修理间隔台班进行必要的大修理,以恢复其正常功能所需的费用。

③经常修理费：指施工机械除大修理以外的各级保养和临时故障排除所需的费用。包括为保障机械正常运转所需替换设备与随机配备工具附具的摊销和维护费用,机械运转中日常保养所需润滑与擦拭的材料费用及机械停滞期间的维护和保养费用等。

④安拆费及场外运费：安拆费指施工机械在现场进行安装与拆卸所需的人工、材料、机械和试运转费用以及机械辅助设施的折旧、搭设、拆除等费用；场外运费指施工机械整体或分体自停放地点运至施工现场或由一施工地点运至另一施工地点的运输、装卸、辅助材料及架线等费用。

⑤人工费：指机上司机（司炉）和其他操作人员的工作日人工费及上述人员在施工机械规定的年工作台班以外的人工费。

⑥燃料动力费：指施工机械在运转作业中所消耗的固体燃料（煤、木柴）、液体燃料（汽油、柴油）及水、电等。

⑦养路费及车船使用税：指施工机械按照国家规定和有关部门规定应缴纳的养路费、车船使用税、保险费及年检费等。

注:施工机械使用费计算

$$施工机械使用费 = \sum(施工机械台班消耗量 \times 机械台班单价) \qquad (2.3-12)$$

$$机械台班单价 = 台班折旧费 + 台班大修费 + 台班经常修理费 + 台班安拆费及场外运费 +$$
$$台班人工费 + 台班燃料动力费 + 台班养路费及车船使用税 \qquad (2.3-13)$$

2. 措施费

措施费是指为完成工程项目施工,发生于该工程施工前和施工过程中非工程实体项目的费用。包括内容如下：

（1）环境保护费：是指施工现场为达到环保部门要求所需要的各项费用。

（2）文明施工费：是指施工现场文明施工所需要的各项费用。

（3）安全施工费：是指施工现场安全施工所需要的各项费用。

（4）临时设施费：是指施工企业为进行建筑工程施工所必须搭设的生活和生产用的临时建筑物、构筑物和其他临时设施费用等。

28

临时设施包括:临时宿舍、文化福利及公用事业房屋与构筑物,仓库、办公室、加工厂以及规定范围内道路、水、电、管线等临时设施和小型临时设施。

临时设施费用包括:临时设施的搭设、维修、拆除费或摊销费。

(5)夜间施工费:是指因夜间施工所发生的夜班补助费、夜间施工降效、夜间施工照明设备摊销及照明用电等费用。

(6)二次搬运费:是指因施工场地狭小等特殊情况而发生的二次搬运费用。

(7)大型机械设备进出场及安拆费:是指机械整体或分体自停放场地运至施工现场或由一个施工地点运至另一个施工地点,所发生的机械进出场运输及转移费用及机械在施工现场进行安装、拆卸所需的人工费、材料费、机械费、试运转费和安装所需的辅助设施的费用。

(8)混凝土、钢筋混凝土模板及支架费:是指混凝土施工过程中需要的各种钢模板、木模板、支架等的支、拆、运输费用及模板、支架的摊销(或租赁)费用。

(9)脚手架费:是指施工需要的各种脚手架搭、拆、运输费用及脚手架的摊销(或租赁)费用。

(10)已完工程及设备保护费:是指竣工验收前,对已完工程及设备进行保护所需费用。

(11)施工排水、降水费:是指为确保工程在正常条件下施工,采取各种排水、降水措施所发生的各种费用。

注:措施费计算

本规则中只列通用措施费项目的计算方法,各专业工程的专用措施费项目的计算方法由各地区或国务院有关专业主管部门的工程造价管理机构自行制定。

1. 环境保护

$$环境保护费 = 直接工程费×环境保护费费率(\%) \qquad (2.3-14)$$

$$环境保护费费率(\%) = \frac{本项费用年度平均支出}{全年建安产值×直接工程费占总造价比例(\%)} \qquad (2.3-15)$$

2. 文明施工

$$文明施工费 = 直接工程费×文明施工费费率(\%) \qquad (2.3-16)$$

$$文明施工费费率(\%) = \frac{本项费用年度平均支出}{全年建安产值×直接工程费占总造价比例(\%)} \qquad (2.3-17)$$

3. 安全施工

$$安全施工费 = 直接工程费×安全施工费费率(\%) \qquad (2.3-18)$$

$$安全施工费费率(\%) = \frac{本项费用年度平均支出}{全年建安产值×直接工程费占总造价比例(\%)} \qquad (2.3-19)$$

4. 临时设施费

临时设施费有以下三部分组成:

(1)周转使用临建(如活动房屋);

(2)一次性使用临建(如简易建筑);

(3)其他临时设施(如临时管线)。

$$临时设施费 = (周转使用临建费 + 一次性使用临建费)×[1 + 其他临时设施所占比例(\%)] \qquad (2.3-20)$$

其中:

①周转使用临建费

$$周转使用临建费 = \sum\left[\frac{临建面积 \times 每平方米造价}{使用年限 \times 365 \times 利用率(\%)} \times 工期(天)\right] + 一次性拆除费 \quad (2.3\text{-}21)$$

②一次性使用临建费

$$一次性使用临建费 = \sum 临建面积 \times 每平方米造价 \times [1 - 残值率(\%)] + 一次性拆除费 \quad (2.3\text{-}22)$$

③其他临时设施在临时设施费中所占比例,可由各地区造价管理部门依据典型施工企业的成本资料经分析后综合测定。

5. 夜间施工增加费

$$夜间施工增加费 = \left(1 - \frac{合同工期}{定额工期}\right) \times \frac{直接工程费中的人工费合计}{平均日工资单价} \times 每工日夜间施工费开支 \quad (2.3\text{-}23)$$

6. 二次搬运费

$$二次搬运费 = 直接工程费 \times 二次搬运费费率(\%) \quad (2.3\text{-}24)$$

$$二次搬运费费率(\%) = \frac{年平均二次搬运费开支额}{全年建安产值 \times 直接工程费占总造价的比例(\%)} \quad (2.3\text{-}25)$$

7. 大型机械进出场及安拆费

$$大型机械进出场及安拆费 = \frac{一次进出场及安拆费 \times 年平均安拆次数}{年工作台班} \quad (2.3\text{-}26)$$

8. 混凝土、钢筋混凝土模板及支架

$$(1)模板及支架费 = 模板摊销量 \times 模板价格 + 支、拆、运输费 \quad (2.3\text{-}27)$$

$$摊销量 = 一次使用量 \times (1 + 施工损耗) \times [1 + (周转次数 - 1) \cdot$$
$$补损率/周转次数 - (1 - 补损率)50\%/周转次数] \quad (2.3\text{-}28)$$

$$(2)租赁费 = 模板使用量 \times 使用日期 \times 租赁价格 + 支、拆、运输费 \quad (2.3\text{-}29)$$

9. 脚手架搭拆费

$$(1)脚手架搭拆费 = 脚手架摊销量 \times 脚手架价格 + 搭、拆、运输费 \quad (2.3\text{-}30)$$

$$脚手架摊销量 = \frac{单位一次使用量 \times (1 - 残值率)}{耐用期 \div 一次使用期} \quad (2.3\text{-}31)$$

$$(2)租赁费 = 脚手架每日租金 \times 搭设周期 + 搭、拆、运输费 \quad (2.3\text{-}32)$$

10. 已完工程及设备保护费

$$已完工程及设备保护费 = 成品保护所需机械费 + 材料费 + 人工费 \quad (2.3\text{-}33)$$

11. 施工排水、降水费

$$排水降水费 = \sum 排水降水机械台班费 \times 排水降水周期 + 排水降水使用材料费、人工费 \quad (2.3\text{-}34)$$

(二)间接费

间接费由规费、企业管理费组成。

1. 规费

规费是指政府和有关权力部门规定必须缴纳的费用(简称规费)。包括:

(1)工程排污费:是指施工现场按规定缴纳的工程排污费。

(2)工程定额测定费:是指按规定支付工程造价(定额)管理部门的定额测定费。

（3）社会保障费。包括：

①养老保险费：是指企业按规定标准为职工缴纳的基本养老保险费。

②失业保险费：是指企业按照国家规定标准为职工缴纳的失业保险费。

③医疗保险费：是指企业按照规定标准为职工缴纳的基本医疗保险费。

（4）住房公积金：是指企业按规定标准为职工缴纳的住房公积金。

（5）危险作业意外伤害保险：是指按照建筑法规定，企业为从事危险作业的建筑安装施工人员支付的意外伤害保险费。

2. 企业管理费

企业管理费是指建筑安装企业组织施工生产和经营管理所需费用。内容包括：

（1）管理人员工资：是指管理人员的基本工资、工资性补贴、职工福利费、劳动保护费等。

（2）办公费：是指企业管理办公用的文具、纸张、账表、印刷、邮电、书报、会议、水电、烧水和集体取暖（包括现场临时宿舍取暖）用煤等费用。

（3）差旅交通费：是指职工因公出差、调动工作的差旅费、住勤补助费，市内交通费和误餐补助费，职工探亲路费，劳动力招募费，职工离退休、退职一次性路费，工伤人员就医路费，工地转移费以及管理部门使用的交通工具的油料、燃料、养路费及牌照费。

（4）固定资产使用费：是指管理和试验部门及附属生产单位使用的属于固定资产的房屋、设备仪器等的折旧、大修、维修或租赁费。

（5）工具用具使用费：是指管理使用的不属于固定资产的生产工具、器具、家具、交通工具和检验、试验、测绘、消防用具等的购置、维修和摊销费。

（6）劳动保险费：是指由企业支付离退休职工的易地安家补助费、职工退职金、六个月以上的病假人员工资、职工死亡丧葬补助费、抚恤费、按规定支付给离休干部的各项经费。

（7）工会经费：是指企业按职工工资总额计提的工会经费。

（8）职工教育经费：是指企业为职工学习先进技术和提高文化水平，按职工工资总额计提的费用。

（9）财产保险费：是指施工管理用财产、车辆保险。

（10）财务费：是指企业为筹集资金而发生的各种费用。

（11）税金：是指企业按规定缴纳的房产税、车船使用税、土地使用税、印花税等。

（12）其他：包括技术转让费、技术开发费、业务招待费、绿化费、广告费、公证费、法律顾问费、审计费、咨询费等。

注：间接费计算：

间接费的计算方法按取费基数的不同分为以下三种：

1. 以直接费为计算基础

$$间接费 = 直接费合计 \times 间接费费率（\%）\qquad (2.3-35)$$

2. 以人工费和机械费合计为计算基础

$$间接费 = 人工费和机械费合计 \times 间接费费率（\%）\qquad (2.3-36)$$

$$间接费费率（\%）= 规费费率（\%）+ 企业管理费费率（\%）\qquad (2.3-37)$$

3. 以人工费为计算基础

$$间接费 = 人工费合计 \times 间接费费率（\%）\qquad (2.3-38)$$

31

其中:规费费率根据本地区典型工程发承包价的分析资料综合取定规费计算中所需数据:

(1)每万元发承包价中人工费含量和机械费含量。

(2)人工费占直接费的比例。

(3)每万元发承包价中所含规费缴纳标准的各项基数。

规费费率的计算公式:

Ⅰ. 以直接费为计算基础

$$规费费率(\%) = \frac{\sum 规费缴纳标准 \times 每万元发承包价计算基数}{每万元发承包价中的人工费含量} \times 人工费占直接费的比例(\%)$$

$$(2.3\text{-}39)$$

Ⅱ. 以人工费和机械费合计为计算基础

$$规费费率(\%) = \frac{\sum 规费缴纳标准 \times 每万元发承包价计算基数}{每万元发承包价中的人工费含量和机械费含量} \times 100\% \quad (2.3\text{-}40)$$

Ⅲ. 以人工费为计算基础

$$规费费率(\%) = \frac{\sum 规费缴纳标准 \times 每万元发承包价计算基数}{每万元发承包价中的人工费含量} \times 100\% \quad (2.3\text{-}41)$$

企业管理费费率计算公式:

Ⅰ. 以直接费为计算基础

$$企业管理费费率(\%) = \frac{生产工人年平均管理费}{年有效施工天数 \times 人工单价} \times 人工费占直接费比例(\%) \quad (2.3\text{-}42)$$

Ⅱ. 以人工费和机械费合计为计算基础

$$企业管理费费率(\%) = \frac{生产工人年平均管理费}{年有效施工天数 \times (人工单价 + 每一工日机械使用费)} \times 100\% \quad (2.3\text{-}43)$$

Ⅲ. 以人工费为计算基础

$$企业管理费费率(\%) = \frac{生产工人年平均管理费}{年有效施工天数 \times 人工单价} \times 100\% \quad (2.3\text{-}44)$$

(三)利润

利润是指施工企业完成所承包工程获得的盈利。

注:利润计算公式见建筑安装工程计价程序。

(四)税金

税金是指国家税法规定的应计入建筑安装工程造价内的营业税、城市维护建设税及教育费附加,即"两税一费"。

1. 营业税

$$营业税 = 营业额 \times 3\% \quad (2.3\text{-}45)$$

2. 城市维护建设税

$$城市维护建设税 = 营业税 \times 适用税率 \quad (2.3\text{-}46)$$

32

3. 教育费附加

$$教育费附加 = 营业税 \times 适用税率 \tag{2.3-47}$$

4. 税金计算

为了计算方便,可将营业税、城市维护建设税及教育费附加合并在一起计算,以工程成本加利润为基数计算税金。

$$税金 = (直接费 + 间接费 + 利润) \times 综合税率(\%) \tag{2.3-48}$$

综合税率按以下计算:

(1)纳税地点在市区的企业

$$税率(\%) = \frac{1}{1 - 3\% - (3\% \times 7\%) - (3\% \times 3\%)} - 1 = 3.4126\%$$

(2)纳税地点在县城、镇的企业

$$税率(\%) = \frac{1}{1 - 3\% - (3\% \times 5\%) - (3\% \times 3\%)} - 1 = 3.3485\%$$

(3)纳税地点不在市区、县城、镇的企业

$$税率(\%) = \frac{1}{1 - 3\% - (3\% \times 1\%) - (3\% \times 3\%)} - 1 = 3.2205\%$$

二、建筑安装工程计价程序

根据原建设部第 107 号部令《建筑工程施工发包与承包计价管理办法》的规定,发包与承包价的计算方法分为工料单价法和综合单价法,程序为:

(一)工料单价法计价程序

工料单价法是以分部分项工程量乘以单价后的合计为直接工程费,直接工程费以人工、材料、机械的消耗量及其相应价格确定。直接工程费汇总后另加间接费、利润、税金生成工程发承包价,其计算程序分为三种:

1. 以直接费为计算基础(表2-4)

表 2-4   以直接费为计算基础的工料单价法计价程序

序 号	费 用 项 目	计 算 方 法	备 注
1	直接工程费	按预算表	
2	措施费	按规定标准计算	
3	小计	(1) + (2)	
4	间接费	(3) × 相应费率	
5	利润	[(3) + (4)] × 相应利润率	
6	合计	(3) + (4) + (5)	
7	含税造价	(6) × (1 + 相应税率)	

2. 以人工费和机械费为计算基础（表2-5）

表2-5　以人工费和机械费为计算基础的工料单价法计价程序

序　号	费 用 项 目	计 算 方 法	备　注
1	直接工程费	按预算表	
2	其中人工费和机械费	按预算表	
3	措施费	按规定标准计算	
4	其中人工费和机械费	按规定标准计算	
5	小计	(1) + (3)	
6	人工费和机械费小计	(2) + (4)	
7	间接费	(6) × 相应费率	
8	利润	(6) × 相应利润率	
9	合计	(5) + (7) + (8)	
10	含税造价	(9) × (1 + 相应税率)	

3. 以人工费为计算基础（表2-6）

表2-6　以人工费为计算基础的工料单价法计价程序

序　号	费 用 项 目	计 算 方 法	备　注
1	直接工程费	按预算表	
2	直接工程费中人工费	按预算表	
3	措施费	按规定标准计算	
4	措施费中人工费	按规定标准计算	
5	小计	(1) + (3)	
6	人工费小计	(2) + (4)	
7	间接费	(6) × 相应费率	
8	利润	(6) × 相应利润率	
9	合计	(5) + (7) + (8)	
10	含税造价	(9) × (1 + 相应税率)	

（二）综合单价法计价程序

综合单价法是分部分项工程单价为全费用单价，全费用单价经综合计算后生成，其内容包括直接工程费、间接费、利润和税金（措施费也可按此方法生成全费用价格，多数情况下措施费单独报价，而不包括在综合单价中）。工程量清单计价多采用综合单价。

各分项工程量乘以综合单价的合价汇总后，生成工程发承包价。

由于各分部分项工程中的人工、材料、机械含量的比例不同，各分项工程可根据其材料费占人工费、材料费、机械费合计的比例（以字母"C"代表该项比值）在以下三种计算程序中选择一种计算其综合单价。

1. 当 $C > C_0$（C_0 为本地区原费用定额测算所选典型工程材料费占人工费、材料费和机械费合计的比例）时，可采用以人工费、材料费、机械费合计为基数计算该分项的间接费和利润，见表2-7。

34

表 2-7   以直接工程费为计算基础的综合单价法计价程序

序　号	费　用　项　目	计　算　方　法	备　　注
1	分项直接工程费	人工费＋材料费＋机械费	
2	间接费	(1)×相应费率	
3	利润	[(1)+(2)]×相应利润率	
4	合计	(1)+(2)+(3)	
5	含税造价	(4)×(1+相应税率)	

2. 当 $C < C_0$ 时,可采用以人工费和机械费合计为基数计算该分项的间接费和利润,见表2-8。

表 2-8   以人工费和机械费为计算基础的综合单价法计价程序

序　号	费　用　项　目	计　算　方　法	备　　注
1	分项直接工程费	人工费＋材料费＋机械费	
2	其中人工费和机械费	人工费＋机械费	
3	间接费	(2)×相应费率	
4	利润	(2)×相应利润率	
5	合计	(1)+(3)+(4)	
6	含税造价	(5)×(1+相应税率)	

3. 如该分项的直接费仅为人工费,无材料费和机械费时,可采用以人工费为基数计算该分项的间接费和利润,见表2-9。

表 2-9   以人工费为计算基础的综合单价法计价程序

序　号	费　用　项　目	计　算　方　法	备　　注
1	分项直接工程费	人工费＋材料费＋机械费	
2	直接工程费中人工费	人工费	
3	间接费	(2)×相应费率	
4	利润	(2)×相应利润率	
5	合计	(1)+(3)+(4)	
6	含税造价	(5)×(1+相应税率)	

第四节　工程建设其他费

工程建设其他费是指从工程筹建起到工程竣工验收交付使用止的整个建设期间,除建筑安装工程费用和设备及工、器具购置费用以外的,为保证工程建设顺利完成和交付使用后能够正常发挥效用而发生的各项费用。

工程建设其他费用包括若干独立费用项目,它们的发生有较大的弹性。在不同的建设项目中有些费用可能发生,有些项目可能不会发生;同一项费用在不同的项目建设中发生的几率也会有所差别。工程建设其他费用的发生主要取决于工程建设的技术经济特征,工程建设其他费用的内容和费用的多少与经济管理体制以及国家在一定时期所执行的政策也有密切关系。

工程建设其他费用按其内容大体可分为以下三类:

第一类,指与土地使用有关的费用;

第二类,指与工程建设有关的费用;

第三类,指与未来企业生产经营有关的费用。

一、与土地使用有关的费用

与土地使用有关的费用指建设单位为获得项目国有土地使用权而支付的费用,一般包括以下内容:

第一,建设单位以划拨方式获得项目所需国有土地的使用权而向被拆迁单位支付的拆迁补偿费用。

第二,建设单位以出让方式获得项目所需国有土地的使用权而向国家支付的土地使用权出让金和向被拆迁单位支付的拆迁补偿费用。

第三,建设单位使用征用的集体土地,对被征地单位和农民进行安置、补偿和补助的费用。

二、与项目建设有关的其他费用

(一)建设单位管理费

建设单位管理费是指建设项目从立项、筹建、建设、联合试运转、竣工验收交付使用和使用后评估等全过程管理所需的费用。

1. 建设单位开办费

建设单位开办费是指新建项目为保证筹建和建设工作正常进行所需办公设备、生活家具、用具、交通工具等购置费用。

2. 建设单位经费

建设单位经费包括工作人员的基本工资、工资性补贴、职工福利费、劳动保护费、劳动保险费、办公费、差旅交通费、工会经费、职工教育经费、固定资产使用费、工具用具使用费、技术图书资料费、生产人员招募费、工程招标费、合同契约公证费、工程质量监督检测费、工程咨询费、法律顾问费、审计费、业务招待费、排污费、竣工交付使用清理及竣工验收费、后评估费等。它不包括应计入设备、材料预算价格内的建设单位采购及保管设备和材料所需的费用。

建设单位管理费按照单项工程费之和(包括设备、工器具购置费和建筑安装工程费用)乘以建设单位管理费费率计算。

建设单位管理费费率按照建设项目的不同性质、不同规模确定。有的按照建设工期和规定的金额计算建设单位管理费。

(二)勘察设计费

勘察设计费是指委托勘察、设计单位为本建设项目进行勘察、设计工作,提供勘察、设计工作的成果,按合同支付的勘察、设计费用;为本项目进行可行性研究和评价工作按规定支付的前期工作费用;在规定范围内由建设单位自行完成的勘察、设计工作所需费用。

勘察、设计费按国家颁发的工程勘察设计收费标准和有关规定计算。

(三)研究试验费

研究试验费是指为建设项目提供和验证设计参数、数据、资料等所进行的必要的试验费用以及设计规定在施工中必须进行试验、验证所需费用。它包括自行或委托其他部门研究试验所需人工费、材料费、试验设备及仪器使用费等。该项费用按照设计单位根据本工程项目的需要提出的研究试验内容和要求计算。

(四)建设单位临时设施费

建设单位临时设施费是指项目建设期间,建设单位所需临时设施的搭设、维修、摊销或租赁费用。临时设施包括临时宿舍、文化福利和公用事业房屋及构筑物、仓库、办公室、加工厂以及规定范围内的道路、水、电、管线等临时设施和小型临时设施。

建设单位临时设施费按国家有关收费标准和规定计算。

（五）工程监理费

工程监理费是指委托工程监理单位对工程实施监理工作所需的费用。按国家物价局、建设部《关于发布工程建设监理费用有关规定的通知》等文件的规定计算。

（六）工程保险费

工程保险费是指建设项目在建设期间根据需要实施工程保险所需的费用,包括工程一切险、施工机械险、第三者责任险、机动车辆保险、人身意外险等。根据不同的工程类别,分别以其建筑、安装工程费乘以建筑、安装工程保险费率计算。

（七）引进技术和进口设备其他费用

引进技术和进口设备其他费用是指为本项目引进软件、硬件而应聘来华的外国工程技术人员的生活和接待费用;派出人员到国外培训,进行设计联络以及设备、材料检验所需的差旅费、国外生活费、制装费用等;国外设计、技术专利、技术保密、延期付款或分期付款利息费;进口设备、材料检验费,引进设备投产前应支付的保险费用等。其内容包括:

1. 应聘来华外国工程技术人员(包括随同家属)来华期间的工资、生活补贴、往返旅费、交通费、医药费等。应按与签订的合同或协议规定的人数、期限,依据国家标准计算。

2. 出国人员费用。它是指为引进技术和进口设备派出人员在国外培训和进行设计联络、设备检验等的差旅费、制装费、生活费等。这项费用根据设计规定的出国培训和工作的人数、时间及派往国家,按财政部、外交部规定的临时出国人员费用开支标准及中国民用航空公司现行国际航线票价等进行计算,其中使用外汇部分应计算银行财务费用。

3. 国外设计、技术资料、技术专利及技术保密费等。它包括国外设计及国内配合费用,国外图纸、资料翻译、复制、模型制作等费用;引进样机、备品备件测绘费用;按合同或协议规定支付的专利、技术保密费用。

4. 国外贷款、国内银行承担的经济担保费、银行手续费及保险费用等,应按中国人民总行、原国家计委、财政部、对外经济贸易部及中国人民保险公司等有关部门的规定和标准计算。

5. 进口设备检验鉴定费。它按进口设备、材料货价的3% ~5%计算。

（八）国内专有技术及专利使用费

国内专有技术及专利使用费是指根据工程项目的需要为支付国内的专有技术和专利使用的费用。一般由专有技术或专利的拥有方与使用方相互议定或按有关主管部门规定的收费办法计算。

（九）工程承包费

工程承包费是指具有总承包条件的工程,对工程建设项目从开始建设至竣工投产全过程的总承包所需的管理费用。具体内容包括组织勘察设计、设备材料采购、非标准设备设计制造与销售、施工招标、发包、工程预决算、项目管理、施工质量监督、隐蔽工程检查、验收直至竣工投产的各种管理费用。不实行工程承包的项目不计算本费用。

三、与未来企业生产经营有关的其他费用

（一）联合试运转费

联合试运转费是指新建企业或新增加生产工艺过程的扩建企业在竣工验收前,按照施工合同约定的工程质量标准,进行整个车间的有负荷或无负荷联合试运转发生的支出费用大于试运转收入的亏损部分。费用内容包括:试运转所需的原料、燃料、油料和动力的费用,机械使用费用,低值易耗品及其他物品的购置费用和施工单位参加联合试运转人员的工资等。试运转收入包括试运转产品销售和其他收入,不包括应由设备安装工程费用项目下开支的单台设备调试费及试车费用。

联合试运转费一般根据项目的不同性质按需要试运转车间的工艺设备购置费的百分比计算。

如果收入大于支出,则规定盈余部分列入回收金额。

(二)生产准备费

生产准备费是指新建企业或新增生产能力的企业,为保证竣工交付使用进行必要的生产准备所发生的费用。费用内容包括:

1. 生产人员培训费

生产人员培训费包括自行培训、委托其他单位培训的人员工资、工资性补贴、职工福利费、差旅交通费、学习资料费、学习费、劳动保护费等。

2. 生产单位提前进厂参加施工、设备安装、调试等,以及熟悉工艺流程及设备性能等人员的工资、工资性补贴、职工福利费、差旅交通费、劳动保护费等。生产准备费一般根据需要培训和提前进厂人员的人数及培训时间(一般为 4~6 个月)按生产准备费指标进行估算。

(三)办公和生活家具购置费

办公和生活家具购置费是指为保证新建、改建、扩建项目初期正常生产、使用和管理所必须购置的办公和生活家具、用具的费用。改建、扩建项目所需的办公和生活;用具购置费,应低于新建项目。其范围包括办公室、会议室、资料档案室、阅览室、文娱室、食堂、浴室、理发室、单身宿舍和设计规定必须建设的托儿所、卫生所、招待所、中小学校等家具用具购置费。该项费用按照设计定员人数乘以综合指标计算。

第五节　预备费、建设期贷款利息和固定资产投资方向调节税

一、预备费

预备费包括基本预备费和涨价预备费。

(一)基本预备费(又称工程建设不可预见费)

基本预备费,是指在初步设计文件及设计概算中难以事先预料,而在建设期间可能发生的工程费用。其内容包括:

1. 在技术设计、施工图设计和施工过程中,在批准的初步设计范围内所增加的工程费用,设计变更、局部地基处理等增加的费用。

2. 由于一般性自然灾害造成的损失和预防自然灾害所采取的预防措施费用。

3. 竣工验收时,竣工验收组织为鉴定工程质量,必须开挖和修复隐蔽工程的费用。

基本预备费是按设备及工器具购置费、建筑安装工程费用和工程建设其他费用三者之和为基数,乘以基本预备费费率进行计算。即:

$$
基本预备费 = \left(\begin{matrix} 设备及工器具 \\ 购置费 \end{matrix} + 建筑工程费 + 安装工程费 + \begin{matrix} 工程建设 \\ 其他费 \end{matrix} \right) \times \begin{matrix} 基本预备费 \\ 费率 \end{matrix}
$$

(2.5-1)

基本预备费率的取值应执行国家及部门的有关规定。在项目建议书和可行性研究阶段，基本预备费率一般取 10% ~15%；在初步设计阶段，基本预备费率一般取 7% ~10% 。

（二）涨价预备费（又称价格变动不可预见费）

涨价预备费，是指为应对项目建设期间内由于价格等变化引起工程造价增加而预留的费用。费用内容包括人工、设备、材料、施工机械的价差费；建筑安装工程费及工程建设其他费用调整，利率、汇率调整等增加的费用。涨价预备费的测算，一般根据国家规定的投资综合价格指数，以估算年份价格水平的投资额为基数，采用复利方法计算。其计算公式为：

$$PF = \sum_{t=1}^{n} I_t [(1 + f)^t - 1] \qquad (2.5\text{-}2)$$

式中　PF——涨价预备费；

　　　I_t——建设期中第 t 年的投资额，包括设备及工器具购置费、建筑工程费、安装工程费及基本预备费；

　　　f——建设期价格上涨指数；

　　　n——建设期期数。

【例 2-2】　某项目的建筑工程费、设备及工器具购置费、安装工程费之和，基本预备费之和（工程建设费）为 250000 万元，按本项目进度计划，项目建设期为 5 年，5 年的投资分年度使用比例为第一年 10%，第二年 20%，第三年 30%，第四年 30%，第五年 10%，建设期内年平均价格变动率为 6%，试估计该项目建设期的涨价预备费。

解：

第一年投资计划用款额：　$I_1 = 250000 \times 10\% = 25000$（万元）

第一年涨价预备费：　$PF_1 = I_1 [(1 + f) - 1] = 25000 \times [(1 + 6\%) - 1] = 1500$（万元）

第二年投资计划用款额：　$I_2 = 250000 \times 20\% = 50000$（万元）

第二年涨价预备费：　$PF_2 = I_2 [(1 + f)^2 - 1] = 50000 \times [(1 + 6\%)^2 - 1] = 6180$（万元）

第三年投资计划用款额：　$I_3 = 250000 \times 30\% = 75000$（万元）

第三年涨价预备费：　$PF_3 = I_3 [(1 + f)^3 - 1] = 75000 \times [(1 + 6\%)^3 - 1] = 14326.2$（万元）

第四年投资计划用款额：　$I_4 = 250000 \times 30\% = 75000$（万元）

第四年涨价预备费：　$PF_4 = I_4 [(1 + f)^4 - 1] = 75000 \times [(1 + 6\%)^4 - 1] = 19685.8$（万元）

第五年投资计划用款额：　$I_5 = 250000 \times 10\% = 25000$（万元）

第五年涨价预备费：　$PF_5 = I_5 [(1 + f)^5 - 1] = 25000 \times [(1 + 6\%)^5 - 1] = 8455.6$（万元）

项目建设期的涨价预备费为：　$PF = PF_1 + PF_2 + PF_3 + PF_4 + PF_5$

　　　　　　　　　　　　　　$= 1500 + 6180 + 14326.2 + 19685.8 + 8455.6$

　　　　　　　　　　　　　　$= 50147.6$（万元）

二、建设期贷款利息

建设期贷款利息包括向国内银行和其他非银行金融机构贷款、出口信贷、外国政府贷款、国际商业银行贷款以及在境内外发行的债券等在建设期间内应偿还的借款利息。该项利息，按规定应列入建设项目投资之内。建设期贷款利息实行复利计算。

（1）当贷款总额一次性贷出且利率固定的贷款，按下列公式计算：

$$F = P \cdot (1 + i)^n \qquad (2.5\text{-}3)$$

贷款利息：
$$I = F - P \tag{2.5-4}$$

式中　P——一次性贷款总金额；

　　　F——建设期还款时的本利和；

　　　i——年利率；

　　　n——贷款期限。

（2）当贷款在建设期各年年初发放，建设期贷款利息的计算公式为：
$$I_t = (P_{t-1} + A_t) \cdot i \tag{2.5-5}$$

式中　I_t——建设期第 t 年应计利息；

　　　P_{t-1}——建设期第 $t-1$ 年末借款本息累计；

　　　A_t——建设期第 t 年借款额；

　　　i——借款年利率。

（3）当总贷款是分年均衡发放时，建设期利息的计算可按当年借款在年中支用考虑，即当年贷款按半年计息，上年贷款按全年计息。其计算公式为：
$$I_t = (P_{t-1} + 0.5A_t) \cdot i \tag{2.5-6}$$

式中　I_t——建设期第 t 年应计利息；

　　　P_{t-1}——建设期第 $t-1$ 年末借款本息累计；

　　　A_t——建设期第 t 年借款额；

　　　i——借款年利率。

国外贷款利息的计算中，还应包括国外贷款银行根据贷款协议向贷款方以年利率的方式收取的手续费、管理费、承诺费以及国内代理机构经国家主管部门批准的以年利率的方式向贷款单位收取的转贷费、担保费、管理费等。

【例 2-3】　某新建项目，建设期为 3 年，第一年贷款 300 万元，第二年贷款 600 万元，第三年贷款 400 万元，年利率为 6%。

问题：1. 建设期各年年初发放，计算建设期贷款利息。

　　　2. 建设期分年均衡进行贷款，计算项目建设期贷款利息。

解：

问题 1

第一年贷款利息：　$I_1 = A_1 \cdot i = 300 \times 6\% = 18$（万元）

第二年贷款利息：　$I_2 = (P_1 + A_2) \cdot i = (300 + 18 + 600) \times 6\% = 55.08$（万元）

第三年贷款利息：　$I_3 = (P_2 + A_3) \cdot i = (300 + 18 + 600 + 55.08 + 400) \times 6\% = 82.38$（万元）

所以，项目建设期贷款利息为：　$I = I_1 + I_2 + I_3 = 18 + 55.08 + 82.38 = 155.46$（万元）

问题 2

第一年贷款利息：　$I_1 = 0.5A_1 \cdot i = 0.5 \times 300 \times 6\% = 9$（万元）

第二年贷款利息：　$I_2 = (P_1 + 0.5A_2) \cdot i = (300 + 9 + 0.5 \times 600) \times 6\% = 36.54$（万元）

第三年贷款利息：　$I_3 = (P_2 + 0.5A_3) \cdot i = (300 + 9 + 600 + 36.54 + 0.5 \times 400) \times 6\%$
　　　　　　　　$= 68.73$（万元）

所以，项目建设期贷款利息为：　$I = I_1 + I_2 + I_3 = 9 + 36.54 + 68.73 = 114.27$（万元）

三、固定资产投资方向调节税

为贯彻国家产业政策,控制投资规模,引导投资方向,调整投资结构,加强重点建设,促进国民经济持续稳定协调发展,对在我国境内进行固定资产投资的单位和个人(不含中外合资经营企业、中外合作经营企业和外商独资企业)征收固定资产投资方向调节税(简称投资方向调节税)。

(一)税率

根据国家产业政策和项目经济规模实行差别税率,税率分为 0%、5%、10%、15%、30% 五个档次。差别税率按两大类设计,一类是基本建设项目投资;另一类是更新改造项目投资。前者设计了 0%、5%、15%、30% 四挡税率;后者设计了 0%、10% 两挡税率。

(二)计税依据

投资方向调节税以固定资产投资项目实际完成投资额为计税依据。实际完成投资额包括:设备及工器具购置费、建筑安装工程费、工程建设其他费用及预备费。但更新改造项目是以建筑工程实际完成的投资额为计税依据。

(三)计税方法

首先,确定单位工程应税投资完成额;其次,根据工程性质及划分的单位工程情况,确定单位工程的适用税率;最后,计算各个单位工程应纳的投资方向调节税税额,并将各单位工程应纳税额汇总,即得出整个项目的应纳税额。

(四)缴纳办法

投资方向调节税按固定资产投资项目的单位工程年度计划投资额预缴,年度终了后,按年度实际完成投资额结算,多退少补。项目竣工后,按应征收投资方向调节税的项目及其单位工程的实际完成投资额进行清算,多退少补。

根据国务院的决定,对《中华人民共和国固定资产投资方向调节税暂行规定》的纳税义务人,其固定资产投资应税项目自 2000 年 1 月 1 日起新发生的投资额,暂停征收固定资产投资方向调节税。但该税种未取消。

第六节　国外工程施工合同价格构成

在国际建筑市场上,工程施工合同价格是通过招标投标方式确定的。国外工程施工合同价格构成与我国建筑安装工程费用的构成比较相似,尤其是直接费的计算基本一致。国外工程费用的高低受建筑产品供求关系影响较大,鼓励以竞争的方式通过市场形成工程价格。

一、工程施工发包承包价格的构成

(一)直接费用构成

1. 工资

国外一般工程施工的工人按技术要求划分为高级技工、熟练工、半熟练工和壮工。当工程价格采用平均工资计算时,要按各类工人总数的比例进行加权计算。工资应包括基本工资,加班费,津贴,招雇、解雇费用等。我国的国外工程人工单价包含派出工人工资单价和国外雇佣工人工资单价。

2. 材料费

(1)材料原价。在当地材料市场中采购的材料则为采购价,包括材料出厂价和采购供销手续费等。进口材料一般是指到达当地海港的交货价。

（2）运杂费。在当地采购的材料是指从采购地点至工程施工现场的短途运输费、装卸费。对于进口材料则为从当地海港运至工程施工现场的运输费、装卸费。

（3）税金。在当地采购的材料，采购价中一般已包括税金。对于进口材料则为工程所在国的进口关税和手续费等。

（4）运输损耗及采购保管费。

（5）预涨费。根据当地材料价格年平均上涨率和施工年数，按材料原价、运杂费、税金、运输损耗及采购保管费之和的一定百分比计算。

3. 施工机械费

大型自有机械台时单价，一般由每台时应摊折旧费、应摊维修费、台时消耗的能源和动力费、台时应摊的驾驶工人工资以及工程机械设备险投保费、第三者责任险投保费等组成。如果使用租赁施工机械，其费用则包括租赁费、租赁机械的进出场费等。

（二）管理费

管理费包括工程现场管理费（约占整个管理费的20%～30%）和公司管理费（约占整个管理费的70%～80%）。管理费除了包括与我国施工管理费构成相似的工作人员工资、工作人员辅助工资、办公费、差旅交通费、固定资产使用费、生活设施使用费、工具用具使用费、劳动保护费、检验试验费、上级管理费以外，还包括业务经营费。业务经营费包括：

1. 广告宣传费。它指承包公司为招揽业务、宣传该公司的承包工程范围和提供服务项目等所开支的费用，包括宣传资料、广告、电视、报刊等支付的费用。

2. 交际费。工程从投标到施工期间日常接待工作中发生的饮料、宴请及礼品等费用。这项费用是国外工程中不可避免的。

3. 业务资料费。从投标开始到工程竣工所需文件及资料的购买费及复印费等。这项费用，在国外实际开支比国内大，因为国外一切交往中，口头的相互许诺是不成立的，均应以书面文字资料为准。它包括一切会议、谈判、设计修改、材料代换、电话记录等。

4. 业务手续费。施工企业参加投标时，必须由银行开具投标保函，在中标后必须由银行开具履约保函；在收到业主的工程预付款以前必须由银行开具预付款保函；在工程竣工后，必须由银行开具质量或维修保函。在开具以上保函时，银行要收取一定的担保费。

5. 佣金。佣金包括代理人、法律顾问及会计师佣金。

6. 保险费及税金。保险费及税金包括工程保险、第三方保险、印花税、转手税、公司所得税、个人所得税、营业税、社会安全税等。

7. 贷款利息。在许多国家，施工企业的业务经营费往往是管理费用中所占比重最大的一项，大约占整个管理费的30%～38%。

（三）开办费

开办费即准备费。在许多国家，开办费一般是在各分部分项工程造价的前面按单项工程分别单独列出。其内容视招标文件而定。一般开办费约占工程价格的10%～20%。它一般包括以下内容：

1. 施工用水、用电费。施工用水费包括自行取水或供水公司供水的用水费用，可按实际打井、抽水、送水发生的费用估算，也可按占直接费的比率估计。施工用电费包括自备电源和供电部门供电的用电费用，可按实际需要的电费或自行发电费估算，也可按占直接费的比率估计。

2. 工地清理费及完工后清理费。它包括建筑物烘干费,临时围墙、安全信号、防护用品的费用以及恶劣气候条件下的工程防护费、污染费、噪声费,其他法定的防护费用。

3. 周转材料费,如脚手架、模板的摊销费等。

4. 临时设施费。临时设施费包括生活用房、生产用房、临时通信、室外工程(包括道路、停车场、围墙、给排水管道、输电线路等)的费用,可按实际需要计算。此项费用一般较大。

5. 驻工地工程师的现场办公室及设备的费用。驻工地工程师的现场办公室及设备的费用包括驻地工程师的办公、居住房屋;测试仪表、交通车辆、供电、供水、供热、通信、空调;家具与办公用品等的费用。一般在招标文件的技术规范中有明确的面积、质量标准及设备清单等要求,可按工程所在地的做法计算。如果要求配备一定的服务人员或试验助理人员,则其工资费用也需计入。

6. 试验室及设备费。试验室及设备费包括招标文件要求的试验室,试验设备及工具(包括家具与器皿)等的费用。若需配备辅助人员,其辅助人员的工资费用也应列入计算。

7. 其他。一般包括工人现场福利费及安全费、职工交通费、日常气候报表费、现场道路及进出场道路修筑及维护费、恶劣气候下的工程保护措施费、现场保卫设施费等。

(四)利润

在国际工程市场上,施工企业的利润一般占成本的 10% ~ 15%,也有的管理费与利润合取,占直接费的 30% 左右。具体工程的利润率要根据具体情况,如工程难易、现场条件、工期长短、竞争对手的情况等确定。在激烈的工程承包市场竞争中,利润率的确定是投标报价的关键,承包商应明确在该工程应收取的利润额,并分摊到分项工程单价中。

(五)暂定金额和指定单价

暂定金额是指包括在合同中,供工程任何部分的施工或提供货物、材料、设备或服务、不可预料事件的费用使用的一项金额,这项金额只有工程师批准后才能动用,也称特定金额或备用金。

指定单价由业主工程师自行决定使用,该单价仅包括运到施工现场的特殊项目的材料费用。

(六)分包工程费用

分包工程费用,是指分包工程的直接费、管理费和利润,还包括分包单位向总包单位缴纳的总包管理费、其他服务费和利润。

二、国外工程施工合同价格费用的组成形式

上述组成造价的各项费用体现在投标报价中有三种形式:组成分部分项工程单价、单独列项和分摊进单价。

(一)组成分部分项工程单价

人工费、机械费和材料费直接消耗在分部分项工程上,在费用和分部分项工程之间存在着直观的对应关系,所以人工费、机械费和材料费组成分部分项工程单价,单价与工程量相乘得分部分项工程价格。

(二)单独列项

这种方式适用于不直接消耗在某分部分项工程上,无法与分部分项工程直接对应,但是对完成工程建设又必不可少。开办费中的项目有临时设施、为业主提供的办公和生活设施、脚手架等费用,经常在工程量清单的开办费部分单独分项报价,所以必须在单独列项和分摊进单价中明确其包含的内容。无法准确划分比例进入每个分部分项工程单价,以单独列项的方式进入报价比较合适。

（三）分摊进单价

承包商总部管理费、利润和税金以及开办费中的项目,经常以一定的比例分摊进单价。

（四）选择费用发生

需要注意的是,开办费项目在单独列项和分摊进单价这两种方式中采用哪一种,要根据招标文件和计算规则的要求而定。有的计算规则包括的开办费项目比较齐全,有的计算规则包括的开办费项目却比较少。

思考题

1. 简述工程造价的构成。
2. 简述进口设备购置费的构成。
3. 简述工程建设其他费用项目的构成。
4. 简述建筑安装工程费用项目的构成。
5. 工程造价中为什么要设置预备费？预备费的分类？

第三章 工程造价管理相关知识

学习目标

1. 了解现金流量的概念、资金时间价值的概念及其表现形式,了解经济评价的主要内容,了解全寿命周期成本的概念及其构成,了解价值工程的基本原理;
2. 熟悉现金流量图的编制,熟悉不确定性分析的方法;
3. 掌握资金时间价值与等值计算的基本方法,掌握投资项目经济评价的主要方法,掌握寿命周期成本的评价方法和价值工程的应用。

学习重点

1. 资金的时间价值与等值的计算;
2. 投资项目的经济评价方法。

第一节 现金流量、资金的时间价值与等值计算

一、现金流量

(一)现金流量的概念

在进行工程经济分析时,可把所考察的对象视为一个系统,这个系统可以是一个建设项目、一个企业,也可以是一个地区、一个国家。而投入的资金、花费的成本、获取的收益,均可看成是以资金形式体现的该系统的资金流出或资金流入。这种在考察对象整个期间各时点上实际发生的资金流出或资金流入称为现金流量,其中流出系统的资金称为现金流出,流入系统的资金称为现金流入,现金流入与现金流出之差称为净现金流量。在实际应用中,现金流量因工程经济分析的范围和经济评价方法不同,分为财务现金流量和国民经济效益费用流量,前者用于财务评价,后者用于国民经济评价。

(二)现金流量图

对于一个经济系统,其各种现金流量的流向(支出或收入)、数额和发生时间都不尽相同,为了正确地进行工程经济分析计算,我们有必要借助现金流量图来进行分析。所谓现金流量图,就是一种反映经济系统资金运动状态的图式,即把经济系统的现金流量绘入一时间坐标图中,表示出各现金流入、流出与相应时间的对应关系,如图 3-1 所示。运用现金流量图,就可全面、形象、直观地表达经济系统的资金运动状态。

下面以图 3-1 说明现金流量图的作图方法与规则。

1. 水平线代表时间标度,时间的推移从左至右每一格代表一个时间单位,可取年、半年、季或月等;其标度为该期的期末,零点为第一期的始点。

2. 相对于时间坐标的垂直箭线代表不同时点的现金流量情况,现金流量的性质(流入或流出)是对特定的人而言的。对投资人而言,箭头向上表示现金流入,即表示收益;向下表示现金流出,即表示费用。箭头的长短代表现金流量的大小。

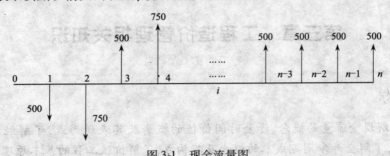

图 3-1 现金流量图

3. 在现金流量图中,箭线长短要能适当体现各时点现金流量数值的差异,并在各箭线上方(或下方)注明其现金流量的数值。

4. 箭线与时间轴的交点即为现金流量发生的时间单位末。

总之,要正确绘制现金流量图,必须把握好现金流量的三要素,即:现金流量的大小(现金数额)、方向(现金流入或流出)和作用点(现金发生的时间点)。

二、资金的时间价值

(一)资金时间价值的概念

资金的时间价值,就是指货币资金在时间推移中,与劳动相结合的增值能力。它是和利息紧密相连,并且由于利息的存在而产生的。

在工程经济分析中,无论是技术方案所发挥的经济效益或所消耗的人力、物力和自然资源,最后都是以价值形态,即资金的形式表现出来的。换句话说,资金是劳动手段、劳动对象和劳动报酬的价值表现。资金运动反映了物化劳动和活劳动的劳动过程,而这个过程也是资金随时间运动的过程。因此,在工程经济分析时,不仅要着眼于方案资金量的大小(资金收入和支出的多少),而且还要考虑资金发生的时间。

货币资金用于投资的一个重要特性就是它具有时间价值。一方面,投资把资金作为一种生产要素,投入生产与劳动相结合,形成价值增值,在不考虑通货膨胀的条件下,这一增值过程表现为处在资金运动不同时刻的资金具有不同的价值,今日的 1 元钱与以后的 1 元钱在价值量上是不等的,今天的 1 元钱比将来的 1 元钱会更有价值。这是因为今天的 1 元钱能够立即用来投资,带来收益。也就是说,现在的 1 元钱在投资的这段时间内产生了增值,而将来的 1元钱则不能在今天投资。由此看来,资金是运动的价值,资金的价值是随时间变化而变化的,是时间的函数,随时间的推移而增值,其增值的这部分资金就是原有资金的时间价值;另一方面,由于投资总会带来利润,使货币资金增值,而投资即是放弃一次使用资金获利的机会,因此,要求按放弃资金使用时间长短计算报酬。带来报酬的投资,刺激投资者尽快回收投资,重新投资从而获得更多报酬。

资金的时间价值是客观存在的,是符合经济规律的,而不是人为的。正确理解货币资金的时间价值,有利于我们从资金运动的时间观念上,即从贷款期和投资周期上选择筹资方式,在资金的使用上合理分配资金,有效的利用资金,减少资金成本,提高资金的利用率。但是,货币具有时间价值并不意味着货币本身能够增值,而是因为货币代表着一定量的物化劳动,并在生

46

产和流通中与劳动相结合,才产生增值。货币如果作为储藏手段保存起来,则不论经过多长时间,仍为同名义货币,金额不变,只有作为社会生产资金(或资本)参与再生产过程,才会带来利润,得到增值。因此货币时间价值也称资金时间价值。

资金的时间价值的大小取决于多方面,从投资者的角度来看主要有以下几方面:

1. 投资利润率,即单位投资所能取得的利润;

2. 通货膨胀因素,即对因货币贬值造成的损失所做出的补偿;

3. 风险因素,即因风险的存在可能带来的损失所应做的补偿。

具体到一个企业来说,由于对资金这种资源的稀缺程度、投资利润以及资金面临的风险各不相同,因此相同的资金量其资金时间价值也会有所不同。

（二）资金时间价值的表现形式

资金时间价值是以利息、利润和收益的形式来反映的,通常以利息和利息率(简称利率)两个指标表示。

1. 利息

利息是资金投入生产后在一定时期内所产生的增值,或使用资金的回报。利息是衡量资金时间价值的绝对尺度,是其最直观的表现。计算资金时间价值的方法主要是计算利息的方法,利息通常根据利率来计算。

2. 利率

利率就是在单位时间内(如年、半年、季、月、周、日等)所得利息与借贷款金额之比,通常用百分数表示。即:

$$利率\ i = \frac{单位时间内所得的利息\ I_n}{本金\ P \times 100\%} \tag{3.1-1}$$

式中用于表示计算利息的时间单位称为计息周期,计息周期通常为年、半年、季、月、周或天。

【例3-1】 某公司现贷款100万元,一年后付息7万元,则年利率为:

$$(7/100) \times 100\% = 7\%$$

3. 利息和利率在工程经济活动中的作用

（1）利息和利率是以信用方式动员和筹集资金的动力。以信用方式筹集资金的特点就在于投资者的自愿性,而自愿性的动力来源于利息和利率。投资者如果要投资,首先要考虑的是投资某一项目所得到的利息(或利润)是否比把这笔资金投入其他项目所得的利息(或利润)多,如果多他就可以选择在这个项目投资,反之他就可能不对这个项目投资。

（2）利息是促进企业加强经济核算,节约使用资金的动力。企业如果借款就要支付利息,增加支出负担,这就使得企业必须精打细算以节约使用资金,减少借入资金的占用以少付利息。

（3）利息和利率是国家管理经济的重要杠杆。国家在不同时期制定不同的利息政策,对不同地区、不同部门规定不同的利率标准,就会对整个国民经济产生影响。

4. 工程经济计算中的利率与银行存款利率的异同

两者都表示货币资金在时间推移中的相对增值能力,都是和利息紧密相连并由于利息的产生而客观存在的。但是,工程经济计算中考虑资金的时间价值与通货膨胀无关,因此利率是指不考虑通货膨胀的情况下资金的购买力随时间的推移而增值;而银行存款利率是包括通货膨胀的影响的,当物价波动较大,使投资者的收益受到影响时,国家以保值补贴的方式对存款者给予补偿。

（三）有关资金时间价值计算的几个概念

1. i——利率（折现率）

在工程经济分析中把根据未来的现金流量求现在的现金流量时所使用的利率称为折现率。本书对利率和折现率一般不加以区分，统用 i 来表示，并且 i 一般指年利率（年折现率）。

2. n——计息次数

指投资项目在从开始投入资金（开始建设）到项目的寿命周期终结为止的整个期限内，计算利息的次数，通常以"年"为单位。

3. P——现值（即现在的资金价值或本金，Present Value）

指资金发生在（或折算为）某一特定时间序列起点上的价值。在工程经济分析中，它表示在现金流量图中 0 点的投资数额，或投资项目的现金流量折算到 0 点时的价值。

4. F——终值（n 期末的资金价值或本利和，Future Value）

指资金发生在（或折算为）某一特定时间序列终点上的价值。其含义是：期初投入或产出的资金转换为计算期末的期终值，即期末本利和的价值。

5. A——年金

发生在（或折算为）某一特定时间序列各计息期末（不包括零期）的等额资金序列的价值。

6. 等值

是指在特定利率条件下，在不同时点的两笔绝对值不相等的资金具有相同的价值。

（四）计算资金时间价值的基本方法

1. 单利法

单利法计算资金的时间价值是仅考虑本金产生的利息不考虑利息在下一个计息周期产生利息。单利法也就是通常所说的"利不生利"的计息方法。单利法计算资金的时间价值，当本金和计算期数一定时，利息与利率成正比。其利息计算公式为：

$$I_n = P \times i \times n \qquad\qquad (3.1\text{-}2)$$

式中　I_n——利息；

　　　P——本金；

　　　i——利率；

　　　n——计息周期。

其本利和公式为：

$$F = P(1 + i \times n) \qquad\qquad (3.1\text{-}3)$$

式中　F——第 n 期期末的本利和，$(1 + i \times n)$ 称为单利终值系数。

在采用式（3.1-3）计算本利和 F 时，要注意式中的 n 和 i 反映的时期要一致，如 i 为年利率，则 n 应为计息的年数；若 i 为月利率，n 即应为计息的月数。

【例 3-2】　假设某人向银行存款 10000 元，第四年末支取，年利率为 8%，单利计算，则到期应得本利和为多少？

解：$P = 10000$（元），$i = 8\%$，$n = 4$ 年

则第 4 年末本利和 $F_4 = 10000(1 + 8\% \times 4) = 13200$（元）

单利法虽然考虑了资金的时间价值，但仅是对本金而言，而没有考虑每期所得利息再进入

社会再生产过程从而实现增值的可能性,这是不符合资金运动的实际情况的。因此单利法未能完全反映资金的时间价值,在应用上有局限性,通常仅限于短期投资及期限不超过一年的借款项目。

2. 复利法

复利法是在单利法的基础上发展起来的,它克服了单利法存在的缺点。用复利法计算资金的时间价值时,不仅要考虑本金产生的利息,而且要考虑利息在下一个计息周期产生的利息,以本金与各期利息之和为基数逐期计算本利和。复利法也即通常所说的"利生利"、"利滚利"。其利息计算公式为:

$$I_n = i \times F_{(n-1)} \tag{3.1-4}$$

式中 $F_{(n-1)}$——第$(n-1)$期期末的本利和。

其本利和的计算公式为:

$$F = P(1+i)^n \tag{3.1-5}$$

公式(3.1-5)的推导过程如下:

设本金为P,每一计息周期利率为i,计算期为n,每一期末P产生的利息为I,本金与利息之和为F。

第一期末P产生利息为$I_1 = P \times i$,本利和$F_1 = P + P \times i = P(1+i)$;

第二期末利息为$I_2 = P(1+i) \times i$,本利和为

$$F_2 = F_1 + I_2 = P(1+i) + P(1+i) \times i = P(1+i)^2;$$

第三期末利息为$I_3 = P(1+i)^2 \times i$,本利和为

$$F_3 = F_2 + I_3 = P(1+i)^2 + P(1+i)^2 \times i = P(1+i)^3;$$

以此类推,第n期末本利和为:

$$F_n = P(1+i)^n$$

【例3-3】 在例3-2中,若年利率仍为8%,但按复利计息,则到期应得本利和为多少?

解:用复利法计算,根据复利计算公式有:

$$
\begin{aligned}
F &= P(1+i)^n \\
&= 10000 \times (1+8\%)^4 \\
&= 13604.89(元)
\end{aligned}
$$

与用单利法计算的结果相比增加了$13604.89 - 13200 = 404.89$元,这个差额所反映的就是利息的资金时间价值。

复利法的思想符合社会再生产过程中资金运动的实际情况,完全体现了资金的时间价值,因此,在工程经济分析中一般都采用复利法。

复利计算有间断复利和连续复利之分。按期(年、半年、季、月、周、日)计算复利的方法称为间断复利(即普通复利);按瞬时计算复利的方法称为连续复利。

3. 名义利率与实际利率

在复利计算中,利率周期通常以年为单位,它可以与计息周期相同,也可以不同。当利率周期与计息周期不一致时,就出现了名义利率和实际利率的概念。前面已介绍,单利与复利的区别在于复利法包括了利息的利息。实质上,名义利率和实际利率的关系与单利和复利的关系一样,所不同的是名义利率和实际利率是用在计息周期小于利率周期时。

（1）名义利率

所谓名义利率 r,是指计息周期利率 i 乘以一个利率周期内的计息周期数 m 所得的利率周期利率。即:

$$r = i \times m \qquad (3.1-6)$$

若月利率为 1% ,则年名义利率为 12% 。名义利率是以单利法计算所得的年利率,忽略了前面各期利息再生的因素。

（2）实际利率

实际利率(有效利率)是以复利法计算所得的特定利率周期的利率。在用计息周期利率来计算利率周期利率时,将利率周期内的利息再生因素考虑进去,这时得到的利率周期利率就是利率周期实际利率,也称有效利率。

下面推导一下实际利率的计算式。

已知名义利率 r,一个利率周期内计息 m 次,则计息周期利率为 $i = r/m$,在某个利率周期初有资金 P。根据复利法计算本利和公式得该利率周期的本利和 F,即:

$$F = P\left(1 + \frac{r}{m}\right)^m$$

则该利率周期的利息 I 为:

$$I = F - P = P\left(1 + \frac{r}{m}\right)^m - P = P\left[\left(1 + \frac{r}{m}\right)^m - 1\right]$$

根据利率的定义可得该利率周期的实际利率 i_{eff} 为:

$$i_{\text{eff}} = \frac{I}{P} = \left(1 + \frac{r}{m}\right)^m - 1 \qquad (3.1-7)$$

（3）名义利率与实际利率的关系

根据公式(3.1-6)和式(3.1-7)知:

当 $m = 1$ 时,$r = i$,$i_{\text{eff}} = i$,$r = i_{\text{eff}}$;

当 $m = 2$ 时,$r = 2i$,$i_{\text{eff}} = (1 + i)^m - 1 = 2i + i^2$;

当 $m > 2$ 时,可得 $i_{\text{eff}} > r$,且 m 越大,i_{eff} 与 r 的差距越大。

若年名义利率为 r,每年复利 m 次,对一次收付,则 n 年后的本利和为:

$$F = P\left(1 + \frac{r}{m}\right)^{nm} \qquad (3.1-8)$$

【例 3-4】 已知某项目向银行借款,年利率为 10.96% ,同一年计息 1 次、2 次、4 次、12 次时实际利率为多少?

解:$r = 10.96\%$,$m = 1, 2, 4, 12$,代入式(3.1-7)得 $i_{\text{eff 1}} = 10.96\%$,$i_{\text{eff 2}} = 11.26\%$,$i_{\text{eff 4}} = 11.42\%$,$i_{\text{eff 12}} = 11.52\%$ 。

三、等值计算

(一)等值的概念

由前所述,资金有时间价值,即使金额相同,因其发生在不同时间,其价值就不相同。反之,不同时点绝对不等的资金在时间价值的作用下却可能具有相等的价值。把在一个(一系列)时点发生的资金额转换成另一个(一系列)时间点的等值的资金额,这样的一个转换过程就称为资金的等值计算。由于利息是资金时间价值的主要表现形式,因此,对于资金等值计算来讲,其方法与采用复利法计算利息的方法完全相同,即以年复利率计息,按年进行支付。

(二)资金等值计算的基本类型

根据支付方式和等值换算点的不同,资金等值计算公式可分两类:一次支付类型和等额支付类型。

1. 一次支付类型

一次支付又称整付,是指所分析系统的现金流量,无论是流入还是流出均在一个时点上一次发生。它又包括一次支付终值计算和一次支付现值计算两种。

(1)一次支付终值计算公式

现有一项资金,按年利率 i 进行投资,n 年后本利和应该是多少? 也就是已知 P、i、n,求终值 F。此类问题解决需要的公式称为一次支付终值公式,为:

$$F = P(1 + i)^n \tag{3.1-9}$$

公式(3.1-9)表示在利率为 i,计算期数为 n 的条件下,终值 F 和现值 P 之间的等值关系。式中 $(1 + i)^n$ 称为一次支付终值系数,记为 $(F/P, i, n)$,故式(3.1-9)又可表示为:

$$F = P(F/P, i, n) \tag{3.1-10}$$

在 $(F/P, i, n)$ 这类符号中,括号内斜线左侧的符号表示所求的未知数,斜线右侧的符号表示已知数。$(F/P, i, n)$ 即表示在已知 P、i、n 的情况下,求解 F 的值。为了计算方便,通常按照不同的利率 i 和计算期 n 计算出 $(1 + i)^n$ 的值并列表。在计算 F 时,只要从复利表中查出相应的复利系数再乘以本金即为所求。

一次支付终值公式的现金流量如图3-2所示。

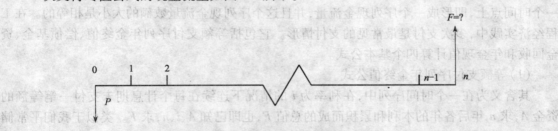

图3-2 一次支付终值现金流量图

【例3-5】 某公司贷款100万元,年复利率 $i = 9\%$,试问6年后连本带利一次需支付多少?

解:根据式(3.1-10)计算得:$F = P(F/P, i, n) = 100(F/P, 9\%, 6)$

将 $(F/P, 9\%, 6) = 1.677$,代入式中,即:

$$F = 100 \times 1.677 = 167.7(万元)$$

(2)一次支付现值计算公式

51

如果我们希望在 n 年后得到一笔资金 F，在年利率为 i 的情况下，现在应该投资多少？也就是已知 F、i、n，求现值 P。所用的公式称为一次支付现值公式，由式（3.1-9）可知公式为：

$$P = F(1 + i)^{-n} \qquad (3.1-11)$$

式中 $(1 + i)^{-n}$——一次支付现值系数，用符号 $(P/F, i, n)$ 表示。

一次支付现值系数 $(P/F, i, n)$ 与一次支付终值系数 $(F/P, i, n)$ 互为倒数。计算现值 P 的过程称为"折现"或"贴现"，其所使用的利率称为折现率或贴现率，$(1 + i)^{-n}$ 或 $(P/F, i, n)$ 也可叫折现系数或贴现系数。同样，式（3.1-11）又可表示为：

$$P = F(P/F, i, n) \qquad (3.1-12)$$

一次支付现值公式的现金流量如图 3-3 所示。

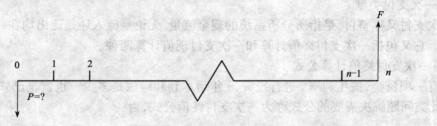

图 3-3　一次支付现值现金流量图

【例 3-6】　某公司 5 年后需要一笔 1000 万元资金，以作为某项固定资产的更新款项，若已知年利率为 10%，试问现在需一次存入银行多少钱？

解：由式（3.1-12）得：$P = F(P/F, i, n) = 1000(P/F, 10\%, 5)$，将 $(P/F, 10\%, 5) = 0.621$，代入式中：

$$P = 1000 \times 0.621 = 621.0（万元）$$

2. 等额支付类型

等额支付是指所分析的系统中现金流入与现金流出可在多个时点发生，而不是集中在某一个时间点上，即形成一个序列现金流量，并且这个序列现金流量数额的大小是相等的。在工程经济实践中，多次支付是最常见的支付情形。它包括等额支付序列年金终值、偿债基金、资金回收和年金现值计算四个基本公式。

（1）等额支付序列年金终值公式

其含义为在一个时间序列中，在利率为 i 的情况下连续在每个计息期末支付一笔等额的资金 A，求 n 年后各年的本利和累积而成的总值 F，也即已知 A、i、n，求 F。类似于我们平常储蓄中的零存整取。

设 A_t 表示第 t 期末发生的现金流量大小，将其换算成计算期末的终值有 $A_t(1 + i)^{n-t}$，则将各时点的现金流量均换算成终值有：

$$F = A_1(1 + i)^{n-1} + A_2(1 + i)^{n-2} + \cdots + A_t(1 + i)^{n-t} + \cdots + A_n$$

$$= \sum_{t=1}^{n} A_t(1 + i)^{n-t}$$

$$= A\left[(1 + i)^{n-1} + (1 + i)^{n-2} + \cdots + (1 + i) + 1\right]$$

$$= A\frac{(1+i)^n - 1}{i} \tag{3.1-13}$$

式中 $\dfrac{(1+i)^n - 1}{i}$——等额系列终值系数或年金终值系数,用符号 $(F/A, i, n)$ 表示,于是式

(3.1-13)又可写成:

$$F = A(F/A, i, n) \tag{3.1-14}$$

等额支付序列年金终值公式的现金流量图见图3-4。

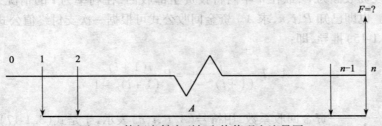

图3-4 等额支付序列年金终值现金流量图

【例3-7】 某企业向银行借款从第1年到第5年,每年借款10万元,年利率9%,第6年末本利一次偿还,问第6年末应偿还本利多少?

解:由式(3.1-14)得:$F = A(F/A, i, n) - 10 = 10(F/A, 9\%, 6) - 10$,将 $(F/A, 9\%, 6) = 7.523$,代入式中:

$$F = 10 \times 7.523 - 10 = 65.23(万元)$$

(2)偿债基金公式

对已知 n 期后应偿还的资金 F,求每期末应存储的等额资金 A,也即已知 F、i、n,求 A。类似于日常商业活动中的分期付款业务。

由式(3.1-13)可得:

$$A = F\frac{i}{(1+i)^n - 1} \tag{3.1-15}$$

式中 $\dfrac{i}{(1+i)^n - 1}$——偿债基金系数,用符号 $(A/F, i, n)$ 表示,它与年金终值系数 $(F/A, i, n)$

互为倒数。于是式(3.1-15)又可写成:

$$A = F(A/F, i, n) \tag{3.1-16}$$

偿债基金公式的现金流量图如图3-5所示。

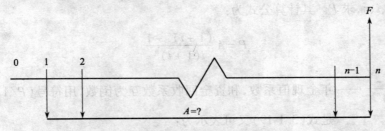

图3-5 偿债基金现金流量图

53

【例3-8】 某企业5年后需一次偿还银行贷款本息共计100万元,年利率12%,求每年末应等额存储多少资金?

解:由式(3.1-16)得:$A = F(A/F,i,n) = 100(A/F,12\%,5)$,因为$(F/A,12\%,5) = 6.353$,则$(A/F,12\%,5)$为0.1574,代入式中:

$$A = 100 \times 0.1574 = 15.74(万元)$$

(3)资金回收公式

期初一次投资数额为P,欲在n年内将投资全部收回,在利率为i的情况下,求每年应等额回收的资金。也即已知P、i、n,求A。资金回收公式可根据一次支付终值公式(3.1-13)和偿债基金公式(3.1-15)推导,即:

$$A = F \frac{i}{(1+i)^n - 1} = P \frac{i(1+i)^n}{(1+i)^n - 1} \qquad (3.1-17)$$

式中 $\dfrac{i(1+i)^n}{(1+i)^n - 1}$ ——资金回收系数,用符号$(A/P,i,n)$表示,于是式(3.1-17)又可表示为:

$$A = P(A/P,i,n) \qquad (3.1-18)$$

资金回收公式现金流量图表示如图3-6所示。

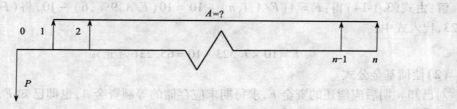

图3-6 资金回收现金流量图

【例3-9】 某项目投资100万元,计划在8年内全部回收投资,若已知年利率为8%,问该项目每年平均净收益应达到多少?

解:由式(3.1-18)得:$A = P(A/P,i,n) = 100(A/P,8\%,8)$,将$(A/P,8\%,8) = 0.174$,代入式中:

$$A = 100 \times 0.174 = 17.40(万元)$$

(4)年金现值公式

在n年内每年等额收支一笔资金A,则在利率为i的情况下,求此等额年金收支的现值总额,也即已知A、i、n,求P。其计算公式为:

$$P = A \frac{(1+i)^n - 1}{i(1+i)^n} \qquad (3.1-19)$$

式中 $\dfrac{(1+i)^n - 1}{i(1+i)^n}$ ——年金现值系数,和资金回收系数互为倒数,用符号$(P/A,i,n)$表示,于是式(3.1-19)又可表示为:

$$P = A(P/A,i,n) \qquad (3.1-20)$$

年金现值公式的现金流量图如图 3-7 所示。

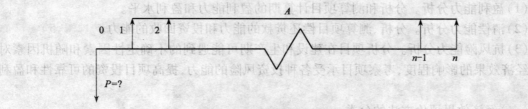

图 3-7　年金现值现金流量图

【例 3-10】　某高校每年需奖学金 30000 元,为期 10 年,年利率为 10%,则期初应筹措的基金为多少?

解:由式(3.1-20)得:$P = A(P/A, i, n) = 30000(P/A, 10\%, 10)$,将 $(P/A, 10\%, 10) = 6.145$,代入式中:

$$P = 30000 \times 6.145 = 184350(元)$$

3. 计算公式小结

以上介绍的六个基本公式在工程经济分析中经常用到,为便于理解和查阅,把这六个公式列在表 3-1 中。

表 3-1　六个基本资金等值公式计算

公式名称	已知	所求	系数符号	公式
一次支付终值	P	F	$(F/P, i, n)$	$F = P(1+i)^n$
一次支付现值	F	P	$(P/F, i, n)$	$P = F(1+i)^{-n}$
等额支付终值	A	F	$(F/A, i, n)$	$F = A \dfrac{(1+i)^n - 1}{i}$
偿债基金	F	A	$(A/F, i, n)$	$A = F \dfrac{i}{(1+i)^n - 1}$
资金回收	P	A	$(A/P, i, n)$	$A = P \dfrac{i(1+i)^n}{(1+i)^n - 1}$
年金现值	A	P	$(P/A, i, n)$	$P = A \dfrac{(1+i)^n - 1}{i(1+i)^n}$

第二节　投资项目经济评价方法

一、投资项目经济效果评价及其分类

(一)经济效果评价的内容

在工程经济研究中,经济效果评价是对评价方案计算期内各种有关技术经济因素和方案投入与产出的有关财务、经济资料数据进行调查、分析、预测,对方案的经济效果进行计算、评价,分析比较各方案的优劣,从而确定和选择最优方案。

经济效果评价分析主要包括三个方面的内容：

（1）盈利能力分析。分析和测算项目计算期的盈利能力和盈利水平。

（2）清偿能力分析。分析、测算项目偿还贷款的能力和投资回收的能力。

（3）抗风险能力分析。分析项目在建设和生产期可能遇到的不确定性因素和随机因素对项目经济效果的影响程度，考察项目承受各种投资风险的能力，提高项目投资的可靠性和盈利性。

（二）经济效果评价方法的分类

经济效果评价是工程经济分析的核心内容，其目的在于确保投资决策的正确性和科学性，避免或最大限度地减少投资方案的风险，最大限度地提高项目投资的综合经济效益，为项目的投资决策提供科学的依据。因此，正确选择经济效果评价的指标和方法十分重要。

经济效果评价的基本方法包括确定性评价和不确定性评价两类。对同一个项目必须同时进行确定性评价和不确定性评价。

按是否考虑时间因素又可把经济效果评价方法分为静态评价方法和动态评价方法。

二、投资项目经济评价指标

（一）经济评价指标体系

在对投资项目进行经济评价前，首先需要建立一套评价指标，并确定一套科学的评判可行与否的标准。评价经济效果的好坏，一方面取决于基础数据的完整性和可靠性，另一方面则取决于选取的评价指标体系的合理性。只有选取正确的评价指标体系，经济效果评价的结果才能与客观实际情况相吻合，才具有实际意义。

根据不同的划分标准，对投资项目评价指标体系可以进行不同的分类。

1. 根据投资项目评价指标体系是否考虑资金的时间价值，可分为静态评价指标和动态评价指标，如图 3-8 所示。

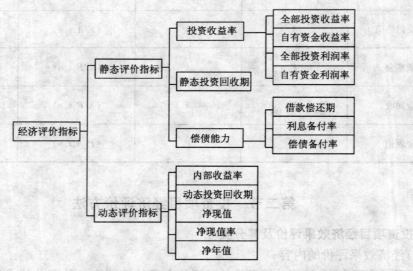

图 3-8　经济评价指标分类一

2. 根据指标的性质不同，可以分为时间性指标、价值性指标和比率性指标，如图 3-9 所示。

56

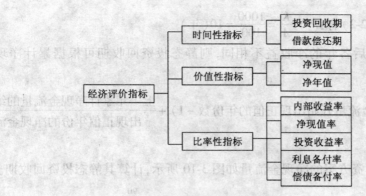

图 3-9　经济评价指标分类二

（二）静态评价指标

在工程经济分析中,把不考虑资金时间价值的经济效益评价指标称为静态评价指标。此类指标的特点是简单易算。采用静态评价指标对投资方案进行评价时,由于没有考虑资金的时间价值,因此它主要适用于对方案的粗略评价。在对短期投资项目进行评价或对于逐年收益大致相等的项目也可以采用静态评价指标进行评价。

1. 静态投资回收期（P_t）

静态投资回收期也称返本期,是在不考虑资金时间价值的条件下,以项目的净收益回收其全部投资所需要的时间。它是考察项目财务上投资回收能力的重要指标。这里所说的全部投资既包括固定资产投资又包括流动资金投资,投资回收期可以自项目建设开始年算起,也可以自项目投产年开始算起,但应予以注明。

（1）计算公式

自建设开始年算起,投资回收期 P_t（以年表示）的计算公式如下:

$$\sum_{t=0}^{P_t} (CI - CO)_t = 0 \tag{3.2-1}$$

式中　　　　　P_t——静态投资回收期;

　　　　　CI——现金流入量;

　　　　　CO——现金流出量;

　　$(CI - CO)_t$——第 t 年净现金流量。

具体计算静态投资回收期时又分以下两种情况:

1）项目建成投产后各年的净收益（即净现金流量）均相同,则静态投资回收期的计算公式为:

$$P_t = \frac{K}{A} \tag{3.2-2}$$

式中　K——全部投资;

　　　A——每年的净收益,也就是现金流入与现金流出的差额。

【例 3-11】　某投资方案一次性投资 1000 万元,估计投产后其各年的平均净收益为 100 万元,求该方案的静态投资回收期。

解:根据公式(3.2-2)有:$P_t = \dfrac{K}{A} = \dfrac{1000}{100} = 10$(年)

2)项目建成投产后各年的净收益不相同,则静态投资回收期可根据累计净现金流量求得。其计算公式为:

$$P_t = (累计净现金流量开始出现正值的年份数 - 1) + \dfrac{上一年累计净现金流量的绝对值}{出现正值年份的净现金流量}$$

$$(3.2\text{-}3)$$

【例 3-12】 某投资方案的净现金流量如图 3-10 所示,计算其静态投资回收期。

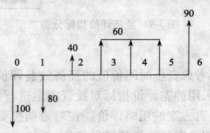

图 3-10 净现金流量图

解:列出该投资方案的累计现金流量情况表,见表 3-2。

表 3-2 投资方案累计现金流量表

年　序	0	1	2	3	4	5	6
净现金流量	−100	−80	40	60	60	60	90
累计净现金流量	−100	−180	−140	−80	−20	40	130

根据公式(3.2-3)可知:

$$P_t = (5-1) + \dfrac{|-20|}{60} = 4.33 (年)$$

(2)评价准则

将计算出的静态投资回收期(P_t)与所确定的基准投资回收期(P_c)相比较:

1)若 $P_t \leqslant P_c$,表明项目投资能在规定时间内收回,则投资方案可以考虑接受;

2)若 $P_t > P_c$,则方案是不可行的。

(3)静态投资回收期(P_t)的优点与不足

1)优点

利用静态投资回收期指标进行经济评价,经济意义明确、直观、计算简便;在一定程度上显示了资本的周转速度;同时可适用于各种投资规模。

2)不足

该指标只考虑投资回收之前的效果,不能反映投资回收之后的情况,即无法准确衡量方案在整个计算期内的经济效果,因此,它只能作为辅助评价指标;另外,它没有考虑资金的时间价值,因此无法正确辨识项目的优劣。

2. 投资收益率(R)

投资收益率又称投资效果系数,是指投资方案建成达到设计生产能力后的一个正常年份的年净收益总额与方案投资总额的比率。它表明投资方案正常生产年份中,单位投资每年所创造的年净收益额,对生产期内各年的净收益额相差较大的方案,可计算生产期年平均净收益额与投资总额的比率。投资收益率是考察项目单位投资的盈利能力的指数。

(1)计算公式

$$投资收益率\ R = \frac{年净收益或年平均净收益}{项目投资总额} \times 100\% \qquad (3.2\text{-}4)$$

(2)评价准则

将计算出的投资收益率(R)与所确定的基准投资收益率(R_c)进行比较:

1)若 $R \geqslant R_c$,则方案可以考虑接受;

2)若 $R < R_c$,则方案不可行。

(3)应用指标

投资收益率是一个综合性指标,在进行项目经济评价时,根据分析目的的不同,又可具体分为:全部投资收益率(R)、自有资金收益率(R_e)、全部投资利润率(R')、自有资金利润率(R'_e)。

1)全部投资收益率(R)

$$R = \frac{F + Y + D}{I} \times 100\% \qquad (3.2\text{-}5)$$

式中　F——正常生产年份销售利润(销售利润=销售收入-经营成本-折旧费-税金-利息);

　　　Y——正常生产年贷款利息;

　　　D——折旧费;

　　　I——总投资(包括基建投资和流动资金)。

2)自有资金收益率(R_e)

$$R_e = \frac{F + D}{Q} \times 100\% \qquad (3.2\text{-}6)$$

式中　Q——自有资金。

3)全部投资利润率(R')

$$R' = \frac{F + Y}{I} \times 100\% \qquad (3.2\text{-}7)$$

4)自有资金利润率(R'_e)

$$R'_e = \frac{F}{Q} \times 100\% \qquad (3.2\text{-}8)$$

上述公式中所需的财务数据都可以从投资项目相关财务报表中获得。

(4)投资收益率的优点与不足

1)优点

投资收益率 R 经济意义明确、直观、计算简便,在一定程度上反映了投资效果的优劣,可适用于各种投资规模。

2)不足

投资收益率指标没有考虑投资收益的时间因素,忽视了资金具有时间价值的重要性质;指标的计算主观随意性太强,在指标的计算中,如何计算投资资金占用,如何确定利润都带有一定的不确定性和人为因素,因此以投资收益率指标作为主要的决策依据不太可靠。

3. 偿债能力指标

(1)借款偿还期

借款偿还期,是指根据国家财政规定及投资项目的具体财务条件,以项目可作为偿还贷款的项目收益(利润、折旧及其他收益),来偿还项目投资借款本金和利息所需的时间。它是反映项目借款偿还能力的重要指标。

1)计算公式

$$I_d = \sum_{t=0}^{P_d} (R_p + D' + R_0 - R_r)_t \qquad (3.2\text{-}9)$$

式中　P_d——借款偿还期(从借款开始年计算,当从投产年算起时,应予注明);

I_d——固定资产投资借款本金和利息(不包括已用自有资金支付的部分)之和;

R_p——第 t 年可用于还款的利润;

D'——第 t 年可用于还款的折旧;

R_0——第 t 年可用于还款的其他收益;

R_r——第 t 年企业留利。

在实际工作中,借款偿还期可直接从财务平衡表推算,以年表示。其具体推算公式如下:

$$P_d = (借款偿还后出现盈余的年份数 - 1) + \frac{当年应偿还借款额}{当年可用于还款的收益额} \qquad (3.2\text{-}10)$$

2)评价准则

借款偿还期满足贷款机构的要求期限时,即认为项目是有借款偿还能力的。其适用于那些计算最大偿还能力、尽快还款的项目,不适用于那些预先给定借款偿还期的项目。

(2)利息备付率

也称已获利息倍数,是指项目在借款偿还期内各年可用于支付利息的税息前利润与当期应付利息费用的比值。

1)计算公式

$$利息备付率 = \frac{税息前利润}{当期应付利息费用} \qquad (3.2\text{-}11)$$

$$税息前利润 = 利润总额 + 计入总成本费用的利息费用 \qquad (3.2\text{-}12)$$

当期应付利息费用是指计入总成本费用的全部利息。利息备付率可以按年计算,也可以按整个借款期计算。

2)评价准则

利息备付率表示使用项目利润偿付利息的保证倍率。对于正常经营的企业,利息备付率应大于2,否则表示项目的付息能力保障程度不够。

(3)偿债备付率

偿债备付率是指项目在借款偿还期内,各年可用于还本付息的资金与当期应还本付息金

60

额的比值。

1)计算公式

$$偿债备付率 = \frac{可用于还本付息资金}{当期应还本付息金额} \qquad (3.2\text{-}13)$$

可用于还本付息的资金包括：可用于还款的折旧和摊销，成本中列支的利息费用，可用于还款的利润等。当期应还本付息金额包括当期应还贷本金及计入成本的利息。

偿债备付率可以按年计算，也可以按整个借款期计算。

2)评价准则

偿债备付率表示可用于还本付息的资金偿还借款本息的保证倍率。正常情况下应大于1，且越高越好。当指标小于1时，表示当年资金来源不足以偿付当期债务，需要通过短期借款偿付已到期债务。

（三）动态评价指标

一般将考虑了资金时间价值的经济效益评价指标称为动态评价指标。在项目的可行性研究阶段，进行项目经济评价时一般是以动态评价指标作为主要指标，以静态评价指标作为辅助指标。在工程经济分析中，由于时间和利率的影响，对投资方案的每一笔现金流量都应该考虑它所发生的时间，以及时间因素对其价值的影响。

1. 净现值 NPV（Net Present Value）

净现值是指把项目计算期内各年的净现金流量，按照一个设定的折现率（或预定的基准收益率）折算到建设期初（项目计算期第一年年初）的现值之和。它是考察项目在计算期内盈利能力的主要动态评价指标。

（1）计算公式

$$NPV = \sum_{t=0}^{n} (CI - CO)_t (1 + i_c)^{-t} \qquad (3.2\text{-}14)$$

式中　　　　　NPV——净现值；

　　　　　$(CI - CO)_t$——第 t 年的净现金流量；

　　　　　n——项目计算期；

　　　　　i_c——基准收益率。

净现值的经济含义是反映项目在计算期内的获利能力，它表示在规定的折现率 i_c 的情况下，方案在不同时点发生的净现金流量，折现到期初时，整个寿命期内所能得到的净收益。可以直观的解释如下：假设有一个小型投资项目，初始投资为10000元，项目寿命期为1年，到期可获得净收益12000元。如果设定基准收益率为8%，根据净现值的计算公式，就得到该项目的净现值为12000×[1/(1+8%)] – 10000 = 1111元。这就是说，如果投资者能够以8%的利率筹借到10000元的资金，那么一年后，投资者将会获得12000 – 10000×(1+8%) = 1200元的利润。这1200元的利润的现值恰好是1111元[1200/(1+8%)]，即净现值刚好等于项目在生产经营期内所获得的净收益的现值。

（2）评价准则

净现值（NPV）是评价项目盈利能力的绝对指标。

1)当 NPV > 0 时，说明该方案在满足基准收益率要求的盈利之外，还能得到超额收益，该方案可行；

2）当 $NPV=0$ 时，说明该方案基本能满足基准收益率要求的盈利水平，方案勉强可行或有待改进；

3）当 $NPV<0$ 时，说明该方案不能满足基准收益率要求的盈利水平，故该方案不可行。

【例3-13】 某设备的购价为40000元，每年的运行收入为15000元，年运行费用3500元，4年后该设备可以按5000元转让，如果基准折现率 $i_c=20\%$ ，问此项设备投资是否值得？

解：各年的现金流量如表3-3所示。

表3-3 某项目现金流量表

年序 项目	0	1	2	3	4
现金流入	0	15000	15000	15000	20000
现金流出	40000	3500	3500	3500	3500
净现金流量	-40000	11500	11500	11500	16500
折现系数 $\frac{1}{(1+i)^n}$	1	0.833	0.694	0.579	0.482
净现金流量现值	-40000	9579.5	7981.0	6658.5	7953.0
累计净现金流量现值	-40000	-30420.5	-22439.5	-15781.0	-7828.0

由表3-3知 $NPV=-7828.0<0$ ，故此方案不可行。

（3）净现值与折现率的关系

对于具有常规现金流量（即在计算期内，开始时有支出而后才有收益，且方案的净现金流量序列的符号只改变一次的现金流量）的投资方案，其净现值的大小与折现率的高低有直接的关系。如果我们已知某投资方案各年的净现金流量，则该方案的净现值就完全取决于所选用的折现率。折现率越大，净现值就越小；折现率越小，净现值就越大；随着折现率的逐渐增大，净现值将由大变小，由正变负。NPV 与 I 之间的关系一般如图3-11所示。

图3-11 净现值与折现率的关系

从图3-11中可以看出，NPV 随着 i 的增大而减小，在 i^* 处，曲线与横轴相交，说明如果选定 i^* 为折现率，则 NPV 恰好为零。在 i^* 的左边，$i<i^*$ 时，$NPV>0$；在 i^* 的右边，即 $i>i^*$ 时，$NPV<0$。由于 $NPV=0$ 是净现值判别准则的一个分水岭，因此可以说 i^* 是折现率的一个临界值，我们将其称为内部收益率。

（4）净现值（NPV）指标的优点与不足

1）优点

净现值考虑了资金的时间价值，并且全面考虑了项目在整个寿命期内的经济状况；经济意义明确、直观，能够直接以货币额表示项目的盈利水平，判断直观。

2）不足

采用 NPV 指标进行经济评价必须首先确定一个符合经济现实的基准收益率,但实际上基准收益率的确定往往比较困难;另外 NPV 不能直接说明在项目运营期间各年的经营成果,不能直接反映项目投资中单位投资的使用效率。

2. 净现值率($NPVR$)

当对比两个投资额不同的方案时,如果仅以各方案的 NPV 大小来选择方案,可能导致不正确的结论。因为净现值的大小只表明了盈利总额,不能说明投资的利用效果,单纯以净现值最大作为方案优选的标准,往往导致评价人趋向于选择投资大、盈利多的方案,而忽视盈利额少,但投资更少、经济效果更好的方案。净现值指标用于多个方案的比选时,没有考虑各方案投资额的大小,因而不能直接反映资金的利用效率,为了考察资金的利用效率,引进了净现值率指标。净现值率($NPVR$)是在净现值(NPV)的基础上发展起来的,可作为 NPV 的一种补充。

净现值率是指项目的净现值与全部投资现值之比,其经济含义是单位投资现值所能带来的净现值,是一个考察项目盈利能力的指标。其计算公式为:

$$NPVR = \frac{NPV}{I_P} \tag{3.2-15}$$

$$I_P = \sum_{t=0}^{m} I_t (P/F, i_c, t) \tag{3.2-16}$$

式中　I_P——投资现值;

　　　I_t——第 t 年投资额;

　　　m——建设期年数。

净现值率主要用于对多个独立方案进行比选时的优劣排序。对于单一方案而言,若 $NPV \geq 0$,则 $NPVR \geq 0$(因为 $I_P > 0$);若 $NPV < 0$,则 $NPVR < 0$(因为 $I_P > 0$);故净现值率与净现值是等效评价指标。

3. 内部收益率(IRR)

前面已经提到将投资方案在计算期内各年净现金流量的现值累计等于零时的折现率称为内部收益率。也即,在折现率选择内部收益率时,项目的现金流入的现值和等于其现金流出的现值和。

(1)表达式

内部收益率是指项目在整个计算期内各年净现金流量的现值之和等于零时的折现率,也就是项目的净现值等于零时的折现率,其表达式为:

$$\sum_{t=0}^{n} (CI - CO)_t (1 + IRR)^{-t} = 0 \tag{3.2-17}$$

式中　IRR——内部收益率。

(2)评价准则

计算出内部收益率与基准收益率 i_c 进行比较:

1)若 $IRR > i_c$,则项目/方案在经济上可以接受;

2)若 $IRR = i_c$,则项目/方案在经济上勉强可行;

3)若 $IRR < i_c$,则项目/方案在经济上应拒绝,不可行。

（3）内部收益率的计算

一般来说，内部收益率可通过解式（3.2-17）求得，但是，该式是一个高次方程，计算很复杂，因此，通常采用"试算内插法"求 IRR 的近似解，其原理如图 3-12 所示。

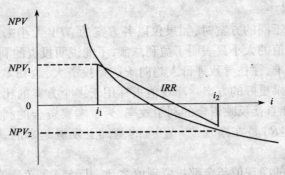

图 3-12　内部收益率线性内插法示意图

首先，试用 i_1 计算，若得 $NPV_1 > 0$ 时，再试用 i_2（$i_2 > i_1$），若 $NPV_2 < 0$ 时，则 $NPV = 0$ 时的 IRR 一定在 i_1 和 i_2 之间。此时可用线性内插法求出 IRR 的近似值，其公式为：

$$IRR = i_1 + \frac{NPV_1}{NPV_1 + |NPV_2|}(i_2 - i_1) \qquad (3.2\text{-}18)$$

式中　NPV_1——较低折现率 i_1 时的财务净现值（正）；

$\quad\quad NPV_2$——较高折现率 i_2 时的财务净现值（负）；

$\quad\quad i_1$——较低折现率，使净现值依然为正值，但其接近于零；

$\quad\quad i_2$——较高折现率，使净现值为负值，但其接近于零。

采用线性内插法计算 IRR 时，其计算精度与（$i_2 - i_1$）的差值大小有关，因为折现率与净现值不是线性关系。i_2 与 i_1 之间的差距越小，则计算结果就越精确；反之，计算结果误差就越大。为保证 IRR 的精度，i_2 与 i_1 之间的差距一般以不超过 2% 为宜，最大不要超过 5%。

采用线性内插法计算 IRR 只适用于具有常规现金流量的投资方案，而对于具有非常规现金流量的方案，由于其内部收益率的存在可能不是唯一的，因此，线性内插法就不太适用。

【例 3-14】　某建设项目，当 $i_1 = 18\%$ 时，净现值为 65.3 万元，当 $i_2 = 21\%$ 时，净现值为 -45.9 万元，则该项目的近似内部收益率为多少？

解：根据式（3.2-18）有：

$$\begin{aligned}
IRR &= i_1 + \frac{NPV_1}{NPV_1 + |NPV_2|}(i_2 - i_1) \\
&= 18\% + \frac{65.3}{65.3 + |-45.9|} \times (21\% - 18\%) \\
&= 19.76\%
\end{aligned}$$

（4）内部收益率的优点与不足

1）优点

IRR 指标考虑了资金时间价值以及项目在整个寿命期内的经济状况；能够直接衡量项目

的真正的投资收益率；和 NPV 相比不需要事先确定一个基准收益率，而只需要知道基准收益率的大致范围即可。

2）不足

对于 IRR 的计算需要大量的与投资项目有关的数据，计算比较麻烦；对于具有非常规现金流量的项目来讲，其内部收益率往往不是唯一的，在某些情况下甚至不存在。

（5）IRR 与 NPV 的比较

由图 3-12 可知：

当 $IRR > i_1$（基准收益率）时，方案可以接受；从图中可以看出，i_1 对应的 $NPV_1 > 0$，方案也可接受；

当 $IRR < i_2$（基准收益率）时，方案不能接受；i_2 对应的 $NPV_2 < 0$，方案也不能接受。

综上所述，用 NPV、IRR 均可对独立方案进行评价，且结论是一致的。NPV 法计算简便，但得不出投资过程收益程度大小的指标，且受外部参数（i_c）的影响；IRR 法较为麻烦，但能反映投资过程的收益程度，而 IRR 的大小不受外部参数影响，完全取决于投资过程中的现金流量。

4. 动态投资回收期（P'_t）

动态投资回收期是指在考虑了资金时间价值的情况下，以项目每年的净收益回收项目全部投资所需要的时间，动态投资回收期就是净现金流量累计现值等于零的年份。动态投资回收期的提出，克服了静态投资回收期指标没有考虑资金的时间价值，因而不适用于计算期较长的项目经济评价的弊病。

（1）计算公式

动态投资回收期的计算表达式为：

$$\sum_{t=0}^{P'_t} (CI - CO)_t (1 + i_c)^{-t} = 0 \qquad (3.2\text{-}19)$$

式中　P'_t——动态投资回收期；

　　　　i_c——基准收益率。

在实际应用中根据项目的现金流量表，用下列近似公式计算：

$$P'_t = \left(\frac{累计净现金流量现值}{开始出现正值的年份数} - 1\right) + \frac{上一年累计净现金流量现值的绝对值}{出现正值年份的净现金流量的现值} \qquad (3.2\text{-}20)$$

（2）评价准则

1）$P'_t \leqslant P'_c$（基准投资回收期）时，说明项目（或方案）能在要求的时间内收回投资，是可行的；

2）$P'_t > P'_c$ 时，则项目（或方案）不可行，应予拒绝。

【例 3-15】　某项目有关数据见表 3-4，试计算该项目的动态投资回收期。设 $i_c = 10\%$。

表 3-4　某项目净现金流量表

年　份	0	1	2	3	4	5	6
现金流入	· 0	0	5000	6000	8000	8000	7500

年 份	0	1	2	3	4	5	6
现金流出	6000	4000	2000	2500	3000	3500	3500
净现金流量	−6000	−4000	3000	3500	5000	4500	4000
净现金流量折现值	−6000	−3926	2479	2630	3415	2794	2258
累计净现金流量现值	−6000	−9396	−7157	−4527	−1112	1682	3940

解:根据公式有:

$$P'_t = 5 - 1 + \frac{|-1112|}{2794} = 4.4(年)$$

5. 净年值(NAV)

净年值又称等额年值、等额年金,是以一定的基准收益率将项目计算期内净现金流量等值换算而成的等额年值。NAV与NPV的区别在于:NPV把投资过程中的现金流量化为基准期的现值,而NAV则是把该现金流量化为等额年值;NPV是项目在计算期内获得的超过基准收益率水平的收益现值,而NAV则是项目在计算期内每期(年)的等额超额收益。对于单方案的评价,用NAV和NPV评价得出的结论是一样的,在多方案评价时,特别是各方案的计算期不相同时,应用NAV比NPV更为方便。

(1)计算公式

$$NAV = \left[\sum_{t=0}^{n} (CI - CO)_t (1 + i_c)^{-t} \right] (A/P, i_c, n) \tag{3.2-21}$$

或

$$NAV = NPV(A/P, i_c, n) \tag{3.2-22}$$

式中 $(A/P, i_c, n)$——资本回收系数。

(2)评价准则

根据式(3.2-22)可知,因为$(A/P, i_c, n) > 0$,所以NAV与NPV在评价同一个项目时的结论是一致的。

1)若$NAV \geq 0$,则项目在经济上可以接受;

2)若$NAV < 0$,则项目在经济上应予拒绝。

三、投资项目经济评价方法

投资方案经济效益评价可分为两个基本内容:单方案检验和多方案比选。

(一)单方案检验

单方案检验是指对某个初步选定的投资方案,根据项目收益与费用的情况,通过计算其经济评价指标,确定项目的可行性。

其主要步骤如下:

1. 确定项目的现金流量情况,编制项目现金流量表或绘制现金流量图;

2. 根据公式计算项目的经济评价指标,如NPV、IRR、P_t等;

3. 根据计算出的指标值及相对应的评价准则,如$NPV \geq 0$,$IRR \geq i_c$,$P_t \leq P_c$等来确定项目的可行性。

这种对方案自身的经济性的检验称为"绝对经济效果检验",如果方案通过了绝对经济效果检验,就认为方案在经济上是可行的,是值得投资的。否则,应予拒绝。

（二）多方案比选

多方案比选是指对根据实际情况所提出的多个备选方案,通过选择适当的经济评价方法与指标,来对各个方案的经济效益进行比较,并最终选择出具有最佳投资效果方案的投资决策过程。

1. 独立方案的经济效果评价

独立方案指的是参加分析评价的各方案的现金流量是独立的。一方案的采用与否,不会影响其他方案现金流量的变化,这种情况称其为独立方案。对其进行评价的步骤为:

（1）确定项目的现金流量情况,编制项目现金流量表或绘制现金流量图;

（2）根据公式计算项目的经济评价指标,对于独立方案的经济效果评价常采用的指标有净现值 NPV、NAV 和内部收益率 IRR 等;

（3）根据计算出的指标值及相对应的判别准则,如 $NPV \geqslant 0$、$NAV \geqslant 0$ 和 $IRR \geqslant i_c$ 等来确定项目的可行性。

因为各投资项目是独立的,互不相关,在资金充足的前提下,只要满足评价指标的要求,可同时选择多个项目。

【例 3-16】 现有 A、B 两个投资方案,其现金流量如表 3-5 所示,基准折现率 $i_c = 15\%$,试选择投资方案。

表 3-5 现金流量表 （万元）

方 案 年 末	0	1～10
A	−200	45
B	−160	30

解:（1）计算 A、B 两个方案的净现值指标:

$$NPV_A = -200 + 45(P/A, 15\%, 10) = 25.8(万元)$$
$$NPV_B = -160 + 30(P/A, 15\%, 10) = -9.436(万元)$$

（2）计算 A、B 两个方案的净年值指标:

$$NAV_A = -200(A/P, 15\%, 10) + 45 = 5.14(万元)$$
$$NAV_B = -160(A/P, 15\%, 10) + 30 = -1.888(万元)$$

（3）计算 A、B 两个方案的内部收益率指标:

1）令 $-200 + 45(P/A, IRR_A, 10) = 0$

取 $i_1 = 18\%$,得 $-200 + 45(P/A, 18\%, 10) = 2.2345$

取 $i_2 = 20\%$,得 $-200 + 45(P/A, 20\%, 10) = -11.3375$

则 $IRR_A = i_1 + \dfrac{2.2345}{2.2345 + 11.3375}(i_2 - i_1)$

$$= 18\% + 0.165 \times 2\%$$
$$= 18.33\% > i_c$$

2）令 $-160 + 30(P/A, IRR_B, 10) = 0$

取 $i_1 = 12\%$,得 $-160 + 30(P/A, 12\%, 10) = 9.506$

取 $i_2 = 15\%$，得 $-160 + 30(P/A, 15\%, 10) = -9.436$

则 $IRR_B = i_1 + \dfrac{9.506}{9.506 + 9.436}(i_2 - i_1)$

$\qquad\qquad = 12\% + 0.502 \times 3\%$

$\qquad\qquad = 13.5\% < i_c$

从以上计算结果可知，三项指标（净现值、净年值、内部收益率）都表明方案 A 优于 B。

2. 互斥方案的经济效果评价

所谓互斥方案即各方案之间互不相容，不可同时存在，多方案选择时，只能选择其一。

（1）经济寿命期相等的互斥方案经济效果评价

对于寿命期相同的互斥方案，计算期通常设定为其寿命周期，这样能满足在时间上可比的要求。寿命期相同的互斥方案的比选方法一般有净现值法、净现值率法、增量内部收益率法等。

1）净现值法

净现值法就是通过计算各个备选方案的净现值并比较其大小来判断方案的优劣，是多方案比选中最常用的一种方法。其基本步骤如下：

① 分别计算各个方案的净现值，并用判别准则加以检验，剔除 $NPV < 0$ 的方案；

② 对所有 $NPV \geqslant 0$ 的方案比较其净现值；

③ 根据净现值最大准则，选择净现值最大的方案为最佳方案。

【例 3-17】 现有 A、B、C 三个互斥方案，其寿命期均为 10 年，各方案的净现金流量如表 3-6 所示，试用净现值法选择出最佳方案。已知 $i_c = 10\%$。

表 3-6　各方案现金流量表　（万元）

年份 方案	建设期 1	生		产		期				
		2	3	4	5	6	7	8	9	10
A	−100	20	25	25	25	25	25	25	25	30
B	−100	15	28	28	28	28	28	28	28	28
C	−100	17	26	26	26	26	26	26	26	30
折现系数	0.909	0.826	0.751	0.683	0.621	0.564	0.513	0.467	0.424	0.386
A	−90.9	16.52	18.78	17.08	15.53	14.1	12.83	11.68	10.6	11.58
B	−90.9	12.39	21.03	19.12	17.39	15.79	14.36	13.08	11.87	10.81
C	−90.9	14.04	19.53	17.76	16.15	14.66	13.34	12.14	11.02	11.58

解：各方案净现值计算结果如下：

$NPV_A = -90.9 + 16.52 + 18.78 + 17.08 + 15.53 + 14.1 + 12.83 + 11.68 + 10.6 + 11.58$
$\qquad\quad = 37.8（万元）$

$NPV_B = -90.9 + 12.39 + 21.03 + 19.12 + 17.39 + 15.79 + 14.36 + 13.08 + 11.87 + 10.81$
$\qquad\quad = 44.94（万元）$

$NPV_C = -90.9 + 14.04 + 19.53 + 17.76 + 16.15 + 14.66 + 13.34 + 12.14 + 11.02 + 11.58$
$\qquad\quad = 39.32（万元）$

计算结果表明方案 B 的净现值最大,因此 B 是最优方案。

2)差额内部收益率法(增量内部收益率法)

由于内部收益率不是项目初始投资的收益率,而且内部收益率受现金流量分布的影响很大,净现值相同但分布状态不同的两个现金流量,会得出不同的内部收益率。因此,直接按各互斥方案的内部收益率的高低来选择方案并不一定能选出净现值(基准收益率下)最大的方案。在多个互斥方案中进行评价优选时,差额内部收益率法是一种常用的方法,其具体操作步骤为:

① 计算各方案的内部收益率(IRR),将 $IRR < i_c$ 的方案淘汰;

② 将保留方案按投资由大到小排列,计算头两个方案的 ΔIRR,

$$\Delta IRR = \begin{cases} > i_c & 保留投资大的方案 \\ < i_c & 保留投资小的方案 \end{cases}$$

③ 重复步骤②直至检验所有方案,找出最优方案为止。

【例 3-18】 设有 A、B 两个互斥方案,经济寿命期均为 10 年,基准折现率 $i_c = 10\%$,其现金流量如表 3-7 所示,试选出最优方案。

表 3-7　两个方案现金流量表　　　　　　　　　　　　　（万元）

方案 \ 年末	0	1 ~ 10
A	− 200	39
B	− 100	20
A − B	− 100	19

解:(1)计算 A、B 两个方案的净现值指标:

$$NPV_A = -200 + 39(P/A, 10\%, 10) = 39.64(万元)$$
$$NPV_B = -100 + 20(P/A, 10\%, 10) = 22.89(万元)$$

$$NPV_A > NPV_B$$

(2)计算 A、B 两个方案的内部收益率指标:

令 $-200 + 39(P/A, IRR_A, 10) = 0$,解得 $IRR_A = 14.5\%$

令 $-100 + 20(P/A, IRR_B, 10) = 0$,解得 $IRR_B = 15\%$

$$IRR_A > IRR_B$$

由以上结果可以发现,两个指标的计算结果矛盾:从净现值指标看 A 方案为优,而从内部收益率指标看 B 方案为优。这时应计算差额内部收益率指标。

(3)令 $-100 + 19(P/A, \Delta IRR, 10) = 0$,解得 $\Delta IRR = 13.8\% > i_c$。

$\Delta IRR > i_c$ 说明方案 A 比方案 B 多投资那部分所创造的经济效果,仍比社会基准折现率 i_c 要高,因此,应选择投资高的 A 方案。

(2)经济寿命期不等的互斥方案经济效果评价

方案的经济寿命周期不等,其资金时间价值也不相同,方案失去可比性,对此类型方案的经济评价常采用以下几种方法:

1)净现值法

净现值是价值型指标,用于互斥方案评价时,必须考虑时间的可比性,即在相同的计算期下比较净现值的大小。常用的比较方法有以下几种:

① 计算期统一法

常用的方法有最小公倍数法和研究期法。

最小公倍数法是以各备选方案计算期内的最小公倍数作为比选方案的共同计算期,并假设各个方案均在这样一个共同的计算期内重复进行。对各方案计算期内各年的净现金流量进行重复计算,得出各个方案在共同计算期内的净现值,以净现值较大的方案为最佳方案。

研究期法就是以相同时间来研究不同期限的方案,计算期的确定一般以互斥方案中年限最短或最长方案的计算期作为互斥方案评价的共同计算期。通过比较各个方案在共同计算期内的净现值来对方案进行比选,以净现值最大的方案为最佳方案。

【例 3-19】 某工程要购进一种设备,有两种不同型号,其购价、服务寿命及残值均不同,按年利率 $i_c = 15\%$,试问选择哪种方案更好?各方案各项指标如表 3-8 所示。

表 3-8 方案指标值

方　案	一次性投资	年经营费	残　值	寿　命　期
A	15000	3500	1000	6
B	20000	3200	2000	9

解:采用寿命期最小公倍数的办法将两种设备的经济寿命调整到相同水平,确定两者的计算期均为 18 年,也就是说 A 方案重复投资三次时,B 方案要重复投资两次。

采用净现值指标进行比较:

$NPV_A = -15000 - (15000 - 1000)(P/F,15\%,6) - (15000 - 1000)(P/F,15\%,12) + 1000(P/F,15\%,18) - 3500(P/A,15\%,18) = -45035.8$

$NPV_B = -20000 - (20000 - 2000)(P/F,15\%,9) + 2000(P/F,15\%,18) - 3200(P/A, 15\%,18) = -44565.4$

$NPV_A < NPV_B$,所以应选购 B 型设备。

② 无限计算期法

如果评价方案的最小公倍数计算期很大,为简化计算,则可以计算期为无穷大计算 NPV,NPV 最大者为最优方案。即:

$$A = P\frac{i(1+i)^n}{(1+i)^n - 1} = P\left[\frac{i}{(1+i)^n - 1} + i\right] \tag{3.2-23}$$

当 $n \to \infty$ 时,$\dfrac{i}{(1+i)^n - 1} = 0$

即 $\lim\limits_{n \to \infty}\left[\dfrac{i}{(1+i)^n - 1} + i\right] = i$

因此,当 $n \to \infty$ 时,$A = P\dfrac{i(1+i)^n}{(1+i)^n - 1} = Pi, P = \dfrac{A}{i}$

$$\tag{3.2-24}$$

2)净年值法

尽管方案年限不同,都可用净年值反映出来。通过分别计算各备选方案净现金流量的等额年值并进行比较,以 $NAV \geqslant 0$ 且 NAV 最大者为最优方案。

【例 3-20】 已知两个方案的相关数据,试用净年值法进行方案比较。设 $i_c = 10\%$。如表 3-9 所示。

表 3-9　方案比较原始数据

项　　目	方　案　A	方　案　B
投资(万元)	3500	5000
年收益值(万元)	1900	2500
年支出值(万元)	645	1383
估计寿命(年)	4	8

解:计算方案 A、B 的净年值:

$$NAV_A = -3500(A/P,10\%,4) + (1900 - 645) = -3500 \times 0.31547 + 1255 = 150.855(万元)$$

$$NAV_B = -5000(A/P,10\%,8) + (2500 - 1383) = -5000 \times 0.18744 + 1117 = 179.8(万元)$$

可见,$NAV_B > NAV_A$,所以选择方案 B。

3)差额内部收益率法

用增量内部收益率进行寿命不等的互斥方案经济效果评价时,需要首先对各备选方案进行绝对效果检验,通过绝对效果检验(NPV、NAV 大于或等于零,IRR 大于或等于基准收益率)的方案,再用差额内部收益率的方法进行比选。

3. 相关方案的经济效果评价

相关方案主要有以下几种类型:相互依存型,如长途运输和短途运输的相互结合;现金流量相关型,如铁路的建成将影响公路的经济收入;资金约束相关型,如投资资金有限,只能在众多投资项目中择优投资;混合相关型,两种以上的上述相关类型同时存在。

(1)现金流量相关型的方案选择

【例 3-21】 为了满足日益发展的交通运输要求,需要修建铁路或公路,现有三种可选方案:①修建铁路;②修建公路;③修建铁路 + 公路。各方案现金流量如表 3-10 所示,基准折现率 $i_c = 10\%$。

表 3-10　各方案现金流量　　　　　　　　(万元)

年末 方案	0	1	2	3 ~ 32
铁　　路	−200	−200	−200	100
公　　路	−100	−100	−100	60
铁路＋公路	−300	−300	−300	115

从表 3-10 可以发现,当铁路与公路同时上马时,铁路和公路的总收入(115)并不等于两项目单独上马时所获得的收入之和(160)。

$$NPV_A = -200 - 200(P/F,10\%,1) - 200(P/F,10\%,2) + 100(P/A,10\%,30)(P/F,10\%,2)$$

$$= -200 - 200 \times 0.9091 - 200 \times 0.8264 + 100 \times 9.4269 \times 0.8264$$

$$= 231.94$$

$$NPV_B = -100 - 100(P/F,10\%,1) - 100(P/F,10\%,2) + 60(P/A,10\%,30)(P/F,10\%,2)$$
$$= -100 - 100 \times 0.9091 - 100 \times 0.8264 + 60 \times 9.4269 \times 0.8264$$
$$= 193.87$$
$$NPV_{A+B} = -300 - 300(P/F,10\%,1) - 300(P/F,10\%,2) + 115(P/A,10\%,30)(P/F,10\%,2)$$
$$= -300 - 300 \times 0.9091 - 300 \times 0.8264 + 115 \times 9.4269 \times 0.8264$$
$$= 75.27$$

$NPV_A > NPV_B > NPV_{A+B}$，因此应选择 A 方案修建铁路。

（2）资金约束相关型方案的选择

对于资金约束相关型方案的选择最常采用的方法就是净现值率排序法。净现值率排序法，是指将净现值率大于或等于零的各个方案按净现值率的大小依次排序，并按此序选取方案，直至所选取的方案组合的投资总额最大限度地接近或等于投资限额为止。

第三节　不确定性分析

不确定性分析是项目投资经济效果分析中不确定因素对投资效益影响分析方法的总称。在项目投资经济效果分析中，使用了大量经济数据，如投资支出、建设工期、销售量、销售价格、产品成本、项目经济寿命期等，这些数据都不是实际发生的，而是预测估算的。它们在建设期间和投产期间，都会不断变动，其中任何因素的变动都会影响到对项目投资效益的评价，甚至导致项目决策的失误。所以在对项目投资经济效果评价时，还须对投资支出、建设工期、销售量、销售价格、产品成本、项目经济寿命期等不确定因素对投资效益的影响程度加以分析。

常用的不确定性分析方法有盈亏平衡分析、敏感性分析、概率分析。在具体应用时，要在综合考虑项目的类型、特点、决策者的要求，相应的人力、财力，以及项目对国民经济的影响程度等条件下来选择。一般来说，盈亏平衡分析只适用于项目的财务评价，而敏感性分析和概率分析则可同时用于财务评价和国民经济评价。

一、盈亏平衡分析

（一）盈亏平衡分析的内容与作用

盈亏平衡分析也叫收支平衡分析或损益平衡分析，它是研究建设项目投产后正常年份的产量、成本、利润三者之间的平衡关系，以利润为零时的收益与成本的平衡为基础，测算项目的生产负荷情况，度量项目承受风险的能力。

盈亏平衡分析可以分为线性盈亏平衡分析和非线性盈亏平衡分析，投资项目决策分析与评价中一般仅进行线性盈亏平衡分析。

盈亏平衡点的表达形式有多种，可以用产量、产品售价、单位可变成本和年总固定成本等绝对量表示，也可以用某些相对值表示。投资项目决策分析与评价中最常用的是以产量和生产能力利用率表示的盈亏平衡点。

（二）基本的损益公式

把产品成本、数量和利润的关系统一在一个数学模型中表达如下：

$$利润 = 销售收入 - 总成本 - 税金 \qquad (3.3\text{-}1)$$

假设产量等于销售量，并且项目的销售收入与总成本均是产量的线性函数，则

$$销售收入 = 单位售价 \times 销量 \qquad (1)$$

$$总成本 = 变动成本 + 固定成本 = 单位变动成本 \times 产量 + 固定成本 \qquad (2)$$
$$销售税金 = (单位产品销售税金 + 单位产品增值税) \times 销售量 \qquad (3)$$

将式（1）、（2）、（3）代入式（3.3-1）中,并用字母表示如下:

$$B = PQ - C_v Q - C_F - tQ \qquad (3.3\text{-}2)$$

式中　B——项目的总利润;

　　　P——单位产品价格;

　　　Q——销量或生产量;

　　　C_v——单位产品可变成本;

　　　C_F——固定成本;

　　　t——单位产品增值税、销售税金及附加。

式(3.3-2)中明确表达了产品销量、成本和利润之间的数量关系,是基本的损益方程式。其中包含相互联系的 6 个变量,给定其中 5 个,便可求出另一个变量的值。

将销量、成本、利润的关系反映在直角坐标系中,即称为基本的量本利关系图,如图 3-13 所示。

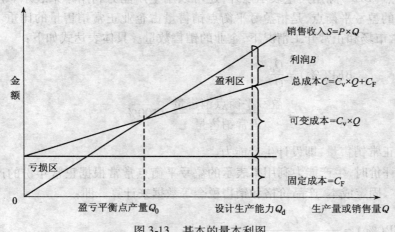

图 3-13　基本的量本利图

（三）盈亏平衡分析的前提条件

进行线性盈亏平衡分析有以下四个假定条件:

1. 产量等于销售量,即当年生产的产品（商品）当年销售出去。

2. 产量变化,单位可变成本不变,从而总成本费用是产量的线性函数。

3. 产量变化,产品售价不变,从而销售收入是销售量的线性函数。

4. 只生产单一产品,或者生产多种产品,但可以换算为单一产品计算,也即不同产品负荷率的变化是一致的。

（四）盈亏平衡点的求取方法

盈亏平衡点可以采用公式计算法求取,也可以采用图解法求取。

1. 公式计算法

（1）用产量表示的盈亏平衡点 BEP(Q)

从图 3-13 可以看出,当企业在小于 Q_0 的产量下组织生产,项目会亏损;在大于 Q_0 的产量下组织生产,则项目盈利。根据盈亏平衡点的概念,当项目达到盈亏平衡状态时,项目的总利润为零,即:

$$利润 = 销售收入 - 总成本 - 税金 = 零$$

也就是:

$$B = PQ - C_v Q - C_F - tQ = 0$$

此时的生产量(或销量)Q_0 即为盈亏平衡点生产量,即:

$$BEP(Q) = \frac{C_F}{P - C_v - t}$$

$$= \frac{年固定总成本}{单位产品销售价格 - 单位产品可变成本 - 单位产品销售税金及附加 - 单位产品增值税}$$

(3.3-3)

(2)用生产能力利用率表示的盈亏平衡点 BEP(%)

盈亏平衡点(BEP)除用产量表示以外,还可以用生产能力利用率来表示。所谓的生产能力利用率表示的盈亏平衡点,是指盈亏平衡点销售量占企业正常销售量的比重。所谓正常销售量,是指正常市场和正常开工情况下,企业的销售数量。具体表达式如下:

$$BEP(\%) = \frac{Q_0}{Q_d}$$

$$= \frac{盈亏平衡点销售量}{正常销售量} \times 100\%$$

(3.3-4a)

式中 Q_d——正常销售量,即设计生产能力。

进行项目评价时,生产能力利用率表示的盈亏平衡点常常根据正常年份的产品产量或销售量、变动成本、固定成本、产品价格和销售税金等数据来计算。即:

$$BEP(\%) = \frac{C_F}{PQ_d - C_v Q_d - tQ_d}$$

$$= \frac{年固定总成本}{年销售收入 - 年可变成本 - 年销售税金及附加 - 年增值税} \times 100\%$$

(3.3-4b)

BEP(Q)与 BEP(%)之间的关系为:

$$BEP(Q) = BEP(\%) \times Q_d$$

(3.3-5)

(3)用销售额表示的盈亏平衡点 BEP(S)

单一产品企业在现代经济中只占少数,大部分企业产销多种产品。多品种企业可以使用销售额来表示盈亏临界点。

$$BEP(S) = \frac{单位产品销售价格 \times 年固定总成本}{单位产品销售价格 - 单位产品可变成本 - 单位产品销售税金及附加 - 单位产品增值税}$$

(3.3-6)

此公式既可用于单品种企业,也可用于多品种企业。

（4）用销售单价表示的盈亏平衡点 BEP(P)

如果按设计生产能力进行生产和销售,BEP 还可以由盈亏平衡点价格 BEP(P) 来表达,即:

$$BEP(P) = \frac{年固定总成本}{设计生产能力} + 单位产品可变成本 + 单位产品销售税金及附加 + 单位产品增值税$$

(3.3-7)

【例 3-22】 某微波炉项目,设计生产能力为年产 400000 台,年总固定成本为 8000 万元,单位产品价格为 1000 元/台,单位产品可变成本为 195 元/台,销售税金及附加为 5 元/台,单位产品价格及单位产品可变成本均用不含税价格表示。试用产量、生产能力利用率、销售额、单位产品价格分别表示项目的盈亏平衡点。

解:1）根据公式(3.3-3)计算 BEP(Q):

$$BEP(Q) = \frac{8000 \times 10000}{1000 - 195 - 5} = 100000 （台）$$

2）根据公式(3.3-4b)计算 BEP(%):

$$BEP(\%) = \frac{8000 \times 10000}{1000 \times 400000 - 195 \times 400000 - 5 \times 400000} \times 100\% = 25\%$$

3）根据公式(3.3-6)计算 BEP(S):

$$BEP(S) = \frac{1000 \times 8000}{1000 - 195 - 5} = 10000 （万元）$$

4）根据公式(3.3-7)计算 BEP(P):

$$BEP(P) = \frac{8000 \times 10000}{400000} + 195 + 5 = 400 （元）$$

2. 图解法

图解法是一种通过绘制盈亏平衡图直观反映产销量、成本和利润之间的关系,确定盈亏平衡点的分析方法,其绘制方法是:以横轴表示产销量 Q,以纵轴表示销售收入 S 和生产成本 C,在直角坐标系上先绘制出固定成本线 C_F,再绘制出销售收入线 $S = PQ$ 和生产总成本线 $C_F + C_vQ$。销售收入线与生产总成本线相交的点,即盈亏平衡点,在此点销售收入等于生产总成本;以盈亏平衡点作垂直于横轴的直线并与之相交于 Q_0 点,此点即为以产销量表示的盈亏平衡点;以盈亏平衡点作垂直于纵轴的直线并与之相交于 S_0 点,此点即为以销售收入表示的盈亏平衡点。绘图过程可见图 3-13。从图中分析,可得出如下结论:

（1）当实际产销量小于盈亏平衡点时,销售收入小于总成本,会发生亏损($S - C$),实际产销量越小,亏损也就越多;当实际产销量等于盈亏平衡点时,销售收入等于生产成本,不盈不亏;当实际产销量大于盈亏平衡点时,销售收入大于生产总成本,会产生盈利,实际产销量越大,盈利也就越多。

（2）在实际产销量不变的情况下,盈亏平衡点越低,则盈利区的面积越大,亏损区的面积就越小,它反映出产品盈利机会越大,越能承受经济风险与外部冲击。反之,盈亏平衡点越高,亏损面积越大,反映出产品的盈利机会越小,承受风险能力越弱。

（3）在销售收入既定的情况下,盈亏平衡点的高低取决于单位变动成本和固定成本总额的大小。单位变动成本或固定成本总额越小,则保本点越低,反之,则保本点越高。

3. 盈亏平衡分析的要点

（1）盈亏平衡点应按项目达产年份的数据计算,不能按计算期内的平均值计算;

（2）当各年数值不同时,最好按还款期间和还完借款以后的年份分别计算。

（五）盈亏平衡分析的局限性

盈亏平衡分析方法在应用中存在一定的局限性,主要表现在:

（1）实际的生产经营过程中,收益和支出与产品产量之间的关系往往是呈现出一种非线性的关系,这和我们的假设是不一致的。比如,当项目的产量在市场中占有较大的份额时,其产量的高低可能会明显影响市场的供求关系,从而使得市场价格发生变化;根据报酬递减规律,变动成本随着生产规模的不同而与产量呈非线性的关系,在生产中还有一些辅助性的生产费用随着产量的变化而成梯形分布,这时就需要用到非线性盈亏平衡分析方法。

（2）盈亏平衡分析虽然能够度量项目风险的大小,但并不能揭示产生项目风险的根源,从而也就不能具体的预防风险和控制风险。

二、敏感性分析

（一）敏感性分析的意义

敏感性分析是在确定性分析的基础上,从众多不确定性因素中找出对投资项目经济效益评价指标(如内部收益率、净现值等)有重要影响的敏感性因素,并分析、测算其对项目经济效益指标的影响程度和敏感性程度,进而判断项目承受风险能力的一种不确定性分析方法。

敏感性分析的目的在于:（1）找出影响项目经济效益变动的敏感性因素,分析敏感性因素变动的原因,并为进一步进行不确定性分析(如概率分析)提供依据;（2）研究不确定性因素变动时引起项目经济效益值变动的范围或极限值,分析判断项目承担风险的能力;（3）比较多方案的敏感性大小,以便在经济效益值相似的情况下,从中选出不敏感的投资方案。

敏感性分析的任务是研究建设项目的主要因素,包括价格、产量、成本、投资、建设期、汇率等发生变化时,项目经济效益评价指标 IRR、NPV 等的预期值发生变化的程度。

根据不确定性因素每次变动数目的多少,敏感性分析可以分为单因素敏感性分析和多因素敏感性分析。

1. 单因素敏感性分析

每次只变动一个因素而其他因素保持不变时所做的敏感性分析,称为单因素敏感性分析。单因素敏感性分析在计算特定的不确定因素对项目经济效益影响时,须假定其他因素不变,实际上这种假定很难成立,可能会有两个或两个以上的不确定因素在同时变动,此时单因素敏感性分析就很难准确反映项目承担风险的状况,因此尚需进行多因素敏感性分析。

2. 多因素敏感性分析

单因素敏感性分析的方法简单,但其不足之处在于忽略了因素之间的相关性。实际上,一个因素的变动往往也在伴随着其他因素的变动。

多因素敏感性分析是指在假定其他不确定性因素不变条件下,计算分析两种或两种以上不确定性因素同时发生变动,对项目经济效益值的影响程度,确定敏感性因素及其极限值。多因素敏感性分析一般是在单因素敏感性分析基础上进行,且分析的基本原理与单因素敏感性分析大体相同,但需要注意的是,多因素敏感性分析需进一步假定同时变动的几个因素都是相互独立的,且各因素发生变化的概率相同。

对投资项目进行敏感性分析,通常只要求进行单因素敏感性分析。

(二)敏感性分析的步骤

进行单因素敏感性分析时一般遵循以下步骤:

1. 确定分析的经济效益指标

评价投资项目的经济效益指标主要包括:净现值、内部收益率、投资利润率、投资回收期等。

指标的确定,一般是根据项目的特点、不同的研究阶段、实际需求情况和指标的重要程度来选择,与进行分析的目标和任务有关。

如果主要分析方案状态和参数变化对方案投资回收快慢的影响,则可选用投资回收期作为分析指标;如果主要分析产品价格波动对方案超额净收益的影响,则可选用财务净现值作为分析指标;如果主要分析投资大小对方案资金回收能力的影响,则可选用财务内部收益率指标等。

2. 选择需要分析的不确定性因素

影响项目经济评价指标的不确定性因素很多,但事实上没有必要对所有的不确定因素都进行敏感性分析,而只需选择一些主要的影响因素。选择需要分析的不确定性因素时主要考虑以下两条原则:

第一,预计这些因素在其可能变动的范围内对经济评价指标的影响较大;

第二,对在确定性经济分析中采用该因素的数据的准确性把握不大。

对于一般投资项目来说,通常从以下几方面选择项目敏感性分析中的影响因素:

(1)项目投资;

(2)项目寿命年限;

(3)成本,特别是变动成本;

(4)产品价格;

(5)产销量;

(6)项目建设年限、投产期限和产出水平及达产期限;

(7)基准折现率;

(8)项目寿命期末的资产残值。

3. 分析每个不确定性因素的变动程度及其对分析指标可能带来的增减变化情况

首先,对所选定的不确定性因素,应根据实际情况设定这些因素的变动幅度,同时令其他因素固定不变。因素的变化可以按照一定的变化幅度(如±5%、±10%、±20%等)改变其数值。

其次,计算不确定性因素每次变动对经济评价指标的影响。

对每一因素的每一变动,均重复以上计算,然后,把因素变动及相应指标变动结果用表或图的形式表示出来,以便于测定敏感因素。

4. 确定敏感性因素

由于各因素的变化都会引起经济指标的一定程度的变化,但其影响程度大小却是不一样的。有些因素可能仅发生较小幅度的变化就能引起经济评价指标非常大的变动,而有些因素即使发生了较大幅度的变化,对经济评价指标的影响也不是很大。我们把前一类因素称为敏感性因素,后一类因素称为非敏感性因素。敏感性分析的目的就在于寻找敏感性因素,敏感性因素的确定可以通过两种方法来实现。

(1)相对测定法。即设定要分析的因素均从确定性经济分析中所采用的数值开始变动,且各因素每次变动的幅度(增或减的百分数)相同,比较在同一变动幅度下各因素的变动对经济评价指标的影响,据此判断方案经济评价指标对各因素变动的敏感程度。

敏感系数(又称灵敏度)是衡量项目评价指标对不确定因素敏感程度的一个重要指标,其表达式为:

$$E = \Delta A / \Delta F \tag{3.3-8}$$

式中 E——敏感系数;

ΔF——不确定因素 F 的变化率(%);

ΔA——不确定因素 F 发生 ΔF 变化率时,评价指标 A 的相应变化率(%)。

正值越大,表明评价指标 A 对于不确定因素 F 越敏感;反之,则越不敏感。从而可以得到各个因素的敏感性程度排序,据此可以找出哪些因素是最关键的因素。

(2)绝对测定法。即假定要分析的因素均向只对经济评价指标产生不利影响的方向变动,并设该因素达到可能的最差值,然后计算在此条件下的经济评价指标,如果计算出的经济评价指标已超过了项目可行的临界值,则表明该因素是敏感因素。

5. 方案选择

如果进行敏感性分析的目的是对不同的投资项目或某一项目的不同方案进行选择,一般应选择敏感程度小、承受风险能力强、可靠性大的项目或方案。

【例3-23】 某公司现有一项目投资方案,其基本数据如表3-11所示。

表3-11 某项目现金流量表 (元)

初始投资	寿命期(年)	年销售收入	年经营费	贴现率	项目残值
10000	5	5000	2200	8%	2000

试就年经营费、贴现率及项目寿命期等影响因素对该投资方案进行敏感性分析。

解:(1)选择净现值为敏感性分析的对象,根据净现值的计算公式,可计算出项目在初始条件下的净现值。

$$NPV_0 = (5000 - 2200)(P/A, 8\%, 5) + 2000(P/F, 8\%, 5) - 10000 = 2542.4(元)$$

由于 $NPV_0 > 0$,该项目是可行的。

(2)对项目进行敏感性分析。取定三个因素:年经营费、贴现率及项目寿命期,令其逐一在初始值的基础上按 $\pm 10\%$、$\pm 20\%$ 的幅度变化,分别计算相对应的净现值的变化情况。

当年经营费下降10%时:

$$NPV = [5000 - 2200(1 - 10\%)](P/A, 8\%, 5) + 2000(P/F, 8\%, 5) - 10000 = 3420.86$$

当年经营费上升10%时:

$$NPV = [5000 - 2200(1 + 10\%)](P/A, 8\%, 5) + 2000(P/F, 8\%, 5) - 10000 = 1662.94$$

当年经营费下降 20% 时：

$$NPV = [5000 - 2200(1 - 20\%)](P/A,8\%,5) + 2000(P/F,8\%,5) - 10000 = 4299.32$$

当年经营费上升 20% 时：

$$NPV = [5000 - 2200(1 + 20\%)](P/A,8\%,5) + 2000(P/F,8\%,5) - 10000 = 785.48$$

同理，可计算出贴现率及项目寿命期上下波动 10% 和 20% 时的净现值，具体计算结果详见表 3-12。

表 3-12　单因素敏感性分析表

变动幅度 变动参数	−20%	−10%	0	10%	20%	平均		敏感程度
						−1%	1%	
年经营费	4299.32	3420.86	2542.4	1662.94	785.48	87.81	−88.21	最敏感
贴现率	3133.8	2831.96	2542.4	2259.75	1988.1	29.65	−27.63	较敏感
项目寿命期	744.02	1659.7	2542.4	3388.64	4204.4	−89.84	83.18	很敏感

这表明该投资项目的净现值对年经营费、贴现率和寿命期的敏感性具有差异性，当年经营费发生 1% 的上下变动时，净现值平均变动值为 (87.81 + 88.21)/2 = 88；当寿命期发生 1% 上下波动时，净现值平均变动值为 (89.84 + 83.18)/2 = 86.5；贴现率上下波动 1% 时，净现值平均变动值为 (29.65 + 27.63)/2 = 28.6。

可见，投资项目净现值对年经营费变动最为敏感，对寿命期变动也很敏感，对贴现率变动敏感程度稍差，但也较敏感。

因此，公司应高度重视年经营费和寿命期变动对投资项目方案可行性的影响。

敏感性分析是项目经济评价时经常用到的一种方法，它在一定程度上对不确定因素的变动对项目投资效果的影响作了定量的描述，有助于搞清项目对不确定因素的不利变动所能容许的风险程度，有助于鉴别哪些因素是敏感因素，从而能够及早排除对那些无足轻重的变动因素的注意力，把进一步深入调查研究的重点集中在那些敏感因素上，或者针对敏感因素制定出管理和应变对策，以达到尽量减少风险、增加决策可靠性的目的。但敏感性分析也有其局限性，这种分析不能确定各种不确定性因素发生一定幅度的概率，因而其分析结论的准确性就会受到一定的影响。实际生活中，可能会出现这样的情形：敏感性分析找出的某个敏感性因素在未来发生不利变动的可能性很小，引起的项目风险不大；而另一因素在敏感性分析时表现出不太敏感，但其在未来发生不利变动的可能性却很大，进而会引起较大的项目风险。为了弥补敏感性分析的不足，在进行项目评估和决策时，尚需进一步作概率分析。

三、概率分析

项目的风险来自影响项目经济效果的各种因素和外界环境的不确定性，利用敏感性分析可以知道某因素变化对项目经济指标有多大的影响，但无法了解这些因素发生这样变化的可能性有多大，而概率分析可以做到这一点。

概率分析是通过研究各种不确定性因素发生不同变动幅度的概率分布及其对项目经济效益指标的影响，对项目可行性和风险性以及方案优劣作出判断的一种不确定性分析法。其一般做法是：首先预测风险因素发生各种变化的概率，将风险因素作为自变量，预测其取值范围和概率分布，再将选定的经济评价指标作为因变量，测算相应评价指标的相应取值范围和概率分布,计算评价指标的数学期望值和项目成功或失败的概率。概率分析常用于对大中型重要若干项目的评估和决策之中。

进行概率分析具体的方法主要有期望值法、决策树法、效用函数法和模拟分析法等。

（一）期望值法

采用期望值法进行概率分析,一般需要遵循以下步骤:

1. 选用净现值作为分析对象,并分析选定与之有关的主要不确定性因素;

2. 按照穷举互斥原则,确定各不确定性因素可能发生的状态或变化范围;

3. 分别估算各不确定性因素每种情况下发生的概率。各不确定性因素在每种情况下的概率,必须小于等于1、大于等于0,且所有可能发生情况的概率之和必须等于1。这里的概率为主观概率,是在充分掌握有关资料的基础之上,由专家学者依据自己的知识、经验经系统分析之后,主观判断作出的;

4. 分别计算各可能发生情况下的净现值、各年净现值期望值、整个项目寿命周期净现值的期望值。各年净现值期望值的计算公式为:

$$E(NPV_t) = \sum_{i=1}^{m} X_{it} P_{it} \tag{3.3-9}$$

式中　$E(NPV_t)$——第 t 年净现值期望值;

X_{it}——第 t 年第 i 种情况下的净现值;

P_{it}——第 t 年第 i 种情况发生的概率;

m——发生的状态或变化范围数。

整个项目寿命周期净现值的期望值的计算公式为:

$$E(NPV) = \sum_{t=1}^{n} \frac{E(NPV_t)}{(1+i)^t} \tag{3.3-10}$$

式中　$E(NPV)$——整个项目寿命周期净现值的期望值;

i——折现率;

n——项目寿命周期长度。

项目净现值期望值大于零,则项目可行;否则,不可行。

5. 计算各年净现值标准差、整个项目寿命周期净现值的标准差或标准差系数,各年净现值标准差的计算公式为:

$$\delta_t = \sqrt{\sum_{i=1}^{m} \left[X_{it} - E(NPV_t) \right]^2 P_{it}} \tag{3.3-11}$$

式中　δ_t——第 t 年净现值的标准差,其他符号意义同前。

整个项目寿命周期的标准差计算公式为:

$$\delta = \sqrt{\sum_{t=1}^{n} \frac{\delta_t^2}{(1+i)^t}} \tag{3.3-12}$$

式中　δ——整个项目寿命周期的标准差。

净现值标准差反映每年各种情况下净现值的离散程度和整个项目寿命周期各年净现值的

离散程度,在一定的程度上,能够说明项目风险的大小。但由于净现值标准差的大小受净现值期望值影响甚大,两者基本上呈同方向变动。因此,单纯以净现值标准差大小衡量项目风险性高低,有时会得出不正确的结论。为此需要消除净现值期望值大小的影响,利用下式计算整个项目寿命周期的标准差系数:

$$V = \frac{\delta}{E(NPV)} \times 100\%$$ (3.3-13)

式中 V——标准差系数。一般地,V越小,项目的相对风险就越小;反之,项目的相对风险就越大。

依据净现值期望值、净现值标准差和标准差系数,可以用来选择投资方案。判断投资方案优劣的标准是:期望值相同、标准差小的方案为优;标准差相同、期望值大的方案为优;标准差系数小的方案为优。

6. 计算净现值大于或等于零时的累计概率。累计概率值越大,项目所承担的风险就越小。

7. 对以上分析结果作综合评价,说明项目是否可行及承担风险性大小。

【例3-24】 某公司以2.5万元购置一台设备,寿命为2年,第一年净现金流量可能为:2.2万元、1.8万元和1.4万元,概率分别为0.2、0.6和0.2;第二年净现金流量可能为:2.8万元、2.2万元和1.6万元,概率分别为0.15、0.7和0.15,折现率为10%。问购置设备是否可行。

解:$E(NPV_1) = 2.2 \times 0.2 + 1.8 \times 0.6 + 1.4 \times 0.2 = 1.8$

$E(NPV_2) = 2.8 \times 0.15 + 2.2 \times 0.7 + 1.6 \times 0.15 = 2.2$

$E(NPV) = E(NPV_1)/(1+i) + E(NPV_2)/(1+i)^2 - 2.5 = 0.9543$

$\delta_1 = 0.253$

$\delta_2 = 0.3286$

$\delta = 0.3559$

$V = \delta/E(NPV) \times 100\% = 37.29\%$

因此,该方案可行,且风险较小。

(二)决策树法

决策树又称"决策图",是在风险型决策中常用的决策方法,特别适用于多阶段决策分析。这是在已知各种情况发生概率的基础上,通过构成决策树来求取净现值的期望值大于等于零的概率。它是以方框和圆圈为结点,并由直线连接而成的一种像树枝形状的结构。

方框结点称为决策点,由决策点引出若干条树枝(直线),每条树枝代表一个方案,故称为方案枝。在每个方案枝的末端画上一个圆圈就是圆圈结点。

圆圈结点称为机会点,由机会点引出若干条树枝(直线),每条树枝为概率枝。在概率枝的末端列出不同状态下的收益值或损失值。

一般决策问题具有多个方案,每个方案下面又常会出现多种状态(如产品销路好或不好),因此,决策图形都是由左向右、由简入繁组成的树形的网状图。

1. 决策树的绘制方法

首先确定决策点,决策点一般用"□"表示;然后从决策点引出若干条直线,代表各个备选方案,这些直线就是方案枝;方案枝后面连接一个"○",称为机会点;从机会点画出的各条直线就是概率枝,代表将来的不同状态,概率枝后面的数值代表不同方案在不同状态下可获得的收益值。

为了便于计算,对决策树中的"□"和"○"均进行编号,编号的顺序是从左到右,从上到下。

2. 决策树的决策过程

利用决策树进行决策的过程是:由右向左,逐步后退,根据右端的损益值和概率枝上的概率,计算出同一方案不同自然状态下的期望收益值或损失值,然后根据不同方案的期望收益值或损失值的大小进行选择。对落选(被舍弃)的方案在图上需要进行修枝,即在落选的方案枝上画上"∥"符号,以表示舍弃不选的意思,最后决策点只留下一条树枝,即为决策中的最优方案。利用决策树进行决策,按其只需要进行一次决策活动便可选出最优方案,还是需要多次决策活动才能选出最优方案,分为单级决策和多级决策。凡只需要进行一次决策活动便可选出最优方案,达到决策目的的决策,称为单级决策;凡需要进行两次或两次以上决策活动才能选出最优方案达到决策目的的决策,称为多级决策。

【例 3-25】 某企业为增加销售,拟开发一个新产品。有两个方案可供选择。

方案一:投资 400 万,建大车间。建成后,如果销路好,每年获利 75 万;如果销路差,每年将亏损 10 万。使用年限 10 年。

方案二:投资 150 万,建小车间。建成后,如果销路好,每年获利 30 万;如果销路差,每年将亏损 5 万。使用年限 10 年。

据市场调查预测,新产品在今后 10 年内,销路好概率是 0.7,销路差概率是 0.3。

请决策哪个方案好?

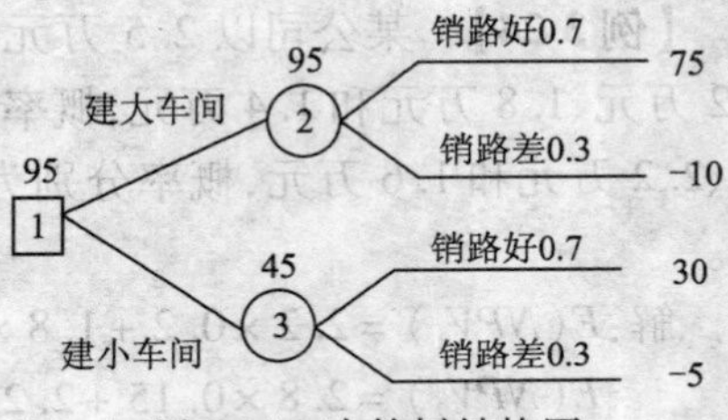

解:(1)依据题意画出决策图,如图 3-14 所示。

图 3-14 决策树结构图

(2)从右到左,计算各结点期望值。

结点②期望值:$0.7 \times 75 \times 10 + 0.3 \times (-10) \times 10 - 400 = 95$

结点③期望值:$0.7 \times 30 \times 10 + 0.3 \times (-5) \times 10 - 150 = 45$

(3)比较结点②、③,舍去结点③,因此应选择建大车间的方案。

【例 3-26】 某企业为增加销售,拟定开发一个新产品,提出 3 个备选方案:

方案一:投资 400 万,建大车间。建成后,如果销路好,每年获利 75 万;如果销路差,每年将亏损 10 万。使用年限 10 年。

方案二:投资 150 万,建小车间。建成后,如果销路好,每年获利 30 万;如果销路差,每年将亏损 5 万。使用年限 10 年。

方案三:投资 150 万先建小车间,试销 3 年,如果销路好,再投资 230 万扩建为大车间其效果与方案一相同。扩建后使用年限 7 年。

根据市场预测,这种新产品在今年 10 年内销路好的概率是 0.7,销路差概率是 0.3。又预计如果前三年销路好,后 7 年销路好的概率是 0.9,如前三年的销路差,后 7 年销路肯定差。

请决策应选择哪个方案?

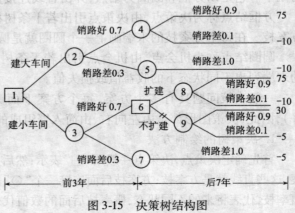

图 3-15 决策树结构图

解:本例题实际上是【例 3-20】的进一步扩展。在原来两个方案基础上,又增添了方案三,使决策问题复杂了。这一决策包括两个问题的决策;一是建小车间 3 年后扩建好,还是不扩建好? 二是建大车间好,还是建小车间好? 故这一问题属于多阶段决策。

其步骤与单阶段决策一样。

(1)首先画出决策图,如图 3-15 所示。

(2)从右到左,计算各结点期望值。

结点④期望值: $0.9 \times 75 \times 7 + 0.1 \times (-10) \times 7 = 465.5$

结点⑤期望值: $1.0 \times (-10) \times 7 = -70$

结点②期望值: $0.7 \times 75 \times 3 + 0.7 \times 465.5 + 0.3 \times (-10) \times 3 + 0.3 \times (-70) - 400 = 53.35$

结点⑧期望值: $0.9 \times 75 \times 7 + 0.1 \times (-10) \times 7 - 230 = 235.5$

结点⑨期望值: $0.9 \times 30 \times 7 + 0.1 \times (-5) \times 7 = 185.5$

比较结点⑧和结点⑨,舍弃结点⑨,选择结点⑧。

结点⑦期望值: $1.0 \times (-5) \times 7 = -35$

结点③期望值: $0.7 \times 30 \times 3 + 0.7 \times 235.5 + 0.3 \times (-5) \times 3 + 0.3 \times (-35) - 120 = 92.85$

比较结点②和结点③,舍弃结点②,选择结点③,决策结果:选择方案三,先建小车间,若前三年销路好,再扩建大车间。

第四节 全寿命造价(成本)分析

一、工程寿命周期成本

(一)工程寿命周期

工程寿命周期是指工程产品从研究开发、设计、建造、使用直到报废所经历的全部时间。影响工程寿命周期的因素比较多,一般可归纳为:

1. 物理磨损

物理磨损是指工程产品在闲置或者使用过程中所发生的实体性磨损。主要表现在工程产品外观以及内部结构的逐渐破损。

2. 经济磨损

随着工程产品使用年限的增加或者其他相关因素的变化,继续使用该产品将在经济上变得不合理。这种由合理变为不合理的过程就是一种经济磨损的过程。比如,由于土地升值,对于业主来说,将原有建筑产品占用的土地用于开发可能比改造建筑产品用于出租在经济上更合理;或者对于承租人来说,承租另一建筑产品更具合理性。

3. 功能和技术磨损

一方面,随着工程产品使用年限的增加或者其他相关因素的变化,原有工程产品变得无法发挥其功能或者无法满足业主对其功能的要求。另一方面,由于技术进步,社会上出现了技术更先进、生产效率更高、原材料及能源耗费更少的工程产品(如空调、照明、电梯等),使得原有工程产品在技术上显得落后,为了降低经营费用或者提高效率,而放弃或重置原有工程产品。

4. 社会和法律磨损

由于人们非经济性的需求欲望变化引起的工程产品的磨损。比如,当前人们对于建筑产品的生态型要求越来越高,原有的建筑产品无法达到人们的这一要求,这就发生了社会和法律磨损。

（二）工程寿命周期成本

在工程寿命周期成本（LCC，Life cycle cost）中，不仅包括资金意义上的成本，还包括环境成本、社会成本。

1. 工程寿命周期资金成本

工程寿命周期资金成本，也就是人们常说的经济成本、财务成本，它是指工程项目从项目构思到项目建成投入使用直至工程寿命终结全过程所发生的一切可直接体现为资金耗费的投入的总和，包括建设成本和使用成本。建设成本是指建筑产品从筹建到竣工验收为止所投入的全部成本费用。使用成本则是指建筑产品在使用过程中发生的各种费用，包括各种能耗成本、维护成本和管理成本等。从其性质上说，这种投入可以是资金的直接投入，也包括资源性投入，如人力资源、自然资源等；从其投入时间上说，可以是一次性投入，如建设成本；也可以是分批、连续投入，如使用成本。

2. 工程寿命周期环境成本

根据国际标准化组织环境管理系列（ISO 14040）精神，工程寿命周期环境成本是指工程产品系列在其全寿命周期内对于环境的潜在和显在的不利影响。工程建设对于环境的影响可能是正面的，也可能是负面的，前者体现为某种形式的收益，后者则体现为某种形式的成本。在分析及计算环境成本时，应对环境影响进行分析甄别，剔除不属于成本的系列。在计算环境成本时，由于这种成本并不直接体现为某种货币化数值，必须借助于其他技术手段将环境影响货币化。这是计量环境成本的一个难点。

3. 工程寿命周期社会成本

工程寿命周期社会成本是指工程产品在从项目构思、产品建成投入使用直至报废不堪再用全过程中对社会的不利影响。与环境成本一样，工程建设及工程产品对于社会的影响可以是正面的，也可以是负面的。因此，也必须对其进行甄别，剔除不属于成本的系列。

在工程寿命周期成本中，环境成本和社会成本都是隐性成本，它们不直接表现为量化成本，而必须借助于其他方法转化为可直接计量的成本，这就使得它们比资金成本更难以计量。但在工程建设及运行的全过程中，这类成本始终是发生的。

（三）工程寿命周期成本的构成

工程寿命周期成本是工程设计、开发、建造、使用、维修和报废等过程中发生的费用，也即该项工程在其确定的寿命周期内或在预定的有效期内所需支付的研究开发费、制造安装费、运行维修费、报废回收费等费用的总和。

对于不同的工程项目，不同阶段寿命周期成本的构成情况可能有所不同。在一般情况下，运营及维护成本往往大于项目建设的一次性投入。图 3-16 是一个不同阶段寿命周期成本构成情况的典型例子。在分析寿命周期成本时，首先要明确寿命周期成本所包括的费用项目，也就是必须列出寿命周期成本的构成体系。图 3-17 所示为典型的费用构成体系，寿命周期成本的一级构成包括设置费（或建设成本）和维持费（或使用成本）。在工程竣工之

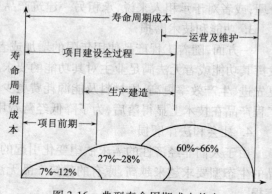

图 3-16 典型寿命周期成本状态

前发生的成本费用归入建设成本,工程竣工之后的成本费用(贷款利息除外)归入使用成本。在实际使用时,应该据数据(资料)的齐全情况、各项费用的重要性以及问题的性质等,参考图 3-17 编制出符合工程项目实际使用情况的费用构成体系。

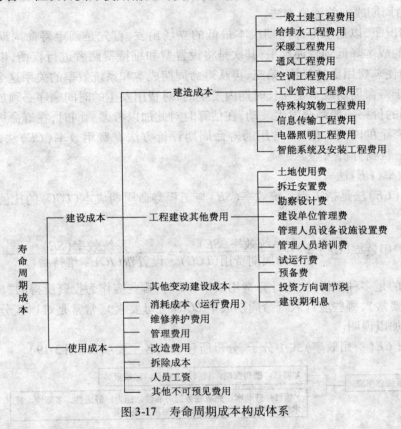

图 3-17 寿命周期成本构成体系

二、寿命周期成本分析

(一)寿命周期成本的概念

长期以来,人们总是把资产的设置费和维持费分别加以管理,而现在的问题是要把两者合起来作为寿命周期成本进行综合管理。从局部—部分—部分考虑费用是不够的,更重要的是要从总体的角度进行研究。在使资产具备规定性能的前提下,要尽可能使设置费和维护费的总和达到最低。这正是研究寿命周期成本最佳化的途径。

寿命周期成本分析称为寿命周期成本评价,它是指为了从各可行方案中筛选出最佳方案以有效地利用稀缺资源,而对项目方案进行系统分析的过程或者活动。换言之,"寿命周期成本评价是为了使用户所用的体系具有经济寿命周期成本,在系统的开发阶段将寿命周期成本作为设计的参数,而对系统进行彻底地分析比较后作出

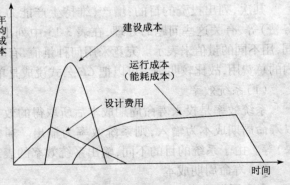

图 3-18 寿命周期不同阶段的成本发生情况

决策的方法"。

寿命周期成本分析是对于项目全寿命周期而言的,而非一些人为设定的时间跨度(比如,一个五年计划)。图3-18表示了一幢建筑在整个寿命周期内不同阶段的寿命周期成本发生情况。

（二）寿命周期成本的评价方法

在通常情况下,以追求寿命周期成本最低的立场出发,首先是确定寿命周期成本的各要素,把各要素的成本降低到普通水平;其次是将设置费和维持费两者进行权衡,以便确定研究的侧重点从而使总费用更加经济;第三,再从寿命周期成本和系统效率的关系这个角度进行研究。此外,由于寿命周期成本是在长时期内发生的,对费用发生的时间顺序必须加以掌握。器材和劳务费用的价格一般都会发生波动,在估算时对此加以考虑。同时,在寿命周期成本分析中必须考虑"资金的时间价值"。常用的寿命周期评价方法有费用效率（CE）法、固定效率法和固定费用法、权衡分析法等。

1. 费用效率（CE）法

费用效率（CE）法是指工程系统效率（SE）与工程寿命周期成本（LCC）的比值。其计算公式如下：

$$费用效率(CE) = \frac{系统效率(SE)}{寿命周期费用(LCC)} = \frac{系统效率(SE)}{设置费(IC) + 维持费(SC)} \tag{3.4-1}$$

投资的目的是多种多样的,当计算费用效率CE时,哪些应作为投资所得的"成果"即系统效率SE（分子要素）,哪些应计入寿命周期成本LCC（分母要素）,常常是难以区分的,因此,这里用计算公式加以说明。

首先,列出CE（费用效率）式中分子、分母所包含的各主要项目（图3-19）。

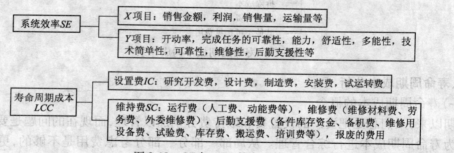

图3-19 SE与LCC的主要构成

其次,列出投资的目的:增产,维持生产能力,提高质量,稳定质量,降低成本（材料费、劳务费）等,有关这些问题的处理,在表3-13中列出。CE公式的分子需要根据对象和目的的不同,用不同的量值来表示。究竟采用何种量值,有时较难确定。相比之下,分母是系统寿命周期内的总费用,故比较明确。可以把CE公式说成是单位费用的输出值,因此,CE值越大越好。

（1）系统效率

系统效率是投入寿命周期成本后所取得的效果或者说明任务完成到什么程度的指标。如以寿命周期成本为输入,则系统效率为输出。通常,系统的输出为经济效益、价值、效率（效果）等。由于系统的目的不同,输出系统效率的表现方式也有所不同。

（2）寿命周期成本

寿命周期成本为设置费和维持费的合计额,也就是系统在寿命周期内的总费用。

对于寿命周期成本的估算,必须尽可能地在系统开发的初期进行。估算寿命周期成本时,可先粗分为设置费和维持费。至于如何进一步分别对设置费和维持费进行估算,则要根据估算时所处的阶段,以及设计内容的明确程度来决定。

表 3-13　投资目的和结果的计算方法

	投　资　目　的	在 CE 式中所属项目(SE, LCC)
A	增产 保持生产力	增产所得的增收列入 X 项; 生产能力下降的部分相当于 Y 项
B	提高质量 稳定质量	提高质量所得的增收列入 X 项; 提高质量的增收额(平均售价提高部分)×(销售额)计入 X 项; 防止质量下降而投入的部分列入 Y 项
C	降低成本 材料费 劳务费	由于节约材料所得的增收额列入 X 项(注意:产品的材料费,节约额不包括在 LCC 的 SC 中,应计入分子的 SE 中); 由于减少劳动量而节省的劳务费应计入分母的 SC 费用科目中,SE 不变

费用估算的方法有很多,常用的有:

1)费用模型估算法。费用模型是指汇总各项实际资料后用某种统计方法分析求得的数学模型,它是针对所需计算的费用(因变量),运用对其起作用的要因(自变量)经简化归纳而成的数学表达式。

2)参数估算法。这种方法在研制设计阶段运用。该方法将系统分解为各个子系统和组成部分,运用过去的资料制定出物理的、性能的、费用的适当参数逐个分别进行估算,将结果累计起来便可求出总估算额。所用的参数有时间、重量、性能、费用等。

3)类比估算法。这种方法在开发研究的初期阶段运用。通常在费用模型法和参数估算法不能采用时才采用,但实际上它是应用得最广泛的方法。

4)费用项目分别估算法。在系统效率 SE 和寿命周期成本 LCC 之间进行权衡时,可以采用以下的有效手段:

①通过增加设置费使系统的能力增大(例如,增加产量)。

②通过增加设置费使产品精度提高,从而有可能提高产品的售价。

③通过增加设置费提高材料的周转速度,使生产成本降低。

④通过增加设置费,使产品的使用性能具有更大的吸引力(例如,使用简便,舒适性提高,容易掌握,具有多种用途等),可使售价和销售量得以提高。

2. 固定效率法和固定费用法

所谓固定费用法,是将费用值固定下来,然后选出能得到最佳效率的方案。反之,固定效率法是将效率值固定下来,然后选取能达到这个效率而费用最低的方案。

3. 权衡分析法

权衡分析是对性质完全相反的两个要素作适当的处理,其目的是为了提高总体的经济性。寿命周期成本评价法的重要特点是进行有效的权衡分析。通过有效的权衡分析,可使系统的任务能较好地完成,既保证了系统的性能,又可使有限的资源(人、财、物)得到有效的利用。

在寿命周期成本评价法中,权衡分析的对象包括以下五种情况:①设置费与维持费的权衡分析;②设置费中各项费用之间的权衡分析;③维持费中各项费用之间的权衡分析;

④系统效率和寿命周期成本的权衡分析;⑤从开发到系统设置完成这段时间与设置费的权衡分析。

(1)设置费与维持费的权衡分析。

为了提高费用效率,产品生产线还可以采用以下各种有效的手段:

1)改善原设计材质,使维修频度降低。

2)支出适当的后勤支援费,改善作业环境,减少维修作业。

3)制定防震、防尘、冷却等对策,提高可靠性。

4)进行维修性设计。

5)置备备用的配套件、部件和整机,设置迂回的工艺路线,使可维修性得以提高。

6)进行节省劳力的设计,使操作人员的费用减少。

7)进行节能设计,节省运行所需的动力费用。

8)进行防止操作和维修失误的设计。

(2)设置费中各项费用之间的权衡分析。

1)进行充分的研制,使制造费降低。

2)将预知维修系统装入机内,减少备件的购置量。

3)购买专利的使用权,从而减少设计、试制、制造、试验费用。

4)采用整体结构,减少安装费。

(3)维持费中各项费用之间的权衡分析。

1)采用计划预修,减少停机损失。

2)对操作人员进行充分培训,由于操作人员能自己进行维修,可减少维修人员的劳务费。

3)反复地完成具有相同功能的行为,其产生效果的体现形式便是缩短时间,减少用料,最终表现为费用减少。

(4)系统效率与寿命周期费用之间的权衡。

在系统效率 SE 和寿命周期成本 LCC 之间进行权衡时,可以采用以下的有效手段:

1)通过增加设置费使系统的能力增大(例如,增加产量)。

2)通过增加设置费使产品精度提高,从而有可能提高产品的售价。

3)通过增加设置费提高材料的周转速度,使生产成本降低。

4)通过增加设置费,使产品的使用性能具有更大的吸引力(例如,使用简便,舒适性提高,容易掌握,具有多种用途等),可使售价和销售量得以提高。

(5)从开发到系统设置完成这段时间与设置费之间的权衡。

(三)寿命周期成本评价法的一般步骤

寿命周期成本评价分析过程主要包括以下步骤:

1. 明确系统(对象)的任务

本阶段的主要工作在于了解评价工程的基本情况,比如业主的目的或意图、业主的资金能力,明确业主对于工程产品的功能要求,特征、进度、成本、质量等总体要求等。

2. 资料收集

数据资料的客观性、准确性、完备性直接关系到评价工作的效果,进而影响到决策和对策。因此,数据应当客观和合理。

(1)资料的搜集方法。为了便于收集有效信息,应对提供信息的用户给予相应的报酬;也可根据情况从用户手中购买信息。

（2）资料的种类和内容。资料的种类与内容会随着系统的类型和资料的利用目的不同而不同。在评价寿命周期成本时通常需要的资料有：1）市场分析资料（包括人力、物资、能源等价格）；2）用户的使用资料（包括历史数据、成本数据）；3）设计资料（包括各种成本之间存在的关系及其对寿命周期成本的影响）；4）可靠性、维修性资料；5）制造、安装、试运行资料；6）后勤支援资料；7）费用计算用资料（如折现率、通货膨胀率等）；8）价值分析和降低费用的资料；9）系统的计划和进度管理关系的资料。

（3）资料的分析和利用。收集到的资料应进行分析、归类，建立费用数据库，以便有效地加以利用。资料可应用于以下几个方面：

1）开发新的系统。

2）修改现有系统的设计，修订维修方式，估计补充部件的产量等。

3）合理估算寿命周期成本。

3. 方案创造

对系统各部分充分考虑多种方案，优选出可以完成任务且经济性最高的最佳方案。

4. 明确系统的评价要素及其定量化方法

寿命周期成本评价最终要根据系统的效率（有效度）和费用两个方面来进行评价。寿命周期成本必须考虑资金的时间价值，因此，在进行寿命周期成本的评价时，必须确定不同方案的建设进度和系统的使用年限。

5. 方案评价

方案评价可按以下步骤进行：

（1）评价方案的"粗筛选"。具体做法：先从已确定的评价要素着眼，以最重要的评价要素为依据对各方案进行一次评价，将差的方案排除。

（2）对经过"粗筛选"剩下的方案进行有效度和费用的详细估算。

（3）用固定费用法和固定效率法进行试评。

（4）从效率和费用两个方面对系统进行详细的比较、研究，选出最佳方案。

1）如果系统的效率和费用两个方面都是最优的，当然应选取该方案。

2）如果系统的效率相同，费用也没有大的差别，则需要通过分析定性因素来择优选用。

3）如果不存在各方面都是优秀的方案，则在最终决定哪个方案最佳时，应以与系统预期功能关系大的因素为依据。

6. 编制评价报告

寿命周期成本评价的最终结果是提出的评价报告书。

（四）寿命周期成本评价法和传统的投资计算法之间的比较

寿命周期成本评价法的目的是为了降低系统的寿命周期成本，提高系统的经济性。在不考虑技术细节问题的基础上，同过去传统的概念和工作方法相比，寿命周期评价法有以下显著的特点：

当选择系统时，不仅考虑设置费，还要研究所有的费用；在系统开发的初期就考虑寿命周期成本；进行"费用设计"，像系统的性能、精度、重量、容积、可靠性、维修性等技术规定一样，将寿命周期成本也作为系统开发的主要因素；透彻地进行设置费和维持费之间的权衡，系统效率和寿命周期成本之间的权衡，以及开发、设置所需的时间和寿命周期成本之间的权衡。

1. 费用效率 CE 与传统成本法的比较

如果 CE 公式的分子为一定值,可认为寿命周期成本越低越好。从这方面来看,CE 公式和传统的成本法比较有着相同的基点。

2. 回收期法的比较

回收期法同样可以进行寿命周期成本评价。但需注意的是,过去所用的投资回收期计算方法,是按用多少年能够回收投资额(即设置费)来考虑的。现在考虑的是多少年能够回收寿命周期成本总额,而寿命周期成本总额是由设置费和维持费所构成的。

3. 费用效率 CE 与传统的投资收益率的比较

传统的投资收益率和费用效率 CE 的计算公式分别为:

$$投资收益率 R = \frac{(销售额\ S - 成本\ C)}{投资额\ IC} = \frac{以金额表示的效率\ B}{投资额\ IC} \tag{3.4-2}$$

费用效率 CE 与上述投资收益率计算公式比较,费用效率的分子和分母的变动范围都较大。

(1)用物量表示费用效率 CE 式中的分子。当某项任务非常重要而又难以用销售量、附加价值等金额表达时,一般可将分子用物量表示。对于其效率不能用金额表示的军事系统、宇宙开发、防止公害、安全卫生、环境保护、生活福利、教育等方面的投资,使用 CE 公式时可将分子用物量表示。但是,如果被评价的系统具有多项同等重要的任务时,这样做会出现问题。

(2)用金额表示 CE 式中的分子。此时,传统的全部投资利润 R 和费用效率 CE 的计算公式分别为:

$$全部投资利润率 R = \frac{(S - C + I)}{IC} = \frac{(P + I)}{IC} \tag{3.4-3}$$

$$费用效率 CE = \frac{V}{(IC + SC)} \tag{3.4-4}$$

式中 S——纯销售额;

   C——一切成本费用;

   I——利息;

   P——利益;

   IC——投资额或设置费;

   SC——维持费;

   V——附加价值(主要包括利润、利息、折旧费、人工费、租税和地方摊派费用、租赁费等)。

以上两式进行比较可知:CE 式分子、分母都较投资利润率计算公式中的大。CE 公式特征是:成果为附加价值,而产生这一成果的输入可认为是寿命周期成本(LCC)。

值得注意的是,CE 公式并非是利润公式的简单扩大。CE 公式中的分母采用了 LCC,因此,在选择系统时,要考虑总费用 IC + SC,并在 IC 和 SC 之间加以权衡(是在 IC 方面多花钱,还是在 SC 方面多花钱,从而使得总费用最低)。在利润公式中,由于 SC 已经在计算分子的利润时计入,故不再列入。这在计算方法上无关紧要,但从经营管理思想角度,却可以说是极其重大的问题。

（五）寿命周期成本分析方法的局限性

1. 假定项目方案有确定的寿命周期；

2. 由于在项目寿命周期早期进行评价，可能会影响评价结果的准确性；

3. 进行工程寿命周期成本分析的高成本使得其未必适用于所有的项目；

4. 高敏感性使其分析结果的可靠性、有效性受到影响。

三、寿命周期成本评价的作用和重要意义

在竞争激烈的市场条件下，企业的生存与发展要求有效的控制成本，以创造出更高的效益。"高功效、低成本"是对工程产品的基本要求。

工程产品的功能在决策及设计阶段就基本确定，其寿命周期成本受影响最大的阶段也在决策及设计阶段。因此，决策及设计阶段也就成为工程产品成本可能节约和潜力最大的阶段，是工程产品成本控制的重点阶段。为此，做好决策及设计阶段的寿命周期成本评价，有着极其重要的意义。实践证明，对于一个工程产品而言，一旦设计方案确定，其寿命周期成本即大致确定。尽管可以在建造及运行阶段通过各种手段来降低成本，但是如果能在设计阶段就引入寿命周期成本分析方法则大为有益。它理应成为设计方案优选的重要参数。

更重要的是，寿命周期成本评价的实际应用还会给人们带来观念上的变化：

1. 建立系统效率的观念；

2. 建立全寿命周期成本的观念；

3. 建立能量效率的观念；

4. 树立"追求系统经济性"的基本思想。

四、运用寿命周期成本评价法的注意事项

（一）寿命周期成本评价法运用的前提

为了有效地运用寿命周期成本评价法，要有以下三项重要前提：

1. 被评价的各项可供选择的方案所要达到的目标应是一致的；

2. 有数个被认为是与目标相符的方案；

3. 系统的利益、效率和费用等均可进行评价。

寿命周期成本评价工作应该在系统方案的构思阶段和初步设计阶段进行——也就是在取得系统之前进行才有重要意义。

（二）确切地表达系统目标

为了进行有意义的评价，必须明确作为系统目标所应满足的目的：要防止把对目标的描绘变成对方案的限制。

（三）使利益和费用明确化

（四）对耐用年限的处理

进行寿命周期成本评价时，如果可供选择的方案其耐用年限有限，则设定其他方案和寿命期最短的方案同时终止（使用）寿命，并按此时将预期的"处理价格"计算到各方案的现金收入之中，根据此结果进行各方案的比较，对使用年限长达几十年的方案计算比较时，可以按15年、20年、25年左右分段进行计算比较，以便得到准确的比较结果。

（五）将不确定性分析方法引用到评价计算之中

（六）需要考虑通货膨胀的影响

1. 确定哪些费用项目需要考虑通货膨胀，是作出决策时的重要问题。人工费、维修费、动

力费等是必须考虑的费用项目。此外,确定同系统效率有关的附加价值和利润时,售价、原材料费、外委加工费也需要考虑通货膨胀。

2. 在寿命周期成本评价中,开始对整个寿命周期的费用和系统效率都按当时的单价进行估算,称为开始年度价格(或不变价格)估算。之后,再计及必要的通货膨胀,按年度算出寿命周期成本值。

3. 作为膨胀率可使用物价指数。由于指数值随对象而异,应该按照不同的费用项目分别加以考虑膨胀率。例如,人工费8%,器材费6%,动力费10%等。

4. 在系统的全寿命周期内,膨胀率不是固定不变的。正确的方法是逐年估算,但这样做会相当困难,因此,可以在一定的期间采用相同的膨胀率。

5. 假如考虑的对象是一个大系统,从开始规划到投入运行需要相当长的时间,在这种情况下,以何时为通货膨胀的开始年度要充分加以考虑。

6. 通货膨胀率是一项具有最不确定性的重要因素,最好进行敏感性分析。

(七)树立寿命周期成本评价的意识

为了使寿命周期成本的概念和具体计算得到重视,并在日常的决策中充分加以运用,需要有意识地予以推广。为此,应该抓好以下各项工作:

1. 决策者的关心。这是开展工作最重要的条件。如果决策者在认识上对寿命周期成本重视,并强烈关心寿命周期评价法,下层组织就会十分努力地推进这项工作。

2. 形成核心。工程寿命周期成本评价是一项复杂的系统工程,它需要包括经济、技术、管理、环境、能源、概预算等方面的专业知识,单凭一点点的常识是不够的。因此,要求机构内一定要形成一个专门的知识核心。理想的组成人员应该具有理论、计算、综合思考的能力并且还要具备系统效率、运筹学、计算机、经营管理以及部门规划等方面的经验。在选出几名具备上述条件的人员之后,要让他们参加有关的研究班和机构外活动,接受机构外专家的指导,同时,他们还要掌握有关寿命成本评价法的综合知识和技术。

3. 各部门负责人的设置。仅靠分散在各部门的几名核心人员对于在系统中实施寿命周期成本评价法而言是远远不够的,有必要在关系特别密切的部门设置寿命周期成本评价的负责人。这些部门负责人对于本部门所发生的问题,凡是适用寿命周期成本思想方法的,都要给予指导和帮助。当开展、设计、引进新系统时,他们应当作为规划小组的成员进行活动。

4. 建立合理的寿命周期成本评价系统,并用以指导工作。

5. 提供资料的组织和系统。由于在寿命周期成本评价过程中,需要处理很多的数据,能否取得和运用所需的资料便很重要,因此,机构内部的哪个部门能提供资料、如何加以积累,是必须首先加以明确的。

另一方面,必须努力搞好机构以外的关系,以健全资料系统。此外,由于在寿命周期成本评价中必须预测未来的数值,故各种数值的估算标准、图表和公式也必须加以整理。

第五节　价值工程原理及工程应用

一、价值工程的概念

价值工程(Value Engineering),又称价值分析,是运用集体智慧和有组织的活动,着重对产品进行功能分析,使之以最低的总成本,可靠地实现产品的必要功能,从而提高产品价值的一套科学的技术经济分析方法。从价值工程的概念可知,价值工程是研究产品功能和成本之间关系问题的管理技术。功能属于技术指标,成本则属于经济指标,它要求从技术和经济两方面来提高产品的经济效益。

（一）基本概念

1. 价值

价值工程中所说的价值,是指产品功能与成本之间的比值,即:

$$价值(V) = \frac{功能\ F}{成本\ C} \qquad (3.5\text{-}1)$$

简写为:

$$V = \frac{F}{C}$$

从上式看出,价值是产品功能与成本的综合反映。价值的高低是评价产品好坏的一种标准。

2. 功能

所谓功能,是指产品所具有的特定用途,即产品所满足人们某种需要的属性。由于产品的功能只有在使用过程中才能最终体现出来,所以,某一产品功能的大小、高低,是由用户所承认、所决定的。价值功能所说的功能,是指用户所承认、所接受的产品的必要功能。

3. 成本

所谓成本,指产品寿命周期成本,即一个产品使用价值从设计、制造、使用,最后到报废的全部过程。产品寿命周期成本包括企业付出的制造成本和用户付出的使用成本两部分。用户在购买一个产品时,既要考虑产品的售价(即制造成本),又要考虑使用成本。

（二）价值工程的主要特征

价值工程的主要特征表现为目标上、方法上、活动领域上和组织上的特征。

1. 目标上的特征

价值工程的目标是以实现最低的总成本,使某产品或作业具有它所必须具备的功能。总成本是指寿命周期成本,包括制造成本和使用成本。在价值工程里,强调的是总成本的降低,即整个系统的经济效果,如图 3-20 所示。从图 3-20 可以看出,对应于功能 F,产品寿命周期成本有一个最低点,从价值工程的角度来看,功能 F_0 和寿命周期 C_{min} 是一种技术与经济的最佳结合。

2. 方法上的特征

价值工程的核心,是对产品进行功能分析。价值工程中的功能是指对象能够满足某种要求的一种属性。具体讲,功能就是效用。如住宅的功能是提供居住空间,建筑物基础的功能是承受荷载等。用户向生产企业购买产品,是要求生产企业提供这种产品的功能,而不是产品的具体结构(或零部件)。企业生产的目的,也是通过生产获得用户所期望的功能,而结构、材质等是实现

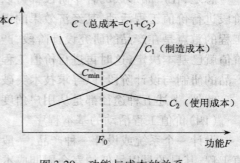

图 3-20　功能与成本的关系

这些功能的手段。目的是主要的,手段可以广泛选择。因此,价值工程分析产品,首先不是分析其结构,而是分析其功能。在分析功能的基础之上,再去研究结构、材质等问题。

3. 活动领域上的特征

价值工程侧重在产品研制阶段开展工作。实践证明,无论新产品开发或老产品改造,设计研制阶段的工作对生产阶段产品的质量和成本影响最大。

4. 组织上的特征

价值工程是利用有组织的集体智慧来实现其总目标。一种产品从设计到产成出厂,要通过企业内部的许多部门。一个改进方案,从方案提出到进行试验,到最后付诸实现,是依靠集体智慧和力量,通过许多部门的配合,才能体现在产品上,达到提高产品功能和降低成本的目的。

(三)提高产品价值的基本途径

同一个建设项目,或同一个单项、单位工程可以有不同的设计方案,方案之间会有不同的造价,因而可用价值工程进行方案的选择和应用价值工程进行优化设计。价值工程认为,对上位功能进行分析和改善,比对下位功能效果好,对功能领域进行分析和改善比对单个功能效果要好。因此,价值工程既可用于工程项目设计方案的分析选择,也可用于单位工程设计方案的优化。

由于价值工程是以提高产品价值为目的,这既是用户的需要,又是生产经营者追求的目标,两者的根本利益是一致的。因此,企业应当研究产品功能与成本的最佳匹配。价值工程的基本原理公式,不仅深刻地反映出产品价值与产品功能和实现此功能所耗成本之间的关系,而且也为如何提高价值提供了有效途径。提高产品价值的途径有以下几种:

1. 功能不变,成本降低。在保证产品原有功能不变的情况下,通过降低产品成本来提高产品的价值。

2. 成本不变,功能提高。在不增加产品成本的前提下,通过提高产品功能来提高产品的价值。

3. 成本小增加,功能大提高。通过增加少量的成本,使产品功能有较大幅度的提高,从而来提高产品的价值。

4. 功能小降低,成本大降低。根据用户的需要,通过适当降低产品的某些功能,以使产品成本有较大幅度的降低,从而提高产品的价值。

5. 功能提高,成本降低。运用新技术、新工艺、新材料,在提高产品功能的同时,又降低了产品的成本,使产品的价值有大幅度的提高。

总之,在产品形成的各个阶段都可以应用价值工程提高产品的价值。但应注意,在不同的阶段进行价值工程活动,其经济效果的提高幅度却大不一样。对于大型复杂的产品,应用价值工程的重点是在产品的研究设计阶段,产品的设计图纸一旦完成并当产品投入生产后,产品的价值就已基本决定,这时再进行价值工程分析就变得更加复杂。因此,价值工程活动更侧重在产品的研制与设计阶段,以寻求技术突破,取得最佳的综合效果。

此外,上述五种途径都是从用户角度来考虑的,体现了开展价值工程用户第一的原则。

(四)价值工程活动的基本程序

设计一个系统或设计一种产品,一般可以是对产品或系统作出决策。对一种产品开发价值工程,其目的是以最低的寿命周期成本实现产品的必要功能。价值工程的实施程序可分为三个基本步骤和十二个具体步骤,详见表3-14。

表3-14 价值工程活动的基本程序

决策的一般程序	价值工程的实施程序		价值工程的提问
	基本步骤	具体步骤	
分析问题	功能定义	选择对象 收集资料 功能定义 功能整理	VE的对象是什么 这是什么 它的定义是什么
	功能评价	功能成本分析 功能评价 选择对象范围	它的成本是多少 它的价值如何
综合研究	制定改进方案	创造	还有其他方法实现这一功能吗
方案评价		概略评价 具体化调查 详细评价 提案	新方案的成本是多少 新方案能可靠实现必要功能吗

我国开发价值工程活动的程序一般定为八个步骤:

1. 选择VE的对象,然后进一步确定产品中哪些零件作为重点对象。回答"这是什么?"的提问

价值工程的对象选择过程就是逐步收缩研究范围、寻找目标、确定主攻方向的过程。因为生产建设中的技术经济问题很多,涉及的范围也很广,为了节省资金,提高效率,只能精选其中的一部分来实施,并非企业生产的全部产品,也不一定是构成产品的全部零部件。因此,能否正确选择对象是价值工程收效大小与成败的关键。这就需要我们应用科学的方法加以选定,在选择时往往要兼顾定性分析与定量分析,选择对象的方法有多种,不同方法适宜于不同的价值工程对象,应根据具体情况选用适当的方法,以取得较好的效果。常见的方法有以下几种:

(1)因素分析法

因素分析法,又称经验分析法,是指根据价值工程对象选择应考虑的各种因素,凭借分析人员经验,集体研究确定选择对象的一种方法。

因素分析法是一种定性分析方法,依据分析人员经验作出选择,简便易行,特别是在被研究对象彼此相差比较大以及时间紧迫的情况下比较适用。在对象选择中还可以将这种方法与其他方法相结合使用,往往能取得更好的效果。因素分析法的缺点是缺乏定量依据,准确性较差,对象选择的正确与否,主要决定于价值工程活动人员的经验及工作态度,有时难以保证分析质量。为了提高分析的准确程度,可以选择技术水平高、经验丰富、熟悉业务的人员参加,并且要发挥集体智慧,共同确定对象。

(2)ABC分析法

ABC分析法又称帕累托分析法、ABC分类管理法、重点管理法等。它是根据事物有关方面的特征,进行分类、排队,分清重点和一般,有区别地实施管理的一种分析方法。

ABC分析法起源于意大利数理经济学家、社会学家维尔雷多·帕累托对人口和社会问题的研究。约19世纪末至20世纪初,帕累托依据一些国家的历史统计资料,对资本主义国家国民收入分配问题进行研究时,发现收入少的占全部人口的大部分,而收入多的却只占一小部

分。他将这一关系利用坐标绘制出来,就是著名的帕累托曲线。1951 年,管理学家戴克将其应用于库存管理,定名为 ABC 分析,使帕累托法则从对一些社会现象的反映和描述发展成一种重要的管理手段。

ABC 分析法的基本原理,可概括为区别主次,分类管理。它将管理对象分为 A、B、C 三类,以 A 类作为重点管理对象。其关键在于区别一般的多数和极其重要的少数。

ABC 分析法包括开展分析与实施对策两个基本程序。

1)开展分析

这是区别主次的过程。它包括以下步骤:

① 收集数据。即确定构成某一管理问题的因素,收集相应的特征数据。

② 计算整理。即对收集的数据进行加工,并按要求进行计算,包括计算特征数值、特征数值占总计特征数值的百分数、累计百分数;因素数目及其占总因素数目的百分数、累计百分数。

③ 根据一定分类标准,进行 ABC 分类,列出 ABC 分析表。各类因素的划分标准,并无严格规定。习惯上常把主要特征值的累计百分数达 70% ~80% 的若干因素称为 A 类,累计百分数在 10% ~20% 区间的若干因素称为 B 类,累计百分数在 10% 左右的若干因素称 C 类。A 类因素通常占累计因素数目的 5% ~15% ,为主要因素或重点因素;B 类因素占累计因素数目的 20% ~30% ,为次要因素;C 类因素占累计因素数目的 60% ~80% ,为最次要因素。

2)实施对策

这是分类管理的过程。根据 ABC 分类结果,权衡管理力量和经济效果,制定 ABC 分类管理标准表,对三类对象进行有区别的管理。

ABC 分析法抓住成本比重大的零部件或工序作为研究对象,有利于集中精力重点突破,取得较大效果,同时简便易行,因此被人们广泛采用。但在实际工作中,有时由于成本分配不合理,造成成本比重不大但用户认为功能重要的对象可能被漏选或排序推后,而这种情况应列为价值工程研究对象的重点。ABC 分析法的这一缺点可以通过经验分析法、强制确定法等方法来补充。

(3)强制确定法

强制确定法是以功能重要程度作为选择价值工程对象的一种分析方法。具体做法:先求出分析对象的成本系数、功能系数,然后得出价值系数,以揭示出分析对象的功能与成本之间是否相符。如果不相符,价值低的则被选为价值工程的研究对象。这种方法在功能评价和方案评价中也有应用。

强制确定法从功能和成本两方面综合考虑,比较适用、简便,不仅能明确揭示出价值工程的研究对象所在,而且具有数量概念。但这种方法是人为打分,不能准确地反映出功能差距的大小,只适用于部件间功能差别不太大且比较均匀的对象,而且一次分析的部件数目也不能太多,以不超过 10 个为宜。

(4)百分比分析法

这是一种通过分析某种费用或资源对企业的某个技术经济指标的影响程度的大小(百分比),来选择价值工程对象的方法。

(5)最适合区域法

这种方法的思路是:价值系数相同的零件,由于功能评价系数和成本系数的绝对值不同,因而对产品价值的实际影响有很大差异,在选择 VE 对象时,不应把价值系数相同的零件同等看待,而应优先选择对产品价值影响大的为对象;至于对产品影响小的,则可根据必要与可能,决定选择与否。

2. 收集情报资料

价值工程活动对象确定以后,就要围绕着活动对象,收集一切对开展 VE 活动有用的技术与经济的情报资料。VE 的目标是提高价值,一般的说,情报越多,价值提高的可能性也就越大,因此在一定意义上可以说,VE 成果的大小取决于情报收集的质量、数量与适宜的时间,即需要注意目的性、可靠性和计划性等项原则。

对于产品分析来说,一般应收集用户方面的信息资料、市场销售方面的信息资料、技术方面的信息资料、经济方面的信息资料、本企业的基本资料、环境保护方面的信息资料、外协方面的信息资料以及政府和社会有关部门的法规、条例等方面的信息资料等多方面信息资料。

3. 功能分析

工程分析是价值工程的核心。功能分析的目的就是研究产品各组成部分及其之间的相互关系,对零件的功能进行技术和经济两方面的分析,回答"它的作用是什么?"的提问,为功能数量化、创造方案和实现方案的最优化提供依据。功能分析是通过给选定的对象下功能定义,进行功能分类和整理,根据用户要求的功能,寻求实现功能的最低费用,以便与功能的现实费用进行比较,回答"它的成本是多少?","它的价值如何?"的提问,从而找出提高价值的对象,并估计改善的可能性。

4. 方案创造

依靠集体的智慧,针对提高价值的对象,提出各种各样的改进设想方案,回答"还有其他方法实现这一功能吗?"的提问。

5. 方案评价

对于在功能分析基础上提出的各种改进设想方案,要运用科学的方法进行技术可行性和经济可行性的概略评价。通过评选出有价值的改进方案,在此基础上进一步具体化,回答"新方案的成本是多少?"的提问。

6. 试验研究

对具体方案进行技术上的试验和论证,对方案的优缺点作全面的分析研究,以检验方案能否满足预定要求,回答"新方案能可靠地实现必要功能吗?"的提问。

7. 详细评价与实施

对经过上述步骤选出的改进方案,进一步从技术、经济、社会等方面进行详细评价,最后确定最优方案,并将此方案作为正式方案提交有关领导审批,批准后即可组织实施。

8. VE 活动成果评价

方案实施后,必须对成果进行全面评价,以便明确经济效益,不断提高 VE 活动水平。

二、功能评价

(一)功能评价的概念

从 VE 的工程程序来看,当功能分析明确了用户所要求的功能之后,就要进一步找出实现这一功能的最低费用(也称功能评价值),以功能评价值为基准,通过与实现功能的现实成本相互比较,求出两者的比值(称作功能价值)和二者的差(称作改善期望值),然后选择功能价值低、改善期望大的功能,作为 VE 进一步开展活动的重点对象。这一评价功能价值的工作称为功能评价。功能评价的程序如图 3-21 所示。

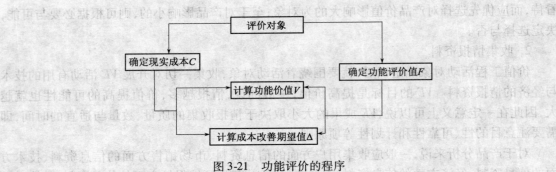

图 3-21　功能评价的程序

功能评价的公式为：

$$V = \frac{F}{C}$$

(3.5-2)

（二）功能评价

1. 功能现实成本 C 的计算

（1）功能现实成本的计算

功能现实成本的计算与一般的传统成本核算既有相同点，也有不同之处。二者的相同点是指它们在成本费用的构成项目上是完全相同的，而不同之处在于功能现实成本的计算是以对象的功能为单位，而传统的成本核算是以产品或零部件为单位。因此，在计算功能现实成本时，就需要根据传统的成本核算资料，将产品或零部件的现实成本核算为功能的现实成本。

（2）成本指数的计算

成本指数是指评价对象的现实成本在全部成本中所占的比率，即：

$$第 i 个评价对象的成本指数 C_i = \frac{第 i 个评价对象的现实成本 C}{全部成本}$$

(3.5-3)

2. 功能评价值 F 的计算

对象的功能评价值 F（目标成本），是指可靠地实现用户要求功能的最低成本，它可以理解为是企业有把握，或者说应该达到的实现用户要求功能的最低成本。从企业目标的角度来看，功能评价值可以看成是企业预期的、理想的成本目标值。功能评价值一般以功能货币价值形式表达。

功能的现实成本较易确定，而功能评价值则较难确定。功能重要性系数评价法是一种根据功能重要性系数确定功能评价值的方法。这种方法是把功能划分为几个功能区（即子系统），并根据各功能区的重要程度和复杂程度，确定各个功能区在总功能中所占的比重，即功能重要性系数。然后将产品的目标成本按功能重要性系数分配给各个功能区作为该功能区的目标成本，即功能评价值。

（1）确定功能重要性系数

功能重要性系数又称功能评价系数或功能指数，是指评价对象（如零部件等）的功能在整体功能中所占的比率，用 F_i 表示。确定功能重要性系数的关键是对功能进行打分，常用的打分方法有强制打分法（0～1 评分法或 0～4 评分法）、多比例评分法、逻辑评分法、环比评分法等。

98

（2）确定功能评价值 F

对于新产品的评价设计，一般在产品设计之前，根据市场供需情况、价格、企业利润与成本水平，已初步设计了目标成本。因此，在功能重要性系数确定之后，就可将新产品设定的目标成本按已有的功能重要性系数加以分配计算，求得各个功能区的功能评价值，并将此功能评价值作为功能的目标成本。

对于既有产品的改进设计来说，既有产品应以现实成本为基础求功能评价值，进而确定功能的目标成本。由于既有产品已有现实成本，就没有必要再假定目标成本。但是既有产品的现实成本原已分配到各功能区中去的比例不一定合理，这就需要根据改进设计中新确定的功能重要性系数，重新分配既有产品的原有成本。

3. 功能价值 V 的计算和分析

通过计算和分析对象的价值 V，可以分析成本功能的合理匹配程度。功能价值 V 的计算方法主要有两类，即：功能成本法和功能指数法。

（1）功能成本法

功能成本法，又称绝对值法，是通过一定的测算方法，测定实现应有功能所必须消耗的最低成本，同时计算为实现应有功能所耗费的现实成本，经过分析、对比，求得对象的价值系数和成本降低期望值，确定价值工程的改进对象。

$$\text{第 } i \text{ 个评价对象的价值系数 } V = \frac{\text{第 } i \text{ 个评价对象的功能评价值 } F}{\text{第 } i \text{ 个评价对象的现实成本 } C} \qquad (3.5\text{-}4)$$

根据上式计算出来的结果有以下几种情况：

1）$V = 1$，说明 $C = F$，即实现功能的现实成本与实现功能的最低费用相符合，这种情况可认为比较理想。

2）$V < 1$，说明 $C > F$，即实现功能的现实成本高于最低成本，应该设法降低现实成本，以提高功能价值。

3）$V > 1$，即 $F > C$。遇到这种情况首先应检查一下功能评价值是否确定得当，如果 F 值定得太高，则应降低 F 值。如果 F 值定得合理，还要检查现实成本较低的原因是否由于现实功能不足，如果功能不足就应提高功能适应用户需要。为了提高功能，在必要时也可以提高成本。

此外，还需要注意一个情况，即 $V = 0$ 时，要做进一步分析。如果是不必要的功能，该部件则取消；但如果是最不重要的必要功能，则要根据实际情况处理。

（2）功能指数法

功能指数法又称相对值法。在功能指数法中，功能的价值用价值指数来表示，它是通过评定各对象功能的重要程度，用功能指数来表示其功能程度的大小，然后将评价对象的功能指数与相对应的成本指数进行比较，得出该评价对象的价值指数，从而确定改进对象，并求出该对象的成本改进期望值。

$$\text{第 } i \text{ 个评价对象的价值指数 } V = \frac{\text{第 } i \text{ 个评价对象的功能指数 } F_i}{\text{第 } i \text{ 个评价对象的成本指数 } C_i} \qquad (3.5\text{-}5)$$

价值指数的计算结果有以下三种情况：

1）$V = 1$。此时评价对象的功能比重与成本比重大致平衡，合理匹配，可以认为功能的现实成本是比较合理的。

2)$V<1$。此时评价对象的成本比重大于其功能比重,表明相对于系统内的其他对象而言,目前所占的成本偏高,从而会导致该对象的功能过剩。应将评价对象列为改进对象,改善方向主要是降低成本。

3)$V>1$。此时评价对象的成本比重小于其功能比重。出现这种结果的原因可能有三种:第一,由于现实成本偏低,不能满足评价对象实现其应具有的功能要求,致使对象功能偏低,这种情况应列为改进对象,改善方向是增加成本;第二,对象目前具有的功能已经超过了其应该具有的水平,也即存在过剩功能,这种情况也应列为改进对象,改善方向是降低功能水平;第三,对象在技术、经济等方面具有某些特征,在客观上存在着功能很重要而需要消耗的成本却很少的情况,这种情况一般就不应列为改进对象。

4. 确定 VE 对象的改进范围

VE 对象经过以上步骤,特别是完成功能评价之后,得到其价值的大小,就明确了改进的方向、目标和具体范围。

(1)F/C 值低的功能区域。计算出来的 $V<1$ 的功能区域,基本上都应进行改进,特别是 V 值比 1 小得较多的功能区域,应力求使 $V=1$。

(2)$C-F$ 值大的功能区域。通过核算和确定对象的实际成本和功能评价值,分析、测算成本改善期望值,从而排列出改进对象的重点及优先次序。成本改善期望值的表达式为:

$$\Delta C = C - F \tag{3.5-6}$$

式中 ΔC——成本改善期望值,即成本降低幅度。

当 n 个功能区域的价值系数同样低时,就要优先选择 $C-F$ 数值大的功能区域作为重点对象。一般情况下,当 $C-F$ 大于零时,$C-F$ 大者为优先改进对象。

(3)复杂的功能区域。复杂的功能区域,说明其功能是通过采用很多零件来实现的。

一般说,复杂的功能区域其价值系数也较低。

三、价值工程在建设项目中的应用实例

进行建设的大小工程项目,都需要投入资金,也都要求获得项目功能,进行项目建设管理的目的就是要以最低的项目总成本,来实现项目所必要的功能,从而获得较高经济效益。所以,建设项目都可以应用价值工程。

以下以某个具体实例来说明价值工程的应用。

某市高新技术开发区有两幢科研楼和一幢综合楼,其设计方案对比项目如下:

A 楼方案:结构方案为大柱网框架轻墙体系,采用预应力大跨度叠合楼板,墙体材料采用多孔砖及移动式可拆装式分室隔墙,窗户采用单框双玻璃钢塑窗,面积利用系数为 93%,单方造价为 1438 元/m²;

B 楼方案:结构方案同 A 方案,墙体采用内浇外砌,窗户采用单框双玻璃空腹钢塑窗,面积利用系数为 87%,单方造价为 1108 元/m²;

C 楼方案:结构方案采用砖混结构体系,采用多孔预应力板,墙体材料采用标准黏土砖,窗户采用单玻璃空腹钢塑窗,面积利用系数为 79%,单方造价为 1082 元/m²。

方案各功能的权重及各方案的功能得分如表 3-15 所示。

表 3-15　各方案功能得分

方案功能	功能权重	方案功能得分		
		A	B	C
结构体系	0.25	10	10	8
模板类型	0.05	10	10	9
墙体材料	0.25	8	9	7
面积系数	0.35	9	8	7
窗户类型	0.10	9	7	8

1. 试应用价值工程方法选择最优设计方案。

2. 为控制工程造价和进一步降低费用,拟对所选的最优设计方案的土建工程部分,以工程材料费为对象开展价值工程分析。将土建工程划分为四个功能项目,各功能项目评分值及其目前成本如表 3-16 所示。按限额设计要求,目标成本额应控制在 12170 万元。

表 3-16　各功能项目评分值及目前成本

功能项目	功能评分	目前成本(万元)
A. 桩基围护工程	10	1520
B. 地下室工程	11	1482
C. 主体结构工程	35	4705
D. 装饰工程	38	5105
合　　计	94	12812

试分析各功能项目的目标成本及其可能降低的额度,并确定功能改进顺序。

解:1. 首先根据前面所述相关公式分别计算各方案的功能指数、成本指数和价值指数,然后选择最优方案。

(1)计算各方案的功能指数,如表 3-17 所示。

表 3-17　各方案功能指数

方案功能	功能权重	功能方案加权得分		
		A	B	C
结构体系	0.25	$10 \times 0.25 = 2.50$	$10 \times 0.25 = 2.50$	$8 \times 0.25 = 2.00$
模板类型	0.05	$10 \times 0.05 = 0.50$	$10 \times 0.05 = 0.50$	$9 \times 0.05 = 0.45$
墙体材料	0.25	$8 \times 0.25 = 2.00$	$9 \times 0.25 = 2.25$	$7 \times 0.25 = 1.75$
面积系数	0.35	$9 \times 0.35 = 3.15$	$8 \times 0.35 = 2.80$	$7 \times 0.35 = 2.45$
窗户类型	0.10	$9 \times 0.10 = 0.90$	$7 \times 0.10 = 0.70$	$8 \times 0.10 = 0.80$
合　　计		9.05	8.75	7.45
功能指数		9.05/25.25 = 0.358	8.75/25.25 = 0.347	7.45/25.25 = 0.295

注:表中各方案功能加权得分之和为:9.05 + 8.75 + 7.45 = 25.25

(2)计算各方案的成本指数,如表 3-18 所示。

表 3-18　各方案成本指数

方　案	A	B	C	合计
单方造价（元/m²）	1438	1108	1082	3628
成本指数	0.396	0.305	0.298	0.999

（3）计算各方案的价值指数，如表 3-19 所示。

表 3-19　各方案价值指数

方　案	A	B	C
功能指数	0.358	0.347	0.295
成本指数	0.396	0.305	0.298
价值指数	0.904	1.138	0.990

由表 3-19 的计算结果可知，B 方案的价值指数最高，为最优方案。

2. 根据表 3-16 所列数据，分别计算桩基围护工程、地下室工程、主体结构工程和装饰工程的功能指数、成本指数和价值指数；再根据给定的总目标成本，计算各工程内容的目标成本额，从而确定其成本降低额度。具体计算结果汇总如表 3-20 所示。

表 3-20

功能项目	功能评分	功能指数	目前成本（万元）	成本指数	价值指数	目标成本（万元）	成本降低额（万元）
桩基围护工程	10	0.1064	1520	0.1186	0.8971	1295	225
地下室工程	11	0.1170	1482	0.1157	1.0112	1424	58
主体结构工程	35	0.3723	4705	0.3672	1.0139	4531	174
装饰工程	38	0.4043	5105	0.3985	1.0146	4920	185
合计	94	1.0000	12812	1.0000		12170	642

由表 3-20 的计算结果可知，桩基围护工程、地下室工程、主体结构工程和装饰工程均应通过适当方式降低成本。根据成本降低额的大小，功能改进顺序依次为：桩基围护工程、装饰工程、主体结构工程、地下室工程。

思考题

1. 什么是资金的时间价值，其计算方法有哪些？
2. 什么是名义利率和实际利率？二者有什么区别？
3. 经济效果评价指标有哪些？分别如何计算？
4. 什么是盈亏平衡分析和敏感性分析？
5. 概率分析的方法都有哪些？分别叙述。
6. 简述工程寿命周期成本的构成。
7. 简述价值工程的基本原理。

第四章 工程造价确定的方法与依据

本章系统介绍了在市场经济条件下，确定工程造价的依据和方法。

目前，我国确定工程造价的方法主要有：建设工程定额计价法与工程量清单计价法。

建设工程定额计价法。定额计价法是计划经济的产物，已沿用了几十年，工程建设定额的科学性、系统性、统一性、权威性以及时效性是使用定额计价法确定工程造价的根本保证。

工程量清单计价法。《建设工程工程量清单计价规范》确定了工程量清单计价的方法。采用这种方法投标企业可以结合自身的生产效率、资源消耗水平、管理能力与已储备的企业报价资料投标报价，工程造价由发承包双方在市场竞争中按价值规律通过合同确定。

在确定工程造价时，建设工程定额计价法与工程量清单计价法各有其相对独立性，同时这两种计价方法也不是完全孤立的，而是有着非常密切的联系。

第一节 概　述

一、工程造价的确定方法

（一）定额计价法

定额计价法是确定工程造价的传统方法。定额计价法最基本的依据是定额。

定额的"定"有限定、确定、规定之意；"额"有指数额、份额、额度、标准之意。简单地说，"定额"就是一种规定的标准。具体来说，定额是指工程建设中，消耗在单位合格产品上人工、材料、机械使用、资金和工期的规定额度。换言之，定额是指在合理的劳动组织和合理的使用材料和机械的条件下，完成单位合格产品所需消耗的资源的数量标准。因此，定额不是单纯的数量标准，而是数量、质量和安全要求的统一体。

定额计价法确定工程造价，就是造价工程师依据工程设计文件、施工组织设计、工程量计算规则等计算工程量，再套用预算定额以及相应的费用定额等确定各项费用，最终计算出工程价格的过程。

预算定额具有的科学性和实践性，所以用这种方法确定工程造价具有计算过程简单、快速、比较准确，同时也有利于工程造价管理部门的管理等优点。

长期以来，工程预算定额是我国进行工程承发包计价、定价的主要依据，但是，现行预算定额中规定的消耗量和有关施工措施费用是按社会平均水平编制的，因此，以此形成的工程造价基本上也是属于社会平均价格，不能反映参与竞争企业的实际消耗和技术管理水平，不利于企业结合项目具体情况、自身技术管理水平自主报价，不利于充分调动企业加强管理的积极性，也不能充分体现市场公平竞争，在一定程度上限制了企业的竞争，所以，为了适应招投标的需要，适应市场价格机制的需要，推行工程量清单计价办法是十分必要的，它反映的是工程个别成本，有利于企业自主报价和公平竞争。

（二）工程量清单计价法

工程量清单计价是工程价格管理体制改革的产物。工程量清单计价法是一种新的计价模式，其实质是市场定价模式。建设市场的交易双方在建设市场上根据供求状况、信息状况进行自由竞价，从而最终签订工程合同价格。工程量清单计价法反映的是工程个别成本，有利于企业自主报价和公平竞争。这种计价方式是完全市场定价体系的反映，在国际承包市场非常流行。在工程量清单的计价过程中，工程量清单为建设市场的交易双方提供了一个平等的平台，其内容和编制原则的确定是整个计价方式改革中的重要工作。

招标投标实行工程量清单计价，以招标人公开提供的工程量清单为平台，投标人根据工程项目特点，自身的技术水平，施工方案，管理水平高低及中标后面临的各种风险等进行综合报价、双方签订合同价款、进行工程结算等活动。

二、工程造价的计价依据

工程造价的计价依据，是指计算工程造价的各类基础资料。由于建筑产品及其生产的特殊性，决定了影响工程造价的因素很多，如工程的用途、类别、规模、结构特征、建设标准、所在地区和坐落地点等，同时，每一项工程的造价还要与市场价格信息和涨浮趋势以及政府的产业政策、税收政策和金融政策等有关。因此与确定上述各项因素相关的各种量化资料都作为计价的依据。

工程造价的计价依据主要包括：

（一）计算工程和设备数量的依据

计算工程和设备数量的依据包括：可行性研究资料；（初步设计）、扩大初步设计、（技术设计）、施工图设计文件；工程量计算规则；工程现场情况；施工组织设计或施工方案及工程量计算工具书等。

（二）计算分部分项工程人工、材料、机械台班消耗量及费用的依据

计算分部分项工程人工、材料、机械台班消耗量及费用的依据包括：概算指标、概算定额、预算定额、企业定额；人工费单价、材料预算单价、机械台班单价；工程造价信息、材料调价通知、取费调整通知。

（三）计算建筑安装工程费用的依据

计算建筑安装工程费用的依据是费用定额、取费标准、利润率、税率及其他价格指数。

（四）计算设备费的依据

计算设备费的依据包括设备价格和运杂费率等。

（五）建设工程工程量清单计价规范

（六）计算工程建设其他费用的依据

计算工程建设其他费用的依据包括用地指标、工程建设其他费用定额等。

（七）与费用有关的合同文件。例如，工程变更引起工程量的变化，此时可以根据合同专用条款及有关调费的合同文件，确定是否应该调整合同价。

（八）计算造价相关的法规和政策

计算造价相关的法规和政策包括在工程造价内的税种、税率；与产业政策、能源政策、环境政策、技术政策和土地等资源利用政策有关的取费标准；利率和汇率；其他计价依据。

通过以上计价依据，先确定工程量，进一步确定定额直接费，最终可以得到预算工程造价。

第二节　工程建设定额原理及工程造价确定

一、工程建设定额概述

（一）定额的概念

定额是指在合理的劳动组织、合理的使用材料和机械的条件下，完成单位合格产品所需消耗的资源（例如"人工"、"材料"、"机械使用"、"资金"和"工期"）的数量标准。因此，定额不是单纯的数量标准，而是数量、质量和安全要求的统一。

（二）定额的水平

定额内容是生产力内容的反映，所以定额水平就是一定时期生产力水平的反映，它与操作人员的技术水平、机械化程度、新材料、新结构、新工艺、新技术的发展和应用有关、与企业的组织管理水平和全体人员的劳动积极性也有关。所以，定额不是一成不变的，而是随着社会生产力水平的提高而提高。所谓定额水平的提高，是指完成单位合格产品的资源消耗量的降低。

（三）定额的意义

实行定额的目的是为了力求用尽量少的资源消耗，生产出尽量多的合格建设工程产品，取得尽量大的工程效益。

建设工程定额是编制设计概算、施工图预算、竣工决算等经济文件的基础资料。在编制以上经济文件时，无论是划分工程项目、计算工程量，还是计算人工、材料和施工机械台班的消耗量，均以建设工程定额作为标准依据。所以定额既是建设工程的计划、设计、施工、竣工验收等各项工作取得最佳经济效益的有效工具，又是考核和评价上述各阶段工作的经济尺度。

定额是企业实行科学管理的必要条件。定额为企业提供可靠的管理数据；定额是建筑企业推行投资包干制、招标承包制，以及企业内部实行的各种经济责任制的依据。

（四）工程建设定额的特征

1. 科学性

建设工程定额的科学性表现在：首先，定额的制定有科学的理论基础（如价值、环境、效率等理论）；其次，定额是在认真调查研究和总结生产实践经验的基础上，运用科学的方法制定的；再次，定额的内容是真实的，它如实地反映并客观地评价了工程造价。

2. 群众性（实践性）

建设工程定额的制定和执行，都具有广泛的群众基础，定额的水平是建设行业群体生产技术水平的综合反映;定额一旦颁发,运用于实际生产中,则成为广大群众共同奋斗的目标。总之,定额来自于群众,又贯彻于群众。

3. 定额的可变性与相对稳定性

定额水平的高低,是由一定时期社会生产力水平确定的。也就是说,工程建设定额中所规定的各种活劳动与物化劳动消耗量的多少,是由一定时期的社会生产力水平所确定的。同时,定额需要有一个相对稳定的执行期,稳定性是相对的,随着科学技术水平和管理水平的提高,社会生产力的水平也必然会提高。原有定额不能适应生产发展时,定额管理部门就会根据新的情况对定额进行修订和补充。

所以,定额既不是固定不变的,但也绝不能朝定夕改,它既有显著的时效性,又有一个相对稳定的执行期间。所以,就一段时期而论,定额是稳定的,就长时期而论,定额是变化的。变化是绝对的,稳定是相对的,两者是对立统一的关系。

4. 系统性

定额是相对的独立系统,是由多种定额结合而成的有机系统。它的结构复杂,有鲜明的层次,有明确的目标。按照系统论的观点,工程建设就是庞大的实体系统,定额是为这个实体系统服务的,所以工程建设本身的多种类及多层次就决定了定额的多种类、多层次。

（五）工程建设定额的分类

工程建设定额是工程建设中各类定额的总称。根据使用对象和组织生产的具体目的、要求以及工程建设专业类别的不同,定额的形式、内容也不同。可以按照不同依据对定额进行科学的分类。

1. 按生产要素划分或按定额反映的物质消耗内容分类

（1）劳动消耗定额。简称劳动定额,又称人工定额,是指为完成一定的合格产品（工程实体或劳务）规定活劳动消耗的数量标准。为了便于综合和核算,劳动定额大多采用工作时间消耗量来计算劳动消耗的数量,所以劳动定额主要表现形式是人工时间定额,但同时也以产量定额表现。

（2）机械消耗定额。它又称机械台班定额,是指为完成一定合格产品（工程实体或劳务）规定的施工机械消耗的数量标准。机械消耗定额的主要表现形式是机械时间定额,但同时也以产量定额表现。

（3）材料消耗定额。它简称材料定额,是指完成一定合格产品所需消耗材料的数量标准。材料是工程建设中使用的原材料、成品、半成品、构配件、燃料以及水、电等动力资源的统称。材料作为劳动对象构成工程的实体,需用数量很大,种类繁多,所以材料消耗量多少,消耗是否合理,不仅关系到资源的有效利用,影响市场供求状况,而且对建设工程的项目投资、建筑产品的成本控制都起着决定性影响。

劳动消耗定额、机械消耗定额和材料消耗定额是工程建设定额的"三大基础定额",是组成所有使用定额消耗内容的基础。

2. 按定额的编制程序和用途分类

（1）施工定额。它是施工企业（在企业内部）组织生产和加强管理使用的一种定额,具有企业定额的性质,反映企业的施工水平、技术装备水平和管理水平。它由劳动定额、机械消耗定额和材料消耗定额三个相对独立的部分组成。劳动定额是非计价性定额,是工程建设定额中的基础性定额,它执行平均先进的标准。在预算定额的编制过程中,施工定额的劳动、机械、材料消耗的数量标准,是计算预算定额中劳动、机械、材料消耗数量标准的重要依据。

(2)预算定额。预算定额是计算工程造价和计算工程中劳动、机械台班、材料需要量使用的一种计价性的定额,在工程建设定额中占有很重要的地位。预算定额是国家授权部门根据社会平均生产力发展水平和生产效率水平编制的一种社会标准,属于社会性定额。从编制程序看,预算定额是以施工定额为基础编制的。

(3)概算定额。它是编制扩大初步设计概算时,计算和确定工程概算造价、计算劳动、机械台班、材料需要量所使用的定额。它的项目划分粗细,与扩大初步设计的深度相适应。它一般是预算定额的综合扩大。从编制程序看,概算定额是以预算定额为编制基础的。

(4)概算指标。它是"三阶段设计"中初步设计阶段编制工程概算,计算和确定工程的初步设计概算造价,计算劳动、机械台班、材料需要量时所采用的一种定额。这种定额的设定和初步设计的深度相适应,一般是在概算定额和预算定额的基础上编制的,比概算定额更加综合扩大。概算指标是控制项目投资的有效工具,它所提供的数据也是计划工作的依据和参考。

(5)投资估算指标。它是在项目建议书和可行性研究阶段编制投资估算、计算投资需要量时使用的一种定额。它比其他各种计价定额具有更大的综合性和概括性,包括建设项目指标、单项工程指标和单位工程指标。投资估算指标编制基础仍然离不开预算定额、概算定额。

另外,定额也可按照按专业和费用性质、主编单位及使用范围等分类,分类结果见图4-1。

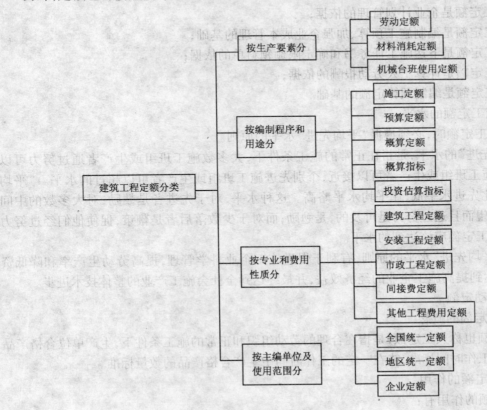

图4-1　建筑安装定额的分类

二、施工定额

（一）施工定额的概念

施工定额，是指在合理劳动组织、正常的施工条件下，以施工过程或工序为标定对象，完成单位合格产品所需消耗的人工、材料和机械台班使用的数量标准。

施工定额属于非计价性定额；施工定额是工程定额体系中的基础性定额；施工定额执行平均先进生产力水平，这是施工定额三个特征。

施工定额属于企业定额的性质。它反映企业的施工水平、技术装备水平、工艺完善水平和管理水平，作为考核施工企业的标尺和确定施工成本、投标报价的依据。

施工定额是施工企业管理的基础，尤其是在《建设工程工程量清单计价规范》颁布执行后，它在施工企业生产管理和内部经济核算工作中发挥着越来越重要的作用。施工企业应根据本企业的具体条件和可挖掘的潜力，根据市场的需求和竞争环境，根据国家有关政策、法律、规范、制度，自己编制定额，自行决定定额水平。同类企业之间存在施工定额水平的差异，这样在市场上才能具有竞争能力。同时，施工企业应将施工定额的水平作为商业秘密。

在市场经济条件下，施工定额是企业定额，而国家定额和地区定额也不再是强加于施工企业的约束和指令，而是为施工企业提供有关参数支持，对施工定额进行引导，从而实现对工程造价的宏观控制。

施工定额由劳动定额、材料消耗定额和机械台班消耗定额组成。

（二）施工定额的作用

1. 施工定额是企业计划管理的依据；

2. 施工定额是编制施工预算、加强企业成本管理的基础；

3. 施工定额是下达施工任务书和确定限额领料单的依据；

4. 施工定额是计算工人劳动报酬的依据；

5. 施工定额是编制预算定额的基础。

（三）施工定额的水平

编制施工定额时，必须遵循"平均先进"水平的原则。

"平均先进"的水平，是指在正常的施工条件下，大多数施工班组或生产者通过努力可以达到，少数施工班组或生产者可以接近，个别先进施工班组或生产者可以超过的水平。"平均先进"水平比先进水平低，比平均水平略高。这种水平，对于先进者是鼓励；对大多数的中间水平者是可望而且通过努力是可及的，是勉励；而对于少数落后者是鞭策，促使他们经过努力尽快达到施工定额应该达到的水平。

贯彻"平均先进"水平的原则，有利于促进施工企业科学管理，提高劳动生产率和降低资源消耗，以达到提高施工企业的经济效益，并最终达到全社会施工产业的整体技术进步。

（四）劳动定额

1. 劳动定额的概念

劳动定额也称人工定额，是指在合理的劳动组织和正常的施工条件下，生产单位合格产品所需消耗的工作时间标准，或在一定的工作时间中生产合格产品的数量标准。

2. 劳动定额的作用

劳动定额的作用有：

（1）是编制预算定额的基础。建筑工程预算定额中的各施工过程或单位建筑产品的劳动力耗用量,是以劳动定额为基础。劳动定额是定额中最基本、最重要的组成部分。

（2）是计算定额用工、编制施工进度计划、劳动工资计划等的依据。施工单位编制所有计划,应以本企业平均先进的劳动定额为依据。

（3）是衡量工人劳动生产率、考核工效的主要尺度。衡量施工单位、施工班组及个人的劳动生产率,是以劳动定额为唯一标准。随着施工工艺、技术、工具、设备的改进和劳动生产率的提高,劳动定额亦应相应调整,以显示建筑业生产率的不断提高。

（4）是确定定员标准和合理组织生产的依据。

（5）是贯彻按劳分配原则和推行经济责任制的依据。施工单位实行计件工资和计时奖励制,均应以劳动定额为结算依据。施工单位签发施工任务书,规定各施工班组职责范围的依据是劳动定额,使生产、计划、成果及分配统一起来,也使国家、集体与个人的利益相一致。

（6）是推广先进技术和劳动竞赛的基本条件。以劳动定额为基础,可测定本单位、本班组及个人的生产率,找出差距和影响因素。采用先进技术,改进操作方法,开展班组之间和个人之间的劳动竞赛,均以劳动定额为依据,促进劳动生产率的提高。

（7）是施工单位经济核算的依据。施工单位考核与分析建筑产品的劳动量消耗,是以劳动定额为依据进行,并用来控制劳动消耗和产品的工时消耗,降低建筑产品中的人工费用消耗。

3. 劳动定额的表示方法

劳动定额可用时间定额或产量定额表示。

（1）时间定额

时间定额,是指在合理的劳动组织和正常的施工条件下,某种技术工种和等级的工人班组或个人,完成单位合格产品所必须消耗的工作时间（工日）。

时间定额以"工日"为单位,根据现行制度,"工日"按八小时计算。其表达式为:

$$单位产品时间定额（工日）=1/每工日产量 \qquad (4.2\text{-}1)$$

或　　　　$$单位产品时间定额（工日）=小组成员工日数总和/小组的工作班产量 \qquad (4.2\text{-}2)$$

（2）产量定额

产量定额,是指在合理的劳动组织和正常的施工条件下,某种技术工种和等级的工人班组或个人,在单位时间（工日）内所应完成合格产品的数量。产量定额以产品的计量单位表示,如 m^3、m^2、m、t、个、件等。其表达式为:

$$每工日产量定额=1/单位产品时间定额（工日） \qquad (4.2\text{-}3)$$

或　　　　$$小组工作班产量=小组成员工日数总和/单位产品时间定额（工日） \qquad (4.2\text{-}4)$$

（3）时间定额与产量定额之间的关系

根据时间定额与产量定额的概念,可知时间定额与产量定额互为倒数,即:

$$时间定额×产量定额=1 \qquad (4.2\text{-}5)$$

例如:砌筑双面清水一砖墙,使用塔吊运输的综合时间定额为 1.2 工日。即砌筑 $1m^3$ 的上述砖墙,综合需 1.2 工日。产量定额 $1/1.2=0.833m^3$。

例如:某 4 人小组砌二砖混水外墙的时间定额为 0.412 工日/m³,产量定额为 9.71m³/工日,则时间定额 = 4/9.71 = 0.412 工日/m³。

产量定额 = 4/0.412 = 9.71m³/工日

时间定额 × 产量定额 = 0.412 × 9.71 = 4

4. 工人工作时间分析

工人工作时间按其消耗的性质分为两大类:必需消耗的时间和损失时间。

必需消耗的时间,又称定额时间,是指工人在正常施工条件下,为完成一定数量合格产品所必需消耗的时间。它是制定定额的主要根据。

损失时间,是指与产品生产无关,但与施工组织和技术上的缺陷有关,与工人在施工过程中的个人过失或某些偶然因素有关的时间消耗。

工人工作时间的一般分类如表 4-1 所示。

表 4-1 工人工作时间的一般分类

	时 间 性 质		时 间 分 类 构 成
工人工作时间	定额时间(必需消耗的时间)	有效工作时间	基本工作时间
			辅助工作时间
			准备与结束工作时间
		不可避免的中断时间	不可避免的中断时间
		休息时间	休息时间
	非定额时间(损失时间)	多余和偶然工作时间	多余工作的工作时间
			偶然工作的工作时间
		停工时间	施工本身造成的停工时间
			非施工本身造成的停工时间
		违背劳动纪律损失的时间	违背劳动纪律损失的时间

(1)必须消耗的工作时间

必须消耗的工作时间包括有效工作时间、不可避免的中断时间和休息时间。

1)有效工作时间,是从生产效果来看与产品生产直接有关的时间消耗。其中包括基本工作时间、辅助工作时间、准备与结束工作时间。

①基本工作时间,是工人完成基本工作所消耗的时间,是完成一定产品的施工工艺过程所消耗的时间。这些工艺过程可以使材料改变外形,如钢筋煨弯等;可以改变材料的结构与性质,如混凝土制品的养护等;可以使预制构件安装组合成型,如预制混凝土梁、柱、板安装;也可以改变产品外部及表面的性质,如油漆等。基本工作时间所包括的内容依工作性质而各不相同。基本工作时间的长短和工作量大小成正比。

②辅助工作时间,是为保证基本工作能顺利完成所做的辅助性工作所消耗的时间。在辅助工作时间里,不能使产品的形状大小、性质或位置发生变化。例如:施工过程中工具的校正和小修;机械的调整;搭设小型脚手架等所消耗的工作时间等。辅助工作时间的结束,往往是基本工作时间的开始。辅助工作一般是手工操作。但在机手并动即半机械化的情况下,辅助工作是在机械运转过程中进行的,这时不应再计辅助工作时间的消耗。辅助工作时间的长短与工作量大小有关。

③准备与结束工作时间，是执行任务前或任务完成后所消耗的工作时间。例如：工作地点、劳动工具和劳动对象的准备工作时间；工作结束后的整理工作时间等。

准备和结束工作时间的长短与所担负的工作量大小无关，但往往和工作内容有关。所以，这项时间消耗又分为班内的准备与结束工作时间和任务内的准备与结束工作时间。

班内的准备与结束工作时间包括：工人每天从工地仓库领取工具、设备的时间；准备安装设备的时间；机器开动前的观察和试车的时间；交接班时间等。

任务内的准备与结束工作时间与每个工作日交替无关，但与具体任务有关。例如：接受施工任务书、研究施工详图、接受技术交底、领取完成该任务所需的工具和设备，以及验收交工等工作所消耗的时间。

2）不可避免的中断时间，是指由于施工工艺特点引起的工作中断所消耗的时间。例如：汽车司机在等待汽车装、卸货时消耗的时间；安装工等待起重机起吊预制构件的时间，电气安装工由一根电杆转移到另一根电杆的时间等。

与施工过程工艺特点有关的工作中断时间应作为必须消耗的时间，但应尽量缩短此项时间消耗。与工艺特点无关的工作中断时间是由于劳动组织不合理引起的，属于损失时间，不能作为必须消耗的时间。

3）休息时间，是指工人在施工过程中为恢复体力所必须的短暂休息和生理需要的时间消耗。这种时间是为了保证工人精力充沛地进行工作，应作为必须消耗的时间。

休息时间的长短和劳动条件有关。劳动繁重紧张、劳动条件差（如高温），则休息时间需要长一些。

（2）损失时间

损失时间包括多余和偶然工作时间、停工时间、违背劳动纪律损失的时间。

1）多余和偶然工作的时间损失，包括多余工作引起的时间和偶然工作引起的时间损失两种情况。

多余工作是工人进行了任务以外的而又不能增加产品数量的工作。如对质量不合格的墙体返工重砌对已磨光的水磨石进行多余的磨光等。多余工作的时间损失，一般都是由于工程技术人员和工人的差错而引起的修补废品和多余加工造成的，不是必须消耗的时间。

偶然工作是工人在任务外进行的工作，但能够获得一定产品的工作。如电工铺设电缆时需要临时在墙上开洞；抹灰工不得不补上偶然遗留的墙洞等。从偶然工作的性质看，不应考虑它是必须消耗的时间，但由于偶然工作能获得一定产品，也可适当考虑。

2）停工时间，是指工作班内停止工作造成的时间损失。停工时间按其性质可分为施工本身造成的停工时间和非施工本身造成的停工时间两种。

施工本身造成的停工时间，是由于施工组织不善、材料供应不及时、工作面准备工作做得不好、工作地点组织不良等情况引起的停工时间。

非施工本身造成的停工时间，是由于气候条件以及水源、电源中断引起的停工时间。由于自然气候条件的影响而又不在冬、雨季施工范围内的时间损失，应给予合理的考虑作为必须消耗的时间。

3）违背劳动纪律损失的时间，是指工人在工作班内的迟到早退、擅自离开工作岗位、工作时间内聊天或办私事等造成的时间损失。由于个别工人违背劳动纪律而影响其他工人无法工作的时间损失，也包括在内。此项时间损失不应允许存在。

（五）材料消耗定额

1. 材料消耗定额的概念

材料消耗定额是指在正常的施工条件下，在合理和节约使用材料的情况下，完成单位合格的建筑产品所必须消耗的一定品种、规格的材料（包括原材料、半成品、燃料、配件和水、电、动力等资源统称为材料）等的数量标准。

用科学的方法正确地确定材料定额，就有可能保证材料的合理供应和合理使用，避免材料的积压、浪费和供应不及时的现象发生。

2. 材料消耗定额的作用

（1）是建筑企业确定材料需要量和储备量的依据；

（2）是建筑企业编制材料计划，进行单位工程核算的基础；

（3）是对工人班组签发限额领料单的依据，也是考核、分析班组材料使用情况的依据；

（4）是推行经济承包制，促进企业合理用料的重要手段。

3. 材料消耗定额中的材料分析

工程施工中所消耗的材料，按其消耗的方式可以分成两种：

一种是在施工中一次性消耗的、构成工程实体的材料，一般把这种材料称为实体性材料。例如：砌筑砖墙用的标准砖、浇筑混凝土构件用的混凝土等。

另一种是在施工中（作为施工措施）周转使用，其价值分批分次地转移到工程实体中去的，这种材料一般不构成工程实体，而是在工程实体形成过程中发挥辅助作用。它是为有助于工程实体的形成而使用并发生消耗的材料，一般把这种材料称为周转性材料。例如：砌筑砖墙用的脚手架、浇筑混凝土构件用的模板等。

（1）实体性材料消耗定额的组成

施工中材料的消耗，可分为必须消耗的材料和损失的材料两类。

必须消耗的材料，是确定材料定额消耗量所必须考虑的消耗。

所谓必须消耗的材料，是指在合理用料的条件下，完成单位合格施工作业过程（工作过程）的施工任务所必须消耗的材料，它包括直接用于生产合格产品的净耗量和在生产合格产品过程中的合理损耗数量。用公式表示如下：

$$材料消耗量 = 材料净耗量 + 材料合理损耗量 \qquad (4.2\text{-}6)$$

$$材料损耗率 = \frac{材料合理损耗量}{材料净耗量} \times 100\% \qquad (4.2\text{-}7)$$

$$材料消耗量 = 材料净用量 \times (1 + 材料损耗率) \qquad (4.2\text{-}8)$$

材料合理损耗量包括：

①施工操作过程中的材料损耗量，包括操作过程中不可避免的废料和损耗量。

②领料时材料从工地仓库、现场堆放地点或施工现场内的加工地点运至施工操作地点不可避免的场内运输损耗量、装卸损耗量。

③材料在施工操作地点的不可避免的堆放损耗量。

④材料预算价格中没有考虑的场外运输损耗量。

对于损失的材料，由于它是属于施工生产中不合理的耗费，可以通过加强管理来避免这种损失，所以在确定材料定额消耗量时一般不考虑损失材料的因素。

（2）周转性材料消耗定额的组成

周转性材料在施工过程中不是一次性消耗掉的材料，而是可多次周转使用，经过修理、补充才逐渐消耗尽的材料。如：模板、钢板桩、脚手架等，实际上它亦是作为一种施工工具和措施。

周转性材料消耗的定额是指每使用一次摊销的数量，其计算必须考虑一次使用量、周转使用量、回收价值和摊销量等因素。

（六）机械台班消耗定额

1. 机械台班消耗定额的概念

机械台班消耗定额又称机械台班使用定额，是指在正常施工条件、合理施工组织和合理使用机械的条件下，完成单位合格产品所必须消耗的机械台班数量的标准。

所谓"台班"，就是一台机械工作一个工作班（即 8 小时）。

2. 机械台班定额的表示方法

机械台班定额按其表示方法不同，可分为机械时间定额和机械产量定额。

（1）机械时间定额

机械时间定额，是指在正常施工条件下、合理劳动组织和合理使用机械的条件下，完成单位合格产品所必须消耗的台班数量。用公式表示如下：

$$机械时间定额（台班）= 1/机械台班产量 \tag{4.2-9}$$

（2）机械产量定额

机械产量定额是指在正常施工条件下、合理劳动组织和合理使用机械的条件下，某种机械在一个台班内必须完成的合格产品的数量。

用公式表示如下：

$$机械台班产量定额 = 1/机械时间定额 \tag{4.2-10}$$

例如：塔式起重机吊装一块混凝土楼板，建筑物高在 6 层以内，楼板重量在 0.5t 内，如果规定机械时间定额为 0.008 台班，那么，台班产量定额则是：1/0.008 = 125 块。

（3）人工配合机械工作时的定额

人工配合机械工作的定额应按照每个机械台班内配合机械工作的工人班组总工日数及完成的合格产品数量来确定。

单位产品的时间定额，即完成单位合格产品所必须消耗的工作时间，按下列公式计算：

$$单位产品的时间定额（工日）= 班组总工日数/一个机械台班的产量 \tag{4.2-11}$$

（4）机械台班使用定额的复式表示法

机械台班使用定额的复式表示法如下：

$$人工时间定额/机械台班产量 \tag{4.2-12}$$

例如：正铲挖土机每一台班劳动定额表中 0.466/4.29 表示在挖一、二类土，挖土深度在 1.5m 以内，需要装车的情况下：斗容量为 0.5m³ 的正铲挖土机的台班产量定额为 4.29（100m³/台班）；配合挖土机施工的工人小组的人工时间定额为 0.466（工日/100m³）；同时可以推算出挖土机的时间定额:1/4.29 = 0.233(台班/100m³);也可以配合挖土机施工的工人小组的人数应为:人工时间定额/机械时间定额,即:0.466/0.233 = 2(人),或人工时间定额×机械台班产量定额,即:0.466 × 4.29 = 2(人)。

3. 施工过程中机械工作时间消耗的分析

在机械化施工过程中,对工作时间消耗的分析和研究,除了要对工人工作时间的消耗进行分类研究之外,还需要研究机械工作时间的消耗。

机械工作时间的消耗和工人工作时间的消耗虽然有许多共同点,但也有其自身特点。机械工作时间的消耗。按其性质可作如表4-2所示的分类。

表4-2 机械工作时间分类

时 间 性 质		时 间 分 类 构 成	
机械工作时间	定额时间(必须消耗的时间)	有效工作时间	正常负荷下的工作时间
			有根据地降低负荷下的工作时间
		不可避免的无负荷工作时间	不可避免的无负荷工作时间
		不可避免的中断时间	与工艺过程特点有关的中断时间
			与机械有关的中断时间
			工人休息时间
	非定额时间(损失的时间)	多余工作时间	多余工作时间
		停工时间	施工本身造成的停工时间
			非施工本身造成的停工时间
		违背劳动纪律的时间	违背劳动纪律引起的损失时间
		低负荷下的工作时间	低负荷下的工作时间

(1)必须消耗的工作时间。它包括有效工作时间、不可避免的无负荷工作时间和不可避免的中断时间。

1)有效工作时间。有效工作的时间消耗包括正常负荷下的工作时间和有根据地降低负荷下的工时消耗。

①正常负荷下的工作时间,是指机器在与机器说明书规定的计算负荷相符情况下进行工作的时间。

②有根据地降低负荷下的工作时间,是指在个别情况下由于技术上的原因,机器在低于其计算负荷下工作的时间。例如:汽车运输重量轻而体积大的货物时,不能充分利用汽车的载重吨位因而不得不降低其计算负荷。

2)不可避免的无负荷工作时间。它是指由施工过程的特点和机械结构的特点造成的机械无负荷工作时间。例如:筑路机在工作区末端调头等,都属于此项工作时间的消耗。

3)不可避免的中断时间。它与工艺过程的特点、机器的使用和保养、工人休息有关,所以它又可以分为三种。

①与工艺过程特点有关的不可避免的中断时间,分为有循环的和定期的两种。循环的不可避免中断,是在机器工作的每一个循环中重复一次,例如:汽车装货和卸货时的停车;定期的不可避免中断,是经过一定时期重复一次,例如:当把灰浆泵由一个工作地点转移到另一工作地点时的工作中断。

②与机器有关的不可避免的中断时间,是由于工人进行准备与结束工作或辅助工作时,机器停止工作而引起的中断工作时间。它是与机器的使用与保养有关的不可避免的中断时间。

③工人休息时间前面已经作了说明。这里要注意的是,应尽量利用与工艺过程有关的和与机器有关的不可避免的中断时间进行休息,以充分利用工作时间。

(2)损失的时间。它包括多余工作时间、停工时间、违背劳动纪律的时间和低负荷下的工作时间。

1)多余工作时间。它是机器进行任务内和工艺过程内未包括的工作而延续的时间。例如:工人没有及时供料而使机器空运转的时间。

2)停工时间。按其性质也可分为施工本身造成的停工时间和非施工本身造成的停工时间。前者是由于施工组织得不好而引起的停工现象,例如:由于未及时供给机器燃料而引起的停工。后者是由于气候条件所引起的停工现象,例如:暴雨时压路机的停工。

3)违背劳动纪律引起的损失时间。它是指由于工人迟到早退或擅离岗位等原因引起的机器停工时间。

4)低负荷下的工作时间。它是指由于工人或技术人员的过错所造成的施工机械在降低负荷的情况下工作的时间。例如:工人装车的砂石数量不足引起的汽车在降低负荷的情况下工作所延续的时间。此项工作时间不能作为计算时间定额的基础。

4. 机械台班定额的制定及其应用

机械台班定额的制定,一般按下列步骤进行:

(1)拟定机械的正常工作条件

机械工作和人工操作相比,劳动生产率在更大程度上要受施工条件的影响,编制定额时应重视确定机械工作的正常条件。

拟定施工机械的合理作业环境,拟定施工机械的合理开行路线与停机位置,拟定现场需要运输或安装材料或构件的合理堆放位置及工人操作场所;拟定合理的工人编制,即确定机械操作工(如司机或司炉)和直接参加机械化施工过程的其他工人(如混凝土搅拌机装料的工人)的编制等。

(2)确定机械时间利用系数 K_b

机械时间利用系数 K_b,是指机械净工作时间 t 与工作班延续时间 T 的比值,计算公式为:

$$K_b = t/T \tag{4.2-13}$$

机械定额时间包括:净工作时间和其他工作时间。

①净工作时间。它是指工人利用机械对劳动对象进行加工,用于完成基本操作所消耗的时间,与完成产品的数量成正比,主要包括:机械的有效工作时间、机械在工作循环中的不可避免的无负荷(空运转)时间、与操作有关的及循环的不可避免的中断时间。

②其他工作时间。它是指除了净工作时间以外的定额时间,主要有机械定期的无负荷时间和定期的不可避免的中断时间、操纵机械或配合机械工作的工人在进行工作班内或任务内的准备与结束工作时所造成的机械不可避免的中断时间、操纵机械或配合机械工作的工人休息所造成的机械不可避免的间断时间。

(3)确定机械净工作1小时生产率 N_h

机械纯工作 1h 正常生产率，是指在正常施工组织条件下，由具有必须的知识和技能的技术工人操纵机械工作 1h 的生产率。

建筑机械可分为循环动作和连续动作两种类型，在确定净工作 1h 生产率时则应分别对这两类不同机械进行研究。

①循环动作机械。循环动作机械净工作 1h 生产率 N_h，取决于该机械净工作 1h 的正常循环次数 n 和每一次循环中所生产的产品数量 m，即：

$$N_h = n \times m \tag{4.2-14}$$

②连续动作机械。连续动作机械净工作 1h 生产率 N_h，主要是由机械性能来确定。在一定的条件下，净工作 1h 生产率通常是一个比较稳定的数值。确定方法是通过试验或实际观察，得出一定时间 t 小时内完成的产品数量 m，即：

$$N_h = m/t \tag{4.2-15}$$

（4）确定机械台班产量 $N_{台班}$

台班产量等于该机械净工作 1h 的生产率 N_h 乘以工作台班的延续时间 T（一般都是 8h）再乘以台班时间利用系数 K_b，则：

$$N_{台班} = N_h \times T \times K_b \tag{4.2-16}$$

对于某些一次循环时间大于 1h 的机械施工过程，就不必先计算净工作 1h 生产率了，可以直接用一次循环时间 t，求出台班循环次数 T/t，再根据每次循环的产品数量 m，确定其台班产量定额。

即：

$$N_{台班} = T/t \times m \times K_b \tag{4.2-17}$$

根据施工机械台班产量定额，通过下列公式，可以计算出施工机械时间定额为：

$$机械时间定额 = 1/机械台班产量定额 \tag{4.2-18}$$

（5）拟定工人小组定额时间

工人小组定额时间是指配合施工机械作业的工人小组的工作时间总和。

$$工人小组定额时间 = 施工机械时间定额 \times 工人小组的人数 \tag{4.2-19}$$

施工机械定额的制定及其应用实例：

例如：某规格的混凝土搅拌机，净工作 1h 生产率 $N_h = 6.95m^3$ 混凝土，一个工作台班内的净工作时间为 7.2h。问时间定额与产量定额分别是多少？

解：确定机械时间利用系数 K_b： $K_b = t/T = 7.2/8 = 0.9$

机械净工作 1h 生产率 N_h： $N_h = 6.95m^3$

确定机械台班产量 $N_{台班}$： $N_{台班} = N_h \times T \times K_b = 6.95 \times 8 \times 0.9 = 50m^3$ 混凝土

机械时间定额：   机械时间定额 = 1/机械台班产量定额 = 1/50 = 0.02 台班

例如：有 4350m³ 土方开挖任务要求在 11d 内完成。采用挖斗容量为 0.5m³ 的反铲挖掘机挖土，载重量为 5t 的自卸汽车将开挖土方量的 60% 运走，运距为 3km，其余土方量就地堆放。经现场测定的有关数据如下：

1）假设土的松散系数为 1.2，松散状态密度为 1.65t/m³；

116

2）假设挖掘机的铲斗充盈系数为 1.0，每循环一次时间为 2min，机械时间利用系数为 0.85；

3）自卸汽车每一次装卸往返需 24min，时间利用系数为 0.80。

根据以上信息可以作如下分析：

①挖掘机台班产量

每小时循环次数：$60/2 = 30$（次）

每小时生产率：$30 \times 0.5 \times 1 = 15$（m³/h）

每台班产量：$15 \times 8 \times 0.85 = 102$（m³/台班）

②自卸汽车台班产量

每小时循环次数：$60/24 = 2.5$（次）

每小时生产率：$2.5 \times 5/1.65 = 7.58$（m³/h）

每台班产量：$7.58 \times 8 \times 0.8 = 48.51$（m³/h）

③完成土方任务需机械台班

挖掘机：$4350 \div 102 = 42.65$ 台班

自卸汽车：$4350 \times 60\% \times 1.2 \div 48.51 = 64.56$ 台班

④完成土方任务需要机械数量

挖掘机：42.65 台班/11d $= 3.88$ 取 4 台

自卸汽车：64.56 台班/11d $= 5.87$ 取 6 台

三、预算定额

（一）预算定额的概念

预算定额是指在合理的施工条件下，完成一定计量单位的合格分项工程或结构构件所必需的人工、材料和施工机械台班消耗数量及其货币标准。

预算定额是计算建筑安装工程造价的直接依据。预算定额的各项指标，是完成一定计量单位符合设计标准和施工及验收规范要求的分项工程或结构构件所消耗的活劳动和物化劳动的数量限度。这种限度最终决定着单项工程和单位工程的成本和造价。

（二）预算定额的作用

1. 建筑工程预算定额是对设计方案进行技术经济评价，对新结构、新材料进行技术经济分析的主要依据；

2. 是编制施工图预算、确定工程施工图预算造价的依据；

3. 是编制单位估价表的依据；

4. 是施工企业编制人工、材料、机械台班需要量计划，考核工程成本，实行经济核算的依据；

5. 是建设工程招标投标中确定标底，签订工程合同的依据；

6. 是建设单位和建设银行拨付工程价款和编制工程结算的依据；

7. 是编制概算定额与概算指标的基础。

（三）预算定额与施工定额的联系与区别

预算定额是以施工定额为基础编制而成的，它们都是施工企业进行科学管理的工具，但这两种定额又有不同之处，它们的主要区别如下：

1. 定额的作用不同

施工定额是施工企业编制施工预算的依据；是投标单位确定施工投标报价的依据；是施工

企业进行经济管理的依据。

预算定额是编制施工图预算的依据;预算定额是招标单位确定招标标底的依据;预算定额是进行工程结算的依据;预算定额还是划定国家、建设单位、施工企业三者经济关系的依据;预算定额规定的各种资源的消耗量指标,是从该预算定额有效应用领域社会平均水平规定的各种资源的消耗量指标,是施工企业在生产中允许消耗的最高标准,如果超过这个标准,意味着施工企业得不到本行业的平均收益,甚至出现亏损。

2. 定额的水平不同

虽然两种定额都是一定时期生产力水平的反映,但是两者反映的水平不同。施工定额作为企业定额(只计量,不计价),要求采用平均先进水平。而预算定额作为计价定额(既计量又计价),要求采用社会平均水平(即在现实的平均中等生产条件下,大多数施工企业或生产者能够达到或超过)。在一般情况下,预算定额水平要比施工定额低10% ~ 15%左右。

3. 定额的内容与项目划分不同,两者之间存在着幅度差

预算定额比施工定额综合的内容要更多一些。预算定额不仅包括了为完成该分项工程或结构构件的全部工序,而且还考虑了施工定额中未包含的内容,如:施工过程之间对前一道工序进行检验,对后一道工序进行准备的组织间歇时间、零星用工、质量检查、材料在现场内的超运距用工等,为此预算定额在施工定额的基础上增加了附加额,即幅度差。

(四)预算定额人工消耗量指标的确定

预算定额中的人工消耗量(定额人工工日)是指完成某一计量单位的分项工程或结构构件所需的各种用工量的数量标准。

预算定额人工消耗内容包括:基本用工、辅助用工、超运距用工和人工幅度差。

1. 基本用工

基本用工是指完成某一项合格分项工程或结构构件所必须消耗的技术工种用工。例如:为完成各种墙体工程中的砌砖、调运砂浆、铺砂浆、运砖等所需要的工日数量。基本用工以技术工种相应劳动定额的计算,按不同工种列出定额工日。由于预算定额比施工定额综合性强,包括的工程内容较多,各工程内容的工效不同,基本用工数量,按综合取定的工程量和施工定额中相应的时间定额计算。例如:墙体工程中除实砌墙外还有附墙烟囱、通风道、垃圾道、预留抗震柱孔等内容,这些都比实砌墙工效低,需要分别计算后加入到基本用工中。砌墙工程的其计算公式为:

$$基本用工数量(工日) = \sum(某工序工程量 \times 相应工序的时间定额) \quad (4.2\text{-}20)$$

2. 辅助用工

它是指劳动定额内不包括,但在预算定额内又必须考虑的工时。例如:筛砂、淋灰用工,机械土方配合用工等。其计算公式为:

$$辅助用工(工日) = \sum(某工序工程数量 \times 相应时间定额) \quad (4.2\text{-}21)$$

3. 超运距用工

它是指预算定额中规定的材料、半成品的场内平均水平运距超过劳动定额规定运输距离的用工。其计算公式为:

$$超运距用工(工日) = \sum(超运距运输材料数量 \times 相应超运距时间定额) \quad (4.2\text{-}22)$$

$$超运距 = 预算定额取定运距 - 劳动定额已包括的运距 \qquad (4.2\text{-}23)$$

4. 人工幅度差

它主要是指预算定额与劳动定额由于定额水平不同而引起的水平差,另外还包括劳动定额中未包括,但在一般施工作业中又不可避免的而且无法计量的用工,例如:各工种间工序搭接、交叉作业时不可避免的停歇工时消耗,施工机械转移以及水电线路移动造成的间歇工时消耗,质量检查影响操作消耗的工时以及施工作业中不可避免的其他零星用工等。其计算公式为:

$$人工幅度差 = (基本用工 + 辅助用工 + 超运距用工) \times 人工幅度差系数 \qquad (4.2\text{-}24)$$

人工幅度差系数:一般土建工程为 10%,设备安装工程为 12%。

由上述得知,建筑工程预算定额各分项工程的人工消耗量指标就等于该分项工程的基本用工数量与其他用工数量之和。即:

$$\begin{matrix} 某分项工程人工 \\ 消耗量指标 \end{matrix} = \begin{matrix} 相应分项工程 \\ 基本用工数量 \end{matrix} + \begin{matrix} 相应分项工程 \\ 其他用工数量 \end{matrix} \qquad (4.2\text{-}25)$$

$$其他用工数量 = 辅助用工数量 + 超运距用工数量 + 人工幅度差用工数量 \qquad (4.2\text{-}26)$$

(五)预算定额材料消耗量指标的确定

预算定额材料消耗量指标(定额)是指在正常施工条件下,合理使用材料,完成单位合格产品所必须消耗的各种材料、成品、半成品的数量标准;材料消耗定额中有实体性材料(主要材料)、次要材料和周转性材料,计算方法和表现形式也有所不同。

1. 实体性材料(主要材料)消耗量的确定

实体性材料消耗量包括主要材料净用量和材料损耗量,其计算方法有观察法、试验法、统计法和理论计算法四种,其计算公式为:

$$材料消耗量 = 材料净用量 + 材料损耗量 \qquad (4.2\text{-}27)$$

$$材料损耗率 = \frac{损耗量}{净耗量} \times 100\% \qquad (4.2\text{-}28)$$

$$材料消耗量 = 材料净用量 \times (1 + 损耗率) \qquad (4.2\text{-}29)$$

在确定预算定额中材料消耗量时,还必须充分考虑分项工程或结构构件所包括的工程内容、分项工程或结构构件的工程量计算规则等因素对材料消耗量的影响。另外,预算定额中材料的损耗率与施工定额中材料的损耗率不同,预算定额中材料损耗率的损耗范围比施工定额中材料损耗率的损耗范围更广,它必须考虑整个施工现场范围内材料堆放、运输、制备、制作及施工操作过程中的损耗。

2. 次要材料消耗量的确定

次要材料包括两类材料:一类是直接构成工程实体,但用量很小,不便计算的零星材料,如砌砖墙中的木砖、混凝土中的外加剂等;另一类是不构成工程实体,但在施工中需要消耗的辅助材料,如草袋、氧气、电石等。

这些材料用量不多、价值不大,不便在定额中逐一列项,因而将它们合并统称为次要材料。对于次要材料,估算其用量后,合并成"其他材料费",以"元"为单位列入预算定额表中。

3. 周转性材料摊销的确定

周转性材料按多次使用、分次摊销的方式计入预算定额。

（六）预算定额机械台班消耗量指标的确定

预算定额中的机械台班消耗量指标，一般是在施工定额的基础上，再考虑一定的机械幅度差进行计算。机械幅度差是指在合理的施工组织条件下机械的停歇时间，一般包括：

（1）正常施工组织条件下，不可避免的工序间歇时间；

（2）施工技术原因的中断及合理停滞时间；

（3）机械的临时维修和临时水电线路移动检修所造成的机械停歇时间；

（4）机械的偶然性间歇，如临时性停水、停电损失的时间；

（5）因气候变化影响工时利用的时间；

（6）施工机械转移及配套机械相互影响损失的时间；

（7）配合机械施工的工人因与其他工种交叉造成的间歇时间；

（8）因工程质量检查造成的机械停歇时间；

（9）工程开始和收尾时，由于工作量不饱满造成的机械停歇时间等。

1. 大型机械台班消耗量

大型机械，如土石方机械、吊装机械、打桩机械、运输机械等，在预算定额中按机械种类、容量或性能及工作物对象，按单机或主机与配合辅助机械，以台班消耗量表示。其台班消耗量指标按施工定额中规定的机械台班产量，再加上机械幅度差计算，如大型机械的幅度差系数规定为：土石方机械25%，吊装机械30%，打桩机械33%。

$$大型机械台班消耗量 = 施工定额机械台班消耗量 \times (1 + 机械幅度差率) \quad (4.2\text{-}30)$$

2. 按操作小组配用机械台班消耗量

以手工操作为主的工人班组所配备的施工机械，如砂浆搅拌机、混凝土搅拌机、垂直运输用塔式起重机，一般以综合取定的小组产量计算机械台班消耗量，不考虑机械幅度差。其台班消耗量直接列入相应的预算定额项目内。

$$机械台班消耗量 = 预算定额项目计量单位值 / 小组总产量 \quad (4.2\text{-}31)$$

式中

$$小组总产量 = 小组总人数 \times \sum \left(\begin{array}{c} 分项计算 \\ 取定的比重 \end{array} \times \begin{array}{c} 劳动定额每工 \\ 综合产量 \end{array} \right) \quad (4.2\text{-}32)$$

3. 分部工程专用机械台班消耗量

分部工程的各种专用机械，如打夯、钢筋加工、木工、水磨石等专用机械，一般按机械幅度差系数为10%计算台班消耗量。

$$专用机械台班消耗量 = 施工定额机械台班消耗量 \times (1 + 机械幅度差率) \quad (4.2\text{-}33)$$

（七）预算定额基价及人工、材料、机械预算价格的确定

1. 预算定额基价

预算定额基价是用货币形式表示的预算定额中每一分项工程或结构构件的定额单价。它是根据预算定额中规定的人工、材料、施工机械台班消耗量（简称"三量"），按当地的人工日工资单价、材料预算价格和机械台班单价（简称"三价"）计算人工费、材料费、机械台班使用费（简称"三费"），然后将这三项费用合计汇总，即为定额项目的预算基价。

预算基价的计算公式如下：

$$预算定额基价 = 人工费 + 材料费 + 机械费 \tag{4.2-34}$$

$$人工费 = \sum（预算定额人工工日数 \times 人工日工资单价） \tag{4.2-35}$$

$$材料费 = \sum（预算定额材料消耗数量 \times 材料预算价格） \tag{4.2-36}$$

$$机械费 = \sum（预算定额机械消耗数量 \times 机械台班单价） \tag{4.2-37}$$

单位估价表示用表格形式表示的工程预算基价表，它是预算定额的具体表现形式。单位估价表是确定建筑安装产品直接工程费的文件，以建筑安装工程预算定额规定的人工、材料、机械台班消耗量为依据，以货币形式表示单位分部、分项工程预算价值而制定的价格表。

2. 人工日工资单价的确定

（1）人工日工资单价含义

人工日工资单价，简称"人工单价"是指在预算中为直接从事建筑安装工程施工的生产工人工作一个工日开支的各项费用，换言之，它是指一个生产工人一个工作日在工程造价中应计入的全部人工费用。

在我国，人工单价一般是以工日来计量的，是计时制下的人工工资标准，该单价仅指生产工人的人工费用，而企业经营管理人员的人工费用不包括在此范围内。

当前影响人工日工资单价的因素主要有：

①政策因素。如政府指定的有关劳动工资制度、最低工资标准、住房消费、养老保险、失业保险等强制规定。

②市场因素。如市场供求关系对劳动力价格的影响、不同地区劳动力价格的差异、雇佣工人的不同方式（如当地临时雇佣与长期雇佣的人工单价可能不一样）以及不同的雇佣合同条款等。

③管理因素。如生产效率与人工单价的关系、不同的支付系统对人工单价的影响等。不同的支付系统在处理生产效率与人工单价的关系方面是不同的。

（2）我国现行体制下的人工日工资单价组成

目前，我国的人工单价均采用综合人工单价的形式，即根据综合取定的不同工种、不同技术等级的工人的人工单价以及相应的工时比例进行加权平均所得的、能够反映工程建设中生产工人一般价格水平的人工单价。根据我国现行的有关工程造价的费用划分标准，人工单价的费用组成如下：

①基本工资：是指发放给生产工人的基本工资。

②工资性补贴：是指按规定标准发放的物价补贴，煤、燃气补贴，交通补贴，住房补贴，流动施工津贴等。

③生产工人辅助工资：是指生产工人年有效施工天数以外非作业天数的工资，包括职工学习、培训期间的工资，调动工作、探亲、休假期间的工资，因气候影响的停工工资，女工哺乳时间的工资，病假在六个月以内的工资及产、婚、丧假期的工资。

④职工福利费：是指按规定标准计提的职工福利费。

⑤生产工人劳动保护费：是指按规定标准发放的劳动保护用品的购置费及修理费，徒工服装补贴，防暑降温费，在有碍身体健康环境中施工的保健费用等。

目前，我国的人工工日单价组成内容，在各部门、各地区并不完全相同，但其中每一项内容都是根据有关法规、政策文件的精神,结合本部门、本地区的特点,通过反复测算最终确定的。

3. 材料预算价格的确定

(1)材料预算价格的含义

材料预算价格,是指材料(包括构件、成品及半成品等)从其来源地(供应者仓库或提货地点)到达施工工地仓库(施工地点内存放材料的地点)后的出库的综合平均价格。

(2)材料预算价格的组成

材料预算价格一般由材料原价、供销部门手续费、包装费、运杂费、采购及保管费组成。

①材料原价

材料原价是指材料生产单位的出厂价格,进口材料的抵岸价或者材料供应商的批发牌价或市场采购价格。在确定材料原价时,一般采用询价的方法确定该材料的供应单位,并通过签订材料供销合同来确定材料原价。从理论上讲,不同的材料应分别确定其原价。对同一种材料,因产地、供应渠道不同而出现几种原价时,其综合原价可按其供应量的比例加权平均计算。

②供销部门手续费

供销部门手续费是指需通过物资部门供应而发生的经营管理费用。不经物资供应部门的材料,不计供销部门手续费。

$$供销部门手续费 = 材料原价 \times 供销部门手续费费率 \qquad (4.2\text{-}38)$$
$$供销部门手续费 = 材料净重 \times 供销部门单位重量手续费 \qquad (4.2\text{-}39)$$

③包装费

包装费,是为便于材料运输,对材料进行包装保护所发生的一切费用,包括水运、陆运的支撑、篷布、包装袋、包装箱、绑扎材料等费用。材料运到现场或使用后,要对包装材料进行回收并按规定从材料价格中扣回包装品回收的残值。

④运杂费

运杂费,是指材料由采购地点或发货地点至施工现场的仓库或工地存放点,含外埠中转运输过程中所发生的一切费用和过境过桥费用。一般包括:运输费(包括市内和市外的运费)、装卸费、运输保险费、有关过境费及上缴必要的管理费、运输损耗费等。运输费是指材料由采购地点运至工地仓库的全程运输费用。在一些量重价低的材料预算价格中,运杂费占的比重很大。运输费用包括:车船运费、调车和驳船费、装卸费和附加工作费等项内容。

运杂费的费用标准的取定,应根据材料的来源地、运输里程、运输方法,并根据国家有关部门或地方政府交通运输管理部门规定的运价标准分别计算。

运输损耗费是指材料在装卸和运输过程中所发生的合理损耗。

⑤采购及保管费

采购及保管费,是指为组织材料的采购、供应和保管所发生的各项必要费用。采购及保管费所包含的具体费用项目有采购保管人员的人工费、办公费、差旅及交通费、采购保管该材料时所需的固定资产使用费、工具用具使用费、劳动保护费、检验试验费、材料储存损耗及其他。

采购及保管费一般按材料到库价格乘以费率确定。

综上所述,材料预算价格的一般计算公式如下:

122

$$材料预算价格=（材料原价+供销部门手续费+包装费+运杂费）\times$$
$$（1+采购保管费费率）-包装材料回收价值 \tag{4.2-40}$$

4. 机械台班单价的确定

（1）机械台班单价的含义

机械台班单价是指施工机械在正常运转条件下每个工作台班所必须消耗的人工、材料、燃料动力和应分摊的全部费用。每台班按 8 小时工作制计算。

根据不同的获取方式，工程施工中所使用的机械设备一般可分为外部租用和内部租用两种情况。

①外部租用是指向外单位（如设备租赁公司、其他施工企业等）租用机械设备，此种方式下的机械台班单价一般以该机械的租赁单价为基础加以确定。

②内部租用是指使用企业自有的机械设备，此种方式下的机械台班单价一般可以在该机械折旧费（及大修理费）的基础上再加上相应的运行成本等费用因素，通过企业内部核算来加以确定。但是，如果从投资收益的角度看，机械设备作为一种固定资产，其投资必须从其所实现的收益中得到回收。施工企业通过拥有机械设备实现收益的方式一般有两种：其一，是装备在工程上通过计算相应的机械使用费从工程造价中实现收益；其二，是对外出租机械设备通过租金收入实现收益。考虑到企业自备机械具有通过出租实现收益的机会，所以，即使采用内部租用的方式获取机械设备，在为工程估价而确定机械台班单价的过程中也应该以机械的租赁单价为基础加以确定。

我国现行体制规定：机械台班单价一律根据统一的费用划分标准，按照有关会计制度的规定由政府授权部门在综合平均的基础上统一编制，其价格水平属于社会平均水平，是合理控制工程造价的一个重要依据。

（2）机械台班单价的组成

施工机械台班单价由七项费用组成，包括折旧费、大修理费、经常修理费、安拆费及场外运费、燃料动力费、人工费、养路费及车船使用税等。

①折旧费。它是指机械设备在规定的使用年限内，陆续收回其原值及所支付贷款利息的费用。其计算公式如下：

$$台班折旧费=机械预算价格\times（1-残值率）\times\frac{考虑贷款利息的调整系数}{耐用总台班数} \tag{4.2-41}$$

式中　　机械预算价格——国产机械预算价格是指机械出厂价格加上从生产厂家（或销售单位）交货地点运至使用单位验收入库的全部费用，包括出厂价格、供销部门手续费和一次运杂费；进口机械预算价格是由进口机械设备原价以及由口岸运至使用单位验收入库的全部费用；

　　　　残值率——指施工机械报废时其回收的残余价值占机械原值（即机械预算价格）的比率；

　　耐用总台班数——指机械在正常施工作业条件下，从投入使用起到报废止所使用总台班数：

$$耐用总台班数=折旧年限\times年工作台班数$$

考虑贷款利息的调整系数——不是利率,而是根据利率、折旧年限计算得到的综合系数;是为补偿企业贷款购置机械设备所支付的利息,从而合理反映资金的时间价值,以大于1的贷款利息系数,将贷款利息(单利)分摊在台班折旧费中。其公式如下:

$$贷款利息数 = 1 + (n+1)i/2 \qquad (4.2\text{-}42)$$

式中　n——国家有关文件规定的此类机械折旧年限;

　　　i——当年银行贷款利率。

②大修理费。它是指机械设备按规定大修间隔台班,必须进行的大修理,以恢复机械正常功能所需的费用。台班大修理费则是机械使用期限内全部大修理费之和在台班费中的分摊额。其计算公式为:

$$台班大修理费 = 一次大修理费 \times 寿命期内大修理次数/耐用总台班 \qquad (4.2\text{-}43)$$

式中　一次大修理费——指机械设备按规定的大修理范围和修理工作内容,进行一次全面修理所需消耗的工时、配件、辅助材料、机油燃料以及送修运输等全部费用;

　　寿命期大修次数——指机械设备为恢复原机械功能按规定在使用期限内需要进行的大修理次数。

③经常修理费。它是指机械设备除大修理以外必须进行的各级保养(包括一、二、三级保养)以及临时故障排除和机械停置期间的维护保养等所需的各项费用;为保障机械正常运转所需替换设备、随机工具附具的摊销及维护费用;机械运转及日常保养所需润滑、擦拭材料费用。机械寿命期内上述各项费用之和分摊到台班费中,即为台班经常修理费。其计算公式为:

$$台班经常\\修理费 = \frac{\Sigma\left(\begin{array}{c}各级保养\\一次费用\end{array}\times\begin{array}{c}寿命期各级\\保养总次数\end{array}\right) + \begin{array}{c}临时故障\\排除费用\end{array}}{耐用总台班数} + \begin{array}{c}替换设备\\台班摊销费\end{array} + \begin{array}{c}工具附具\\台班摊销费\end{array} + \begin{array}{c}例保\\辅料费\end{array}$$

$$(4.2\text{-}44)$$

各级保养一次费用分别指机械在各个使用周期内为保证机械处于完好状况,必须按规定的各级保养间隔周期、保养范围和内容进行的一、二、三级保养或定期保养所消耗的工时、配件、辅料、油燃料等费用,计算方法同一次大修费计算方法。

寿命期各级保养总次数分别指一、二、三级保养或定期保养在寿命期内各个使用周期中保养次数之和。

机械临时故障排除费用,是指机械除规定的大修理及各级保养以外,临时故障所需费用以及机械在工作日以外的保养维护所需润滑擦拭材料费。经调查和测算,按各级保养(不包括例保辅料费)费用之和的3%计算。

替换设备及工具附具台班摊销费是指轮胎、电缆、蓄电池、运输皮带、钢丝绳、胶皮管、履带板等消耗性物品和按规定随机配备的全套工具附具的台班摊销费用。

例保辅料费是指机械日常保养所需润滑擦拭材料的费用。

④安拆费及场外运费。安拆费是指机械在施工现场进行安装、拆卸所需人工、材料、机械和试运转费用以及安装所需的机械辅助设施(如基础、底座、固定锚桩、行走轨道、枕木等)的折旧、搭设、拆除等费用。场外运费是指机械整体或分体从停置地点运至施工现场或从一工地

运至另一工地的运输、装卸、辅助材料以及架线等费用。

定额台班基价内所列安拆费及场外运输费,均分别按不同机械、型号、重量、外形、体积、安拆和运输方法测算其工、料、机械的耗用量综合计算取定。除地下工程机械外,均按年平均运输 4 次、运输路程平均在 25km 以内。

安拆费及场外运输费的计算公式如下:

$$台班安拆费 = \frac{机械一次安拆费 \times 年平均安拆次数}{年工作台班} + \begin{matrix}台班辅助\\设施摊销费\end{matrix} \quad (4.2\text{-}45)$$

$$\begin{matrix}台班辅助设施\\摊销费\end{matrix} = \frac{辅助设施一次费用 \times (1 - 残值费)}{辅助设施耐用台班} \quad (4.2\text{-}46)$$

$$\begin{matrix}台班场\\外运费\end{matrix} = \frac{\left(\begin{matrix}一次运费\\及装卸费\end{matrix} \times \begin{matrix}辅助材料\\一次摊销费\end{matrix} \times \begin{matrix}一次\\架线费\end{matrix}\right) \times \begin{matrix}年平均场外\\运输次数\end{matrix}}{年工作台数} \quad (4.2\text{-}47)$$

⑤燃料动力费。它是指机械设备在运转施工作业中所耗用的固体燃料(煤炭、木材)、液体燃料(汽油、柴油)、电力、水等费用。

其计算公式如下:

$$台班燃料动力费 = 台班燃料动力消耗量 \times 相应单价 \quad (4.2\text{-}48)$$

⑥人工费。它是指机上司机、司炉和其他操作人员的工作日以及上述人员在机械规定的年工作台班以外的人工费用。工作台班以外机上人员人工费用,以增加机上人员的工日数形式列入定额内。计算公式如下:

$$台班人工费 = 定额机上人工工日 \times 日工资单价 \quad (4.2\text{-}49)$$

$$定额机上人工工日 = 机上定员工日 \times (1 + 增加工日系数) \quad (4.2\text{-}50)$$

$$增加工日系数 = \frac{年度工日 - 年工作台数 - 管理费内非生产天数}{年工作台班} \quad (4.2\text{-}51)$$

⑦养路费及车船使用费。它是指按照国家有关规定应交纳的运输机械养路费和车船使用费,按各省、自治区、直辖市规定标准计算后列入定额。其计算公式为:

$$\begin{matrix}台班养路费\\及车船使用费\end{matrix} = \begin{matrix}载重量\\(或核定吨位)\end{matrix} \times \left[\begin{matrix}养路费\\(元/吨\cdot月)\end{matrix} \times 12 + \begin{matrix}车船使用费\\(元/吨\cdot年)\end{matrix}\right] \div 年工作台班数$$

$$(4.2\text{-}52)$$

下列机械台班中未计该项费用:第一类是金属切削加工机械等,由于该类机械系安装在固定的车间房屋内,不需经常安拆运输;第二类是不需要拆卸安装自身能开行的机械,例如:水平运输机械;第三类是不适合按台班摊销本项费用的机械,例如:特、大型机械,其安拆费及场外运输费按定额规定另行计算。

综合以上,机械台班单价的计算公式如下:

$$\begin{matrix}机器台\\班单价\end{matrix} = \begin{matrix}台班\\折旧费\end{matrix} + \begin{matrix}台班\\大修理费\end{matrix} + \begin{matrix}台班经常\\修理费\end{matrix} + \begin{matrix}台班安拆费\\及场外运输费\end{matrix} + \begin{matrix}台班燃料\\动力费\end{matrix} + \begin{matrix}台班\\人工费\end{matrix} + \begin{matrix}台班养路费\\及车船使用费\end{matrix}$$

$$(4.2\text{-}53)$$

【例 4-1】 某建筑公司承担基坑土方工程施工。该场地自然地平标高 -0.5m，基坑底标高 -4.5m，无地下水，基坑底面尺寸为 $30\text{m} \times 40\text{m}$。经认可的施工方案为：基坑边坡放坡系数 $1 : K = 1 : 0.5$（Ⅱ类土），运土距离为 5km，采用单斗容量为 0.5m^3 的液压反铲挖掘机和载重能力为 8t 的自卸汽车进行土方挖、运。为防止超挖和扰动基土和边坡，按开挖总土方量的 20% 作为人工清底、修边坡土方量（计算过程不考虑土的可松性）。

问题：

1. 计算土方开挖工程量。

2. 根据以下数据，计算该土方工程的预算单价（单位：元$/1000\text{m}^3$）：

（1）液压挖掘机纯工作一小时的生产率为 62.5m^3，机械时间利用系数为 0.9，机械幅度差系数为 20%，台班单价为 450 元/台班。

（2）自卸汽车纯工作一小时的生产率为 8m^3（按自然状态土体计算），机械时间利用系数为 0.8，机械幅度差系数为 25%，台班单价为 360 元/台班。

（3）人工连续作业挖 1m^3 土方需基本工作时间 80min，辅助工作时间、准备与结束工作时间、不可避免中断时间、休息时间分别占工作连续时间的 2%、2%、1.5%、20%，人工幅度差值系数为 15%，人工日工资单价为 18/工日。

（4）挖掘机、自卸汽车作业时需人工配合，所需工日按平均每台班 1 个工日计。

分析要点：

本例主要考核：1. 机械时间定额和机械产量定额以及劳动定额的编制。

2. 施工定额与预算定额的联系。

首先，利用机械台班产量的公式分别确定反铲挖掘机和推土机的台班产量，机械台班产量的公式为：

$$N_{台班} = N_h \times T \times K_b$$

则：机械时间定额 $= 1/$机械台班产量定额

然后确定人工作业挖每立方米土方的工作延续时间 x：

$x =$ 基本工作时间 + 辅助工作时间 + 准备与结束时间 + 不可避免中断时间 + 休息时间

计算人工作业挖 1000m^3 土方的人工时间定额和产量定额：

时间定额 = 工作延续时间/每工日的工时数 $= x/8$（工日$/\text{m}^3$）

产量定额 $= 1/$时间定额

则：该土方工程单价 = 机械费 + 人工费 + 人机配合用工费

式中　机械费 $= \Sigma$ 机械时间定额$(1 +$ 机械幅度差$) \times$ 计量单位 $\times$ 机械台班单价

人工费 = 时间定额$(1 +$ 人工幅度差$) \times$ 计量单位 $\times$ 人工工日单价

人机配合用工费 $= 1$ 工日 $\times \Sigma$ 机械时间定额$(1 +$ 机械幅度差$) \times$ 计量单位 $\times$ 人工工日单价

解：

1. 计算土方开挖工程量：

$h = 4.5 - 0.5 = 4.0$（m）

$S_1 = 30 \times 40 = 1200$（$\text{m}^2$）

$S_2 = (30 + 0.5 \times 4 \times 2) \times (40 + 0.5 \times 4 \times 2) = 1496$（$\text{m}^2$）

$S_3 = (1200 \times 1496)^{1/2} = 1340$（$\text{m}^2$）

$$V = 1/3 \times (S_1 + S_2 + S_3) \times h = 1/3 \times (1200 + 1496 + 1340) \times 4 = 5381.33(\text{m}^3)$$

2. 计算土方工程的预算单价：

（1）挖掘机的台班产量和时间定额确定：

$$N_{台班} = N_h \times T \times K_b$$

$$N_{台班} = 62.5 \times 8 \times 0.9 = 450(\text{m}^3/\text{台班})$$

则：挖掘机的时间定额 $= 1/450 = 2.22 \times 10^{-3}$（台班/$\text{m}^3$）

预算时间定额 $= 1.2 \times 2.22 \times 10^{-3} = 2.66 \times 10^{-3}$（台班/$\text{m}^3$）

（2）自卸汽车的台班产量和时间定额的确定：

$$N_{台班} = N_h \times T \times K_b$$

$$N_{台班} = 8 \times 8 \times 0.8 = 51.2(\text{m}^3/\text{台班})$$

则：自卸汽车的时间定额 $= 1/51.2 = 1.953 \times 10^{-2}$（台班/$\text{m}^3$）

预算时间定额 $= 1.25 \times 1.953 \times 10^{-2} = 2.441 \times 10^{-2}$（台班/$\text{m}^3$）

（3）定额劳动消耗计算：

人工作业挖 1 立方土人工时间定额的确定：

假设挖 1 立方土的工作延续时间为 x

则：$x = 80 + (2\% + 2\% + 1.5\% + 20.0\%)x$

$x = 80/(1 - 25.5\%) = 107.40(\text{min})$

若每个工日按 8 工时计算

则：挖土方人工时间定额 $= x/(8 \times 60) = 0.224$（工日/$\text{m}^3$）

挖土方人工预算时间定额 $= 1.15 \times 0.224 = 0.258$（工日/$\text{m}^3$）

（4）该土方工程单价的计算

机械费 $= [2.66 \times 10^{-3} \times 1000 \times 80\% \times 450 + 2.441 \times 10^{-2} \times 1000 \times 360] = 9745.20$（元/$1000\text{m}^3$）

人工费 $= 0.258 \times 1000 \times 20\% \times 18 = 928.80$（元/$1000\text{m}^3$）

人机配合用工费 $= [2.66 \times 10^{-3} \times 1000 \times 80\% + 2.441 \times 10^{-2} \times 1000] \times 18 = 477.68$（元/$1000\text{m}^3$）

则：该土方单价 $= 9745.20 + 928.80 + 477.68 = 11151.68$（元/$1000\text{m}^3$）

四、单位估价表

在预算定额的基础上，有时还需要根据所在地区的工资、物价水平计算确定相应于人工、材料和施工机械台班的价格，即相应的人工工资价格、材料价格和施工机械台班价格，计算拟定预算定额中每一分项工程的单位预算价格，这一过程称为单位估价表的编制。单位估价表是由分部分项工程单价构成的单价表，具体的表现形式可分为工料单价和综合单价等。

（一）工料单价单位估价表

单位估价表是依据预算定额，并利用本地区人工日工资标准、材料预算价格、机械台班单价替代预算定额中对应的单价，然后再同定额中对应的消耗量相乘得到人工费、材料费、机械台班使用费，"三费"汇总出新的基价。其他内容、形式基本不动，它不是一种新定额，只是更准确地反映了某地区某一时期的定额基价。

单位估价表的作用同预算定额，只是地区性和时效性强于预算定额。为了使用方便，不少地区采用单位估价表。也有一些地区不用单位估价表，而采用定额基价系数或用一种价目表与预定额配套使用，以满足动态管理的需要。

编制单位估价表时，在项目的划分、项目名称、项目编号、计量单位和工程量计算规则上应尽量与定额保持一致。

编制单位估价表，可以简化设计概算和施工图预算的编制。在编制概预算时，将各个分部分项工程的工程量分别乘以单位估价表中的相应单价后，即可计算得出分部分项工程的直接工程费，经累加汇总就可得到整个工程的直接工程费。

（二）综合单价单位估价表

编制单位估价表时，在汇集分部分项工程人工、材料、机械台班使用费用，得到直接工程费单价以后，再按取定的措施费和间接费等费用比重以及取定的利润率和税率，计算出各项相应费用，汇总直接费、间接费、利润和税金，就构成一定计量单位的分部分项工程的综合单价。通过综合单价与计算所得的分部分项工程量，可得到分部分项工程的造价费用。

（三）企业单位估价表

作为施工企业，应依据本企业定额中的人工、材料、机械台班消耗量，按相应人工、材料、机械台班的市场价格，计算确定一定计量单位的分部分项工程的工料单价或综合单价，形成本企业的单位估价表。

五、概算定额及概算指标

（一）概算定额

1. 概念

概算定额是指在正常的生产建设条件下，为完成一定计量单位的扩大分项工程或扩大结构构件所需人工、材料和机械台班的消耗数量及货币价值数量标准。概算定额是在综合施工定额或预算定额的基础上，根据有代表性的工程通用图纸和标准图集等资料进行综合、扩大和合并而成。

概算定额是一种计价性定额，其主要作用是作为编制设计概算的依据，对设计概算进行编制和审核，是我国目前控制工程建设投资的主要方法。所以，概算定额也是我国目前控制工程建设投资的主要依据。概算定额是一种社会标准，在涉及国有资本投资的工程建设领域，同样具有技术经济法规的性质，其定额水平一般取社会平均水平。概算定额消耗量的内容包括人工、材料和机械台班三个基本部分。

概算定额是工程计价的依据，编制概算定额时，应考虑到能适应规划、设计、施工各阶段的要求。概算定额与预算定额应保持一致水平，即在正常条件下，反映大多数企业的设计、生产及施工管理水平。

概算定额的项目划分应简明和便于计算。要求计算简单和项目齐全，但它只能综合，而不能漏项。在保证一定准确性的前提下，以主体结构分部工程为主，合并相关联的子项，并考虑应用电子计算机编制概算的要求。

概算定额在综合过程中，应使概算定额与预算定额之间留有余地，即在两者之间将产生一定的允许幅度差，一般应控制在5%以内，这样才能使设计概算起到控制施工图预算的作用。

为了稳定概算定额水平，统一考核和简化计算工作量，并考虑到扩大初步设计图的深度情况,概算定额的编制尽量不留活口或少留活口。

2. 概算定额的作用

概算定额的作用主要表现在以下几个方面:

(1)概算定额是初步设计阶段编制设计概算和技术设计阶段编制修正概算的依据;

(2)概算定额是设计方案比较的依据;

(3)概算定额是编制主要材料需要量的基础;

(4)概算定额是编制概算指标和投资估算指标的依据。

3. 概算定额的内容

预算定额一般包括以下内容:

(1)文字说明部分。文字说明部分有总说明和分部工程说明。

(2)定额项目表。定额项目表包括定额项目的划分和定额项目的内容。

4. 概算定额的换算

例如:某工程的二砖外墙为 $5265m^2$,设计外墙临街面为水刷石,其工程量为 $3159m^2$,其余为水泥砂浆;内面抹混合砂浆刷白,试计算该二砖外墙的概算造价。

在某省砖砌外墙概算定额中只有双面抹灰墙项目,因此需进行调整,方法如下:

(1)从定额项目表中查出双面抹灰二砖外墙基价为 3324.46 元/$100m^2$,则双面抹灰外墙费用为:$5265m^2 \times 3324.46$ 元/$100m^2 = 175032.82$(元)

(2)从内外墙面、墙裙和局部装饰增加表中查得外墙局部抹水刷石的基价为 228.97 元/$100m^2$,则增加费用为:

$31.59 \times 228.97 = 7233.16$ 元

(3)计算该二砖外墙的概算造价

概算造价 $= 175032.82 + 7233.16 = 182265.98$(元)

(二)概算指标

1. 概念

概算指标是比概算定额综合性更强的一种指标。它是以每建筑面积(m^2 或 $100 m^2$)或建筑体积(m^3 或 $1000 m^3$)为计算单位,构筑物以座为计算单位,规定所需人工、材料、机械消耗数量和资金数量的定额指标。

概算指标是指以统计指标的形式反映工程建设过程中生产单位合格工程建设产品所需资源消耗量的水平。

概算指标的形式按具体内容和表示方法的不同,一般有综合指标和单项指标两种形式。综合指标是以一种类型的建筑物或构筑物为研究对象,以建筑物或构筑物的面积或体积为计量单位,综合了该类型范围内各种规格的单位工程的造价和消耗量指标而形成的,它反映的不是具体工程的指标,而是一类工程的综合指标,是一种概括性较强的指标。单项指标则是一种以典型的建筑物或构筑物为分析对象的概算指标,仅仅反映某一项具体工程的消耗情况。

2. 概算指标的作用

(1)作为编制初步设计概算的主要申请投资额和主要材料需要量的依据;

(2)作为基本建设计划工作的参考;

(3)作为设计机构和建设单位选址和进行设计方案比较的参考;

（4）作为投资估算指标的编制依据。

3. 概算指标的内容

（1）总说明。说明指标的作用、编制依据、适用范围和使用方法等。

（2）示意图。说明工程的结构形式，工业建筑还表示出吊车起重能力。

（3）结构特征。进一步说明工程的结构形式，层高、层数和建筑面积等。

（4）经济指标。说明该工程每 100 m² 造价及其中土建、水暖和电照等单位工程的相应造价。

六、《全国统一建筑工程基础定额》简介

建筑工程基础定额是指完成规定计量单位分项工程计价的人工、材料、施工机械台班消耗量标准，是统一全国建筑工程预算工程量计算规则（GJD-101-95）、项目划分、计量单位的依据。定额本来是不反映货币数量（基价）的，各地区、部门在执行定额时，首先是要根据建筑安装工人平均日工资标准、材料预算价格和施工机械台班预算价格，编制出单位估价表，作为编制和审查工程预算的依据。但是，在《全国统一建筑工程基础定额》发布以前，由各省、自治区、直辖市制定的建筑工程预算定额，都已按照编制单位估价表的方法，编制成带有货币数量（基价）的预算定额。因此，它与单位估价表一样，可以直接作为编制工程预算的依据。

1995 年 12 月，中华人民共和国建设部发布了《全国统一建筑工程基础定额》，与以前各地区制定颁发的建筑工程预算定额相比较，最突出的差别是不带有货币数量（基价）。因此，在《全国统一建筑工程基础定额》总说明中指出："建筑工程基础定额是完成规定计量单位分项工程计价的人工、材料、施工机械台班消耗量标准。……是编制建筑工程（土建部分）地区单位估价表、确定工程造价的依据。"它恢复了预算定额不带货币数量指标的原来面目，改变了国家对计价定额管理的方式，实行"量"、"价"分离的原则，使建筑产品的计价模式向适应市场经济体制迈进了一大步，为实现采用实物法编制工程预算创造了条件。

建筑工程基础定额实质上就是建筑工程预算定额。之所以称其为基础定额，是因为它规定的人工、材料、施工机械台班消耗量指标，是在现有的社会正常生产条件下，在社会平均的劳动熟练程度和劳动强度下，全国所有建筑生产企业生产一定计量单位的合格建筑产品时所需人工、材料、施工机械台班消耗最根本、最起码应达到的标准。

建筑工程基础定额反映了在完成规定计量单位符合设计标准和施工验收规范分项工程消耗的活劳动和物化劳动的数量限度。这种数量限度，反映了建筑产品生产消费的客观规律，反映了一定时期社会生产力的水平，最终决定着建设工程的成本和造价。建筑工程基础定额是反映物质消耗内容的一种定额，但又不同于劳动消耗定额、材料消耗定额、机械台班消耗定额，它是这三种定额的综合反映，是一种技术经济规范。

为了使全国的工程建设有一个统一的计价核算尺度，用以比较、考核各地区各部门工程建设经济效果和施工管理水平，经国家有关部门审查、批准、颁发的建筑工程基础定额是一种技术经济法规，与其他设计规范、规程、标准及验收规范一样，具有指令性性质。但为了适应社会主义市场经济特征的需要，它在一定范围内又具有一定程度的指导性性质。这样，建筑工程基础定额就具有一定的灵活性，使之更加切合实际。例如《全国统一建筑工程基础定额》（土建工程）GJD-101-95"总说明"指出：本定额中的混凝土、砌筑砂浆、抹灰砂浆及各种胶泥等，其配合比是按现行规范规定计算的，各省、自治区、直辖市可按当地材料质量情况调整其配合比和材料用量。

《全国统一建筑工程基础定额》为执行的《建设工程工程量清单计价规范》打下了良好的基础。

第三节 工程量清单计价方法

工程量清单计价模式的出现是我国工程造价管理最终目标的要求,是降低工程造价、提升工程效益的要求,是我国建筑市场的交易双方需要平等交易的要求,也是我国建筑市场与国际惯例接轨的要求。

本节内容参照《建设工程工程量清单计价规范》GB 50500—2008(以下简称《工程量清单计价规范》)进行编写。采用工程量清单计价,建设工程造价由分部分项工程费、措施项目费、其他项目费、规费和税金组成。

一、工程量清单的基本概念、作用与意义

(一)基本概念

1. 工程量清单。它是表现拟建工程的分部分项工程、措施项目、其他项目、规费项目、税金项目名称和相应数量的明细清单。

工程量清单是工程量清单计价的基础,应作为编制招标控制价、投标报价、计算工程量、签订工程合同、支付工程款、调整合同价款、办理竣工结算以及工程索赔等的依据。

采用工程量清单方式招标发包的,工程量清单必须作为招标文件的组成部分,招标人必须将工程量清单作为招标文件的组成部分,连同招标文件一并发(或售)给投标人。招标人对编制的工程量清单的准确性和完整性负责,投标人依据工程量清单进行投标报价。

2. 分部分项工程量清单。它是表现拟建工程各分部分项实体工程名称和相应数量的清单。分部分项工程量清单应包括项目编码、项目名称、项目特征、计量单位和工程量。

3. 措施项目工程量清单。它是为完成工程项目施工,发生于该工程施工准备和施工过程中的技术、生活、安全、环境保护等方面的非工程实体项目。措施项目清单应根据拟建工程的实际情况列项。

4. 其他项目清单。其他项目清单宜按照下列内容列项:暂列金额;暂估价(包括材料暂估单价、专业工程暂估价);计日工;总承包服务费。当出现以上未列的项目,可根据工程实际情况补充。

5. 规费项目清单。规费项目清单应按照下列内容列项:工程排污费;工程定额测定费;社会保障费(包括养老保险费、失业保险费、医疗保险费);住房公积金;危险作业意外伤害保险。当出现以上未列的项目,应根据省级政府或省级有关权力部门的规定列项。

6. 税金项目清单。税金项目清单应包括下列内容:营业税;城市维护建设税;教育费附加。当出现以上未列的项目,应根据税务部门的规定列项。

(二)工程量清单的作用

以招标人提供的工程量清单为平台,投标人根据工程项目特点,自身的技术水平,施工方案,管理水平高低,以及中标后面临的各种风险等进行综合报价。招标人根据具体的评标细则进行优选,这种计价方式是完全市场定价体系的反映。

1. 工程量清单既是编制招标工程标底,又是确定投标报价的依据。工程量清单鼓励企业自主竞争报价,有利于市场形成工程造价模式的建立。

2. 工程量清单为投标者提供一个公开、公平、公正的竞争环境。工程量清单由招标人统

一提供,避免了由于工程量计算不准确、项目不一致等人为因素造成的不公正影响,使投标者站在同一起跑线上,创造了一个公平的竞争环境。

3. 工程量清单是工程计价、询标和评标的依据。如果清单存在计算错误或漏项,可按照招标文件的要求在中标后进行修正。

4. 工程量清单是施工过程中工程进度款支付的依据。与工程建设合同相结合,工程量清单为施工过程中的进度款支付提供了依据。

5. 工程量清单是办理竣工结算和工程索赔的依据。

(三)工程量清单计价的意义

1. 宏观方面。推行工程量清单计价是深化工程造价管理改革,推进建筑市场市场化的根本途径;是规范建筑市场秩序的治本措施之一;是促进建设市场有序竞争和企业健康发展的需要;也是与国际接轨的需要;

2. 微观方面。推行工程量清单计价有利于工程造价的降低、缩短建设周期、提高工程项目投资的效益;有利于促进施工承包企业提升提高竞争实力,最终提高行业整体实力;有利于实现工程承包过程中风险的合理分担,实现工程发、承包"双赢"的局面。

二、《工程量清单计价规范》简介与计价原理

(一)《工程量清单计价规范》简介

为规范工程造价计价行为,统一建设工程工程量清单的编制和计价方法,根据《中华人民共和国建筑法》、《中华人民共和国合同法》、《中华人民共和国招标投标法》等法律法规,制定《工程量清单计价规范》。

1. 计价规范的适用范围

该规范适用于建设工程工程量清单计价活动。全部使用国有资金投资或国有资金投资为主(以下,二者简称"国有资金投资")的工程建设项目,必须采用工程量清单计价;非国有资金投资的工程建设项目,可采用工程量清单计价。

2. 计价规范的构成体系

计价规范包括正文和附录两部分,两者具有同等效力;

①正文共包括五章:总则、术语、工程量清单编制、工程量清单计价、工程量清单计价表格;

②附录共六部分:附录 A 为建筑工程工程量清单项目及计算规则,适用于工业与民用建筑物和构筑物工程;附录 B 为装饰装修工程工程量清单项目及计算规则,适用于工业与民用建筑物和构筑物的装饰装修工程;附录 C 为安装工程工程量清单项目及计算规则,适用于工业与民用安装工程;附录 D 为市政工程工程量清单项目及计算规则,适用于城市市政建设工程;附录 E 为园林绿化工程工程量清单项目及计算规则,适用于园林绿化工程;附录 F 为矿山工程工程量清单项目及计算规则,适用于矿山工程。

3. 计价规范的特点

①强制性。全部使用"国有资金投资"的工程建设项目必须执行该计价规范。《工程量清单计价规范》附录 A、附录 B、附录 C、附录 D、附录 E、附录 F 应作为编制工程量清单的依据,并分别适用于工业与民用建筑物和构筑物工程、工业与民用建筑物和构筑物的装饰装修工程、工业与民用安装工程、城市市政建设工程、园林绿化工程、矿山工程。

工程量清单应根据附录 A、附录 B、附录 C、附录 D、附录 E、附录 F 规定的统一项目编码、项目名称、计量单位和工程量计算规则进行编制。

②实用性。工程量清单计价真实反映了工程实际造价。在工程招标投标过程中,投标企业在投标报价时必须考虑工程本身的内容、范围、技术特点要求以及招标文件的有关规定、工程现场情况等因素;同时还必须充分考虑到自己制定的工程总进度计划、施工方案、分包计划、资源安排计划等,以使报价能够比较准确地与工程实际相吻合。把投标定价自主权真正交给招标和投标单位,从而建立起真正的风险制约和竞争机制,避免合同实施过程中的推诿和扯皮现象的发生,为工程管理提供方便。业主根据施工企业完成的工程量,易于确定工程进度款的拨付额。工程竣工后,根据设计变更、工程量的增减乘以相应的综合单价,业主易于确定工程的最终造价。

③竞争性。工程量清单计价中的措施项目,具体采用的措施内容由投标人根据企业的施工组织设计,视具体情况确定,因为这些项目在各个企业间各有不同,是企业竞争项目,是给企业竞争的空间;另外工程量清单计价中人工、材料和施工机械没有具体的消耗量,投标企业可以依据企业的定额和市场价格信息,也可以参照建设行政主管部门发布的社会平均消耗量定额进行报价,分部分项综合单价的确定由投标人自己确定。

④通用性。采用工程量清单计价将与国际惯例接轨,符合工程量计算方法标准化、工程量计算规则统一化、工程造价确定市场化的要求。

(二)工程量清单计价的基本原理

1. 工程量清单计价基本方法和程序

工程量清单计价过程可以分为两个阶段:工程量清单的编制和工程量清单计价。

工程量清单计价的基本过程是,在统一的工程量计算规则的基础上,制定工程量清单项目设置规则,根据具体工程的施工图纸计算出各个清单项目的工程量,再根据国家、地区或行业的定额资料以及各种渠道所获得的工程造价信息和经验数据计算得到工程造价。

工程造价工程量清单计价过程见图4-2。

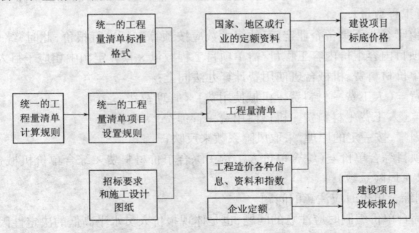

图4-2　工程造价工程量清单计价过程示意图

2. 综合单价

(1)综合单价的概念

综合单价是指完成一个规定计量单位的分部分项工程量清单项目或措施清单项目所需的

人工费、材料费、施工机械使用费和企业管理费与利润，以及一定范围内的风险费用。综合单价中应包括招标文件中要求投标人承担的风险费用。招标文件提供了暂估单价的材料，按暂估的单价计入综合单价。综合单价是工程量清单计价的核心内容，它是投标人能否中标的航向标，它也是投标人整体实力的真实反映。

（2）综合单价组价的依据

综合单价组价的依据主要包括以下几方面：

①《工程量清单计价规范》。如《工程量清单计价规范》中提供的相应清单项目所包含的施工过程；

②国家或省级、行业建设主管部门颁发的计价定额和计价办法；

③建设工程设计文件及相关资料；

④招标文件中的工程量清单及有关要求；

⑤与建设项目相关的标准、规范、技术资料；

⑥工程造价管理机构发布的工程造价信息；工程造价信息没有发布的参照市场价；

⑦投标企业定额及过去的报价资料；"企业定额"专指施工企业定额。是施工企业根据自身拥有的施工技术、机械装备和具有的管理水平而编制的完成的一个工程量清单项目使用的人工、材料、机械台班等的消耗标准。

⑧施工组织设计及施工方案；

⑨考虑招标文件中要求投标人承担的风险费用；

⑩其他的相关资料。

（3）综合单价的组成

综合单价由完成规定计算单位工程量清单项目所需的人工费、材料费、机械使用费、管理费、利润、风险因素、工程量增减因素、工程中材料的合理损耗八方面组成的；

①综合单价人工费＝清单项目组价内容工程量×企业定额人工消耗量指标×人工工日单价/清单项目工程数量；

现阶段由于企业不具备企业定额，故多大数应按预算定额进行报价，此时，综合单价中人工费＝清单项目内容组价内容工程量/清单项目工程数量×预算定额中相应子目人工费；

②综合单价材料费、机械台班使用费计算办法同上；

③零星费＝（人工费＋材料费＋机械使用费）×管理费费率

④利润＝（人工费＋材料费＋机械使用费＋管理费）×利润率

⑤风险因素，按一定的原理，采取风险系数来反映；

⑥清单项目综合单价＝（综合单价人工费＋综合单价材料费＋综合单价机械费＋管理费＋利润）×（1＋风险系数）

（4）编制综合单价时应注意的问题

以下是综合单价编制时应注意的问题，也是体现报价人员水平高低的决定性因素：

①熟悉企业定额的编制原理，是准确计算人工、材料、机械消耗量的基础；

②熟悉施工工艺，是准确确定工程量清单表中的工程内容及准确报价的基础；

③经常进行市场询价和商情调查，是合理确定人工、材料、机械台班市场单价等的基础；

④广泛积累各类基础性资料及其以往的报价经验，为准确而迅速的做好报价提供依据；

⑤经常与企业及项目决策领导者进行沟通明确投标策略，以便合理报出管理费率及利润

率；

⑥增强风险意识，熟悉风险管理有关内容，将风险因素合理的考虑在报价中；

⑦结合施工组织设计和施工方案将工程量增减因素及施工过程中的各类合理损耗考虑在综合单价中。

三、工程量清单的编制

工程量清单应由分部分项工程量清单、措施项目清单、其他项目清单、规费项目清单、税金项目清单组成。工程量清单是工程量清单计价的基础，应作为编制招标控制价、投标报价、计算工程量、支付工程款、调整合同价款、办理竣工结算以及工程索赔等的依据。

（一）分部分项工程量清单

一个分部分项工程量清单由项目编码、项目名称、项目特征、计量单位和工程量等五个要件构成，这五个要件在分部分项工程量清单的组成中缺一不可。

分部分项工程量清单应根据《工程量清单计价规范》附录规定的项目编码、项目名称、项目特征、计量单位和工程量计算规则进行编制，这体现了对分部分项工程量清单内容规范管理的要求。

1. 项目编码。项目编码是对分部分项工程量清单项目名称规定的数字标识。分部分项工程量清单的项目编码，应采用十二位阿拉伯数字表示。一至九位应按附录的规定设置，十至十二位应根据拟建工程的工程量清单项目名称设置。同一招标工程的项目编码不得有重码。各位数字的含义是：一、二位为工程分类顺序码；三、四位为专业工程顺序码；五、六位为分部工程顺序码；七、八、九位为分项工程项目名称顺序码；十至十二位为清单项目名称顺序码。

编制工程量清单出现附录中未包括的项目，编制人应作补充，并报省级或行业工程造价管理机构备案，省级或行业工程造价管理机构应汇总报住房和城乡建设部标准定额研究所。

补充项目的编码由附录的顺序码与 B 和三位阿拉伯数字组成，并应从 ×B001 起顺序编制，同一招标工程的项目不得重码。工程量清单中需附有补充项目的名称、项目特征、计量单位、工程量计算规则、工程内容。

当同一标段（或合同段）的一份工程量清单中含有多个单位工程且工程量清单是以单位工程为编制对象时，在编制工程量清单时应特别注意对项目编码十至十二位的设置不得有重码的规定。例如一个标段（或合同段）的工程量清单中含有三个单位工程，每一个单位工程中都有项目特征相同的实心砖墙砌体，在工程量清单中又需反映三个不同单位工程的实心砖墙砌体工程量时，则第一个单位工程的实心砖墙的项目编码应为 010302001001，第二个单位工程的实心砖墙的项目编码应为 010302001002，第三个单位工程的实心砖墙的项目编码应为 010302001003，并分别列出各单位工程实心砖墙的工程量。

2. 项目名称。分部分项工程量清单的项目名称应按附录的项目名称结合拟建工程的实际确定。项目名称的设置，应考虑两个因素，一是附录中的项目名称；二是拟建工程的实际情况。工程量清单编制时，以附录中的项目名称为主体，考虑该项目的规格、型号、材质等特征要求，结合拟建工程的实际情况，使其工程量清单项目名称具体化，能够反映影响工程造价的主要因素。项目名称原则上以形成的工程实体命名。项目名称如有缺项，招标人可按相应的原则进行补充，并报当地工程造价管理部门备案。

3. 项目特征。项目特征是对体现分部分项工程量清单、措施项目清单价值的特有属性和本质特征的描述。分部分项工程量清单项目特征应按附录中规定的项目特征，结合拟建工程项目的实际予以描述。工程量清单的项目特征是确定一个清单项目综合单价不可缺少的重要依据，在编制工程量清单时，必须对项目特征进行准确和全面的描述，但有些项目特征用文字往往又难以准确和全面的描述清楚。因此为达到规范、简捷、准确、全面描述项目特征的要求，在描述工程量清单项目特征时应按以下原则进行。

①项目特征描述的内容应按附录中的规定，结合拟建工程的实际，能满足确定综合单价的需要。

②若采用标准图集或施工图纸能够全部或部分满足项目特征描述的要求，项目特征描述可直接采用详见××图集或××图号的方式。对不能满足项目特征描述要求的部分，仍应用文字描述。

4. 计量单位。分部分项工程量清单的计量单位应按附录中规定的计量单位确定。附录中有两个或两个以上计量单位的，应结合拟建工程项目的实际选择其中一个确定。

5. 工程量。分部分项工程量清单中所列工程量应按附录中规定的工程量计算规则计算。工程量是工程量清单计价的核心内容，其计算工作量大，且计算结果是编制标底与报价的基础。工程量计算规则是指对清单项目工程量的计算规定。除另有说明外，所有清单项目的工程量应以实体工程量为准，并以完成后的净值计算；投标人投标报价时，应在单价中考虑施工中的各种损耗和需要增加的工程量。

工程量的有效位数遵守下列规定：

①以"t"为单位，应保留三位小数，第四位小数四舍五入；

②以"m³"、"m²"、"m"、"kg"为单位，应保留两位小数，第三位小数四舍五入；

③以"个"、"项"等为单位，应取整数。

6. 编制依据。编制工程量清单的依据包括：《工程量清单计价规范》；国家或省级、行业建设主管部门颁发的计价依据和办法；建设工程设计文件；与建设工程项目有关的标准、规范、技术资料；招标文件及其补充通知、答疑纪要；施工现场情况、工程特点及常规施工方案；其他相关资料。

7. 编制步骤。分部分项工程量清单的编制步骤如下：

①熟悉招标文件、设计方案、计价规范和其他相关规定，确定合理的施工方法；

②根据施工图纸及其附录中的附录项目和项目特征，确定清单项目；

③根据施工图纸文件，计价规范规定的计算规则，计量单位计算各分部分项清单项目的工程量；

④根据计价规范附录中提示的清单项目的工程内容，结合施工图设计实际情况，确定清单项目名称下应填写的施工过程，它是进行组价的内容。

⑤按规定的统计格式，填写分部分项工程量清单；工程量清单的项目设置规则是为了统一工程量清单项目名称、项目编码、计量单位和工程量计算而制定的，是编制工程量清单的依据。在《工程量清单计价规范》中，对工程量清单项目的设置作了明确的规定。

（二）措施项目清单

为完成工程项目施工，发生于该工程施工准备和施工过程中的技术、生活、安全、环境保护等方面的非工程实体项目。清单编制人依据图纸、经验和有关规范的规定及拟建工程的特点拟定合理的施工方案，提供较全面的措施项目清单，力求全面而准确。措施项目清单根据拟建工程的实际情况列项,包括通用项目和专业项目。

1. 通用项目。措施项目清单的编制需考虑多种因素,除工程本身的因素外,还涉及水文、气象、环境、安全等因素。"通用措施项目一览表",作为措施项目列项的参考。表中所列内容是各专业工程均可列出的措施项目。通用措施项目可按表4-3选择列项。

表4-3　通用措施项目一览表

序　号	项　目　名　称
1	安全文明施工(含环境保护、文明施工、安全施工、临时设施)
2	夜间施工
3	二次搬运
4	冬雨季施工
5	大型机械设备进出场及安拆
6	施工排水
7	施工降水
8	地上、地下设施,建筑物的临时保护设施
9	已完工程及设备保护

2. 专用项目。专业工程的措施项目可由清单编制人按附录中规定的项目,根据拟建工程的具体情况和需要选择列项。

规范将实体性项目划分为分部分项工程量清单,非实体性项目划分为措施项目。所谓非实体性项目,一般来说,其费用的发生和金额的大小与使用时间、施工方法或者两个以上工序相关,与实际完成的实体工程量的多少关系不大,典型的是大中型施工机械、文明施工和安全防护、临时设施等。但有的非实体性项目,则是可以计算工程量的项目,典型的是混凝土浇筑的模板工程,用分部分项工程量清单的方式采用综合单价,更有利于措施费的确定和调整。因此,措施项目中可以计算工程量的项目清单宜采用分部分项工程量清单的方式编制,列出项目编码、项目名称、项目特征、计量单位和工程量计算规则;不能计算工程量的项目清单,以"项"为计量单位。

若出现《工程量清单计价规范》未列的项目,可根据工程实际情况补充。

(三)其他项目清单

工程建设标准的高低、工程的复杂程度、工程的工期长短、工程的组成内容、发包人对工程管理要求等都直接影响其他项目清单的具体内容,规范仅提供了暂列金额;暂估价(包括材料暂估单价、专业工程暂估价);计日工;总承包服务费4项内容作为列项参考。当出现以上未列的项目,可根据工程实际情况补充。

(四)规费项目清单

根据建设部、财政部"关于印发《建筑安装工程费用项目组成》的通知"(建标[2003]206号)的规定,规费项目清单应按照下列内容列项:工程排污费;工程定额测定费;社会保障费(包括养老保险费、失业保险费、医疗保险费);住房公积金;危险作业意外伤害保险。当出现以上未列的项目,应根据省级政府或省级有关权力部门的规定列项。

(五)税金项目清单

根据建设部、财政部"关于印发《建筑安装工程费用项目组成》的通知"(建标[2003]206

号)的规定,税金项目清单应包括下列内容:营业税;城市维护建设税;教育费附加。当出现以上未列的项目,应根据税务部门的规定列项。如国家税法发生变化,税务部门依据职权增加了税种,应对税金项目清单进行补充。

四、工程量清单计价

(一)一般规定

实行工程量清单计价时,工程造价由分部分项工程费、措施项目费、其他项目费和规费、税金五部分组成。

1. 工程量清单计价

实行工程量清单计价应采用综合单价法。

招标文件中工程量清单所列的工程量是一个预计工程量,它一方面是各投标人进行投标报价的共同基础,另一方面也是对各投标人报价进行评审的共同平台,体现了招投标活动中的公开、公平、公正和诚实信用原则。发、承包双方竣工结算的工程量应按经发、承包双方认可的实际完成的工程量确定,而非招标文件中工程量清单所列的工程量。

2. 措施项目清单计价

当措施项目采用分部分项工程量清单的方式编制,与之相对应,应采用综合单价计价,以"项"为计量单位的,按项计价,但应包括除规费、税金以外的全部费用。

安全文明施工费纳入国家强制性标准管理范围,其费用标准不予竞争。规范规定措施项目清单中的安全文明施工费应按国家或省级、行业建设主管部门的规定费用标准计价,招标人不得要求投标人对该项费用进行优惠,投标人也不得将该项费用参与市场竞争。

3. 其他项目清单计价

(1)暂列金额。招标人在工程量清单中暂定并掌握使用且包括在合同价款中的一笔款项。用于施工合同签订时尚未确定或者不可预见的所需材料、设备、服务的采购以及施工中可能发生的工程变更、合同约定调整因素出现时的工程价款调整以及发生的索赔、现场签证确认等的费用。

我国规定对政府投资工程实行概算管理,经项目审批部门批复的设计概算是工程投资控制的刚性指标,即使商业性开发项目也有成本的预先控制问题,否则,无法相对准确预测投资的收益和科学合理的进行投资控制。但工程建设自身的特性决定了工程的设计需要根据工程进展不断地进行优化和调整,业主需求可能会随工程建设进展出现变化,工程建设过程还会存在一些不能预见、不能确定的因素。消化这些因素必然会影响合同价格的调整,暂列金额正是为这类不可避免的价格调整而设立,以便达到合理确定和有效控制工程造价的目标。

(2)暂估价。招标人在工程量清单中提供的用于支付必然发生但暂时因为标准不明确或者需要由专业承包人完成,不能确定价格的材料以及专业工程的金额。

暂估价是指招标阶段直至签订合同协议时,招标人在招标文件中提供的用于支付必然要发生但暂时不能确定价格的材料以及专业工程的金额。在招标阶段预见肯定要发生,只是因为标准不明确或者需要由专业承包人完成,暂时无法确定价格。暂估价数量和拟用项目应当结合工程量清单中的"暂估价表"予以补充说明。

《工程建设项目货物招标投标办法》(国家发改委、建设部第七部委27号令)第五条规定:"以暂估价形式包括在总承包范围内的货物达到国家规定规模标准的,应当由总承包中标人和工程建设项目招标人共同依法组织招标"的规定设置。上述规定同样适用于以暂估价形式出现的专业分包工程。

招标人在工程量清单中提供了暂估价的材料和专业工程属于依法必须招标的,由承包人和招标人共同通过招标确定材料单价与专业工程分包价。

若材料不属于依法必须招标的,经发、承包双方协商确认单价后计价。

若专业工程不属于依法必须招标的,由发包人、总承包人与分包人按有关计价依据进计价。

为方便合同管理,需要纳入分部分项工程量清单项目综合单价中的暂估价应只是材料费,以方便投标人组价。专业工程的暂估价一般应是综合暂估价,应当包括除规费和税金以外的管理费、利润等取费。总承包招标时,专业工程设计深度往往是不够的,一般需要交由专业设计人设计,国际上,出于提高可建造性考虑,一般由专业承包人负责设计,以发挥其专业技能和专业施工经验的优势。这类专业工程交由专业分包人完成是国际工程的良好实践,目前在我国工程建设领域也已经比较普遍。公开透明地合理确定这类暂估价的实际开支金额的最佳途径,就是通过施工总承包人与工程建设项目招标人共同组织的招标。

(3)计日工。在施工过程中,完成发包人提出的施工图纸以外的零星项目或工作,按合同中约定的综合单价计价。它是对零星项目或工作采取的一种计价方式,包括完成作业所需的人工、材料、施工机械及其费用的计价,类似于定额计价中的签证记工。

计日工是为了解决现场发生的零星工作的计价而设立的。国际上常见的标准合同条款中,大多数都设立了计日工计价机制。计日工对完成零星工作所消耗的人工工时、材料数量、施工机械台班进行计量,并按照计日工表中填报的适用项目的单价进行计价支付。计日工适用的所谓零星工作一般是指合同约定之外的或者因变更而产生的、工程量清单中没有相应项目的额外工作,尤其是那些时间不允许事先商定价格的额外工作。

(4)承包服务费。总承包人为配合协调发包人进行的工程分包自行采购的设备、材料等进行管理、服务以及施工现场管理、竣工资料汇总整理等服务所需的费用。总承包服务费是在工程建设的施工阶段实行施工总承包时,当招标人在法律、法规允许的范围内对工程进行分包和自行采购供应部分设备、材料时,要求总承包人提供相关服务(如分包人使用总包人的脚手架、水电接剥等)和施工现场管理等所需的费用。

总承包服务费是为了解决招标人在法律、法规允许的条件下进行专业工程发包,以及自行供应材料、设备、并需要总承包人对发包的专业工程提供协调和配合服务,对供应的材料、设备提供收、发和保管服务以及进行施工现场管理时发生,并向总承包人支付的费用。招标人应预计该项费用并按投标人的投标报价向投标人支付该项费用。

4. 规费项目清单计价

规费和税金应按照国家或省级、行业建设主管部门依据国家税法及省级政府或省级有关权力部门的规定确定,在工程计价时应按规定计算。规费和税金应按国家或省级、行业建设主管部门的规定计算,不得作为竞争性费用。

5. 税金项目清单计价

根据建设部、财政部"关于印发《建筑安装工程费用项目组成》的通知"(建标[2003]206号)的规定,税金项目清单应包括下列内容:营业税;城市维护建设税;教育费附加。当出现以上未列的项目,应根据税务部门的规定列项。如国家税法发生变化,税务部门依据职权增加了税种,应对税金项目清单进行补充。

6. 风险费计价

风险是综合单价包含的内容。采用工程量清单计价的工程,招标人应在招标文件中或在签订合同时,载明投标人应考虑的风险内容及其风险范围或风险幅度,不得采用无限风险、所有风险或类似语句规定风险内容及其范围(幅度)。

风险是一种客观存在的、会带来损失的、不确定的状态。根据我国工程建设特点,投标人应完全承担的风险是技术风险和管理风险,如管理费和利润;限度承担的是市场风险,如材料价格、施工机械使用费等的风险;应完全不承担的是法律、法规、规章和政策变化的风险。例如关系职工切身利益的人工费不宜纳入风险,材料价格的风险宜控制在5%以内,施工机械使用费的风险可控制在10%以内,超过者予以调整,管理费和利润的风险由投标人全部承担。

(二)招标控制价

1. 一般规定

国有资金投资的工程建设项目应实行工程量清单招标,并应编制招标控制价。招标控制价超过批准的概算时,招标人应将其报原概算审批部门审核。投标人的投标报价高于招标控制价的,其投标应予以拒绝。

当国有资金投资的工程进行招标且招标人不设标底时,为有利于客观、合理的评审投标报价和避免哄抬标价,造成国有资金流失,招标人应编制招标控制价。

招标控制价的作用决定了招标控制价不同于标底,无须保密。为体现招标的公平、公正,防止招标人有意抬高或压低工程造价,招标人应在招标文件中如实公布招标控制价,不得对所编制的招标控制价进行上浮或下调。同时,招标人应将招标控制价报工程所在地的工程造价管理机构备查。

投标人经复核认为招标人公布的招标控制价未按照《工程量清单计价规范》的规定进行编制的,应在开标前5天向招投标监督机构或(和)工程造价管理机构投诉。招投标监督机构应会同工程造价管理机构对投诉进行处理,发现确有错误的,应责成招标人修改。

2. 编制依据与编制人

招标控制价的编制依据以下材料编制:《工程量清单计价规范》、国家或省级、行业建设主管部门颁发的计价定额和计价办法、建设工程设计文件及相关资料、招标文件中的工程量清单及有关要求、与建设项目相关的标准、规范、技术资料、工程造价管理机构发布的工程造价信息;工程造价信息没有发布的参照市场价;其他的相关资料。综合单价中应包括招标文件中要求投标人承担的风险费用。

招标控制价应由具有编制能力的招标人,或受其委托具有相应资质的工程造价咨询人编制。工程造价咨询人不得同时接受招标人和投标人对同一工程的招标控制价和投标报价的编制。

3. 分部分项工程费的计价

招标控制价中分部分项工程费的计价应该考虑以下因素:

分部分项工程量清单中的工程量;根据招标控制价的编制依据所确定的综合单价;招标文件提供了暂估单价的材料,应按暂估的单价计入综合单价;为使招标控制价与投标报价所包含的内容一致,综合单价中应包括招标文件中要求投标人所承担的风险内容及其范围(幅度)产生的风险费用。

4. 措施项目费计价

措施项目费计价应考虑工程量清单计价的一般规定中对措施项目费计价的规定,同时还要根据招标控制价的编制依据。

5. 其他项目费计价

(1)暂列金额。暂列金额由招标人根据工程特点,按有关计价规定进行估算确定,一般可以分部分项工程量清单费的 10% ~15% 为参考;

(2)暂估价。暂估价中的材料单价应按照工程造价管理机构发布的工程造价信息或参考市场价格确定;暂估价中的专业工程暂估价应分不同专业,按有关计价规定估算;

(3)计日工。招标人应根据工程特点按照列出的计日工项目和有关计价依据计算;

(4)总承包服务费。招标人应根据招标文件中列出的内容和向总承包人提出的要求,参照下列标准计算;

1)招标人仅要求对分包的专业工程进行总承包管理和协调时,按分包的专业工程估算造价的 1.5% 计算;

2)招标人要求对分包的专业工程进行总承包管理和协调,并同时要求提供配合服务时,根据招标文件中列出的配合服务内容和提出的要求,按分包的专业工程估算造价的 3% ~5% 计算;

招标人自行供应材料的,按招标人供应材料价值的 1% 计算。

6. 规费和税金

规费和税金计价的一般规定中对措施项目费计价的规定,同时还要根据招标控制价的编制依据。

(三)投标价

1. 一般规定

投标价由投标人自主确定,但不得低于成本。投标价应由投标人或受其委托具有相应资质的工程造价咨询人编制。投标人应按招标人提供的工程量清单填报价格。填写的项目编码、项目名称、项目特征、计量单位、工程量必须与招标人提供的一致。

实行工程量清单招标,投标人的投标总价应当与组成工程量的分部分项工程费、措施项目费、其他项目费和规费、税金的合计金额相一致,即投标人在投标报价时,不能进行投标总价优惠(或降价、让利),投标人对招标人的任何优惠(或降价、让利)均应反映在相应清单项目的综合单价中。

2. 编制依据

投标价应根据下列依据编制:《工程量清单计价规范》;国家或省级、行业建设主管部门颁发的计价办法;企业定额,国家或省级、行业建设主管部门颁发的计价定额;招标文件、工程量清单及其补充通知、答疑纪要;建设工程设计文件及相关资料;施工现场情况、工程特点及拟定的投标施工组织设计或施工方案;与建设项目相关的标准、规范等技术资料;市场价格信息或工程造价管理机构发布的工程造价信息;其他的相关资料。

3. 分部分项工程费

分部分项工程费根据综合单价与工程量确定。综合单价依据上文所述的综合单价的编制依据并考虑招标文件中要求投标人承担的风险费用确定;招标文件中提供了暂估单价的材料,按暂估的单价计入综合单价。工程量为分部分项工程清单中的相应量值。

4. 措施项目费

措施项目费计价应考虑工程量清单计价的一般规定中对措施项目费计价的规定,同时还要依据招标人提供的措施项目清单和投标人投标时拟定的施工组织设计或施工方案对招标人所列的措施项目进行增补。

5. 其他项目费

（1）暂列金额应按照其他项目清单中列出的金额填写,不得变动;

（2）暂估价不得变动和更改。暂估价中的材料必须按照暂估单价计入综合单价;专业工程暂估价必须按照其他项目清单中列出的金额填写。

（3）计日工应按照其他项目清单列出的项目和估算的数量,自主确定各项综合单价并计算费用;

（4）总承包服务费应依据招标人在招标文件中列出的分包专业工程内容和供应材料、设备情况,按照招标人提出协调、配合与服务要求和施工现场管理需要自主确定。

6 规费和税金

规费和税金的计取标准是依据有关法律、法规和政策规定制定的,具有强制性。

（四）工程合同价款

实行招标的工程合同价款应在中标通知书发出之日起 30 天内,由发、承包双方依据招标文件和中标人的投标文件在书面合同中约定。招标人和中标人不得再行订立背离合同实质性内容的其他协议。

不实行招标的工程合同价款,在发、承包双方认可的工程价款基础上,由发、承包双方在合同中约定。

实行招标的工程,合同约定不得违背招、投标文件中关于工期、造价、质量等方面的实质性内容。

招标文件与中标人投标文件不一致的地方,以投标文件为准。

实行工程量清单计价的工程,宜采用单价合同。即合同约定的工程价款中所包含的工程量清单项目综合单价在约定条件内是固定的,不予调整,工程量允许调整。工程量清单项目综合单价在约定的条件外,允许调整。调整方式、方法应在合同中约定。

发、承包双方应在合同条款中对预付工程款的数额、支付时间及抵扣方式;工程计量与支付工程进度款的方式、数额及时间;工程价款的调整因素、方法、程序、支付及时间;索赔与现场签证的程序、金额确认与支付时间;发生工程价款争议的解决方法及时间;承担风险的内容、范围以及超出约定内容、范围的调整办法;工程竣工价款结算编制与核对、支付及时间;工程质量保证（保修）金的数额、预扣方式及时间;与履行合同、支付价款有关的其他事项等进行约定;合同中没有约定或约定不明的,由双方协商确定;协商不能达成一致的,按《工程量清单计价规范》执行。

（五）工程计量与价款支付

发包人应按照合同约定支付工程预付款。支付的工程预付款,按照合同约定在工程进度款中抵扣。

发包人支付工程进度款,应按照合同约定计量和支付,支付周期同计量周期。

程计量时,若发现工程量清单中出现漏项、工程量计算偏差,以及工程变更引起工程量的增减,应按承包人在履行合同义务过程中实际完成的工程量计算。

142

承包人应按照合同约定,向发包人递交已完工程量报告。发包人应在接到报告后按合同约定进行核对。

承包人应在每个付款周期末,向发包人递交进度款支付申请,并附相应的证明文件。除合同另有约定外,进度款支付申请应包括下列内容:

1. 本周期已完成工程的价款;

2. 累计已完成的工程价款;

3. 累计已支付的工程价款;

4. 本周期已完成计日工金额;

5. 应增加和扣减的变更金额;

6. 应增加和扣减的索赔金额;

7. 应抵扣的工程预付款;

8. 应扣减的质量保证金;

9. 根据合同应增加和扣减的其他金额;

10. 本付款周期实际应支付的工程价款。

发包人在收到承包人递交的工程进度款支付申请及相应的证明文件后,发包人应在合同约定时间内核对和支付工程进度款。发包人应扣回的工程预付款,与工程进度款同期结算抵扣。

发包人未在合同约定时间内支付工程进度款,承包人应及时向发包人发出要求付款的通知,发包人收到承包人通知后仍不按要求付款,可与承包人协商签订延期付款协议,经承包人同意后延期支付。协议应明确延期支付的时间和从付款申请生效后按同期银行贷款利率计算应付款的利息。

发包人不按合同约定支付工程进度款,双方又未达成延期付款协议,导致施工无法进行时,承包人可停止施工,由发包人承担违约责任。

(六)索赔与现场签证

1. 索赔

索赔,是在合同履行过程中,对于非己方的过错而应由对方承担责任的情况造成的损失,向对方提出补偿的要求。

(1)承包人的索赔

若承包人认为非承包人原因发生的事件造成了承包人的经济损失,承包人应在确认该事件发生后,按合同约定向发包人发出索赔通知。

发包人在收到最终索赔报告后并在合同约定时间内,未向承包人作出答复,视为该项索赔已经认可。

承包人索赔按下列程序处理:

1)承包人在合同约定的时间内向发包人递交费用索赔意向通知书;

2)发包人指定专人收集与索赔有关的资料;

3)承包人在合同约定的时间内向发包人递交费用索赔申请表;

4)发包人指定的专人初步审查费用索赔申请表,符合"合同一方向另一方提出索赔时,应有正当的索赔理由和有效证据,并应符合合同的相关约定。"的条件时予以受理;

5)发包人指定的专人进行费用索赔核对,经造价工程师复核索赔金额后,与承包人协商确定并由发包人批准；

6)发包人指定的专人应在合同约定的时间内签署费用索赔审批表，或发出要求承包人提交有关索赔的进一步详细资料的通知，待收到承包人提交的详细资料后，按本条第4、5款的程序进行。

若承包人的费用索赔与工程延期索赔要求相关联时，发包人在作出费用索赔的批准决定时，应结合工程延期的批准，综合作出费用索赔和工程延期的决定。

(12)发包人的索赔

若发包人认为由于承包人的原因造成额外损失，发包人应在确认引起索赔的事件后，按合同约定向承包人发出索赔通知。

承包人在收到发包人索赔通知后并在合同约定时间内，未向发包人作出答复，视为该项索赔已经认可。

2. 现场签证

承包人应发包人要求完成合同以外的零星工作或非承包人责任事件发生时，承包人应按合同约定及时向发包人提出现场签证。

发、承包双方确认的索赔与现场签证费用与工程进度款同期支付。

(七)工程价款调整

1. 基准日与责任分担。招标工程以投标截止日前28天，非招标工程以合同签订前28天为基准日，其后国家的法律、法规、规章和政策发生变化影响工程造价的，应按省级或行业建设主管部门或其授权的工程造价管理机构发布的规定调整合同价款。

2. 施工图纸（含设计变更）与工程量清单项目特征描述不符时的综合单价。若施工中出现施工图纸（含设计变更）与工程量清单项目特征描述不符的，发、承包双方应按新的项目特征确定相应工程量清单项目的综合单价。

3. 清单漏项或非承包人原因的工程变更新增的工程量清单项目的综合单价。因分部分项工程量清单漏项或非承包人原因的工程变更，造成增加新的工程量清单项目，其对应的综合单价按下列方法确定：

(1)合同中已有适用的综合单价，按合同中已有的综合单价确定；

(2)合同中有类似的综合单价，参照类似的综合单价确定；

(3)合同中没有适用或类似的综合单价，由承包人提出综合单价，经发包人确认后执行。

4. 因分部分项工程量清单漏项或非承包人原因的工程变更，引起措施项目发生变化时的价款调整。因分部分项工程量清单漏项或非承包人原因的工程变更，引起措施项目发生变化，造成施工组织设计或施工方案变更，原措施费中已有的措施项目，按原措施费的组价方法调整；原措施费中没有的措施项目，由承包人根据措施项目变更情况，提出适当的措施费变更，经发包人确认后调整。

5. 因非承包人原因引起的工程量增减时的价款调整。因非承包人原因引起的工程量增减，该项工程量变化在合同约定幅度以内的，应执行原有的综合单价；该项工程量变化在合同约定幅度以外的，其综合单价及措施项目费应予以调整。

6. 施工期内市场价格波动时的价款调整。若施工期内市场价格波动超出一定幅度时，应按合同约定调整工程价款；合同没有约定或约定不明确的，应按省级或行业建设主管部门或其授权的工程造价管理机构的规定调整。

7. 因不可抗力事件时的价款调整。因不可抗力事件导致的费用,发、承包双方应按以下原则分别承担并调整工程价款。

（1）工程本身的损害、因工程损害导致第三方人员伤亡和财产损失以及运至施工场地用于施工的材料和待安装的设备的损害,由发包人承担;

（2）发包人、承包人人员伤亡由其所在单位负责,并承担相应费用;

（3）承包人的施工机械设备损坏及停工损失,由承包人承担;

（4）停工期间,承包人应发包人要求留在施工场地的必要的管理人员及保卫人员的费用,由发包人承担;

（5）工程所需清理、修复费用,由发包人承担。

8. 工程价款调整的补充规定。工程价款调整报告应由受益方在合同约定时间内向合同的另一方提出,经对方确认后调整合同价款。受益方未在合同约定时间内提出工程价款调整报告的,视为不涉及合同价款的调整。

收到工程价款调整报告的一方应在合同约定时间内确认或提出协商意见,否则,视为工程价款调整报告已经确认。

经发、承包双方确定调整的工程价款,作为追加（减）合同价款与工程进度款同期支付。

（八）竣工结算

工程完工后,发、承包双方应在合同约定时间内办理工程竣工结算。工程竣工结算由承包人或受其委托具有相应资质的工程造价咨询人编制,由发包人或受其委托具有相应资质的工程造价咨询人核对。

1. 工程竣工结算的依据。工程竣工结算应依据以下资料进行:《工程量清单计价规范》、施工合同、工程竣工图纸及资料、双方确认的工程量、双方确认追加（减）的工程价款、双方确认的索赔、现场签证事项及价款、投标文件、招标文件及其他依据。

2. 分部分项工程费。分部分项工程费应依据双方确认的工程量、合同约定的综合单价计算;如发生调整的,以发、承包双方确认调整的综合单价计算。

3. 措施项目费。措施项目费应依据合同约定的项目和金额计算;如发生调整的,以发、承包双方确认调整的金额计算,其中安全文明施工费应按照国家或省级、行业建设主管部门的规定计价,不得作为竞争性费用。

4. 其他项目费用。其他项目费用应按下列规定计算:

（1）计日工应按发包人实际签证确认的事项计算;

（2）暂估价中的材料单价应按发、承包双方最终确认价在综合单价中调整;专业工程暂估价应按中标价或发包人、承包人与分包人最终确认价计算;

（3）总承包服务费应依据合同约定金额计算,如发生调整的,以发、承包双方确认调整的金额计算;

（4）索赔费用应依据发、承包双方确认的索赔事项和金额计算;

（5）现场签证费用应依据发、承包双方签证资料确认的金额计算;

（6）暂列金额应减去工程价款调整与索赔、现场签证金额计算,如有余额归发包人。

5. 规费和税金。规费和税金的计取标准是依据有关法律、法规和政策规定制定的,具有强制性。依据工程量清单计价的一般规定中对规费和税金的规定进行计算。

6. 承包人递交竣工结算书。承包人应在合同约定时间内编制完成竣工结算书,并在提交竣工验收报告的同时递交给发包人。

承包人未在合同约定时间内递交竣工结算书,经发包人催促后仍未提供或没有明确答复的,发包人可以根据已有资料办理结算。

7. 发包人核对竣工结算书。发包人在收到承包人递交的竣工结算书后,应按合同约定时间核对。

同一工程竣工结算核对完成,发、承包双方签字确认后,禁止发包人又要求承包人与另一个或多个工程造价咨询人重复核对竣工结算。

发包人或受其委托的工程造价咨询人收到承包人递交的竣工结算书后,在合同约定时间内,不核对竣工结算或未提出核对意见的,视为承包人递交的竣工结算书已经认可,发包人应向承包人支付工程结算价款。

承包人在接到发包人提出的核对意见后,在合同约定时间内,不确认也未提出异议的,视为发包人提出的核对意见已经认可,竣工结算办理完毕。

8. 发包人拒收竣工结算书。发包人应对承包人递交的竣工结算书签收,拒不签收的,承包人可以不交付竣工工程。承包人未在合同约定时间内递交竣工结算书的,发包人要求交付竣工工程,承包人应当交付。

9. 发包人支付竣工结算款及违约责任。竣工结算办理完毕,发包人应根据确认的竣工结算书在合同约定时间内向承包人支付工程竣工结算价款。

发包人未在合同约定时间内向承包人支付工程结算价款的,承包人可催告发包人支付结算价款。如达成延期支付协议的,发包人应按同期银行同类贷款利率支付拖欠工程价款的利息。如未达成延期支付协议,承包人可以与发包人协商将该工程折价,或申请人民法院将该工程依法拍卖,承包人就该工程折价或者拍卖的价款优先受偿。

竣工结算办理完毕,发包人应将竣工结算书报送工程所在地工程造价管理机构备案。竣工结算书作为工程竣工验收备案、交付使用的必备文件。

(九)工程计价争议处理

在工程计价中,对工程造价计价依据、办法以及相关政策规定发生争议事项的,由工程造价管理机构负责解释。

发包人以对工程质量有异议,拒绝办理工程竣工结算的,已竣工验收或已竣工未验收但实际投入使用的工程,其质量争议按该工程保修合同执行,竣工结算按合同约定办理;已竣工未验收且未实际投入使用的工程以及停工、停建工程的质量争议,双方应就有争议的部分委托有资质的检测鉴定机构进行检测,根据检测结果确定解决方案,或按工程质量监督机构的处理决定执行后办理竣工结算,无争议部分的竣工结算按合同约定办理。

发、承包双方发生工程造价合同纠纷时,应通过下列办法解决:

1. 双方协商;

2. 提请调解,工程造价管理机构负责调解工程造价问题;

3. 按合同约定向仲裁机构申请仲裁或向人民法院起诉。

在合同纠纷案件处理中,需作工程造价鉴定的,应委托具有相应资质的工程造价咨询人进行。

五、工程量清单计价表格

工程量清单计价表格见本书附录。

（一）封面：

1．工程量清单：封—1

2．招标控制价：封—2

3．投标总价：封—3

4．竣工结算总价：封—4

（二）总说明：表—01

（三）汇总表：

1．工程项目招标控制价/投标报价汇总表：表—02

2．单项工程招标控制价/投标报价汇总表：表—03

3．单位工程招标控制价/投标报价汇总表：表—04

4．工程项目竣工结算汇总表：表—05

5．单项工程竣工结算汇总表：表—06

6．单位工程竣工结算汇总表：表—07

（四）分部分项工程量清单表：

1．分部分项工程量清单与计价表：表—08

2．工程量清单综合单价分析表：表—09

（五）措施项目清单表：

1．措施项目清单与计价表（一）：表—10

2．措施项目清单与计价表（二）：表—11

（六）其他项目清单表：

1．其他项目清单与计价汇总表：表—12

2．暂列金额明细表：表—12—1

3．材料暂估单价表：表—12—2

4．专业工程暂估价表：表—12—3

5．计日工表：表—12—4

6．总承包服务费计价表：表—12—5

7．索赔与现场签证计价汇总表：表—12—6

8．费用索赔申请（核准）表：表—12—7

9．现场签证表：表—12—8

（七）规费、税金项目清单与计价表：表—13

（八）工程款支付申请（核准）表：表—14

（九）计价表格使用规定

工程量清单计价格式的填写应符合下列规定：

1．工程量清单与计价宜采用统一格式。各省、自治区、直辖市建设行政主管部门和行业建设主管部门可根据本地区、本行业的实际情况，在《工程量清单计价规范》计价表格的基础上补充完善。

2．工程量清单的编制应符合下列规定：

（1）工程量清单编制使用表格包括：封—1、表—01、表—08、表—10、表—11、表—12（不含表—12—6～表—12—8）、表—13。

（2）封面应按规定的内容填写、签字、盖章,造价员编制的工程量清单应有负责审核的造价工程师签字、盖章。

（3）总说明应按下列内容填写:

1）工程概况:建设规模、工程特征、计划工期、施工现场实际情况、自然地理条件、环境保护要求等。

2）工程招标和分包范围。

3）工程量清单编制依据。

4）工程质量、材料、施工等的特殊要求。

5）其他需要说明的问题。

3. 招标控制价、投标报价、竣工结算的编制应符合下列规定:

（1）使用表格:

1）招标控制价使用表格包括:封—2、表—01、表—02、表—03、表—04、表—08、表—09、表—10、表—11、表—12（不含表—12—6～表—12—8）、表—13。

2）投标报价使用的表格包括:封—3、表—01、表—02、表—03、表—04、表—08、表—09、表—10、表—11、表—12（不含表—12—6～表—12—8）、表—13。

3）竣工结算使用的表格包括:封—4、表—01、表—05、表—06、表—07、表—08、表—09、表—10、表—11、表—12、表—13、表—14。

（2）封面应按规定的内容填写、签字、盖章,除承包人自行编制的投标报价和竣工结算外,受委托编制的招标控制价、投标报价、竣工结算若为造价员编制的,应有负责审核的造价工程师签字、盖章以及工程造价咨询人盖章。

（3）总说明应按下列内容填写:

1）工程概况:建设规模、工程特征、计划工期、合同工期、实际工期、施工现场及变化情况、施工组织设计的特点、自然地理条件、环境保护要求等。

2）编制依据等。

4. 投标人应按招标文件的要求,附工程量清单综合单价分析表。

5. 工程量清单与计价表中列明的所有需要填写的单价和合价,投标人均应填写,未填写的单价和合价,视为此项费用已包含在工程量清单的其他单价和合价中。

工程量清单计价表格见本书附录。

第四节　工程造价指数

工程造价指数是调整工程造价价差的依据,是反映一定时期由于价格变化对工程造价影响程度的一种指标。合理的工程造价指数,能够较好地反映工程造价的变动趋势和变化幅度,能正确反映建筑市场的供求关系和生产力发展水平。

工程造价指数反映了报告期与基期相比的价格变动,利用它来研究实际工作中的问题很有意义。利用工程造价指数分析价格变动趋势、估计工程造价变化对宏观经济的影响,是业主控制投资、投标人确定报价的重要依据。

一、工程造价指数的分类

（一）按造价资料期限长短分类

1. 时点造价指数。时点造价指数是不同时点（例如 2006 年 9 月 1 日对应于上一年同一

148

时点)价格对比计算的相对数。

2. 月指数。月指数是不同月份价格对比计算的相对数。

3. 季指数。季指数是不同季度价格对比计算的相对数。

4. 年指数。年指数是不同年度价格对比计算的相对数。

（二）按照工程范围、类别、用途分类

1. 单项价格指数

单项价格指数是分别反映各类工程的人工、材料、施工机械及主要设备报告期价格对基期价格的变化程度的指标。可利用它研究主要单项价格变化的情况及其发展变化的趋势。例如人工费价格指数、主要材料价格指数、施工机械台班价格指数、主要设备价格指数等。

2. 综合造价指数

综合造价指数是综合反映各类项目或单项工程人工费、材料费、施工机械使用费和设备费等报告期价格对基期价格变化而影响工程造价程度的指标，是研究造价总水平变动趋势和程度的主要依据。如建筑安装工程造价指数、建设项目或单项工程造价指数、建筑安装工程直接费造价指数、其他直接费及间接费造价指数、工程建设其他费用造价指数等。

（三）按不同基期分类

1. 定基指数。定基指数是指各时期价格与某固定时期的价格对比后编制的指数。

2. 环比指数（环基指数）。环比指数是指各时期价格都以其前一期价格为基础计算的造价指数。例如：与上月对比计算的指数，为月环比指数。

二、工程造价指数的编制

工程造价指数一般应按各主要构成要素（建筑安装工程造价，设备工器具购置费和工程建设其他费用）分别编制价格指数，然后经汇总得到工程造价指数。

（一）人工、机械台班、材料等要素价格指数的编制

人工、机械台班、材料等要素价格指数的编制是编制建筑安装工程造价指数的基础。其计算公式如下：

$$\text{材料（设备、人工、机械）价格指数} = P_n/P_0 \qquad (4.4\text{-}1)$$

式中　P_0——基期人工费、施工机械台班和材料、设备价格；

　　　P_n——报告期人工费、施工机械台班和材料、设备价格。

（二）建筑安装工程造价指数的编制

建筑安装工程造价指数是一种综合性极强的价格指数，可按照下列公式计算：

建筑安装工程造价指数 = $\sum$（人工费指数 × 基期人工费占建筑安装工程造价比例）+ $\sum$（单项材料价格指数 × 基期该单项材料费占建筑安装工程造价比例）+ $\sum$（单项施工机械台班指数 × 基期该单项机械费占建筑安装工程造价比例）+ 其他直接费指数 × 基期其他直接费占建筑安装工程造价比例 + 间接费用指数 × 间接费占建筑安装工程造价比例　(4.4-2)

（三）设备工器具和工程建设其他费用价格指数的编制

1. 设备工器具价格指数

设备工器具的种类、品种和规格很多，其指数一般可选择其中用量大、价格高、变动多的主要设备工器具的购置数量和单价进行登记，按照下面的公式进行计算：

$$\text{设备、工器具价格指数} = \frac{\sum(\text{报告期设备工器具单价} \times \text{报告期购置数量})}{\sum(\text{基期设备工器具单价} \times \text{报告期购置数量})} \quad (4.4-3)$$

2. 工程建设其他费用指数

工程建设其他费用指数可以按照每万元投资额中的其他费用支出定额计算,计算公式如下:

$$\text{工程建设其他费用指数} = \frac{\text{报告期每万元投资支出其他费用}}{\text{基期每万元投资支出其他费用}} \quad (4.4-4)$$

(四)建设项目或单项工程造价指数的编制

编制建设项目或单项工程造价指数的计算公式如下:

建设项目或单项工程造价指数 = 建筑安装工程造价指数 × 基期建筑安装工程费占总造价的比例 + $\sum$(单项设备价格指数 × 基期该项设备费占总造价的比例) + 工程建设其他费用指数 × 基期工程建设其他费用占总造价的比例 （4.4-5)

思考题

1. 确定工程造价的方法有哪几种? 比较这两种方法的不同点。
2. 建筑安装工程定额是怎样分类的?
3. 施工资源消耗量指标是怎样确定的?
4. 简述工人工作时间分析及劳动时间定额的确定。
5. 简述机械工作时间分析及机械时间定额的确定。
6. 材料预算价格的构成。
7. 工程量清单计价包括哪些内容?

第五章　项目投资决策阶段工程造价管理

学习目标

1. 了解投资决策阶段工程造价管理的内容及可行性研究报告的主要内容及其作用，了解财务评价的概念、工作程序及内容；
2. 熟悉决策阶段工程造价管理的主要内容及财务评价报表的编制；
3. 掌握投资估算的主要内容和编制方法，掌握财务评价指标的计算和评价标准。

学习重点

1. 固定资产投资和流动资金估算的编制方法；
2. 财务评价报表的编制和财务评价指标的计算。

项目投资决策是选择和决定投资行动方案的过程，是对拟建项目的必要性和可行性进行技术经济论证，对不同建设方案进行技术经济比较及做出判断和决定的过程。正确的项目投资行动来源于正确的项目投资决策，项目决策正确与否，直接关系到项目建设的成败，关系到工程造价的高低及投资效果的好坏，正确决策是合理确定与控制工程造价的前提。

工程造价的确定与控制贯穿于项目建设全过程，但决策阶段各项技术经济决策，对该项目的工程造价有重大影响，特别是建设标准水平的确定、建设地点的选择、工艺的评选、设备选用等，直接关系到工程造价的高低。据有关资料统计，在项目建设各大阶段中，投资决策阶段影响工程造价的程度最高，达到 80%~90%。因此，决策阶段是决定工程造价的基础阶段，直接影响着决策阶段之后的各个建设阶段工程造价的确定与控制是否科学、合理的问题。

项目投资决策阶段工程造价管理，要从整体上把握项目的投资，造价的控制包括选择资金的筹措方式、处理好各种影响因素对造价的作用，做好项目的经济评价和风险管理等内容。

第一节　建设项目可行性研究

一、可行性研究概述

（一）可行性研究的概念

建设项目的可行性研究是在投资决策前，对与拟建项目有关的社会、经济、技术等各方面进行深入细致的调查研究，对各种可能拟定的技术方案和建设方案进行认真的技术经济分析和比较论证，对项目建成后的经济效益进行科学的预测和评价。在此基础上，对拟建项目的技术先进性和适用性、经济合理性和有效性，以及建设必要性和可行性进行全面分析、系统论证、多方案比较和综合评价，由此得出该项目是否应该投资和如何投资等结论性意见，为项目投资决策提供可靠的科学依据。

可行性研究广泛应用于新建、改建和扩建项目。在项目投资决策之前,通过做好可行性研究,使项目的投资决策工作建立在科学性和可靠性的基础之上,从而实现投资决策科学化,减少和避免投资决策的失误,提高项目投资的经济效益。

（二）可行性研究的作用

在建设项目的整个寿命周期中,前期工作具有决定性意义,起着极端重要的作用。而作为建设项目投资前期工作的核心和重点的可行性研究工作,一经批准,在整个项目周期中,就会发挥极其重要的作用。具体体现在:

1. 作为建设项目投资决策的依据

由于可行性研究对与建设项目有关的各个方面都进行了调查研究和分析,并以大量数据论证了项目的先进性、合理性和经济性,以及其他方面的可行性,这是建设项目投资建设的首要环节,项目主管机关主要是根据项目可行性研究的评价结果,并结合国家的财政经济条件和国民经济发展的需要,作出此项目是否应该投资和如何进行投资的决定。

2. 作为编制初步设计文件的依据

初步设计是根据可行性研究对所要建设的项目规划出实际性的建设蓝图,即较详尽地规划出此项目的规模、产品方案、总体布置、工艺流程、设备选型、劳动定员、三废治理、建设工期、投资概算、技术经济指标等内容。并为下一步实施项目设计提出具体操作方案,初步设计不得违背可行性研究已经论证的原则。

3. 作为向银行贷款的依据

在可行性研究工作中,详细预测了项目的财务效益、经济效益及贷款偿还能力。世界银行等国际金融组织,均把可行性研究报告作为申请工程项目贷款的先决条件。我国的金融机构在审批建设项目贷款时,也都以可行性研究报告为依据。银行通过审查项目可行性研究报告,确认了项目的经济效益水平和偿还能力,并不承担过大风险时,才能同意贷款。这对合理利用资金,提高投资的经济效益具有积极作用。

4. 作为建设项目与各协作单位签订合同和有关协议的依据

在可行性研究工作中,对建设规模、主要生产流程及设备选型等都进行了充分的论证。建设单位在与有关协作单位签订原材料、燃料、动力、工程建筑、设备采购等方面的协议时,应以批准的可行性研究报告为基础,保证预定建设目标的实现。

5. 作为环保部门、地方政府和规划部门审批项目的依据

建设项目开工前,需地方政府批拨土地,规划部门审查项目建设是否符合城市规划,环保部门审查项目对环境的影响。这些审查都以可行性研究报告中总图布置、环境及生态保护方案等方面的论证为依据。因此,可行性研究报告为建设项目申请建设执照提供了依据。

6. 作为施工组织、工程进度安排及竣工验收的依据

可行性研究报告对以上工作都有明确的要求,所以可行性研究又是检验施工进度及工程质量的依据。

7. 作为项目后评估的依据

建设项目后评估是在项目建成运营一段时间后,评价项目实际运营效果是否达到预期目标。建设项目的预期目标是在可行性研究报告中确定的,因此,后评估应以可行性研究报告为依据,评价项目目标实现程度。

（三）可行性研究的目的

建设项目的可行性研究是项目进行投资决策和建设的基本先决条件和主要依据。可行性研究的目的在于：

1. 避免错误的项目投资决策

由于科学技术、经济和管理科学发展迅速，市场竞争激烈，客观要求在进行项目投资决策之前作出准确无误的判断，避免错误的项目投资。

2. 减少项目的风险

现代化的建设项目规模大、投资额巨大，如果轻易作出投资决策，一旦遭到风险，损失太大。为了避免这些损失，就要事先对项目所面临的各种可能的风险因素进行合理准确的判断，并采取积极的防控措施。

3. 避免项目方案多变

建设项目方案的可靠性、稳定性是非常重要的。因为项目方案的多变无疑会造成人力、物力、财力的巨大浪费和时间的延误，这将大大影响建设项目的经济效果。

4. 保证项目不超支、不延误

做到在估算的投资额范围以内和预定的建设期限以内使项目竣工交付使用。

5. 对项目因素的变化心中有数

对项目在建设过程中或项目竣工后，可能出现的有些相关因素的变化后果，做到心中有数。

6. 达到最佳的投资经济效果

投资者往往不满足于一定的资金利润率，要求在多个可能的投资方案中优选最佳方案，力争达到最好的经济效果。

（四）可行性研究的阶段

工程项目的整个经济寿命分为三个阶段：投资前阶段（可行性研究阶段）、投资阶段（设计、施工阶段）、生产阶段（设备运转、产品生产阶段）。可行性研究属于"投资前阶段"的工作。该阶段的工作又分为投资机会研究、初步可行性研究、详细可行性研究、评价和决策四个阶段。

1. 投资机会研究

投资机会研究又称为机会投资或机会鉴定。其主要任务是对投资项目提出建议，即在一个确定的地区或部门内根据自然资源、市场需求、国家经济政策、国际贸易情况，通过调查、预测研究，寻找最有利的投资机会，选择合适的建设项目。

机会研究的依据是国家政策的中、长期计划和发展规划。其主要内容是：地区情况、经济政策、资源条件、劳动力状况、社会条件、地理环境、国内外市场情况，以及工程项目建成后对社会的影响等。

机会研究大多指新地区或新项目，主要是研究项目的发展前途和发展机会。一般来说，机会研究受到政府的支持和鼓励，世界各国都有一系列保护投资者利益的经济政策。机会研究在深度上只是概略性的，对投资和生产成本，一般制作相当粗略笼统的估算，方法是依据现有同类企业的有关数据进行预估，不进行详细计算和分析。对于大中型项目的机会研究，所需时间一般为 1~2 个月。投资估算往往采用简单的方法，如套用相近规模的单位能力建设费等，精确度允许误差在 ±30% 以内。机会研究所需费用约占投资的 0.1%~1%。

机会研究的结果一旦引起投资者的兴趣，就应进行下一步的研究。

2. 初步可行性研究

初步可行性研究是在投资机会研究的基础上进行的，是对拟建项目的各个方面作更进一步的调查研究。其主要任务是进一步判断投资项目是否有前途,确定项目中的关键问题,对主要问题进行专题研究,如市场调查、技术考察、中间试验等,弄清在机会研究阶段提出的项目设想能否成立。初步可行性研究的主要方面是:

(1)拟建项目是否确有投资的吸引力;

(2)是否具有通过可行性研究在详细分析、研究后作出投资决策的可能;

(3)确定是否应该进行下一步的市场调查、各种试验辅助研究和详细的可行性研究等工作;

(4)是否值得进行工程、水文、地质勘察等代价高的下一步工作。

初步可行性研究与详细可行性研究内容大致相同,但在深度上与详细可行性研究比较,仍然是粗略的,对项目所需投资和生产费用的次要部分,仍可采用简便方法进行估算。在初步可行性研究中,如果认为某些部分对项目取舍具有决定性作用,则可以对这一部分进行独立的专题研究,有的叫辅助研究。这些辅助研究有市场销售研究、生产技术研究、专用设备研究、建设厂址研究、规模经济研究、经营管理研究等。辅助研究可以和初步可行性研究同时进行,也可以分别进行。辅助研究可以否定初步可行性研究,如果在详细可行性研究之后进行辅助研究,辅助研究还可以否定详细可行性研究。所以虽然名为辅助研究,实为关键性研究。初步可行性研究的深度比机会研究深,比详细可行性研究浅,投资估算精确度一般要求达到 ±20%,研究费用约占项目总投资的 0.25% ~1.5%,所需时间为 4~6 个月。

3. 详细可行性研究

详细可行性研究又称最终可行性研究,是投资前期研究的关键阶段。详细可行性研究是项目投资决策的基础,它是经过技术上的先进性、经济上的合理性和财务上的盈利性论证之后,对工程项目做出投资的结论。因此,它必须对市场、生产纲领、厂址、工艺过程、设备选型、土木建筑以及管理机构等各种可能的选择方案,进行深入的研究,才能寻得以最少的投入获取最大效益的方案。

这一阶段的内容比较详尽,所花费的时间和精力都比较大。而且本阶段还为下一步工程设计提供基础资料和决策依据。因此,在此阶段,建设投资和生产成本计算精度控制在 ±10% 以内;大型项目研究工作所花费的时间为 8~12 个月,所需费用约占投资总额的 0.2% ~1%;中小型项目研究工作所花费的时间为 4~6 个月,所需费用约占投资总额的 1% ~3%。

4. 项目评价和决策

项目评价是指可行性研究报告编制单位经过一系列的调查、研究和分析、论证之后,对拟建项目在前面所说的"必要性"、"合理性"、"盈利性"和"可靠性"等方面所进行的评价、分析工作。这项工作是可行性研究报告的一个重要组成部分,是可行性研究的最终结论,因而也是投资部门赖以进行投资决策的基础。

以上各个研究工作阶段的目的、任务、要求、费用和工作时间各不相同。一般来说,各阶段研究的内容由浅到深,项目投资和成本估算的精度要求由粗到细逐步提高,工作量由小到大,因而研究工作所需时间也逐渐增加。这种循序渐进的工作程序不但符合建设项目调查研究的客观规律,而且节省人力、时间和费用。因为在任何一个阶段只要得出"不可行"的结论,就可立即刹车,不再继续进行下一步研究;如认为可行再转入下一阶段的工作,这就可避免人力、物力和财力的浪费。可行性研究的工作阶段还可根据建设项目的规模、性质、要求和复杂程度的不同,进行适当调整和精简。如对于小规模和工艺技术成熟或不太复杂的工程项目,就可直接做可行性研究;对于已进行过初步可行性研究的项目,认为有把握就可据以作出投资决策。

可行性研究的步骤一般如图5-1所示。

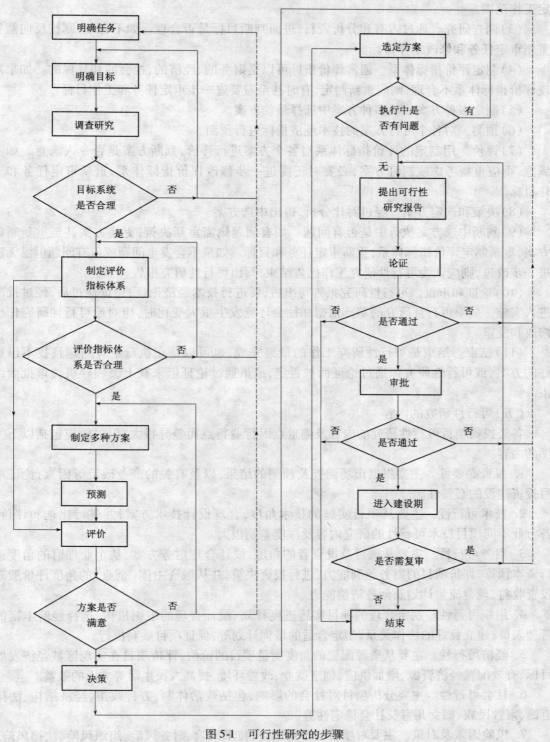

图 5-1 可行性研究的步骤

（1）明确任务。委托方应当把工程项目的目的、要求向研究者交代清楚。

（2）明确目标。在搞清任务内容的基础上，尽可能把任务分解为几个明确的工作目标，确定工作范围。

（3）调查研究。通过占有和分析资料，进而判断目标是否合理。如不合理，则按反向箭头重新审定任务和修改工作目标。

（4）制定评价指标体系。通常评价指标可以是财务的、经济的、社会的和环保的。如果发现评价指标体系不合理，则应重新制定，有时甚至需要进一步审定任务和工作目标。

（5）制定多种方案。从多种方案中选择最佳方案。

（6）预测。对各个可行方案的技术经济指标进行预测。

（7）评价。用制定的评价指标体系对各个方案进行评价，判断方案是否令人满意。如不满意，则应重新考虑或制订方案，必要时还需进一步修改评价指标体系，重新审定任务和工作目标。

（8）决策和选定方案。经过对比分析，得出中选方案。

（9）判断中选方案执行中是否有问题。如有问题则需重新决策，更换方案甚至重新制订方案，重新制定评价指标体系，重新审定任务和目标。如果不会发生问题或虽有问题但已无法进一步改进，则应认为可行性研究工作已告结束，写出可行性研究报告。

（10）论证和审批。可行性研究报告写出后，要进行技术经济论证；论证通过后，经过批准进入实施。如果可行性研究的基础依据和社会环境发生重大变化时，应对原可行性研究作出修改和复审。

（11）结束。结束是可行性研究工作的最终完成，也可以是在执行中有问题且找不出更好的方案，或可行性研究未通过论证而被否定，或虽通过论证但未获上级领导机关审批而结束。

（五）可行性研究的内容

各类投资项目可行性研究的内容及侧重点因行业特点而差异很大，但一般应包括以下方面的内容：

1. 投资必要性。主要根据市场调查及预测的结果，以及有关的产业政策等因素，论证项目投资建设的必要性。

2. 技术可行性。主要从项目实施的技术角度，合理设计技术方案，并进行比选和评价。各行业不同项目技术可行性的研究内容及深度差别很大。

3. 财务可行性。主要从项目及投资者的角度，设计合理财务方案，从企业理财的角度进行资本预算，评价项目的财务盈利能力，进行投资决策，并从融资主体（企业）的角度评价股东投资收益、现金流量计划及债务清偿能力。

4. 组织可行性。制定合理的项目实施进度计划、设计合理的组织机构、选择经验丰富的管理人员、建立良好的协作关系、制定合适的培训计划等，保证项目顺利执行。

5. 经济可行性。主要从资源配置的角度衡量项目的价值，评价项目在实现区域经济发展目标、有效配置经济资源、增加供应、创造就业、改善环境、提高人民生活等方面的效益。

6. 社会可行性。主要分析项目对社会的影响，包括政治体制、方针政策、经济结构、法律道德、宗教民族、妇女儿童及社会稳定性等。

7. 风险因素及对策。主要对项目的市场风险、技术风险、财务风险、组织风险、法律风险、经济及社会风险等风险因素进行评价,制定规避风险的对策,为项目全过程的风险管理提供依据。

上述可行性研究的内容,适应于不同行业各种类型的投资项目。我国目前还缺乏对各类投资项目可行性研究的内容及深度进行统一规范的方法,目前各地区、各部门制定的各种可行性研究的规定,基本上都是根据工业项目可行性研究的内容为主线制定的,并且基本上是按照联合国工发组织的《工业项目可行性研究报告编制手册》为蓝本来编写的。一般工业项目的可行性研究报告具有以下主要内容:

(1)总论

总论分为四部分,包括项目提出的背景、投资者概况、项目概况、可行性研究报告编制依据和内容。

项目提出的背景是指项目是在什么背景下提出的,包括宏观和微观两个方面,也就是说项目实施的目的。项目提出的依据是指项目依据哪些文件而成立的,一般包括项目建议书的批复、选址意见书及其他有关各级政府、政府职能部门、主管部门、投资者的批复文件和协议(或意向)等。以考察该项目是否符合规定的投资决策程序。

投资者概况包括投资者的名称、法定地址、法定代表人、注册资本、资产和负债情况、经营范围和经营概况(近几年的收入、成本、利税等),建设和管理拟建项目的经验,以考察投资者是否具备实施拟建项目的经济技术实力。

项目概况包括项目的名称、性质、地址、法人代表、占地面积、建筑面积、覆盖率、容积率、建设内容、投资和收益情况等,以使有关部门和人员对拟建项目有一个充分的了解。

编制依据是指可行性研究报告是依据哪些方法、文件和其他信息资料编制的,一般包括有关部门颁布的关于可行性研究的内容和方法的规定、条例;关于技术标准和投资估算方法的规定;投资者已经进行的前期工作和办理的各种手续;市场调查研究资料;投资者提供的其他有关信息资料等。

研究内容是指可行性研究从哪几个方面进行研究,一般来讲,可行性研究从市场、资源、技术、经济和社会等五大方面进行。具体地讲,包括建设必要性分析、市场研究、生产规模的确定,建设和生产条件分析、技术分析、投资估算和资金筹措、财务数据估算、财务效益分析、不确定性分析、国民经济评价、社会评价、结论与建议等。

(2)需求预测和拟建规模

主要包括:调查国内外市场近期需求状况,并对未来趋势进行预测,对国内现有工厂生产能力进行调查估计,进行产品销售预测、价格分析,判断产品的市场竞争能力及进入国际市场的前景;确定拟建项目的规模,对产品方案和发展方向进行技术经济论证比较。在建筑方面,应坚持适用、经济、安全、朴实的原则。

(3)资源、原材料、燃料和公用设施情况

包括原料、辅助材料和燃料的种类、数量、来源及供应可能;所需公用设施的数量、供应方式和供应条件。

(4)建厂条件和厂址选择

包括建厂的地理位置、气象、水文、地质地形条件和社会经济现状,交通、运输及水电气的现状和发展趋势,以及厂址比较与选择意见、厂址选择时的费用分析。对厂址选择进行多方案的技术经济分析和比选,提出选择意见。

（5）项目设计方案

设计方案是可行性研究的重要组成部分。主要研究项目应采用的生产方法、工艺和工艺流程、重要设备及其相应的总平面布置、主要车间组成及建筑物结构形式等技术方案。并在此基础上，估算土建工程量和其他工程量。在这一部分中，除文字叙述外，还应将一些重要数据和指标列表说明，并绘制总平面布置图、工艺流程示意图等。

（6）环境保护与劳动安全

在项目建设中，必须贯彻执行国家有关环境保护和职业安全卫生方面的法规、法律，对项目可能对环境造成的近期和远期影响，对影响劳动者健康和安全的因素，都要在可行性研究阶段进行分析，提出防治措施，并对其进行评价，推荐技术可行、经济、布局合理、对环境的有害影响较小的最佳方案。

对项目建设地区的环境状况进行调查，分析拟建项目"三废"（废气、废水、废渣）的种类、成分和数量，并预测其对环境的影响；提出治理方案的选择和回收利用情况，对环境影响进行评价；提出劳动保护、安全生产、城市规划、防震、防洪、防空、文物保护等要求以及采取相应的措施方案。

（7）企业组织和劳动定员

企业组织机构包括生产系统、管理系统和生活服务系统的划分，其设置主要取决于项目设计方案和企业生产规模（产品范围和产量、车间多少、职工人数等）。

企业组织机构设置要符合现代化大生产管理的要求，保证多个部门、多个环节以及全体成员之间能协调一致地配合，以完成企业的生产经营目标。

企业组织包括企业组织形式和企业工作制度；劳动定员包括工作岗位的划分、人员培训和费用的估算等内容。

（8）项目实施进度安排

项目实施时期的进度安排也是可行性研究报告的一个重要组成部分。所谓项目实施时期可称为投资时期，是指从正式确定建设项目（批准可行性研究报告）到项目达到正常生产这段时间，这一时期包括项目实施准备、资金筹集安排、勘察设计和设备订货、施工准备、施工和生产准备、试运转直到竣工验收和交付使用等各个工作阶段。这些阶段的各项投资活动和各个工作环节，有些是相互影响，前后紧密衔接的；也有些是同时开展、相互交叉进行的。因此，在可行性研究阶段，需将项目实施时期各个阶段的各个工作环节进行统一规划、综合平衡，做出合理而又切实可行的安排。

（9）投资估算与资金筹措

建设项目的投资估算和资金筹措分析，是项目可行性研究内容的重要组成部分，要计算项目所需要的投资总额，分析投资的筹措方式，并制定用款计划。投资估算包括项目总投资估算，主体工程及辅助、配套工程的估算，以及流动资金的估算；资金筹措应说明资金来源、筹措方式、各种资金来源所占的比例、资金成本及贷款的偿付方式。

（10）项目经济评价

在建设项目的技术路线确定以后，必须对不同的方案进行财务、经济效益评价，判断项目在经济上是否可行，并比选推荐出优秀的建设方案。本章的评价结论是建设方案取舍的主要依据之一，也是对建设项目进行投资决策的重要依据。

（11）可行性研究结论与建议

根据前面各节的研究分析结果,对项目在技术上、经济上进行全面的评价,对建设方案进行总结,提出结论性意见和建议。主要内容有:

①对推荐的拟建方案建设条件、产品方案、工艺技术、经济效益、社会效益、环境影响的结论性意见;

②对主要的对比方案进行说明;

③对可行性研究中尚未解决的主要问题提出解决办法和建议;

④对应修改的主要问题进行说明,提出修改意见;

⑤对不可行的项目,提出不可行的主要问题及处理意见;

⑥可行性研究中主要争议问题的结论。

除以上内容外,还应有可行性研究报告附件。凡属于项目可行性研究范围,但在研究报告以外单独成册的文件,均需列为可行性研究报告的附件,所列附件应注明名称、日期、编号。

二、可行性研究报告的编制

(一)可行性研究报告的编制步骤

可行性研究报告是投资项目可行性研究工作成果的体现,是投资者进行项目最终决策的重要依据。为保证其质量,应切实做好编制前的准备工作,占有充分信息资料,进行科学分析比选论证,做到编制依据可靠、结构内容完整、文本格式规范、附图附表附件齐全,报告表述形式尽可能数字化、图表化,报告深度能满足投资决策和编制项目初步设计的需要。

1. 签订委托协议

可行性研究报告编制单位与委托单位,就项目可行性研究报告编制工作的范围、重点、深度要求、完成时间、费用预算和质量要求交换意见,并签订委托协议,据以开展可行性研究各阶段的工作。

2. 组建工作小组

根据委托项目可行性研究的工作量、内容、范围、技术难度、时间要求等组建项目可行性研究工作小组。一般工业项目和交通运输项目可分为市场组、工艺技术组、设备组、工程组、总图运输及公用工程组、环保组、技术经济组等专业组。为使各专业组协调工作,保证可行性研究报告总体质量,一般应由总工程师、总经济师负责统筹协调。

3. 制定工作计划

内容包括工作的范围、重点、深度、进度安排、人员配置、费用预算及报告编制大纲,并与委托单位交换意见。

4. 调查研究收集资料

各专业组根据报告编制大纲进行实地调查,收集整理有关资料,包括向市场和社会调查,向行业主管部门调查,向项目所在地区调查,向项目涉及的有关企业、单位调查,收集项目建设、生产运营等各方面所必需的信息资料和数据。

5. 方案编制与优化

在调查研究收集资料的基础上,对项目的建设规模与产品方案、场址方案、技术方案、设备方案、工程方案、原材料供应方案、总图布置与运输方案、公用工程与辅助工程方案、环境保护方案、组织机构设置方案、实施进度方案以及项目投资与资金筹措方案等,研究编制备选方案。进行方案论证比选优化后,提出推荐方案。

6. 项目评价

对推荐方案进行环境评价、财务评价、国民经济评价、社会评价及风险分析,以判别项目的环境可行性、经济可行性、社会可行性和抗风险能力。当有关评价指标结论不足以支持项目方案成立时,应对原设计方案进行调整或重新设计。

7. 编写可行性研究报告

项目可行性研究各专业方案,经过技术经济论证和优化之后,由各专业组分工编写。经项目负责人衔接综合汇总,提出报告初稿。

8. 与委托单位交换意见

报告初稿形成后,与委托单位交换意见,修改完善,形成正式可行性研究报告。

(二)可行性研究报告的编制依据

对建设项目进行可行性研究,编制可行性研究报告的主要依据有:

1. 国民经济发展的长远规划、国家经济建设的方针、任务和技术经济政策。按照国民经济发展的长远规划和国家经济建设方针确定的基本建设的投资方向和规模,提出需要进行可行性研究的项目建议书。

2. 项目建议书和委托单位的要求

项目建议书是做各项准备工作和进行可行性研究的重要依据,只有在项目建议书经上级主管部门和国家计划部门审查同意,并经汇总平衡纳入建设前期工作计划后,方可进行可行性研究的各项工作。建设单位在委托可行性研究任务时,应向承担可行性研究工作的单位,提出建设项目的目标和其他要求,以及说明有关市场、原材料、资金来源等。

3. 有关的基础资料

进行厂址选择、工程设计、技术经济分析需要可靠的地理、气象、地质等自然和经济、社会等基础资料和数据。

4. 有关的技术经济方面的规范、标准、定额等指标

承担可行性研究的单位必须具备这些资料,因为这些资料都是进行项目设计和技术经济评价的基本依据。

5. 经国家统一颁布的有关项目评价的基本参数和指标

例如,基准收益率、社会折现率、外汇率、价格水平等,这些参数和指标都是进行项目经济评价的基准和依据。

(三)可行性研究报告的编制要求

1. 确保可行性研究报告的真实性和科学性

可行性研究是一项技术性、经济性、政策性很强的工作,可行性研究报告是投资者进行项目最终决策的重要依据,其质量如何影响重大。编制单位必须保持独立性和站在公正的立场,遵照事物的客观经济规律和科学研究工作的客观规律办事,在调查研究的基础上,按客观实际情况实事求是的进行技术经济论证、技术方案比较和评价,为保证可行性研究报告的质量,应切实做好编制前的准备工作,占有大量的、准确的、可用的信息资料,进行科学的分析比选论证。

2. 编制单位必须具备承担可行性研究的条件

建设项目可行性研究报告的内容涉及面广,还有一定的深度要求。因此,需要由具备一定的技术力量、技术装备、技术手段和相当实践经验等条件的工程咨询公司、设计院等专门单位来承担。参加可行性研究的成员应由工业经济专家、市场分析专家、工程技术人员、机械工程

师、土木工程师、企业管理人员、财务人员等组成,必要时可聘请地质、土壤等方面的专家短期协助工作。

3. 可行性研究的内容和深度及计算指标必须达到标准要求

不同行业、不同性质、不同特点的建设项目,其可行性研究的内容和深度及计算指标可以各有侧重和区别,但其基本内容要完整、文件要齐全、结论要明确、数据要准确、论据要充分,必须满足作为项目投资决策和进行设计的要求。

4. 可行性研究报告必须经签证与审批

可行性研究报告编制完成后,应由编制单位的行政、技术、经济方面的负责人签字,并对研究报告质量负责。另外,还需上报主管部门审批。通常大中型项目的可行性研究报告,由各主管部门、各省、市、自治区或全国性专业公司负责预审,报国家计委审批,或由国家计委委托有关单位审批。小型项目的可行性研究报告,按隶属关系由各主管部、各省、市、自治区审批。重大和特殊建设项目的可行性研究报告,由国家计委会同有关部门预审,报国务院审批。

(四)可行性研究报告信息资料采集与应用

编制可行性研究报告应有大量的、准确的、可用的信息资料作为支持。一般工业项目在可行性研究工作中,应逐步收集积累整理分析:市场分析资料、自然资源条件资料、原材料燃料供应资料、工艺技术资料、场(厂)址条件资料、环境条件资料、财政税收资料、金融贸易资料等方面的信息资料,并用科学的方法对占有资料进行整理加工。信息资料收集与应用一般应达到如下要求:

1. 充足性要求。占有的信息资料的广度和数量,应满足各方案设计比选论证的需要。

2. 可靠性要求。对占有信息资料的来源和真伪进行辨识,以保证可行性研究报告准确可靠。

3. 时效性要求。应对占有的信息资料发布的时间、时段进行辨识,以保证可行性研究报告,特别是有关预测结论的时效性。

第二节　建设项目投资估算

一、投资估算概述

(一)投资估算的概念与作用

1. 投资估算的概念

投资估算,是指在项目投资决策过程中,依据现有的资料(如估算指标)和特定的方法,对项目的投资数额进行的估计。

2. 投资估算的作用

投资估算是经济评价的基础,经济评价是可行性研究的核心,因此投资估算的正确与否直接影响可行性研究的结果,决定可行性研究的工作质量。投资估算的主要作用如下:

(1)项目可行性研究阶段的投资估算,是项目投资决策的重要依据。

(2)项目建议书阶段的投资估算,是项目主管部门审批项目建议书的依据之一;当可行性研究报告被批准之后,其投资估算额就是作为设计任务书中下达的投资限额,即作为建设项目投资的最高限额,不得随意突破。

(3)项目投资估算对工程设计概算起控制作用,设计概算不得突破批准的投资估算额,即投资估算是实行工程限额设计的依据。

（4）项目投资估算也是项目资金筹措及制订建设贷款计划的依据。

（二）我国工程建设投资估算的阶段划分与精度要求

投资决策过程一般分为规划阶段、项目建议书阶段、可行性研究阶段、评审阶段、设计任务书阶段，因此投资估算工作也相应分为五个阶段。由于投资估算是在设计前期编制的，不同阶段所具备的条件和掌握的资料不同，因而投资估算的准确程度不同，只能是粗线条的，所以每个阶段投资估算所起的作用也不同。但是，随着阶段的不断发展，调查研究的不断深入，掌握的资料也越来越丰富，投资估算是逐步提高和准确的，所起的作用也越来越重要。做好这项工作的关键在于掌握较全面的资料和具有较丰富的编制概算、预算工作经验。我国项目投资估算的阶段划分、精度要求及其作用见表 5-1。

表 5-1　投资估算阶段划分、精度与作用

投资估算阶段划分	估算误差率	估算的主要作用
规划阶段的投资估算	≥ ±30%	（1）说明有关的各项目之间的相互关系； （2）作为否定一个项目或决定是否继续进行研究的依据之一
项目建议书阶段的投资估算	±30% 以内	（1）从经济上判断项目是否应列入投资计划； （2）作为领导部门审批项目建议书的依据之一； （3）可否定一个项目，但不能完全肯定一个项目是否真正可行
可行性研究阶段的投资估算	±20% 以内	可对项目是否真正可行作出初步的决定
评审阶段的投资估算	±10% 以内	（1）可作为对可行性研究结果进行最后评价的依据； （2）可作为对建设项目是否真正可行进行最后决定的依据
设计任务书阶段的投资估算	±10% 以内	（1）作为编制投资计划，进行资金筹措及申请贷款的主要依据； （2）作为控制初步设计概算和整个工程造价的最高限额

影响项目投资估算准确性的因素主要有：

1. 项目投资估算所需要的信息资料的可靠程度。信息资料的可靠与否，直接影响了投资估算的准确性及精确程度。

2. 项目本身的内容和复杂程度。如拟建项目本身比较复杂，内容很多时，在估算项目所需投资额时，就容易发生漏项和重复计算的事情。

3. 项目所在地的自然条件。如建设场地条件、工程地质、水文地质、地震烈度等情况和有关数据的可靠性。

4. 项目所在地的建筑材料供应情况、价格水平、施工协作条件等。

5. 项目的建设工期和有关建筑材料、设备价格的浮动幅度等。

6. 项目所在地的城市基础设施情况。

7. 项目设计深度和详细程度。

8. 项目投资估算人员的经验和水平等。

（三）投资估算的内容

从费用构成来看，其估算内容包括项目从筹建、施工直至竣工投产所需的全部费用。建设项目的投资估算包括固定资产投资估算和流动资金估算两部分。其中固定资产投资参见本书第二章。

流动资金是指生产经营性项目投产后,用于购买原材料、燃料、支付工资及其他经营费用等所需的周转资金。它是伴随着固定资产投资而发生的长期占用的流动资产投资,其值等于项目投产运营后所需全部流动资产扣除流动负债后的余额。

（四）投资估算的依据、要求与步骤

1. 投资估算的依据

（1）项目建议书,建设规模,产品方案;工程项目一览表。

（2）设计方案,图纸及主要设备材料表。

（3）单位生产能力的投资估算指标或技术经济指标。

（4）单项工程投资估算指标或技术经济指标。

（5）单位工程投资估算指标或技术经济指标。

（6）设计参数(指标)。

（7）概算定额和概算指标及预算定额。

（8）当地材料、设备价格及市场价格。

（9）当地取费标准。

（10）当地历年、历季调价系数及材料价差。

（11）现场情况。如地形位置、地质条件、三通一平条件等。

2. 投资估算的要求

（1）工程内容和费用构成齐全,计算合理,不重复计算,不提高或者降低估算标准,不漏项、不少算。

（2）选用指标与具体工程之间存在标准或者条件差异时,应进行必要的换算或调整。

（3）投资估算精度应能满足控制初步设计概算要求。

3. 投资估算的步骤

（1）分别估算各单项工程所需的建筑工程费、设备及工器具购置费、安装工程费。

（2）在汇总各单项工程费用基础上,估算工程建设其他费用和基本预备费,得出项目的静态投资部分。

（3）估算涨价预备费和建设期利息,得出项目的动态投资部分。

（4）估算流动资金。

二、固定资产投资估算方法

建设项目投资估算的编制方法较多,有些方法适用于整个项目的投资估算,有些适用于一套生产设备的投资估算,有些适用于单个项目的投资估算,而不同的方法其精确度也有所不同。为了提高投资估算的科学性和准确性,应按建设项目的性质、内容、范围、技术资料和数据的具体情况,有针对性的选用较为适宜的方法。

（一）静态投资部分的估算

1. 资金周转率法

这种方法是用资金周转率来推测投资额的一种简单方法。计算公式如下:

资金周转率 = 年销售额/总投资 = 产品的年销售量×产品单价/总投资

拟建项目总投资额 = 产品的年产量×产品单价/资金周转率 　　　　　(5.2-1)

这种方法比较简便,计算速度快,但精确度较低,适用于规划阶段或项目建议书阶段的投资估算。

2. 单位生产能力估算法

依据调查的统计资料,利用相近规模的单位生产能力投资乘以建设规模,即得拟建项目投资。其计算公式为:

$$C_2 = \left(\frac{C_1}{Q_1}\right) \times Q_2 \times f \tag{5.2-2}$$

式中　C_1——已建类似项目的投资额;

　　　C_2——拟建项目投资额;

　　　Q_1——已建类似项目的生产能力;

　　　Q_2——拟建项目的生产能力;

　　　f——不同时期、不同地点的定额、单价、费用变更等的综合调整系数。

这种方法把项目的建设投资与其生产能力的关系视为简单的线性关系,估算结果精确度较差。使用这种方法时要注意拟建项目的生产能力和类似项目的可比性,否则误差很大。由于在实际工作中不易找到与拟建项目完全类似的项目,通常是把项目按其下属的车间、设施和装置进行分解,分别套用类似车间、设施和装置的单位生产能力投资指标计算,然后加总求得项目总投资。或根据拟建项目的规模和建设条件,将投资进行适当调整后估算项目的投资额。这种方法主要用于新建项目或装置的估算,十分简便迅速,但要求估价人员掌握足够的典型工程的历史数据,而且这些数据均应与单位生产能力的造价有关,方可应用。而且必须是新建装置与所选取装置的历史资料相类似,仅存在规模大小和时间上的差异。

例如,新建一幢 300 间客房的中等旅馆,其已建类似工程的技术经济指标为 15 万元/间,则其全部投资约为:

$$C_2 = 15 \times 300 = 4500(万元)$$

3. 生产能力指数法

生产能力指数法亦称 0.6 指数法,采用这种方法是根据已建成的、性质类似的建设项目或生产装置的投资额估算同类而不同生产规模的项目投资额或生产装置投资额。其计算公式为:

$$C_2 = C_1(Q_2/Q_1)^n \times f \tag{5.2-3}$$

式中　n——生产能力指数($0 \leqslant n \leqslant 1$)。

若已建类似项目或装置的规模和拟建项目或装置的规模相差不大,生产规模比值在 0.5~2 之间,则指数 n 的取值近似为 1;若已建类似项目或装置与拟建项目或装置的规模相差不大于 50 倍,且拟建项目规模的扩大仅靠增大设备规模来达到时,则 n 取值约在 0.6~0.7 之间;若是靠增加相同规格设备的数量达到时,n 的取值约在 0.8~0.9 之间。

采用这种方法计算简单、速度快,但要求类似工程的资料可靠,条件与拟建项目基本相同,否则误差就会增大。

例如,已知建设日产 100t 尿素化肥装置的投资额为 150 万元,试估算建设日产 250t 尿素化肥装置的投资额(取生产能力指数 $n = 0.6, f = 1$)。

解:$C_2 = C_1(Q_2/Q_1)^n \times f = 150(250/100)^{0.6} \times 1 = 150 \times 1.72 = 260(万元)$

4. 比例估算法

比例估算法按不同的基数,又可分为两种方法。

(1)以拟建项目或装置的设备费用为基数,根据已建成的同类项目或装置的建筑安装费和其他工程费用等占设备价值的百分比,求出相应的建筑安装费及其他工程费用等,再加上拟建项目的其他有关费用,其总和即为项目或装置的投资。计算公式如下:

$$C = E \times (1 + f_1 p_1 + f_2 p_2 + f_3 p_3 + \cdots) + I \qquad (5.2\text{-}4)$$

式中 C——拟建项目或装置的投资额;

E——根据拟建项目或装置的设备清单按当时、当地价格计算的设备费(包括运杂费)的总和;

p_1、p_2、p_3——已建项目中建筑、安装及其他工程费用等占设备费用的百分比;

f_1、f_2、f_3——由于时间因素引起的定额、价格、费用标准等变化的综合调整系数;

I——拟建项目的其他费用。

(2)以拟建项目中的最主要、投资比重较大并与生产能力直接相关的工艺设备的投资(包括运杂费及安装费)为基数,根据同类型的已建项目的有关统计资料,计算出拟建项目的各专业工程(总图、土建、暖通、给排水、管道、电气及电信、自控及其他工程费用等)占工艺设备投资的百分比,据以求出各专业的投资,然后把各部分投资费用相加求和,再加上工程其他有关费用,即为项目的总费用。其计算公式为:

$$C = E \times (1 + f_1 p_1 + f_2 p_2 + f_3 p_3 + \cdots) + I \qquad (5.2\text{-}5)$$

式中 p_1, p_2, p_3——各专业工程费用占工艺设备费用的百分比。其他符号意义同上。

5. 朗格系数法

这种方法是以设备费为基数,乘以适当系数来推算项目的建设费用,其计算公式为:

$$D = (1 + \sum K_i) \times K_c \times C \qquad (5.2\text{-}6)$$

式中 D——总建设费用;

C——主要设备费用;

K_i——管线、仪表、建筑物等直接费用的估算系数;

K_c——包括工程费、合同费、应急费等间接费在内的总估算系数。

总建设费用与设备费用的比值为朗格系数 K,即:

$$K = \frac{D}{C} = (1 + \sum K_i) \times K_c \qquad (5.2\text{-}7)$$

这种方法比较简单,但没有考虑规格、材质的差异,因此精确度不高。

6. 指标估算法

此法适用于估算每一单位工程的投资。这种方法是把建设项目划分为建筑工程、设备安装工程、设备购置费及其他基本建设费等费用项目或单位工程,再根据各种具体的投资估算指标,进行各项费用项目或单位工程投资的估算,在此基础上,可汇总成每一单项工程的投资。另外,再估算工程建设其他费用及预备费,即求得建设项目总投资。如土建工程、给排水工程、采暖工程、照明工程系按建筑面积平方米为单位;变配电设备安装工程按设备容量以千伏安为单位;锅炉设备安装以每吨时蒸汽量为单位等。根据每一单位工程的造价指标,乘以所需的面积或容量,即为该单位工程的投资。

在使用此法时必须注意:

(1)套用的指标与拟建工程的标准和条件如有差异,应加以局部换算或调整。如土建工程中的地面、屋面、门窗、粉刷等。

(2)主要指标资料的年度、地区之间的差别,包括定额、取费标准、材料价格、地震区、不同地耐力等。

指标估算法简便易行,但由于项目相关数据的确定性较差,投资估算的精度较低。

(二)动态投资部分的估算

动态投资部分主要包括价格变动可能增加的投资额、建设期利息两部分内容,如果是涉外项目,还应该计算汇率的影响。动态投资的估算应以基准年静态投资的资金使用计划额为基础来计算,而不是以编制的年静态投资为基础计算。

1. 涨价预备费

涨价预备费估算的计算公式及计算例题参见本书第二章第五节的相关内容。

2. 建设期贷款利息

建设期货款利息的计算公式及计算例题参见本书第二章第五节的相关知识。

3. 汇率变化对涉外建设项目动态投资的影响及其计算方法

汇率是两种不同货币之间的兑换比率,汇率的变化意味着一种货币相对于另一种货币的升值或贬值。汇率变化会对涉外项目的投资额产生影响。

(1)外币对人民币升值。项目从国外市场购买设备材料所支付的外币金额不变,但换算成人民币的金额增加;从国外借款,本息所支付的外币金额不变,但换算成人民币的金额增加。

(2)外币对人民币贬值。项目从国外市场购买设备材料所支付的外币金额不变,但换算成人民币的金额减少;从国外借款,本息所支付的外币金额不变,但换算成人民币的金额减少。

估计汇率变化对建设项目投资的影响大小,是通过预测汇率在项目建设期内的变动程度,以估算年份的投资额为基数计算求得。

三、流动资金的估算

流动资金是保证生产性建设项目投产后,能正常生产经营所需要的最基本的周转资金数额。流动资金估算可以采用两种方法:一种是扩大指标估算法,适用于项目建议书的编制;再一种是分项详细估算法,适用于可行性研究的编制。

(一)分项详细估算法

分项详细估算法是根据流动资金在生产过程中的周转额与周转速度之间的关系,对构成流动资金的各项流动资产和流动负债分别进行估算。在可行性研究中,为简化计算,仅对存货、现金、应收账款和应付账款四项内容进行估算,计算公式为:

$$流动资金 = 流动资产 - 流动负债$$
$$流动资产 = 应收账款 + 存货 + 现金$$
$$流动负债 = 应付账款 \tag{5.2-8}$$

估算的具体步骤,首先计算各类流动资产和流动负债的年周转次数,然后再分项估算占用资金额。

1. 周转次数计算。周转次数是指流动资金的各个构成项目在一年内完成多少个生产过程。周转次数等于360天除以最低周转天数。存货、现金、应收账款和应付账款的最低周转天数,可参照同类企业的平均周转天数并结合项目特点确定。又因为周转次数 = 周转额/各项流动资金平均占用额。如果周转次数已知,则各项流动资金平均占用额 = 周转额/周转次数。

2. 应收账款估算。应收账款的周转额应为全年赊销销售收入。在可行性研究时,用销售收入代替赊销收入。计算公式为:

$$应收账款 = 年销售收入/应收账款周转次数 \qquad (5.2\text{-}9)$$

3. 存货估算。为简化计算,仅考虑外购原材料、外购燃料、在产品和产成品,并分项进行计算。计算公式为:

$$存货 = 外购原材料 + 外购燃料 + 在产品 + 产成品 \qquad (5.2\text{-}10)$$

$$外购原材料占用资金 = 年外购原材料总成本/原材料周转次数 \qquad (5.2\text{-}11)$$

$$外购燃料 = 年外购燃料/按种类分项周转次数 \qquad (5.2\text{-}12)$$

$$在产品 = \frac{年外购原材料、燃料 + 年工资及福利费 + 年修理费 + 年其他制造费}{在产品周转次数}$$
$$(5.2\text{-}13)$$

$$产成品 = 年经营成本/产成品周转次数 \qquad (5.2\text{-}14)$$

4. 现金需要量估算。项目流动资金中的现金是指货币资金,即企业生产运营活动中停留于货币形态的那部分资金,包括企业库存现金和银行存款。计算公式为:

$$现金需要量 = (年工资及福利费 + 年其他费用)/现金周转次数 \qquad (5.2\text{-}15)$$

年其他费用 = 制造费用 + 管理费用 + 销售费用 - (以上三项费用中所含的工资及福利费、折旧费、维简费、摊销费、修理费) \qquad (5.2-16)

5. 流动负债估算。流动负债是指在一年或者超过一年的一个营业周期内,需要偿还的各种债务。在可行性研究中,流动负债的估算只考虑应付账款一项。计算公式为:

$$应付账款 = (年外购原材料 + 年外购燃料)/应付账款周转次数 \qquad (5.2\text{-}17)$$

(二)扩大指标估算法

这是一种简单估算法,它是采用相对固定的扩大指标定额(如流动资金占某种费用基数的比率)来估算流动资金,就是根据现有同类企业的实际资料,求得各种流动资金率指标,亦可依据行业或部门给定的参考值或经验确定比率。将各类流动资金率乘以相对应的费用基数(如销售收入、产值、产量、经营成本、总成本费用和固定资产投资等),即可估算出建设项目流动资金需要量。这种扩大指标估算法简便易行,主要适用于项目初选立项阶段所需的项目建议书的编制与评估。

其计算公式为:

$$流动资金 = 固定资产总投资 \times 流动资金占固定资产总投资比例 \qquad (5.2\text{-}18)$$

第三节　建设项目财务评价

一、财务评价概述

（一）财务评价的概念

财务评价是根据国家现行财税制度和价格体系，分析、计算项目直接发生的财务效益和费用，编制财务报表，计算评价指标，考察项目的盈利能力、清偿能力及外汇平衡等财务状况，据以判断项目的财务可行性的方法。

建设项目的财务评价，又称为微观经济效果评价，是从项目本身的角度对其进行财务分析与评价，衡量项目的内部效果，即只计算项目本身的直接效益和直接费用。一般来说，财务评价就是考虑建设项目财务上的收入和支出，孤立的计算出这个项目投入的资金所能带来的利润，从该项目的自身收入来衡量其是否可取，并为项目的投资规划和项目的经济评价提供依据。

财务评价多用静态分析与动态分析相结合，以动态为主的办法进行，并用财务评价指标分别和相应的基准参数——基准收益率、行业平均投资回收期、平均投资利润率、投资利税率等相比较，以判断项目在财务上的可行性。

（二）财务评价的工作程序

项目财务评价是在项目市场研究和技术研究等工作的基础上进行的，项目在财务上的生存能力取决于项目的财务效益和费用的大小及项目在时间上的分布情况。其基本工作程序如下所述：

1. 收集、整理和计算基础数据资料，包括项目投入物和产出物的数量、质量、价格及项目实施进度的安排等。如投资费用、贷款的数额、产品的销售收入、生产成本、税金等。

2. 运用基础数据编制基本财务报表。由上述财务预测数据及辅助报表，分别编制反映项目财务盈利能力、清偿能力及外汇平衡情况的财务报表。

3. 通过基本财务报表计算各项评价指标。根据基本财务报表计算各项财务评价指标，并分别与对应的评价标准或基准值进行对比，对项目的盈利能力、清偿能力及外汇平衡能力等各项财务状况作出评价，得出结论。

4. 进行不确定性分析和风险分析。通过盈亏平衡分析、敏感性分析、概率分析等不确定性分析方法，分析项目可能面临的风险及项目在不确定情况下抵抗风险的能力，得出项目在不确定情况下的财务评价结论或建议。

5. 得出最终评价结论。

以上步骤关系，如图 5-2 所示。

（三）财务评价的内容和指标

建设项目财务评价的主要内容及指标有以下几方面。

1. 财务盈利能力分析

财务盈利能力分析是分析和测算建设项目在其计算期的财务盈利能力和盈利水平，以衡量项目的综合效益。评价项目盈利能力是通过全部投资现金流量表、自有资金现金流量表和损益表中的财务指标数据进行分析的。具体涉及投资的现金流量、投资回收期、内部收益率、利润率、利税率等的评价指标。

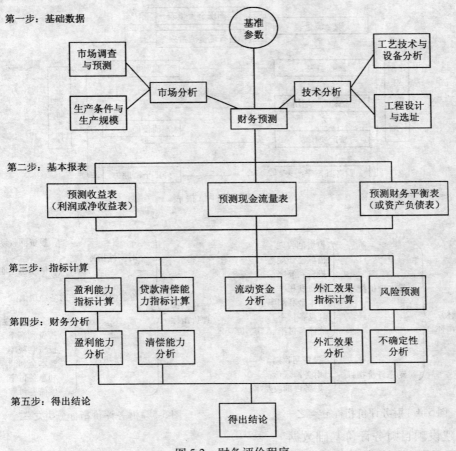

图 5-2　财务评价程序

2. 清偿能力分析

清偿能力分析是考察项目计算期内各年的财务状况及偿债能力。

项目的清偿能力分析,主要是通过计算分析项目在各年度的资产负债情况,考察投资项目的偿债能力,具体分析可以通过资金来源与运用表和资产负债表两个基本财务报表的指标,进行计算和分析。资金来源与运用表的各项指标,主要是为财务分析提供有关的基础数据,根据这些数据资料,可以对项目在计算期内各年的资产负债情况进行预测。

3. 外汇效果分析

外汇效果分析是考察企业在项目投产后是否有能力获取足够的外汇以平衡企业在项目建设期和项目运行期所用外汇。外汇效果分析计算外汇流量、创汇额、节汇成本、换汇成本等指标。

4. 不确定性分析和风险分析

投资项目的不确定性分析是考察和评价项目计算期内各种客观因素的不确定性变动对项目的盈利能力和清偿能力的影响,分析和评估项目的抵御风险的能力。主要评价指标有项目的盈亏平衡分析、敏感性分析、通货膨胀影响财务净现值的分析、技术进步影响项目投资回收期的分析。风险分析是指在可变因素的概率分布已知的情况下,分析可变因素在各种可能状态下项目经济评价指标的取值,从而了解项目的风险状况。

在财务评价中所涉及到的财务报表如图 5-3 所示。具体评价指标如图 5-4 和图 5-5 所示。

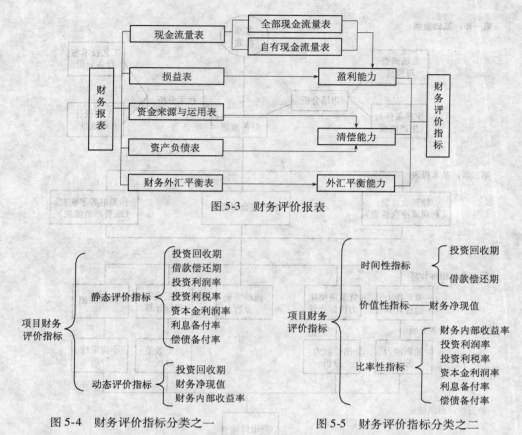

图 5-3　财务评价报表

图 5-4　财务评价指标分类之一　　　图 5-5　财务评价指标分类之二

（四）建设项目财务评价基础数据

建设项目财务评价的基础数据包括固定资产投资、流动资金、财务收入、税金、固定资产残值与流动资金回收、总成本费费用、建设期和部分运行初期贷款利息等。

二、财务评价报表的编制

在财务评价中,项目的评价指标是根据有关项目财务报表中的数据算得的,所以在计算财务指标之前,需要编制一套财务报表。财务报表包括基本报表和辅助报表。

基本报表是根据国内外目前使用的一些不同的报表格式,结合我国实际情况和现行的有关规定设计的,表中的数据没有规定统一的估算方法,但这些数据的估算及其精度对评价结论的影响都是很重要的,评价过程中应特别注意。基本报表有现金流量表、损益表、资金来源与运用表、资产负债表。对于涉及外贸、外资及影响外汇流量的项目,为考察项目的外汇平衡情况,尚需编制外汇平衡表。

除必须编制以上几种基本报表外,还应编制辅助报表,主要有固定资产投资估算表、流动资金估算表、投资计划与资金筹措表、固定资产折旧费估算表、无形及递延资产摊销表、总成本费用估算表、产品销售收入和销售税金及附加估算表、借款还本付息表等。

（一）现金流量表

在商品货币经济中,任何建设项目的效益和费用都可以抽象为现金流量系统。从项目财务评价角度看,在某一时点上流出项目的资金称为现金流出,记为 CO;流入项目的资金称为现金流入,记为 CI。现金流入与现金流出统称为现金流量,现金流入为正现金流量,现金流出为负现金流量。同一时点上的现金流入量与现金流出量的代数和($CI-CO$)称为净现金流量,记为 NCF。

建设项目的现金流量系统将项目计算期内各年的现金流入与现金流出按照各自发生的时点顺序排列,表达为具有确定时间概念的现金流量系统。现金流量表即是对建设项目现金流量系统的表格式反映,用以计算各项静态和动态评价指标,进行项目财务盈利能力分析。按投资计算基础的不同,现金流量表分为全部投资的现金流量表和自有资金现金流量表。

1. 全部投资的现金流量表

该表是从项目自身角度出发,不分投资资金来源,以项目全部投资作为计算基础,考核项目全部投资的盈利能力,为项目各个投资方案进行比较建立共同基础,供项目决策研究。表格格式如表 5-2 所示。

表 5-2　现金流量表(全部投资)　　　　　　　　　　　　　　　　(万元)

序号	项　　　目	合　计	建设期		投产期		达到设计能力生产期			
			1	2	3	4	5	6	…	n
	生产负荷(%)									
1	现金流入									
1.1	产品销售(营业)收入									
1.2	回收固定资产余值									
1.3	回收流动资金									
1.4	其他收入									
2	现金流出									
2.1	固定资产投资(含投资方向调节税)									
2.2	流动资金									
2.3	经营成本									
2.4	销售税金及附加									
2.5	所得税									
3	净现金流量									
4	累计净现金流量									
5	所得税前净现金流量									
6	所得税前累计净现金流量									

计算指标:　　　　　　　所得税前　　　　　　　　　　　　　　所得税后
　　　　　　　　　　　　财务内部收益率($FIRR$) =　　　　　　财务内部收益率($FIRR$) =
　　　　　　　　　　　　财务净现值($FNPV$)(i_c = %) =　　　财务净现值($FNPV$)(i_c = %) =
　　　　　　　　　　　　投资回收期(P_t) =　　　　　　　　　投资回收期(P_t) =

表中计算期的年序为 $1,2,\cdots,n$,建设开始年作为计算期的第 1 年,年序为 1。当项目建设期以前所发生的费用占总费用的比例不大时,为简化计算,这部分费用可列入年序 1。若需单独列出,可在年序 1 以前另加一栏"建设起点",年序填 0,将建设期以前发生的现金流出填入此栏。

(1)现金流入为产品销售(营业)收入、回收固定资产余值、回收流动资金 3 项之和。其中,产品销售(营业)收入是项目建成投产后对外销售产品或提供劳务所取得的收入,是项目生产经营成果的货币表现。对于房地产开发项目而言,主要指项目销售过程中取得的总收入。计算销售收入时,假设生产出来的产品全部售出,销售量等于生产量。销售价格一般采用出厂价格,也可根据需要采用送达用户的价格或离岸价格。产品销售(营业)收入的各年数据取自

171

产品销售(营业)收入和销售税金及附加估算表。另外,固定资产余值和流动资金的回收均发生在计算期最后一年。固定资产余值回收额为固定资产折旧费估算表中最后一年的固定资产期末净值,流动资金回收额为项目正常生产年份流动资金的占用额。

(2)现金流出包含项目的固定资产投资、流动资金、经营成本和税金及附加等各项支出。固定资产投资和流动资金的数额分别取自固定资产投资估算表及流动资金估算表。固定资产投资中不包含建设期利息。流动资金投资为各年流动资金增加额,经营成本取自总成本费用估算表,销售税金及附加取自产品销售(营业)收入和销售税金及附加估算表;所得税的数据来源于损益表。

(3)项目计算期各年的净现金流量为各年现金流入与现金流出之差,各年累计净现金流量为本年及以前各年净现金流量之和。

(4)所得税前净现金流量为上述净现金流量加所得税之和,也即在现金流出中不计入所得税时的净现金流量。所得税前累计净现金流量的计算方法与上述累计净现金流量的相同。

2. 自有资金的现金流量表

该表是从项目投资者的角度出发,以投资者的出资额作为计算基础,把借款本金偿还和利息支出作为现金流出,考核项目自有资金的盈利能力,供项目投资者决策研究。其报表格式见表5-3。

表5-3 现金流量表(自有资金) （万元）

序号	项 目	合 计	建设期		投产期		达到设计能力生产期			
			1	2	3	4	5	6	…	n
	生产负荷(%)									
1	现金流入									
1.1	产品销售(营业)收入									
1.2	回收固定资产余值									
1.3	回收流动资金									
1.4	其他收入									
2	现金流出									
2.1	自有资金									
2.2	借款本金偿还									
2.3	借款利息支出									
2.4	经营成本									
2.5	销售税金及附加									
2.6	所得税									
3	净现金流量									

计算指标： 财务内部收益率($FIRR$) =
财务净现值($FNPV$)(i_c = %) =

从项目投资主体的角度看,建设项目投资借款属于现金流入,但又同时将借款用于项目投资则构成同一时点、相同数额的现金流出,二者相抵对净现金流量的计算无影响。因此表中投资只计自有资金。另一方面,现金流入又是因项目全部投资所获得,故应将借款本金的偿还及利息支付计入现金流出。

(1)表5-3中现金流入各项的数据来源与表5-2相同。

（2）现金流出项目包括：自有资金、借款本金偿还、借款利息支付、经营成本和销售税金及附加四项。其中，自有资金数额取自投资计划与资金筹措表中资金筹措项下的自有资金分项。借款本金偿还由两部分组成：一部分为借款还本付息计算表中本年还本额；一部分为流动资金借款本金偿还，一般发生在计算期最后一年。借款利息支付数额来自总成本费用估算表中的利息支出项。现金流出中其他各项与全部投资现金流量表中相同。

（3）项目计算期各年的净现金流量为各年现金流入与现金流出之差。

编制现金流量表有直接法和间接法两种方法。直接法是以利润表中的营业收入为起算点，直接按类别列示各项现金收入与支出，据以计算出经营活动的现金流量，其中又包括账户法和工作底稿法，业务较少的小型企业可以选择较为简捷的账户法编制现金流量表，即在期末根据现金、银行存款等账户的日记账逐笔分析其来源或用途，剔除提现等内部转账，根据现金流量表要求分类汇总；用工作底稿法编制现金流量表是较为严谨且便于核对的方法，大多企业都采用这一方法。间接法是以利润表中的本期利润为起算点，调整不增减现金的收入与费用以及与经营活动无关的营业外收支项目，据以计算出经营活动的现金流量。

（二）损益表

损益表反映项目计算期内各年的利润总额、所得税及税后利润的分配情况，用以计算投资利润率、投资利税率和资本金利润率等指标。该表的编制需依据总成本费用估算表、产品销售收入和销售税金及附加估算表及表中各项目之间的关系来进行。其报表格式见表5-4。

表5-4　损益表　　　　　　　　　　　　　　　　　　　　　　　（万元）

序号	项目	投产期		达到设计能力生产期			
		3	4	5	6	…	n
	生产负荷（%）						
1	产品销售（营业）收入						
2	销售税金及附加						
3	总成本费用						
	其中：折旧费						
	摊销费						
4	利润总额（1－2－3）						
5	弥补以前年度亏损						
6	应纳税所得额（4－5）						
7	所得税						
8	税后利润（4－7）						
9	盈余公积金						
10	公益金						
11	应付利润						
12	未分配利润						
13	累计未分配利润						

利润总额、所得税、税后利润的计算公式分别为：

$$利润总额 = 产品销售（营业）收入 - 销售税金及附加 - 总成本费用 \qquad (5.3-1)$$

$$所得税 = 应纳税所得额 \times 所得税税率 \qquad (5.3-2)$$

$$税后利润 = 利润总额 - 所得税 \qquad (5.3-3)$$

其中，应纳税所得额为利润总额根据国家有关规定进行调整后的数额。在建设项目财务评价中,主要是按减免所得税及用税前利润弥补上年度亏损的有关规定进行的调整。按现行《工业企业财务制度》规定,企业发生的年度亏损,可以用下一年度的税前利润等弥补,下一年度利润不足弥补的,可以在5年内延续弥补,5年内不足弥补的,用税后利润弥补。税后利润按法定盈余公积金、公益金、应付利润及未分配利润等项进行分配。

（三）资金来源与运用表

资金来源与运用表反映项目计算期内各年的资金来源、资金运用及资金余缺情况,用以选择资金筹措方案,制定适宜的借款及偿还计划,并为编制资产负债表提供依据。

该表需依据损益表、固定资产折旧费估算表、无形及递延资产摊销费估算表、总成本费用估算表、投资计划与资金筹措表、借款还本付息计算表等财务基本报表和辅助报表的有关数据编制。其报表格式见表5-5。

表 5-5　资金来源与运用表　　　　　　　　　　　（万元）

序号	项　　目	合计	建设期		投产期		达到设计能力生产期			
			1	2	3	4	5	6	…	n
	生产负荷(%)									
1	资金来源									
1.1	利润总额									
1.2	折旧费									
1.3	摊销费									
1.4	长期借款									
1.5	流动资金借款									
1.6	短期借款									
1.7	资本金									
1.8	其他									
1.9	回收固定资产余值									
1.10	回收流动资金									
2	资金运用									
2.1	固定资产投资(含投资方向调节税)									
2.2	建设期贷款利息									
2.3	流动资金									
2.4	所得税									
2.5	应付利润									
2.6	长期借款本金偿还									
2.7	流动资金借款本金偿还									
2.8	其他短期借款本金偿还									
3	盈余资金									
4	累计盈余资金									

（四）资产负债表

资产负债表综合反映项目计算期内各年末资产、负债和所有者权益的增减变化及对应关系,用以考察项目资产、负债、所有者权益的结构是否合理,并计算资产负债率、流动比率、速动比率等指标,进行项目清偿能力分析。

该表依据流动资金估算表、固定资产投资估算表、投资计划与资金筹措表、资金来源与运用表、损益表等财务报表的有关数据编制。表中有资产、负债与所有者权益两个项目。编制该表时应特别注意是否遵循会计恒等式,即:

$$资产 = 负债 + 所有者权益 \qquad (5.3-4)$$

表格格式见表5-6。

表5-6　资产负债表　　　　　　　　　　　　　　　　　　　　　　（万元）

序号	项　目	合　计	建设期		投产期		达到设计能力生产期			
			1	2	3	4	5	6	…	n
	生产负荷(%)									
1	资产									
1.1	流动资产									
1.1.1	应收账款									
1.1.2	存货									
1.1.3	现金									
1.1.4	累计盈余资金									
1.1.5	其他流动资产									
1.2	在建工程									
1.3	固定资产净值									
1.3.1	原值									
1.3.2	累计折旧									
1.3.3	净值									
1.4	无形及其他资产净值									
2	负债及所有者权益									
2.1	流动负债总额									
2.1.1	应付账款									
2.1.2	其他短期借款									
2.1.3	其他流动负债									
2.2	中长期借款									
2.2.1	中期借款(流动资金)									
2.2.2	长期借款									
	负债小计									
2.3	所有者权益									
2.3.1	资本金									
2.3.2	资本公积金									
2.3.3	累计盈余公积金									
2.3.4	累计未分配利润									
	清偿能力分析									
	资产负债率(%)									
	流动比率(%)									
	速动比率(%)									

1. 应收账款。指因销售产品、材料、提供服务等,应向购货单位或接受服务的单位收取的账款,包括应收账款、应收票据、预收账款、预收接受服务单位款等。其计算公式为:

$$应收账款 = \frac{年财务收入}{360} \times 周转天数 \qquad (5.3\text{-}5)$$

应收账款周转天数一般可采用 30 ~ 60 天。

2. 存货。是指在生产运行过程中为销售或者耗用而储备的各种资产,包括材料、燃料、低值易耗品、在产品、半成品、产成品、商品等,可根据类似项目进行估算。

3. 现金。是指企业拥有或者控制的用于支付职工工资以及其他费用的货币资金。其计算公式为:

$$现金 = \frac{年工资及福利费 + 年其他费用}{360} \times 周转天数 \qquad (5.3\text{-}6)$$

4. 负债。是企业所承担的能以货币计量、需以资产或劳务等形式偿付或抵偿的债务,按其期限长短可分为流动负债和长期负债两种。

5. 流动负债。是指可以在一年内或超过一年的一个营业周期内需要用流动资产来偿还的债务,包括短期借款、应付短期债券、预提费用、应付及预收款项等。

6. 应付账款。指因购买商品、材料、物资、接受服务等,应支付给供应者的账款。其计算公式为:

$$应付账款 = \frac{年外购原材料、燃料及动力费}{360} \times 周转天数 \qquad (5.3\text{-}7)$$

7. 所有者权益。是企业投资人对企业净资产(全部资产与全部负债之差)的所有权,包括企业投资人对企业投入的资本金以及形成的资本公积金、盈余公积金和未分配利润等。

8. 资本金。是指新建设项目设立企业时在工商行政管理部门登记的注册资金。根据投资主体的不同,资本金可分为国家资本金、法人资本金、个人资本金及外商资本金等。资本金的筹集可以采取国家投资、各方集资或者发行股票等方式。投资者可以用现金、实物和无形资产等进行投资。

9. 资本公积金。主要包括企业的股本溢价、法定财产重估增值、接受捐赠的资产价值等。它是所有者权益的组成部分,主要用于转增股本,按原有比例增资,不能作为利润分配。

10. 盈余公积金。是指为弥补亏损或其他特定用途按照国家有关规定从利润中提取的公积金,可分为法定盈余公积金和任意盈余公积金两种。

(五)财务外汇平衡表

财务外汇平衡表适用于有外汇收支的项目,用以反映项目计算期内各年外汇余缺情况,进行外汇平衡分析。该表主要有外汇来源和外汇运用两项目。其编制原理与资金来源与运用表相同。该表的一般格式见表5-7。

表 5-7 　 财务外汇平衡表 　　　　　　　　　（万美元）

序号	项 目	合 计	建设期		投产期		达到设计能力生产期			
			1	2	3	4	5	6	…	n
	生产负荷(%)									
1	外汇来源									
1.1	产品销售外汇收入									
1.2	外汇借款									
1.3	其他外汇收入									
2	外汇运用									
2.1	固定资产投资中外汇支出									
2.2	进口原材料									
2.3	进口零部件									
2.4	技术转让费									
2.5	偿还外汇借款本息									
2.6	其他外汇支出									
2.7	外汇余缺									

注:1. 其他外汇收入包括自筹外汇等。

　　 2. 技术转让费是指生产期支付的技术转让费。

（六）固定资产投资估算表的编制

固定资产投资估算表包括固定资产投资、固定资产投资方向调节税和建设期利息三项内容。其报表格式见表 5-8。

表 5-8 　 固定资产投资估算表 　　　　　　　　　（万元）

序号	工程或 费用名称	估 算 价 值						占固定资产投资 的比例(%)
		建筑工程	设备工程	安装工程	其他费用	合计	其中外币	
1	固定资产投资							
1.1	工程费用							
1.2	其他费用							
	其中:土地费用							
1.3	预备费用							
1.3.1	基本预备费							
1.3.2	涨价预备费							
2	固定资产投资 方向调节税①							
3	建设期利息 合计(1+2+3)							

① 固定资产投资方向调节税现已停止征收。

1. 固定资产投资估算。固定资产投资是指为建设或购置固定资产所支付的资金。一般建设项目固定资产投资包括三部分：

（1）工程费用。工程费用是指直接构成固定资产的费用，它又可分为建筑工程费用、设备购置费用、安装工程费用。

（2）其他基本建设费用。其他基本建设费用是指根据有关规定应列入固定资产投资的除建筑工程费用和设备、工器具购置费以外的一些费用，亦即待转入固定资产和待摊费用及核销费用。

（3）预备费用。预备费用是指在项目可行性研究中难以预料的工程和费用。包括基本预备费和涨价预备费。

固定资产投资估算的主要依据有：项目建议书、建设规模、产品方案；设计方案、图样及设备明细表；设备价格、运杂费用率及当地材料预算价格；同类型建设项目的投资资料及有关标准、定额等。

2. 固定资产投资方向调节税。对《中华人民共和国固定资产投资方向调节税暂行条例》规定的纳税义务人，其固定资产投资应税项目自2000年1月1日起新发生的投资额，暂停征收固定资产投资方向调节税。

3. 建设期利息。建设期借款利息按复利计算，借款当年计半年利息，计算到按设计规定的全部工程完工移交生产为止。

（七）流动资金估算表的编制

流动资金估算表包括流动资产、流动负债、流动资金及流动资金本年增加额四项内容。该表是在对生产期各年流动资金估算的基础上编制的。其表格形式见表5-9。

表5-9　流动资金估算表　　　　　　　　　　　　（万元）

序号	年份／项目	最低周转天数	周转次数	投产期 3	投产期 4	达到设计生产能力期 5	达到设计生产能力期 6	达到设计生产能力期 …	达到设计生产能力期 n
1	流动资产								
1.1	应收账款								
1.2	存货								
1.2.1	原材料								
1.2.2	燃料								
1.2.3	在产品								
1.2.4	产成品								
1.2.5	其他								
1.3	现金								
2	流动负债								
2.1	应付账款								
3	流动资金(1-2)								
4	流动资金本年增加额								

（八）投资计划与资金筹措表的编制

投资计划与资金筹措表包括总投资的构成、资金筹措及各年度的资金使用安排，该表可依据固定资产投资估算表和流动资金估算表编制。格式见表5-10。

表 5-10　投资计划与资金筹措表　　　　　　　　　　　　　　　　（万元）

序号	年份　　　　项目	建设期		投产期		合计
		1	2	3	4	
1	总投资					
1.1	固定资产投资					
1.2	固定资产投资方向调节税					
1.3	建设期利息					
1.4	流动资金					
2	资金筹措					
2.1	自有资金					
	其中:用于流动资金					
2.2	借款					
2.2.1	长期借款					
2.2.2	流动资金借款					
2.2.3	其他短期借款					
2.3	其他					

（九）固定资产折旧费估算表的编制

固定资产折旧费估算表包括各项固定资产的原值、分年度折旧额与净值以及期末余值等内容。编制该表,首先要依据固定资产投资估算表确定各项固定资产原值,再依据项目的生产期和有关规定确定折旧方法、折旧年限与折旧率,进而计算各年的折旧费和净值,最后汇总得到项目总固定资产的年折旧费和净值。期末净值即为项目的期末余值。表格格式见表 5-11。

表 5-11　固定资产折旧费估算表　　　　　　　　　　　　　　　　（万元）

序号	年份　　　　项目	合　计	折旧率（%）	投产期		达到设计生产能力期			
				3	4	5	6	…	n
	固定资产合计 原值 折旧费 净值								
1	房屋及建筑物 原值 折旧值 净值								
2	××设备 原值 折旧值 净值								
3	××××								

（十）借款还本付息计算表

借款还本付息计算表是常用的一个辅助报表,它反映项目固定资产投资借款在偿还期内借款支出、还本付息和可用于偿还借款的资金来源情况,是用以计算固定资产投资借款偿还期指标,进行清偿能力分析的表格。表格格式见表 5-12。

表 5-12　借款还本付息计算表　　　　　　　　　　　　　（万元）

序号	项　目	1	2	3	4	5
1	长期借款及还本付息					
1.1	长期借款本息累积					
1.2	本年新增借款					
1.3	本年应计利息					
1.4	本年应还本金					
1.5	本年应付利息					
2	还本资金来源					
2.1	折旧					
2.2	摊销					
2.3	未分配利润					

按现行财务制度的规定,归还固定资产投资借款(长期借款)的资金来源主要是项目投产后的折旧费、摊销费和未分配利润等。因流动资金借款本金在项目计算期末用回收流动资金一次偿还,因此不必考虑流动资金借款偿还问题。

还本付息表的结构包括两部分,即借款及还本付息和偿还借款本金的资金来源。在借款尚未还清的年份,当年偿还本金的资金来源等于本年还本的数额;在借款还清的年份,当年偿还本金的资金来源大于本年还本的数额。

借款还本付息表的填列,在项目的建设期,年初借款本息累积等于上年借款本金和建设期利息之和;在项目的生产期,年初借款本息累积等于上年尚未还清的借款本息。本年新增借款按照"投资使用计划与资金筹措表"填列。建设期本年应计利息为年初借款本息累积与本年新增借款在当年产生的利息。生产期本年应计利息可以根据当年的年初借款本息结合贷款年利率求得。本年应还本金和应付利息区别不同的还本付息方式采用不同的计算方法。常见的还本付息方式有以下几种:

1. 最大额偿还方式,是在项目投产运营后,将获得的盈利中可用于还贷的资金全部用于还贷,以最大限度减少企业债务,使偿还期缩至最短的方式。

2. 逐年等额还本、年末付息方式(也称等额本金方式),是将贷款本金分若干年等额偿还并在年末计息的方式。

3. 本利等额偿还方式(也称等额偿付方式),是将贷款本利和在偿还期内的各年平均分摊到每年等额偿还的方式。

4. 年末付息、期末一次还本方式(也称等额利息方式),是指每年只支付本金利息而不还本金,到偿还期末一次性还本的方式。

5. 期末本利和一次付清方式(也称一次偿付方式),是指在贷款期满前一直不还款,到期末连本带利全部付清的方式。

三、财务评价指标

建设项目的财务效果是通过一系列财务评价指标反映的,这些指标可根据财务评价基本报表和辅助报表计算,并将其与财务评价参数进行比较,以判断项目的财务可行性。财务评价的主要内容包括:盈利能力评价和清偿能力评价。财务评价的方法有:以现金流量表为基础的动态获利性评价和静态获利性评价、以资产负债表为基础的财务比率分析和考虑项目风险的不确定性分析等。

(一)财务盈利能力评价指标

盈利能力分析是通过对现金流量表和损益表的计算,考察项目计算期内各年的盈利能力,并计算财务净现值、财务内部收益率、动态投资回收期和投资利润率、投资利税率、资本金利润率而实现的。

1. 财务净现值(FNPV)

财务净现值是指按设定的折现率 i_c 计算的项目计算期内各年净现金流量的现值之和,可根据现金流量表计算得到。计算公式为:

$$FNPV = \sum_{t=0}^{n} (CI - CO)_t (1 + i_c)^{-t} \tag{5.3-8}$$

式中　$FNPV$——财务净现值;
　$(CI - CO)_t$——第 t 年的净现金流量;
　　　　n——项目计算期;
　　　　i_c——基准收益率。

财务净现值是评价项目盈利能力的绝对指标,它反映项目在满足按设定折现率要求的盈利之外,获得的超额盈利的现值。财务净现值等于或者大于零,表明项目的盈利能力达到或者超过按设定的折现率计算的盈利水平。一般只计算所得税前财务净现值。

2. 财务内部收益率(FIRR)

财务内部收益率是指项目在整个计算期内各年净现金流量现值累计等于零时的折现率,它是评价项目盈利能力的动态指标。其表达式为:

$$\sum_{t=0}^{n} (CI - CO)_t (1 + FIRR)^{-t} = 0 \tag{5.3-9}$$

式中　$FIRR$——财务内部收益率。

财务内部收益率可根据财务现金流量表中的净现金流量,先采用试算法,后采用内插法计算,也可采用专用软件的财务函数计算。

财务内部收益率($FIRR$)的判别依据,应采用行业发布或者评价人员设定的财务基准收益率(i_c),当 $FIRR \geqslant i_c$ 时,即认为项目的盈利能力能够满足要求。

3. 动态投资回收期(P_t)

动态投资回收期是指项目以净收益抵偿全部投资所需的时间,是反映投资回收能力的重要指标。

在项目财务评价中,动态投资回收期越小说明项目投资回收的能力越强。动态投资回收期 P_t 与基准回收期 P_c 相比较,如果 $P_t \leqslant P_c$,表明项目投资能在规定的时间内收回,则项目在财务上可行。

4. 投资利润率

投资利润率是指项目在计算期内正常生产年份的年利润总额（或年平均利润总额）与项目投入总资金的比例，它是考察单位投资盈利能力的静态指标。投资利润率可根据损益表中的有关数据计算求得，其数值越大越好。将项目投资利润率与同行业平均投资利润率对比，判断项目的获利能力和水平。具体计算公式见第三章相关内容。

5. 投资利税率

投资利税率是指项目达到设计生产能力后的一个正常年份的年利税总额或生产经营期内年平均利税总额与投资总额的比率。它是反映项目单位投资盈利能力和对财政所作贡献的指标。

投资利税率可根据损益表中的有关数据计算求得，其数值越大越好。在财务评价中，当投资利税率大于等于行业平均投资利税率时，项目在财务上可行。

(二)项目清偿能力分析指标

清偿能力分析是通过对借款还本付息计算表、资金来源与运用表、资产负债表的计算，考察项目计算期内各年的财务状况及偿债能力，并计算借款偿还期或利息备付率、偿债备付率而实现的。

1. 借款偿还期

借款偿还期是指根据国家财政规定及投资项目的具体财务条件，以项目投产后获得的可用于还本付息的资金，还清借款本息所需的时间，一般以年为单位表示。它是反映项目借款偿债能力的重要指标。具体计算公式见第三章相关内容。

2. 利息备付率

利息备付率也称已获利息倍数，指项目在借款偿还期内各年可用于支付利息的税息前利润与当期应付利息费用的比值。具体计算公式见第三章相关内容。

3. 偿债备付率

偿债备付率指项目在借款偿还期内，各年可用于还本付息的资金与当期应还本付息金额的比值。具体计算公式见第三章相关内容。

思考题

1. 投资估算包括哪些内容？
2. 简述静态投资部分估算各种编制方法的特点、计算方法和适用条件。
3. 简述流动资金估算的一般方法。
4. 简述财务评价的概念、工作程序及内容。
5. 财务评价中的动态评价指标有哪些？
6. 财务报表中的基本报表和辅助报表分别有哪些？
7. 全部资金现金流量表和自有资金现金流量表的现金流出项目有何不同？
8. 简述财务净现值、财务内部收益率、动态投资回收期的内涵、计算方法和评价标准。
9. 投资利润率、投资利税率、资本金利润率的计算有何不同？
10. 简述借款偿还期、利息备付率和偿债备付率的计算方法。

第六章 项目设计阶段工程造价管理

学习目标

    1. 了解设计阶段工程造价管理的基本内容；

    2. 能独立开展设计概算和施工图预算的编制；

    3. 学会审查设计概算和施工图预算的方法。

学习重点

    1. 了解设计阶段工程造价的意义和管理程序；

    2. 熟悉设计阶段工程造价管理的措施和方法；

    3. 掌握设计概算和施工图预算的概念、作用、编制依据和内容；

    4. 掌握设计概算和施工图预算的编制方法和审查方法。

第一节 概 述

一、工程设计及设计程序

（一）工程设计

工程设计是指在工程施工之前，设计者根据已批准的设计任务书，为具体实现拟建项目的技术、经济要求，拟定建筑、安装及设备制造等所需的规划、图纸、数据等技术文件的工作。拟建工程在建设过程中能否保证进度、保证质量和节约投资，在很大程度上取决于设计质量的优劣。

为保证工程建设和设计工作有机的配合和衔接，将工程设计划分为几个阶段，一般工业与民用建设项目，可按扩大初步设计和施工图设计两阶段进行，称为"两阶段设计"；对于技术复杂而又缺乏设计经验的项目，可按初步设计、技术设计和施工图设计三个阶段进行，称为"三阶段设计"。

（二）设计程序

1. 设计准备

设计之前，首先要掌握有关工程的各种外部条件和客观情况：包括地形、气候、地质、自然环境等自然条件，城市规划对建筑物的要求，交通、水、电、气、通讯等基础设施状况，业主对工程的要求，工程使用的资金、材料、施工技术和装备等以及可能影响工程的其他客观因素。

2. 初步方案

在设计准备的基础上，设计者对工程主要内容有了大概的布局设想，然后要考虑工程与周围环境之间的关系。对于不太复杂的工程,这一阶段可以省略,把有关的工作并入初步设计阶段。

3. 初步设计

初步设计是整个设计构思基本形成的阶段,通过初步设计可以进一步明确拟建工程在指定地点和规定期限内进行建设的技术可行性和经济合理性,规定主要技术方案、工程总造价和主要技术经济指标,以利于在项目建设和使用过程中最有效地利用人力、物力和财力。工业项目初步设计包括总平面设计、工艺设计和建筑设计三部分。在初步设计阶段应编制设计总概算。

4. 技术设计

技术设计是初步设计的具体化,也是各种技术问题的定案阶段。技术设计所应研究和决定的问题,与初步设计大致相同,但需要根据更详细的勘查资料和技术经济计算加以补充修正。技术设计的详细程度应能满足确定设计方案中重大技术问题和有关实验、设备选型等方面的要求。对于不太复杂的工程,技术设计阶段可以省略,把这个阶段的一部分工作纳入初步设计(承担技术设计部分任务的初步设计称为扩大初步设计),另一部分留待施工图设计阶段进行。

5. 施工图设计

这一阶段主要是通过图纸,把设计者的意图和全部设计结果表达出来,为施工提供图纸依据。施工图设计是设计工作和施工工作的桥梁。施工图设计的成果包括项目各部分工程的详图和零部件、结构构件明细表,以及验收标准、方法等。施工图设计的深度应能满足设备材料的选择与确定、非标准设备的设计与加工制作、施工图预算的编制、建筑工程施工和安装的要求。

6. 设计交底和配合施工

施工图发出后,根据现场需要,设计单位应派相应设计人员到施工现场,与建设、施工单位共同会审施工图,进行设计技术交底,介绍设计意图和技术要求,修改不符合实际或有错误的图纸;参加试运转和竣工验收,解决试运转过程中的技术问题,并检验设计的完善程度。

二、设计阶段影响工程造价的因素

不同类型的工程项目,设计阶段影响工程造价的因素不完全相同,下面对设计阶段影响工程造价的主要因素进行介绍。

(一)总平面设计

总平面设计是指总图运输设计和总平面配置。主要包括的内容有:厂址方案、占地面积和土地利用情况;总图运输、主要建筑物和构筑物及公用设施的配置;外部运输、水、电、气及其他外部协作条件等。

总平面设计是否合理对于整个设计方案的经济合理性有重大影响。正确合理的总平面设计可以大大减少建筑工程量,节约建设用地,节省建设投资,降低工程造价和项目运行后的使用成本,加快建设进度,并可以为企业创造良好的生产组织、经营条件和生产环境;还可以为城市建设和工业区创造完美的建筑艺术整体。总平面设计中影响工程造价的因素有:

1. 占地面积。占地面积的大小一方面影响征地费用的高低,另一方面也会影响管线布置成本及项目建成运营的运输成本。因此,在总平面设计中应尽可能节约用地。

2. 功能分区。无论是工业建筑还是民用建筑都有许多功能组成,这些功能之间相互联系,相互制约。合理的功能分区既可以使建筑物的各项功能充分发挥,又可以使总平面布置紧凑、安全,避免大挖大填,减少土石方量和节约用地,降低工程造价。同时,合理的功能分区还可以使生产工艺流程顺畅,运输简便,降低项目建成后的运营成本。

3. 运输方式的选择。不同的运输方式运输效率及成本不同。有轨运输运量大,运输安全,但需要一次性投入大量资金;无轨运输无需一次性大规模投资,但是运量小,运输安全性较差。从降低工程造价的角度来看,应尽可能选择无轨运输,可以减少占地,节约投资。但是运输方式的选择不能仅仅考虑工程造价,还应考虑项目运营的需要,如果运输量较大,则有轨运输往往比无轨运输成本低。

(二)工艺设计

工艺设计部分要确定企业的技术水平。主要包括建设规模、标准和产品方案;工艺流程和主要设备的选型;主要原材料、燃料供应;"三废"治理及环保措施。此外还包括生产组织及生产过程中的劳动定员情况等。按照建设程序,建设项目的工艺流程在可行性研究阶段已经确定。设计阶段的任务就是严格按照批准的可行性研究报告的内容进行工艺技术方案的设计,确定从原料到产品整个生产过程的具体工艺流程和生产技术。

(三)建筑设计

在建筑设计阶段影响工程造价的主要因素有:

1. 平面形状:一般地说,建筑物平面形状越简单,它的单位面积造价就越低。当一座建筑物的平面又长又窄,或它的外形做得复杂而不规则时,其周长与建筑面积的比率必将增加,伴随而来的是较高的单位造价。因为不规则的建筑物将导致室外工程、排水工程、砌砖工程及屋面工程等复杂化,从而增加工程费用。一般情况下,建筑物周长与建筑面积比 $K_周$(即单位建筑面积所占外墙长度)越低,设计越经济。$K_周$ 按圆形、正方形、矩形、T 形、L 形依次增大。但是圆形建筑物施工复杂,墙体工程量所节约的费用通常被较高的施工费用所抵消,与矩形建筑物相比较施工费用增加 20% ~ 30%。虽然正方形建筑物设计和施工均较为经济,但是若不能满足建筑物美观和使用要求,则毫无意义。比如,学校、住宅和医院等建筑首先要考虑的是满足自然采光的需要,方形建筑物不利于自然采光需要,可能因采光费用的增加而抵消施工、采暖等费用的节约。又如,工厂建筑的平面形状决定因素可能是生产过程的协调,机器和成品的形式。因此,建筑物平面形状的设计应在满足建筑物功能要求的前提下,降低建筑物周长与建筑面积比,实现建筑物寿命周期成本最低的目标要求。

2. 流通空间:建筑物的经济平面布置的主要目标之一是,在满足建筑物使用要求的前提下,将流通空间减少到最小。但是造价不是检验设计是否合理的唯一标准,其他如美观和功能质量的要求也是非常重要的。

3. 层高:在建筑面积不变的情况下,建筑层高增加会引起各项费用的增加;墙与隔墙及其有关粉刷、装饰费用的提高;供暖空间体积增加,导致热源及管道费增加;卫生设备、上下水管道长度增加;楼梯间造价和电梯设备费用的增加;另外,由于施工垂直运输量增加,可能增加屋面造价;如果由于层高增加而导致建筑物总高度增加很多,则还可能需要增加基础造价。

据有关资料分析,住宅层高每降低 10cm,可降低造价 1.2% ~ 1.5%。层高降低还可提高住宅区的建筑密度,节约征地费、拆迁费及市政设施费。单层厂房层高每增加 1m,单位面积造价增加 1.8% ~ 3.6%,年度采暖费用增加约 3%;多层厂房的层高每增加 0.6m,单位面积造价提高 8.3% 左右。由此可见,随着层高的增加,单位建筑面积造价也在不断增加。多层建筑造价增加幅度比较大的原因是,多层建筑的承重部分占总造价的比重比较大,而单层建筑的墙柱部分占总造价的比重较小。

单层厂房的高度主要取决于车间内的运输方式。选择正确的车间内部运输方式,对于降低厂房高度,降低造价具有重要意义。在可能的条件下,特别是当起重量较小时,应考虑采用悬挂式运输设备来代替桥式吊车;多层厂房的层高应综合考虑生产工艺、采光、通风及建筑经济的因素来进行选择,多层厂房的建筑层高还取决于能否容纳车间内的最大生产设备和满足运输的要求。民用住宅的层高一般在2.5~2.8m之间。

4. 建筑物层数:建筑工程总造价是随着建筑物的层数增加而提高的。但是当建筑层数增加时,单位建筑面积所分摊的土地费用及外部流通空间费用将有所降低,从而使建筑物单位面积造价发生变化。建筑物层数对造价的影响,因建筑类型、形式和结构不同而不同。如果增加一个楼层不影响建筑物的结构形式,单位建筑面积的造价可能会降低。但是当建筑物超过一定层数时,结构形式就要改变,单位造价通常会增加。建筑物越高,电梯及楼梯的造价将有提高的趋势,建筑物的维修费用也将增加,但是采暖费用有可能下降。

民用住宅按层数划分为低层住宅(1~3层)、多层住宅(4~6层)、中高层住宅(7~9层)、高层住宅(10层以上)。多层住宅具有降低工程造价和使用费用以及节约用地等优点。随着住宅层数的增加,单方造价系数在逐渐降低,即层数越多越经济。但是边际造价系数也在逐渐减少,说明随着层数的增加,单方造价系数下降幅度减缓,当住宅超过7层,就要增加电梯费用,需要较多的交通面积(过道、走廊要加宽)和补充设备(供水设备和供电设备等)。特别是高层住宅,要经受较强的风力载荷,需要提高结构强度,改变结构形式,使工程造价大幅度上升。因此,中小城市以建造多层住宅较为经济,大城市可沿主要街道建设一部分高层住宅,以合理利用空间,美化市容。对于地皮特别昂贵的地区,为了降低土地费用,中、高层住宅是比较经济的选择。

工业厂房层数的选择就应该重点考虑生产性质和生产工艺的要求。对于需要跨度大和层度高,拥有重型生产设备和起重设备,生产时有较大振动及大量热和气散发的重型工业,采用单层厂房是经济合理的;而对于工艺过程紧凑,设备和产品重量不大,并要求恒温条件的各种轻型车间,可采用多层厂房,以充分利用土地,节约基础工程量,缩短交通线路、工程管线和围墙的长度,降低单方造价。同时还可以减少传热面,节约热能。

确定多层厂房的经济层数主要有两个因素:一是厂房展开面积的大小。展开面积越大,层数越可提高;二是厂房宽度和长度。宽度和长度越大,则经济层越能增高,造价也随之相应降低。比如,当厂房宽为30m,长为120m时,经济层数为3~4层,而厂房宽为37.5m,长为150m时,则经济层数为4~5层。后者比前者造价降低4%~6%。

5. 柱网布置:柱网布置是确定柱子的行距(跨度)和间距(每行柱子中相邻两个柱子间的距离)的依据。柱网布置是否合理,对工程造价和厂房面积的利用效率都有较大的影响。由于科学技术的飞跃发展,生产设备和生产工艺都在不断变化。为适应这种变化,厂房柱距和跨度应当适当扩大,以保证厂房有更大的灵活性,避免生产设备和工艺的改变受到柱网布置的限制。

柱网的选择与厂房中有无吊车、吊车的类型及吨位、屋顶的承重结构以及厂房的高度等因素有关。对于单跨厂房,当柱间距不变时,跨度越大单位面积造价越低。因为除屋架外,其他结构架分摊在单位面积上的平均造价随跨度的增大而减小;对于多跨厂房,当跨度不变时,中

186

跨数目越多越经济。这是因为柱子和基础分摊在单位面积上的造价减少。

6. 建筑物的体积与面积：通常情况下，随着建筑物体积和面积的增加，工程总造价会提高。因此，应尽量减少建筑物的体积与总面积。为此，对于工业建筑，在不影响生产能力的条件下，厂房、设备布置力求紧凑合理；要采用先进工艺和高效能的设备，节省厂房面积；要采用大跨度、大柱距的大厂房平面设计形式，提高平面利用系数。对于民用建筑，尽量减少结构面积比例，增加有效面积。住宅结构面积与建筑面积之比称为结构面积系数。这个系数越小，设计越经济。

7. 建筑结构：建筑结构是指建筑工程中由基础、梁、板、柱、墙、屋架等构件所组成的起骨架作用的、能承受直接和间接"作用"的体系。建筑结构按所用材料可分为：砌体结构、钢筋混凝土结构、钢结构和木结构等。

（1）砌体结构，是由墙砖、砌块、料石等块材通过砂浆砌筑而成的结构。具有就地取材、造价低廉、耐火性能好以及容易砌筑等优点。有关资料研究表明，五层以下的建筑物砌体结构比钢筋混凝土结构经济。

（2）钢筋混凝土结构坚固耐久，强度、刚度较大，抗震、耐热、耐酸、耐碱、耐火性能好，便于预制装配和采用工业化方法施工，在大中型工业厂房中广泛应用。对于大多数多层办公楼和高层公寓的主要框架工程来说，钢筋混凝土比钢结构便宜。

（3）钢结构是由钢板和型钢等钢材，通过铆、焊、螺栓等连接而成的结构。多层房屋采用钢结构在经济上的主要优点为：①因为柱的截面较小，而且比钢筋混凝土结构所要求的柱子占用的楼层空间也少，因而结构尺寸减少；②安装精确，施工迅速；③由于结构自重较小而降低了基础造价；④由于钢结构在柱网布置方面具有较大的灵活性，因而平面布置灵活；⑤外墙立面、窗的组合方式及室内布置可以适应未来变化的需要。

（4）木结构是指全部或大部分采用木材搭建的结构。具有就地取材、制作简单、容易加工等优点。但由于大量消耗木材资源，会对生态环境带来不利影响，因此在各类建筑工程中较少使用木结构。木结构的主要缺点是：易燃、易腐蚀、易变形等。

以上分析可以看出，建筑材料和建筑结构选择得是否合理，不仅直接影响到工程质量、使用寿命、耐火抗震性能，而且对施工费用、工程造价有很大的影响。

三、设计阶段工程造价特点与控制的重要意义

（一）设计阶段工程造价特点

1. 设计阶段是项目建设过程中承上启下的重要阶段

项目的设计既要准确地反映项目决策的内容和思路，又要指导项目的具体施工。设计思想如果偏离了决策的思路，再正确的决策也会失败。设计成果作为指导施工的法律性文件，其重要性也是不言而喻的。设计阶段实际上在项目建设的过程中起到了承上启下的作用。

2. 设计阶段是工程造价控制的关键环节

从国内外工程实践及工程造价资料分析表明，设计阶段对工程造价的影响程度为75%~85%，而在施工阶段通过技术革新等手段，对工程造价的影响程度却只有5%~10%。显然，设计阶段是控制工程造价的关键环节。设计方案选定、结构的优化、新材料的采用、先进的设计理念和方法等无一不是影响工程造价的重要因素。同时设计决定了工程量的大小，也决定了资源的消耗量，每一个标高、尺寸的确定都直接影响了工程量的大小，这就是人们常说的"图上一条线，投资千千万"。设计的质量、设计的深度也决定了工程造价的可靠程度。

3. 设计阶段是工程造价最难以控制的阶段

设计阶段既是控制工程造价最有效的阶段,也是最难以控制的阶段。首先,设计是一项创造性的劳动,建筑物既是物质产品,也是精神产品,其设计质量受到设计者主观因素的影响,如设计者的技术水平、知识结构、经验、爱好习惯、风格等都对设计质量产生一定的影响。其次,设计质量的好坏很难用一个尺度去度量。尽管如此,设计成果的优劣还是有一个客观的标准,即是否满足了功能要求,是否有效地控制了工程造价。

（二）设计阶段工程造价控制的意义

1. 在设计阶段进行工程造价分析可以使投资构成更合理,提高资金利用效率

通过设计阶段编制设计概算,可以了解工程投资的构成,分析资金分配的合理性,并可以利用价值工程理论分析项目各个组成部分功能与成本的匹配程度,调整项目功能与成本,使其更趋于合理。

2. 在设计阶段进行工程造价控制,可以提高投资控制效率

通过分析设计概算,可以了解工程各组成部分的投资比例,对于投资比例比较大的部分应作为投资控制的重点,这样可以提高投资控制效率。

3. 在设计阶段控制工程造价,使控制工作更主动

设计阶段,可以先开列新建建筑物每一分部或分项的计划支出费用的报表,即投资计划。然后当详细设计制定出来以后,对照造价计划中所列的指标进行审核,预先发现差异,主动采取一些控制方法消除差异,使设计更经济。

4. 在设计阶段控制工程造价,利于技术与经济相结合

将设计建立在健全的经济基础之上,有利于选择一种最经济的方式实现技术目标,从而确保设计方案的技术与经济效果。

5. 在设计阶段控制工程造价,效果最显著

建设投资控制贯穿于项目建设全过程,但是进行全过程控制的时还必须突出重点。初步设计阶段对投资的影响约为20%,技术设计阶段对投资的影响约为40%,施工图设计准备阶段对投资的影响约为25%。很显然,控制建设投资的关键是在设计阶段。

四、设计招标投标

设计招标与其他招标在程序上的主要区别表现为如下几个方面:

（1）招标文件的内容不同

设计招标文件中仅提出设计依据、工程项目应达到的技术指标、项目限定的工作范围、项目所在地的基本资料、要求完成的时间等内容,而无具体的工作量。

（2）对投标书的编制要求不同

投标人的投标报价不是按规定的工程量清单填报单价后算出总价,而是首先提出设计构思和初步方案,并论述该方案的优点和实施计划,在此基础上进一步提出报价。

（3）开标形式不同

开标时不是由招标单位的主持人宣读投标书并按报价高低排定标价次序,而是由各投标人自己说明投标方案的基本构思和意图,以及其他实质性内容,而且不按报价高低排定标价次序。

（4）评标原则不同

评标时不过分追求投标价的高低,评标委员更多关注于所提供方案的技术先进性、所达到

的技术指标、方案的合理性以及对工程项目投资效益的影响。

（一）设计招标投标

1. 设计招标投标的概念

设计招标投标是指招标单位根据拟建工程的设计任务发布招标公告,以吸引设计单位参加竞争,经招标单位审查符合招标资格的设计单位按照招标文件要求,在规定的时间内向招标单位填招标文件,招标单位择优确定中标设计单位来完成工程设计任务的活动称之为设计招标投标。设计招标投标的目的是:鼓励竞争,促使设计单位改进管理,采用先进技术,降低工程造价,提高设计质量,缩短设计周期,提高投资效益。设计招标投标是招标方与招标方之间的经济活动,其行为受到我国《招标投标法》的保护和监督。

2. 实行设计招标的项目应具备的条件

（1）具有经过审批机关批准的设计任务书。

（2）具有开展设计必需的可靠设计资料。

（3）依法成立了专门的招标机构,并具有编制招标文件和组织评标的能力,或委托依法设立的招标代理机构。

3. 设计招标的方式

我国《招标投标法》第十条规定:招标分为公开招标和邀请招标。

公开招标:是指招标人以招标公告的方式邀请不特定的法人或者其他组织投标。

邀请招标:是指招标人以投标邀请书的方式邀请特定的法人或者其他组织投标。

无论是公开招标还是邀请招标都必须在 3 个以上单位进行,否则招标无效。

4. 设计招标的程序

（1）招标单位编制招标文件。

（2）招标单位发布招标公告或发出投标邀请书给特定的投标人。

（3）投标单位购买或领取招标文件,并按招标文件要求和规定的时间送投标文件。

（4）招标单位对投标单位进行资格审查。主要审查单位性质和隶属关系,工程设计证书等级和证书号,单位成立时间和近期承担的主要工程设计情况、技术力量和装备水平以及社会信誉等。

（5）招标单位向合格设计单位发售或发送招标文件。

（6）招标单位组织投标单位踏勘工程现场,解答招标文件中的问题。

（7）投标单位编制投标文件并按规定时间地点密封报送。投标文件内容一般应包括:方案设计综合说明书;方案设计内容和图纸;建设工期;主要施工技术和施工组织方案;工程投资估算和经济分析;设计进度和设计费用。

（8）招标单位当众开标,组织评标,确定中标单位,发出中标通知书。我国规定:开标、评标至确定中标单位的时间一般不得超过 1 个月。确定中标的依据是:设计方案优劣,投入产出经济效益好坏;设计进度快慢;设计资历和社会信誉等。

（9）招标单位与中标单位签订合同。我国规定:招标单位和中标单位应当自中标通知书发出之日起 30 日内签订书面设计合同。

5. 设计招标的优点

（1）有利于设计多方案的选择和竞争,从而择优确定最佳设计方案,达到优化设计方案,提高投资效益之目的。

（2）有利于控制工程造价。工程造价的控制可以作为设计招标中的评价指标，因而投标方在优化设计方案的同时，也十分关注工程造价。

（3）有利于加快设计进度，提高设计质量，降低设计费用。

（二）设计招标文件编制中应该注意的问题

设计招标文件编制的质量是关系到设计招标成败的极为关键的问题。它是设计招标过程中极为重要的工作。设计招标文件规定了招标设计的内容、范围和深度，设计招标文件是投标方的投标依据，设计招标文件是签订设计合同的重要内容。

1. 设计招标文件编制的基本原则

设计招标文件的编制必须做到系统、完整、准确、明了，使投标方正确全面地理解招标方的意图，避免产生误解，其编制的基本原则是：

（1）应遵守国家的法律和法规。如招标投标法、合同法等严格按照规定的程序、内容、要求编制。

（2）应注意公正地处理好招标投标双方的利益，合理地分担经济风险以提高投标方的积极性，在当前设计招标市场还不普及的情况下尤其重要，这是设计招标的特点决定的。

（3）招标文件要详细地说明工程设计内容，设计范围和深度，设计进度要求，以及设计文件的审查方式。评标标准应力求科学合理，具体明确，可操作性强。

2. 招标文件中的设计范围和深度问题

一般来说，设计的范围越广，深度越深，越有利于评定标时把握尺度，量化指标，比较优劣。但过度的要求可能会造成投标方过多的人力、物力、财力的投入，增加其经济风险而降低其投标的积极性。因此，确定适度的设计范围和深度是设计招标文件编制中一个十分重要的技术问题。在确定设计范围和深度时应考虑以下两个方面的问题：一是要选择能够反映本工程特点和主要功能的内容作为招标设计的范围，尽可能略去技术成熟，可比选优劣性差的设计内容，以尽可能减少设计范围。二是设计深度要与评标标准相适应，要以能够比较设计方案优劣、项目投资效益好坏的深度为原则，设计深度太深，会加大投标的经济风险，设计深度太浅又难以比较设计方案的优劣。

3. 评标标准问题

由于设计招标投标没有标底，因此评标标准在设计招标中具有十分重要的意义，评标标准是否科学合理，是否能客观地衡量设计方案，质量的优劣，是关系到设计招标成败的关键。

（1）先进性标准

判断设计方案优劣的标准要能够体现设计的技术水平，反映本行业或地区的先进水平，如技术经济指标的先进性。在坚持先进性原则的同时应注意所选择先进技术是成功的、成熟可靠的。

（2）适应性标准

适应性标准就是能够甄别设计方案，在技术先进的同时，具有符合该招标项目的特殊情况，即在该条件技术运用恰当，设计方案最能体现项目特点，以及与当地市场资源、技术水平、技术政策等的适应性。

（3）系统性标准

所有的技术方案都不是孤立存在的，判断设计方案的优劣，不是哪一个指标的优劣，而是整体最优。系统工程认为整体大于各部分之和。在评价设计方案优劣的指标中，应该且必须遵循系统工程的观点,从整体上去判断设计方案的优劣。因此,评标标准应该全面、系统。

（4）效益标准

招标方总希望找到一个技术上最先进可靠、同时造价又最低的设计方案。实际上这两种要求往往是相对立的,最先进的未必最经济合理,评标标准一定要体现效益原则,即技术先进、经济合理。

在确定评标标准的同时,还必须考虑评标标准的可操作性问题,即上述那些抽象、原则性的标准,怎样转化成可以量化的,且有可操作性的评价体系。在量化标准时应该注意两个方面的问题。一是评标标准的权重必须反映招标方的预期目标。权重的大小实际上反映了招标方的价值取向,如果强调技术上的先进性,则加大反映技术水平标准的权重。二是抽象标准的量化问题应借助定性定量的分析方法。

五、限额设计与技术经济分析

（一）限额设计

1. 限额设计的含义

限额设计,是按批准的投资估算控制初步设计,按批准的初步设计总概算控制技术设计和施工图设计。同时,各专业在保证达到使用功能的前提下,按分配的投资限额控制设计,严格控制不合理变更,保证总投资额不被突破。

推行限额设计的关键是确定投资限额,如果投资限额过高,限额设计就失去了意义;如果投资限额过低,限额设计也将陷入"巧妇难为无米之炊"的境地。

投资分解和工程量控制是实行限额设计的有效途径。投资分解就是把投资限额合理地分配到单项工程、单位工程,甚至分部工程中去,通过层层限额设计,实现对投资限额的有效控制;工程量控制是实现限额设计的主要途径,工程量的大小直接影响建设投资,工程量的控制应以设计方案的优选为手段,切不可以牺牲质量和安全为代价。

2. 推行限额设计的意义

（1）推行限额设计是控制建设投资的重要手段。在设计中以控制工程量为主要内容,抓住了控制建设投资的核心。

（2）推行限额设计有利于处理好技术与经济的关系,提高广义设计质量,优化设计方案。

（3）推行限额设计有利于增强设计单位的责任感,在实施限额设计的过程中,通过奖罚管理制度,促使设计人员增强经济观念和责任感,使其既负技术责任也要负经济责任。

3. 限额设计的纵向控制

限额设计的纵向控制,是指在设计工作中,根据前一设计阶段的投资确定控制后一设计阶段的投资控制额。具体来说,可行性研究阶段的投资估算作为初步设计阶段的投资限额,初步设计阶段的设计概算作为施工图设计阶段的投资限额。

（1）施工图设计阶段以前的限额设计

施工图设计阶段以前的限额设计主要要做好以下几点:

1）重视设计方案的选择

设计方案直接影响建设投资,因此在设计过程中,要促使设计人员进行多方案的比选,尤其要注意运用技术经济比选的方法,使选择的设计方案真正做到技术可行、经济合理。

2）应采用先进的设计理论、设计方法、优化设计

设计理论的落后往往带来建设投资的增加,而采用先进的设计理论和方法有利于限额设

计的顺利实现。所以,应用现代科学技术的成果,对工程设计方案、设备选型、效益分析等方面进行最优化的设计。

3）重点研究对投资影响较大的因素

设计方案、结构选型、平面布置、空间组合等都是影响建设投资最为敏感的因素,在设计过程中应该重点研究这些因素。

（2）施工图设计阶段的限额设计

施工图设计是设计工作的最终产品,是指导工程建设的重要文件,是施工企业实施施工的依据。施工图设计实际上已决定了工程量的大小和资源的消耗量,从而决定了建设投资,因而施工图设计阶段的限额设计更具现实意义,其重点应放在工程量的控制。另外,应严格按照批准的可行性研究报告中的建设规模、建设标准、建设内容进行设计,不得任意突破。如有确需设计方案的重大变更,必须报原审批部门审批。

（3）加强设计变更管理

设计变更是影响建设投资的重要因素,变更发生越早,损失越小,反之就越大。如在设计阶段变更,则只需修改图纸,虽然造成一定损失,但其他费用尚未发生,损失有限;如果在采购阶段变更,不仅需要修改图纸,而且设备、材料还须重新采购;若在施工阶段变更,除上述费用外,已施工的工程还须拆除,不仅投资损失而且还会拖延工期。因此,必须加强设计变更管理,尽可能把设计变更控制在设计初期,尤其对影响建设投资的重大设计变更,更要用先算账后变更的办法解决,使建设投资得到有效控制。

4. 限额设计的横向控制

限额设计的横向控制,是指建立和加强设计单位及其内部的管理制度和经济责任制,明确设计单位内部各专业及其设计人员的职责和经济责任,并赋予相应权力,但赋予的决定权应与其责任相一致。

5. 限额设计的不足

限额设计也是一把双刃剑,既有重要积极作用,也存在以下不足:由于投资限额的限制,设计人员的创造性有可能受到制约;由于投资限额的限制,可能降低设计的合理性;由于投资限额的限制,可能会导致投资效益的降低;限额设计是指建设项目的一次性投资,从建设期来看可能最优,但如果从项目的全寿命期来看,不一定经济。

（二）设计方案技术经济分析与经济效果评价

技术经济分析和经济效果评价,是提高设计方案的经济性和经济效果、保证设计方案的经济合理性的重要手段。

总体设计方案的经济性由若干局部设计方案的经济性决定的,并会受到若干因素的影响。这些因素可用一系列指标体系来反映。在各种设计方案中,通过将设计方案的技术经济指标和国内外先进方案的指标进行对比分析,采取有效措施,提高设计方案的经济性。这就是设计方案的技术经济分析。

局部设计方案的经济性不能代表整个工程设计方案的经济性,也不能反映整个方案的经济效果。因为,在几个设计方案的同类指标进行分析比较时,往往会出现某个方案的某个指标较优而另一些指标较差的现象,不易选择。因此,有必要对被选方案的经济性和经济效果进行综合的、全面的评价,这就是设计方案经济效果评价。

第二节　设计概算的编制与审查

一、设计概算的基本概念

（一）设计概算的含义

设计概算是设计文件的重要组成部分，是在投资估算的控制下由设计单位根据初步设计（或扩大初步设计）图纸、概算定额（或概算指标）、各项费用定额或取费标准（指标）、建设地区自然、技术经济条件和设备、材料预算价格等资料，编制和确定的建设项目从筹建至竣工交付使用所需全部费用的文件。采用两阶段设计的建设项目，初步设计阶段必须编制设计概算；采用三阶段设计的，扩大初步设计阶段必须编制修正概算。

设计概算的编制应包括编制期价格、费率、利率、汇率等确定静态投资和编制期到竣工验收前的工程和价格变化等多种因素的动态投资两部分。静态投资作为考核工程设计和施工图预算的依据；动态投资作为筹措、供应和控制资金使用的限额。

（二）设计概算的作用

1. 设计概算是编制建设项目投资计划、确定和控制建设项目投资的依据。

经批准的建设项目设计总概算的投资额，是该工程建设投资的最高限额。在工程建设过程中，年度固定资产投资计划安排，银行拨款或贷款、施工图设计及其预算、竣工决算等，未经按规定的程序批准，都不能突破这一限额，以确保国家固定资产投资计划的严格执行和有效控制。

2. 设计概算是签订建设工程合同和贷款合同的依据。经批准的设计概算投资为最高限额，经批准的设计概算是银行拨款或签订贷款合同的最高限额。

3. 设计概算是控制施工图设计和施工图预算的依据。经批准的设计概算是建设项目投资的最高限额，设计单位必须按照批准的初步设计及其总概算进行施工图设计，施工图预算不得突破设计概算。如确需突破总概算时，应按规定程序报经审批。

4. 设计概算是衡量设计方案经济合理性和选择最佳设计方案的依据。

5. 设计概算是工程造价管理及编制招标标底和投标报价的依据。设计总概算一经批准，就作为工程造价管理的最高限额，并据此对工程造价进行严格的控制。

6. 设计概算是考核建设项目投资效果的依据。通过设计概算与竣工决算对比，可以分析和考核投资效果的好坏，同时还可以验证设计概算的准确性。

（三）设计概算的内容

设计概算可分单位工程概算、单项工程综合概算和建设项目总概算三级。各级之间概算的相互关系如图6-1所示。

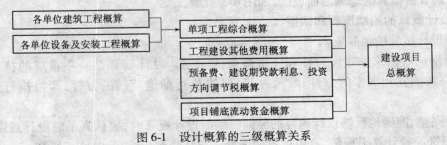

图6-1　设计概算的三级概算关系

193

1. 单位工程概算。单位工程概算是确定各单位工程建设费用的文件,是编制单项工程综合概算的依据,是单项工程综合概算的组成部分。单位工程概算按其工程性质分为建筑工程概算和设备及安装工程概算两大类。建筑工程概算包括土建工程概算,给排水、采暖工程概算,通风、空调工程概算,电气照明工程概算,弱电工程概算,特殊构筑物工程概算等;设备及安装工程概算包括机械设备及安装工程概算,电气设备及安装工程概算,热力设备及安装工程概算,工具、器具及生产家具购置费概算等。

2. 单项工程概算。单项工程概算是确定一个单项工程所需建设费用的文件,它是由单项工程中的各单位工程概算汇总编制而成的,是建设项目总概算的组成部分。单项工程综合概算的组成内容如图 6-2 所示。

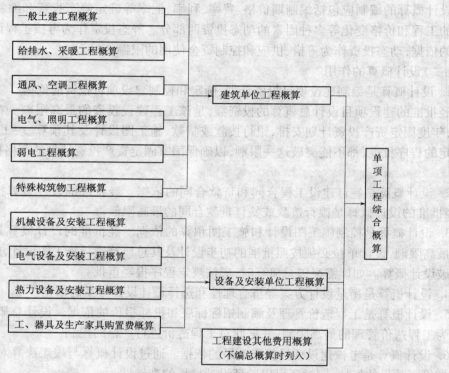

图 6-2　单项工程综合概算的组成内容

3. 建设项目总概算。建设项目总概算是确定整个建设项目从筹建到竣工验收所需全部费用的文件,它是由各单项工程综合概算、工程建设其他费用概算、预备费、建设期贷款利息和投资方向调节税概算汇总编制而成的,如图 6-3 所示。

二、设计概算的编制原则和依据

(一)设计概算的编制原则

1. 严格执行国家的建设方针和经济政策的原则。设计概算是一项重要的技术经济工作,要严格按照党和国家的方针、政策办事,坚决执行勤俭节约的方针,严格执行规定的设计标准。

2. 要完整、准确地反映设计内容的原则。编制设计概算时,要认真了解设计意图,根据设计文件、图纸准确计算工程量,避免重算和漏算。设计修改后,要及时修正概算。

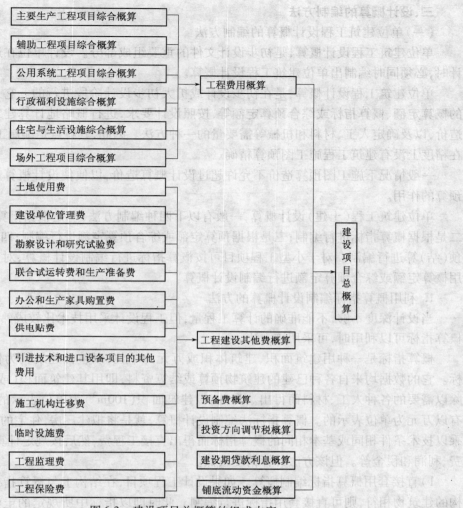

图 6-3　建设项目总概算的组成内容

3. 要坚持结合拟建工程的实际,反映工程所在地当时价格水平的原则。为提高设计概算的准确性,要求实事求是的对工程所在地的建设条件,可能影响造价的各种因素进行认真的调查研究。在此基础上正确使用定额、指标、费率和价格等各项编制依据,按照现行工程造价的构成,根据有关部门发布的价格信息及价格调整指数,考虑建设期的价格变化因素,使概算尽可能地反映设计内容、施工条件和实际价格。

(二)设计概算的编制依据

1. 国家发布的有关法律、法规、规章、规程等。

2. 批准的可行性研究报告及投资估算、设计图纸等有关资料。

3. 有关部门颁布的现行概算定额、概算指标、费用定额等和建设项目设计概算编制办法。

4. 有关部门发布的人工、设备材料价格、造价指数等。

5. 建设地区的自然,技术经济条件等资料。

6. 有关合同、协议等。

7. 其他有关资料。

三、设计概算的编制方法

（一）单位建筑工程设计概算的编制方法

单位建筑工程设计概算，是初步设计文件的重要组成部分。设计单位在进行编制初步设计时，必须同时编制出单位建筑工程设计概算。

单位建筑工程设计概算，是在初步设计或扩大初步设计阶段进行的。它是利用国家颁发的概算定额、概算指标或综合预算定额等，按照设计要求，进行概略地计算建筑物或构筑物的造价，以及确定人工、材料和机械等需要量的一种方法。因此，其特点是编制工作较为简单，但在精度上没有建筑工程施工图预算精确。

一般情况下施工图预算造价不允许超过设计概算造价，以便使设计概算起着控制施工图预算的作用。

单位建筑工程（土建）设计概算，一般有以下四种编制方法：一是根据概算定额进行编制；二是根据概算指标进行编制；三是根据预算定额或综合预算定额进行编制；四是利用类似工程预（结）算进行编制。对于小型工程项目可按概算指标进行编制设计概算，对于招标工程可采用概算定额或综合预算定额进行编制设计概算。

1. 利用概算指标编制设计概算的方法

当设计深度不够，不能准确的计算工程量，但工程设计采用技术比较成熟而又有类似工程概算指标可以利用时，可采用该方法。

概算指标是一种用建筑面积、建筑体积或万元为单位，以整幢建筑物为依据而编制的指标。它的数据均来自各种已建的建筑物预算或结算资料，即用其建筑面积（或体积）或每万元除以需要的各种人工、材料而得出。目前，以建筑面积（$100m^2$）为单位表示的较为普遍，但也有以万元为单位表示的。概算指标法编制设计概算，就是将拟建厂房，住宅的建筑面积或体积乘以技术条件相同或基本相同的概算指标而得出直接工程费，然后按规定计算出措施费、间接费、利润和税金等。但该方法计算精度较低。

1）直接套用概算指标编制概算。如果设计工程项目，在结构上与概算指标中与某类型结构的建筑物相符，则可直接套用指标进行编制。此时即以指标中所规定的土建工程每百平方米或每平方米（或每立方米）的造价或人工、主要材料消耗量，乘以设计工程项目的概算相对应的工程量，即可得出该设计工程的全部概算价值（即直接费）和主要材料消耗量。其计算公式为：

$$每平方米建筑面积人工费 = 指标人工用量 \times 地区工资标准 \qquad (6.2-1)$$

$$每平方米建筑面积主要材料费 = \sum(主要材料数量 \times 地区材料预算价格) \qquad (6.2-2)$$

$$每平方米建筑面积直接费 = 人工费 + 主要材料费 + 其他材料费 + 施工机械使用费$$

$$\qquad (6.2-3)$$

$$每平方米建筑面积概算单价 = 直接费 + 间接费 + 利润 + 材料差价 + 税金 \qquad (6.2-4)$$

$$设计工程概算单价 = 设计工程建筑面积 \times 每平方米建筑面积概算单价 \qquad (6.2-5)$$

$$\begin{matrix} 设计工程所需主要 \\ 材料、人工数量 \end{matrix} = 设计工程建筑面积 \times \begin{matrix} 每平方米建筑面积主要 \\ 材料、人工耗用量 \end{matrix} \qquad (6.2-6)$$

2）利用换算概算指标编制概算。在实际工作中，由于随着建筑技术的发展，新结构、新技术、新材料的应用，设计也在不断发展和提高。因此，在套用核算指标时，设计的内容不可能完全符合概算指标中所规定的结构特征。此时,就不能简单地按照类似的或最相近的概算指标套算,而必须根据差别的具体情况,对其中一项或某几项不符合设计要求的内容,分别加以修正或换算。经换算后的概算指标,方可使用。其换算方法为:

$$\begin{pmatrix} 单位建筑面积造价 \\ 换算概算指标 \end{pmatrix} = \begin{pmatrix} 原造价概算 \\ 指标单价 \end{pmatrix} - \begin{pmatrix} 换出结构 \\ 构件单价 \end{pmatrix} + \begin{pmatrix} 换入结构 \\ 构件单价 \end{pmatrix} \qquad (6.2\text{-}7)$$

$$\begin{matrix} 换出(或换入) \\ 结构构件单价 \end{matrix} = \begin{matrix} 换出(或换入) \\ 结构构件工程量 \end{matrix} \times 相应的概算定额单价 \qquad (6.2\text{-}8)$$

设计内容与概算指标规定不符时,则需要换算概算指标,其目的是为了保证概算价值的正确性,从而保证施工图预算不超过设计概算,只有这样才能使设计概算起到真正控制造价的作用。

【例6-1】 某砖混结构住宅建筑面积4000m²,其工程特征与在同一地区的概算指标表6-1的内容基本相同。试根据概算指标,编制土建工程概算。

表6-1 工程造价及费用构成

项 目		平米指标(元/m²)	其中各项费用占总造价百分比(%)						间接费	利润	税金
			直接费								
			人工费	材料费	机械费	措施费	直接费				
工程总造价		1340.80	9.26	60.15	2.30	5.28	76.99	13.65	6.28	3.08
其中	土建工程	1200.50	9.49	59.68	2.44	5.31	76.92	13.66	6.34	3.08
	给排水工程	80.20	5.85	68.52	0.65	4.55	79.57	12.35	5.01	3.07
	电照工程	60.10	7.03	63.17	0.48	5.48	76.16	14.78	6.00	3.06

解:计算步骤及结果详见表6-2。

表6-2 某住宅土建工程概算造价计算表

序 号	项 目 内 容	计 算 式	金 额 (元)
1	土建工程造价	4000 × 1200.50 = 4802000	4802000
2	直接费	4802000 × 76.92% = 3693698.4	3693698.4
	其中:人工费	4802000 × 9.49% = 455709.8	455709.8
	材料费	4802000 × 59.68% = 2865833.6	2865833.6
	机械费	4802000 × 2.44% = 117168.8	117168.8
	措施费	4802000 × 5.31% = 254986.2	254986.2
3	间接费	4802000 × 13.66% = 655953.2	655953.2
4	利润	4802000 × 6.34% = 304446.8	304446.8
5	税金	4802000 × 3.08% = 147901.6	147901.6

【例6-2】 假设新建单身宿舍一座,其建筑面积为3500m²,按概算指标和地区材料预算价格等算出一般土建工程单位造价为640.00元/m²(其中直接工程费为468.00元/m²),采暖工程32.00元/m²,给排水工程36.00元/m²,照明工程30.00元/m²。按照当地造价管理部门规定,土建工程措施费费率为8%,间接费费率为15%,利率为7%,税率为3.4%。但新建单身

宿舍设计资料与概算指标相比较,其结构构件有部分变更,设计资料表明外墙为1砖半外墙,而概算指标中外墙为1砖外墙,根据当地土建工程预算定额,外墙带型毛石基础的预算单价为147.87 元/m³,1 砖外墙的预算单价为177.10 元/m³,1 砖半外墙的预算单价为178.08 元/m³;概算指标中每100m² 建筑面积中含外墙带型毛石基础为18m³,1 砖外墙为46.5m³,新建工程设计资料表明,每100m² 中含外墙带型毛石基础为19.6m³,1 砖半外墙为61.2m³。请计算调整后的概算单价和新建宿舍的概算造价。

解:对土建工程中结构构件的变更和单价调整过程如表6-3 所示。

表6-3　土建工程概算指标调整表

序 号	结 构 名 称	单 位	数 量 (每100m² 含量)	单 价	合 价（元）
1	土建工程单位直接工程费造价 换出部分: 外墙带型毛石基础	 m³ m³	 18 46.5	 147.87 177.10	468.00 2661.66 8235.15
2	一砖外墙 合计	元			 10896.81
3 4	换入部分: 外墙带型毛石基础 一砖半外墙 合计	 m³ m³ 元	 19.6 61.2	 147.87 178.08	 2898.25 10898.5 13796.75
	结构变化修正指标	468.00 − 10896.81/100 + 13796.75/100 = 497.00（元）			

以上计算结果为直接工程费单价,需取费得到修正后的土建单位工程造价,即

$$497.00 \times (1+8\%) \times (1+15\%) \times (1+7\%) \times (1+3.4\%) = 682.94(元/m^2)$$

其余工程单位造价不变,因此经过调整后的概算单价为:

$$682.94 + 32.00 + 36.00 + 30.00 = 780.94(元/m^2)$$

新建宿舍楼概算造价为:

$$780.94 \times 3500 = 2733290(元)$$

2. 利用概算定额编制设计概算的方法

概算定额法,又称扩大单价法。它与利用预算定额编制单位建筑工程施工图预算的方法基本相同。该方法要求初步设计达到一定深度,建筑结构比较明确时方可采用。

(1)编制依据

1)初步设计或扩大初步设计的图纸资料和说明书。

2)概算定额。

3)概算费用指标。

4)施工条件和施工方法。

(2)编制步骤和方法

利用概算定额编制单位建筑工程(土建)设计概算的方法,与利用预算定额编制单位建筑工程(土建)施工图预算的方法基本上相同。不同处在于设计预算项目划分得较施工图预算

粗略,它是把施工预算中的若干个项目合并为一项;并且,所用的基础资料是概算定额(经扩大后的预算定额),此外,采用的是概算工程量计算规划。

利用概算定额编制设计概算的具体步骤如下:

1)熟悉设计图纸,了解设计意图、施工条件和施工方法。

由于初步设计图纸比较粗略,一些结构构造尚未能详尽表示出来,如果不熟悉常用的结构构造方案和设计意图,就难以正确地计算出工程量,因而也就不能准确地计算出土建工程的造价,再者,如果不了解地质情况,常水位线位置、排水措施、土壤类别、挖土方法、运土工具、余土外运距离等,施工条件和施工方法,同样也会影响编制设计概算的准确性。

2)列出单位建筑工程(土建)设计图中各分部分项工程项目,并计算出相应的工程量。

在熟悉设计图纸,了解施工条件的基础上,就可按《概算定额》手册中的分部分项定额编号顺序,列出各分项工程的项目。当设计图中的分项工程项目名称、内容,若与采用的概算定额手册中相应的项目,完全符合一致时,即可直接套用定额进行计算;如遇设计图中的分项工程项目名称、内容,与采用的概算定额手册中相应的项目,有某些不相符时,则必须对定额进行换算后,才可以套用定额进行换算。工程量计算,应按《概算定额》手册中规定的工程量计算规则进行,并将所算得各分项工程量,按概算定额编号顺序,填入工程概算表内。

由于设计概算的项目比施工中预算的项目扩大,因此其工程量计算方法与施工图预算方法相比较时,某些项目会有些差别。故在计算工程量时,必须熟悉概算定额中每个分项所包括的工程内容,避免重算和漏算,以便计算出正确的概算工程量。

3)确定各分部分项工程项目的概算定额单价(或基价)。

工程量计算完毕后,即按照《概算定额》中分部分项工程项目的顺序,查《概算定额》的相应项目,逐项套用相应定额的单价(或基价)和人工、材料消耗指标。然后,分别将其填入工程概算表和工料分析表中。

4)计算单位建筑工程(土建)各分部分项工程项目的直接费和总直接费。

将已算出的各分部分项工程项目的工程量及在概算定额中已查出的相应定额单价(或基价),和单位人工、材料消耗指标,分别与工程量相乘,即可得出各分项工程的直接费和人工、材料消耗量。再汇总各分项工程的直接费及人工、材料消耗量,即可得到该单位工程(土建)费用的总直接费和材料总消耗量。其计算公式为:

$$分项工程直接费:a = 分项工程量 \times 该分项工程相应定额单价(元)$$
$$单位工程总直接费:A = \sum a(元) \tag{6.2-9}$$

以上直接费计算结果,均取整数,小数点后四舍五入。如果计算直接费用时,规定有地区的人工、材料价差调整指标,则还应按各地区规定的调整系数,进行调整计算。

5)计算各项取费和税金。根据总直接费、各项施工取费标准,分别计算间接费、利润和税金等费用。

6)计算单位建筑工程(土建)概算总造价。

将上面算得的直接费、间接费、利润、税金等费用累加即得到单位建筑工程(土建)概算总造价。

采用概算定额法编制的某学校实验楼土建单位工程概算书参见表6-4。

表 6-4　某学校实验楼土建单位工程概算书表

工程定额编号	工程费用名称	计量单位	工程量	金　　额（元）	
				概算定额基价	合价
3-1	实心砖基础(含土方工程)	10m³	19.60	1722.55	33761.98
……	……	……	……	……	……
(一)	项目直接工程费小计	元			783244.79
(二)	措施费(一)×5%	元			39162.24
(三)	直接费[(一)+(二)]	元			822407.03
(四)	间接费(三)×10%	元			82240.70
(五)	利润[(三)+(四)]×5%	元			45232.39
(六)	税金[(三)+(四)+(五)]×3.41%	元			32390.91
(七)	造价总计[(三)+(四)+(五)+(六)]	元			982271.03

3. 利用预算定额或综合预算定额编制概算的方法

(1)编制依据

1)根据初步设计的图纸资料及说明书。

2)《建筑工程预算定额》或《建筑工程综合预算定额》。

3)地区单位估价表或地区材料预算价格、人工工资和机械台班使用定额。

4)有关费用指标。

(2)编制步骤和方法

1)熟悉图纸和预算定额。

2)列出主要分项工程项目。根据初步设计图纸和《预算定额》或《综合预算定额》,按设计内容和要求,依照预算定额中分项定额编号的顺序,列出主要分项工程项目。而次要的零星小项目,如台阶、散水、雨篷、小型抹灰、局部装修、零星砌砖等。则可以不分列而合并归列在"其他零星工程"项目内。

3)计算主要分项工程的工程量,主要分项工程量,按《预算定额》的工程量计算规则进行。

4)计算主要分项工程的直接费。按所列的主要分项工程项目,查《预算定额》或《综合预算定额》中的相应项目,再套《地区单位估价表》中的单价,计算出分项工程的直接费,并使之汇总相加,即得到主要分项工程总直接费。

5)计算材料价差。计算方法与施工图预算中计算材料价差方法相同。

6)计算其他零星工程的直接费。将已算出的"主要分项工程总直接费"乘以系数,即得到"其他零星工程直接费"。零星工程系数的取值大小,应根据零星工程包括的范围测算确定,一般为3%~5%不等。

7)计算定额幅度差。由于根据《预算定额》或《综合预算定额》来编制概算,因而概算定额水平与预算定额水平之间,已预留一定的幅度差,以便按照《预算定额》或《综合预算定额》编制的设计概算,能起控制施工图预算的作用。幅度差的标准,应根据国家有关规定和各地区的具体情况确定,一般控制在5%以内。

8)计算单位建筑工程(土建)直接费。汇总累计以上算出的主要分项工程总直接费、材料价差直接费、取费及定额幅度差,即得到该单位工程(土建)总直接费。

9)计算间接费利润和税金。计算方法同利用《概算定额》编制设计概算的方法。

10)计算单位建筑工程(土建)总造价(元)及技术经济指标(元/m²)。计算方法同利用《概算定额》编制设计概算的方法。

4. 利用类似工程预(结)算编制概算的方法

类似预(结)算,就是已经编好的,在结构类型、层次、构造特征、建筑面积、层高上与拟编制概算的工程相类似的工程预(结)算。

利用类似预(结)算编制概算,可以大大节省编制概算的工作量,也可以解决编制概算的依据不足的问题,是编制概算的一种有效方法。

利用类似预(结)算编制概算,要注意选择与拟建工程在结构类型、构造特征、建筑面积相类似的工程预(结)算,同时还应考虑以下两个问题:

(1)拟建工程与类似预(结)算工程在结构和面积上的差异;

(2)由于建设地点或建设时间不同而引起的人工工资标准,材料预算价格,机械台班使用费及有关费用(间接费、利润、税金)差异。

第(1)项差异可以参考修正概算指标的方法加以修正;第(2)项则须测算调整系数,对类似预(结)算单价进行调整。

调整系数可按下列步骤确定:

首先,测算出类似预算中的人工费、材料费、机械费及有关费用分别占全部预算价值的百分比;

然后,分别测算出人工费、材料费、机械费及有关费用的单项调整系数;

最后,求出总调整系数。其计算公式为:

$$K = K_a \times a\% + K_b \times b\% + K_c \times c\% + K_d \times d\% \tag{6.2-10}$$

式中 K——类似预(结)算调整系数;

K_a, K_b, K_c, K_d——分别为人工费、材料费、机械费及有关费用的调整系数;

$a\%, b\%, c\%, d\%$——分别为人工费、材料费、机械费及有关费用占全部预算价值的百分比。

其中
$$K_a = \frac{\text{拟建工程所在地区一级工工资标准}}{\text{类似工程所在地区一级工工资标准}} \tag{6.2-11}$$

$$K_b = \frac{\sum(\text{类似工程主要材料数量} \times \text{拟建工程所在地区材料预算价格})}{\sum \text{类似工程主要材料费用}} \tag{6.2-12}$$

$$K_c = \frac{\sum(\text{类似工程主要机械台班数} \times \text{拟建工程所在地区机械台班费})}{\sum \text{类似工程各种主要机械的使用费}} \tag{6.2-13}$$

$$K_d = \frac{\text{拟建工程所在地区的综合费率}}{\text{类似工程所在地区的综合费率}} \tag{6.2-14}$$

根据类似预(结)算编制概算步骤如下:

(1)选择类似预(结)算,计算每百平方米建筑面积造价及人工、主要材料、主要结构数量。

(2)当拟建工程与类似预(结)算工程在结构构造上有部分差异时,将上述每百平方米建筑面积造价及人工、主要材料数量进行修正。

(3)当拟建工程与类似预(结)算工程在人工工资标准、材料预算价格、机械台班使用费及有关费用有差异时,测算调整系数。

(4)计算拟建工程建筑面积。

（5）根据拟建工程建筑面积和类似预（结）算资料，修正数据、调整系数，计算出拟建工程的造价和各项经济指标。

【例 6-3】 拟建办公楼建筑面积为 3000m²，类似工程的建筑面积为 2800m²，预算造价为 3200000 元。各种费用占预算造价的比例为：人工费 6%，材料费 55%，机械使用费 6%，措施费 3%，其他费用 30%。试用类似工程预算法编制概算。

解：根据前面的公式计算出各种价格差异系数为：人工费 $K_1 = 1.02$，材料费 $K_2 = 1.05$，机械使用费 $K_3 = 0.99$，措施费 $K_4 = 1.04$，其他费用 $K_5 = 0.95$。

综合调整系数 $K = 6\% \times 1.02 + 55\% \times 1.05 + 6\% \times 0.99 + 3\% \times 1.04 + 30\% \times 0.95 = 1.014$

价差修正后的类似工程预算造价 $= 3200000 \times 1.014 = 3244800$（元）

价差修正后的类似工程预算单方造价 $= 3244800/2800 = 1158.86$（元）

由此可得，拟建办公楼概算造价 $= 1158.86 \times 3000 = 3476580$（元）

【例 6-4】 某住宅楼为 2229.15m²，其土建工程预算造价为 142.56 元/m²，土建工程总预算造价为 31.78 万元（1989 年价格水平），该住宅所在地土建工程万元定额如表 6-5 所示。今在某地拟建类似住宅楼 2500m²。采用类似工程预算法求拟建类似住宅楼 2500m² 土建工程概算平方米造价和总造价。

表 6-5　某地某土建工程万元定额（1989 年）

序号	名称	材料规格	单位	数量	万元基价		占造价比重（%）	2000 年拟建住宅当地价
					单价（元）	合价（元）		
1	人工费		工日	486	1.59	772	6.6	32 元/工日
2	钢筋	φ10 以上占 60% φ10 以下占 40%	t	3.13	569.1	1781		2400 元/t
	型钢	∠100×75×8 占 30% ∠100×75×9 占 15% 1200×102 占 5% 钢板占 50%	t	1.88	670.12	1260		2500 元/t
3	木材	二级松圆木	m³	2.82	136.5	385		640 元/m³
4	水泥	42.5 级	t	15.65	53.6	839		348 元/t
5	砂子	粗细净砂	m³	36.71	12.20	448		36 元/m³
6	石子		m³	35.62	14.00	499		65 元/m³
7	红砖		t	11.97	43.10	516		177 元/千块
8	木门窗		m³	15.01	25.35	380		120 元/m³
9	其他		元	2200		2200		5500
		2~9 项小计（材料费）				8308	71.1	
10	施工机械费		元	920		920	7.9	机械台班系数 $K_3 = 1.05$
	合计	人工费 + 材料费 + 机械费	元			10000		
11	综合费用					1690	14.5	拟建地综合费率 17.5%
	合计					11690		

解：

（1）求出工、料、机、综合费用所占造价的百分比

人工费：772/11690 = 6.6%

材料费：8308/11690 = 71.1%

综合费用：1690/11690 = 14.5%

（2）求出工、料、机、间接费价差系数

①人工工资价差系数 $K_1 = 32/1.59 = 20.13$

②材料价差系数 K_2

按万元定额及拟建工程地材料预算价格计算。

钢筋：3.14 × 2400 = 7536（元）

型钢：1.88 × 2500 = 4700（元）

木材：2.82 × 640 = 1804.8（元）

水泥：15.65 × 348 = 5446.2（元）

砂子：36.71 × 36 = 1321.56（元）

石子：35.62 × 65 = 2315.3（元）

红砖：11.97 × 177 = 2118.69（元）

木门窗：15.01 × 120 = 1801.2（元）

其他：5500 元

小计：32543.75 元

则：$K_2 = m_2/m_1 = 32543.75/8308 = 3.92$

③求施工机械价差系数：

将主要台班费对照后，确定 $K_3 = 1.05$

④综合费率价差系数：

设拟建工程地区综合费率为 17.5%

则 $K_4 = 17.5/16.9 = 1.04$

（3）求出拟建工程综合调整系数：

$$K = K_1 \times a\% + K_2 \times b\% + K_3 \times c\% + K_4 \times d\%$$
$$= 20.13 \times 6.6\% + 3.92 \times 71.1\% + 1.05 \times 7.9\% + 1.04 \times 14.5\%$$
$$= 4.35$$

（4）求拟建住宅概算造价：

①平方米造价 = 142.56 × 4.35 = 620.14（元/m²）

②总土建概算造价 = 620.14 × 2500 = 155.04（万元）

【例6-5】 拟建砖混结构住宅工程 3420m²，结构形式与已建成的某工程相同，只有外墙保温贴面不同，其他部分均较为接近。类似工程外墙面为珍珠岩板保温、水泥砂浆抹面，每平方米建筑面积消耗量分别为 0.044m³、0.842m²，珍珠岩板为 153.1 元/m³、水泥砂浆为 8.95 元/m²；拟建工程外墙为加气混凝土保温、外贴釉面砖，每平方米建筑面积消耗量分别为：0.08m³、0.82m²，加气混凝土 185.48 元/m³，贴釉面砖 49.75 元/m²。类似工程单方直接工程

203

费为 465 元/m²,其中,人工费、材料费、机械费占单方直接工程费比例分别为:14%、78%、8%,综合费率为20%。拟建工程与类似工程预算造价在这些方面的差异系数分别为:2.01、1.06和1.92。

问题(1)应用类似工程预算法确定拟建工程的单位工程概算造价。

(2)若类似工程预算中,每平方米建筑面积主要资源消耗为:人工消耗5.08工日,钢材23.8kg,水泥205kg,原木0.05m³,铝合金门窗0.24m²,其他材料费为主材料费的45%,机械费占直接工程费比例为8%,拟建工程主要资源的现行预算价格分别为人工20.31元/工日,钢材3.1元/kg,水泥0.35元/kg,原木1400元/m³,铝合金门窗平均350元/m²,拟建工程综合费率为20%,应用概算指标法,确定拟建工程的单位工程概算造价。

解:问题(1):首先计算直接工程费差异系数,通过直接工程费部分的价差调整进而得到直接工程费单价,再做结构差异调整,最后取费得到单位造价,计算步骤如下所述。

拟建工程直接工程费差异系数:$14\% \times 2.01 + 78\% \times 1.06 + 8\% \times 1.92 = 1.2618$

拟建工程概算指标(直接工程费)$= 465 \times 1.2618 = 586.74(元/m²)$

结构修正概算指标(直接工程费)$= 586.74 + (0.08 \times 185.48 + 0.82 \times 49.75) - (0.044 \times 153.1 + 0.842 \times 8.95) = 628.10(元/m²)$

拟建工程单位造价 $= 628.10 \times (1 + 20\%) = 753.72(元/m²)$

拟建工程概算造价 $= 753.72 \times 3420 = 2577722(元)$

问题(2):首先,根据类似工程预算中每平方米建筑面积的主要资源消耗和现行预算价算价格,计算拟建工程单位建筑面积的人工费、材料费、机械费。

人工费 = 每平方米建筑面积人工消耗指标 × 现行人工工日单价
$= 5.08 \times 20.31 = 103.17(元)$

材料费 $= \sum$(每平方米建筑面积材料消耗指标 × 相应材料预算价格)
$= (23.8 \times 3.1 + 205 \times 0.35 + 0.05 \times 1400 + 0.24 \times 350) \times (1 + 45\%)$
$= 434.32(元)$

机械费 = 直接工程费 × 机械费占直接工程费的比率
= 直接工程费 × 8%

直接工程费 $= 103.17 + 434.32 +$ 直接工程费 $\times 8\%$

则: 直接工程费 $= (103.17 + 434.32)/(1 - 8\%) = 584.23(元/m²)$

其次,进行结构差异调整,按照所给综合费率计算拟建单位工程概算指标、修正概算指标和概算造价。

结构修正概算指标(直接工程费)= 拟建工程概算指标 + 换入结构指标 - 换出结构指标
$= 584.23 + 0.08 \times 185.48 + 0.82 \times 49.75 - (0.044 \times 153.1 + 0.842 \times 8.95)$
$= 625.59(元/m²)$

拟建工程单位造价 = 结构修正概算指标 × (1 + 综合费率)
$= 625.59 \times (1 + 20\%) = 750.71(元/m²)$

拟建工程概算造价 = 拟建工程单位造价 × 建筑面积
$= 750.71 \times 3420 = 2567428(元)$

（二）设备及其安装工程概算的编制

设备及其安装工程概算由设备购置费和安装工程费两部分组成。设备及其安装工程概算的编制方法如下：

（1）预算单价法。当初步设计有详细设备清单时，可直接按安装工程预算单价编制。

（2）扩大单价法。当初步设计的设备清单不完备，可采用主体设备，成套设备或工艺线的综合扩大安装单价编制。

（3）概算指标法。当初步设计的设备清单不完备，或安装工程预算单价及综合扩大安装单价不全，无法采用以上方法时，可采用概算指标法。概算指标法一般采用以下几种方法：

1）按占设备原价的百分比计算。设备安装工程概算 = 设备原价 × 设备安装费率。

2）按每吨设备安装费计算。设备安装工程概算 = 设备吨位 × 每吨设备安装费。

3）按台、座、等为计量单位的概算指标计算。

4）按设备安装工程每平方米建筑面积的概算指标计算。

（三）单项工程综合概算书的编制

单项工程综合概算是以其所包含的建筑工程概算表和设备及安装工程表为基础汇总编制的。当建设工程只有一个单项工程时，单项工程综合概算（实为总概算）还应包括工程建设其他费用概算（含建设期利息、预备费和固定资产投资方向调节税）。

单项工程综合概算文件一般包括编制说明（不编制总概算时列入）和综合概算表两部分。

1. 编制说明

（1）工程概况：介绍单项工程的生产能力和工程概貌。

（2）编制依据：说明设计文件依据、定额依据、价格依据及费用指标依据。

（3）编制方法：说明编制概算是根据概算定额，概算指标，还是类似预算。

（4）主要设备和材料的数量。说明主要机械设备、电气设备及主要建筑安装材料（水泥、钢材、木材等）的数量。

（5）其他有关问题。

2. 综合概算表

综合概算表除将该单项工程所包括的所有单位工程概算，按费用构成和项目划分填入表内外，还须列出技术经济指标。技术经济指标按下列单位计算：

（1）生产车间按年产量为计算单位或按设备重量以 t 为计算单位；

（2）仓库及服务性质的工程，按房屋体积以 m^3 为计算单位或按房屋建筑面积以 m^2 为计算单位；

（3）变电所以 kVA 为计算单位；

（4）锅炉房按蒸汽产量以 t/年产量为计算单位；

（5）煤气供应站按产量以 m^3/h 为计算单位；

（6）压缩空气站按产量以 m^3/h 为计算单位；

（7）输电线路按线路长度以 km 为计算单位；

（8）各种工业管道按管道长度以延长米为计算单位；

（9）室外电气照明以 kW 或按照明线路长度以 km 为计算单位；

（10）铁路按铁路长度以 km 为计算单位，公路按路面面积以 m^2 为计算单位；

（11）室外给水、排水管道按管道长度以延长米为计算单位；

（12）室外暖气管道按管道长度以延长米为计算单位；

（13）绿化按绿化面积以 m^2 为计算单位；

（14）住宅、福利等各种房屋按房屋体积以 m^3 或按房屋建筑面积以 m^2 为计算单位；

（15）其他各种专业工程可根据不同的工程性质确定其计算单位。

某综合实验室综合概算表见表6-6。

表6-6　某综合试验室综合概算

序号	单位工程或费用名称	概算价值（万元）				技术经济指标			占总投资比例（%）
		建安工程费	设备购置费	工程建设其他费用	合计	单位	数量	指标（元/m^2）	
1	建筑工程	168.97			168.97	m^2	1360	1242.43	58.50
1.1	土建工程	115.54			115.54			894.56	
……	……	……			……			……	
2	设备及安装工程	8.67	109.76		118.43	m^2	1360	870.81	41.00
2.1	设备购置		109.76		109.76			807.06	
2.2	设备安装工程	8.67			8.67			63.75	
3	工器具购置		1.44		1.44	m^2	1360	10.59	0.50
	合计	177.64	111.20		288.84			2123.83	100

（四）建设项目总概算的编制

建设项目总概算是设计文件的重要组成部分，是确定整个建设项目从筹建到竣工交付使用所预计花费的全部费用的文件。它是由各单项工程综合概算、工程建设其他费用、含建设期贷款利息、预备费、固定资产投资方向调节税和经营性项目的铺底流动资金，按照主管部门规定的统一表格进行编制而成的。

设计概算文件一般应包括：封面及目录、编制说明、总概算表、工程建设其他费用概算表、单项工程综合概算表、单位工程概算表、工程量计算表、分年度投资汇总表与分年度资金流量汇总表以及主要材料汇总表与工日数量表等。现将有关主要问题说明如下。

1. 封面、签署页及目录。封面、签署页格式见表6-7。

表6-7　封面、签署页格式

建设项目设计概算文件	
建设单位	
建设项目名称	
设计单位（或工程造价咨询单位）	
编制单位	
编制人（资格证号）	
审核人（资格证号）	
项目负责人	
总工程师	
单位负责人	
年　　　　月　　　　日	

206

2. 编制说明。编制说明应包括下列内容：

（1）工程概况。简述建设项目性质、特点、生产规模、建设周期、建设地点等主要情况。引进项目要说明引进内容以及与国内配套工程等主要情况。

（2）资金来源及投资方式。

（3）编制依据及编制原则。

（4）编制方法。说明设计概算是采用概算定额法，还是采用概算指标法等。

（5）投资分析。主要分析各项投资的比重、各专业投资的比重等经济指标。

（6）其他需要说明的问题。

3. 总概算表。总概算表应反映静态投资和动态投资两个部分。静态投资是按设计概算编制期价格、费率、利率、汇率等确定的投资；动态投资是指概算编制期到竣工验收前工程和价格变化等多种因素所需的投资。

4. 工程建设其他费用概算表。工程建设其他费用概算按国家或地区或部委所规定的项目和标准确定，并按统一表格式编制。

5. 单项工程综合概算表和建筑安装单位工程概算表。

6. 工程量计算表和工、料数量汇总表。

7. 分年度投资汇总表和分年度资金流量汇总表。

某学校新扩建工程项目总概算，见表6-8。

表6-8　某学校新扩建工程项目总概算

序号	单位工程或费用名称	概算价值（万元）				技术经济指标		
		建筑工程费	安装工程费	设备购置费	合计	单位	数量	指标（元/m²）
一	建筑、安装工程费							
1	1 号楼	5254.7	579.61	831.62	6665.93	m²	21617	3083.65
2	2 号楼	534.88	240.17	317.16	1092.21	m²	1547	7060.18
	小计	5789.58	819.78	1148.78	7758.14	m²	23164	3349.23
二	工程建设其他费							
1	建设管理费				99.47	m²	23164	42.94
2	……	……	……	……	……	……	……	……
	小计				7946.63	m²	23164	3430.59
三	预备费				280.45	m²	23164	121.07
1	基本预备费				250.45	m²	23164	108.12
2	涨价预备费				30	m²	23164	12.95
四	建设期利息				220	m²	23164	94.97
五	造价合计				16205.22	m²	23164	6995.86

四、设计概算的审查

（一）审查设计概算的意义

审查设计概算，有利于合理分配投资资金、加强投资计划管理，有助于合理确定和有效控制工程造价。设计概算编制偏高或偏低，不仅影响工程造价的控制，也会影响投资计划的真实性，影响投资资金的合理分配。

审查设计概算,有利于促进概算编制单位严格执行国家有关概算的编制规定和费用标准,从而提高概算的编制质量。

审查设计概算,有利于促进设计的技术先进性与经济合理性。概算中的技术经济指标,是概算的综合反映,与同类工程对比,便可看出它的先进与合理程度。

审查设计概算,有利于核定建设项目的投资规模,可以使建设项目总投资力求做到准确、完整,防止任意扩大投资规模或出现漏项,从而减少投资缺口、缩小概算与预算之间的差距,避免故意压低概算投资,搞钓鱼项目,最后导致实际造价大幅度地突破概算。

经审查的概算,有利于为建设项目投资的落实提供可靠的依据。打足投资,不留缺口,有助于提高建设项目的投资效益。

(二)设计概算的审查内容

1. 审查设计概算的编制依据

(1)审查编制依据的合法性。采用的各种编制依据必须经过国家和授权机关的批准,符合国家的编制规定,未经批准的不能采用。也不能强调情况特殊,擅自提高概算定额、指标或费用标准。

(2)审查编制依据的时效性。各种依据,如定额、指标、价格、取费标准等,都应根据国家有关部门的现行规定进行,注意有无调整和新的规定,如有,应按新的调整办法和规定执行。

(3)审查编制依据的适用范围。各种编制依据都有规定的适用范围,如各主管部门规定的各种专业定额及其取费标准,只适用于该部门的专业工程;各地区规定的各种定额及其取费标准,只适用于该地区范围内,特别是地区的材料预算价格区域性更强,如某市有该市区的材料预算价格,又编制了郊区内一个矿区的材料预算价格,在编制该矿区某工程概算时,应采用该矿区的材料预算价格。

2. 审查概算编制深度

(1)审查编制说明。审查编制说明可以检查概算的编制方法、深度和编制依据等重大原则问题,若编制说明有差错,具体概算必有差错。

(2)审查概算编制深度。一般大中型项目的设计概算,应有完整的编制说明和"三级概算"(即总概算表、单项工程综合概算表、单位工程概算表),并按有关规定的深度进行编制。审查是否有符合规定的"三级概算",各级概算的编制、核对、审核是否按规定签署,有无随意简化,有无把"三级概算"简化为"二级概算",甚至"一级概算"。

(3)审查概算的编制范围。审查概算编制范围及具体内容是否与主管部门批准的建设项目范围及具体工程内容一致;审查分期建设项目的建筑范围及具体工程内容有无重复交叉,是否重复计算或漏算;审查其他费用应列的项目是否符合规定、静态投资、动态投资和经营性项目铺底流动资金是否分别列出等。

3. 审查工程概算的内容

(1)审查概算的编制是否符合党的方针、政策,是否根据工程所在地的自然条件编制。

(2)审查建设规模(投资规模、生产能力等)、建设标准(用地指标、建筑标准等)、配套工程、设计定员等是否符合原批准的可行性研究报告或立项批文的标准。对总概算投资超过批准投资估算10%以上的,应查明原因,重新上报审批。

(3)审查编制方法、计价依据和程序是否符合现行规定。包括定额或指标的适用范围和调整方法是否正确。进行定额或指标的补充时,要求补充定额的项目划分、内容组成、编制原

208

则等要与现行的定额精神相一致等。

（4）审查工程量是否正确。工程量的计算是否是根据初步设计图纸、概算定额、工程量计算规则和施工组织设计的要求进行的，有无多算、重算和漏算，尤其对工程量大、造价高的项目要重点审查。

（5）审查材料用量和价格。审查主要材料（钢材、木材、水泥、砖）的用量数据是否正确，材料预算价格是否符合工程所在地的价格水平，材料价差调整是否符合现行规定及其计算是否正确等。

（6）审查设备规格、数量和配置是否符合设计要求，是否与设备清单相一致，设备预算价格是否真实，设备原价和运杂费的计算是否正确，非标准设备原价的计价方法是否符合规定，进口设备的各项费用的组成及其计算程序、方法是否符合国家主管部门的规定。

（7）审查建筑安装工程的各项费用的计取是否符合国家或地方有关部门的现行规定，计算程序和取费标准是否正确。

（8）审查综合概算、总概算的编制内容、方法是否符合现行规定和设计文件的要求，有无设计文件外项目，有无将非生产性项目以生产性项目列入。

（9）审查总概算文件的组成内容，是否完整地包括了建设项目从筹建到竣工投产为止的全部费用组成。

（10）审查工程建设其他各项费用。这部分费用内容多、弹性大，而其投资约占项目总投资的25%以上，要按国家和地区规定逐项审查，不属于总概算范围的费用项目不能列入概算，具体费率或计取标准是否按国家、行业有关部门规定计算，有无随意列项、有无多列、交叉计列和漏项等。

（11）审查项目的"三废"治理。拟建项目必须同时安排"三废"（废水、废气、废渣）的治理方案和投资，对于未作安排或漏项或多算、重算的项目，要按国家有关规定核实投资，以满足"三废"排放达到国家标准。

（12）审查技术经济指标。技术经济指标计算方法和程序是否正确，综合指标和单项指标与同类型工程指标相比，是偏高还是偏低，其原因是什么，并予纠正。

（13）审查投资经济效果。设计概算是初步设计经济效果的反映，要按照生产规模、工艺流程、产品品种和质量，从企业的投资效益和投产后的运营效益全面分析，是否达到了先进可靠，经济合理的要求。

（三）审查设计概算的方法

采用适当方法审查设计概算，是确保审查质量、提高审查效率的关键。较常用的方法有：

1. 对比分析法。对比分析法主要是通过建设规模、标准与立项批文对比；工程数量与设计图纸对比；综合范围、内容与编制方法、规定对比；各项取费与规定标准对比；材料、人工单价与统一信息对比；引进设备、技术投资与报价要求对比；技经指标与同类工程对比等等；通过以上对比，容易发现设计概算存在的主要问题和偏差。

2. 查询核实法。查询核实法是对一些关键设备和设施、重要装置、引进工程图纸不全、难以核算的较大投资进行多方查询核对，逐项落实的方法。主要设备的市场价向设备供应部门或招标公司查询核实；重要生产装置、设施向同类企业（工程）查询了解；引进设备价格及有关费税向进出口公司调查落实；复杂的建安工程向同类工程的建设、承包、施工单位征求意见；深度不够或不清楚的问题直接同原概算编制人员、设计者询问清楚。

3. 联合会审法。联合会审前,可先采取多种形式分头审查,包括设计单位自审,主管、建设、承包单位初审,工程造价咨询公司评审,邀请同行专家预审,审批部门复审等,经层层审查把关后,由有关单位和专家进行联合会审。在会审大会上,由设计单位介绍概算编制情况及有关问题,各有关单位、专家汇报初审,预审意见。然后进行认真分析、讨论,结合对各专业技术方案的审查意见所产生的投资增减,逐一核实原概算出现的问题。经过充分协商,认真听取设计单位意见后,实事求是地处理、调整。

对审查中发现的问题和偏差,按照单项、单位工程的顺序,先按设备费、安装费、建筑费和工程建设其他费用分类整理。然后按照静态投资、动态投资和铺底流动资金三大类,汇总核增或核减的项目及其投资额。最后将具体审核数据,按照"原编概算"、"审核结果"、"增减投资"、"增减幅度"四栏列表,并按照原总概算表汇总顺序,将增减项目逐一列出,相应调整所属项目投资合计,再依次汇总审核后的总投资及增减投资额。对于差错较多、问题较大或不能满足要求的,责成按会审意见修改返工后,重新报批;对于无重大原则问题,深度基本满足要求,投资增减不多的,当场核定概算投资额,并提交审批部门复核后,正式下达审批概算。

第三节　施工图预算的编制与审查

一、施工图预算的基本概念

（一）施工图预算的含义

施工图预算是施工图设计预算的简称,又叫设计预算。它是根据批准的施工图设计文件,现行预算定额或单位估价表、费用定额以及地区设备、材料、人工、施工机械台班等预算价格编制的单位工程经济文件。施工图预算的编制对象为单位工程,因此也称为单位工程预算。

（二）施工图预算的作用

在社会主义市场经济条件下,施工图预算的主要作用是:

1. 施工图预算是设计阶段控制工程造价的重要环节,是控制施工图设计不突破设计概算的重要措施。

2. 施工图预算是编制或调整固定资产投资计划的依据。

3. 实行施工招标的工程,施工图预算是编制标底的依据,也是承包企业投标报价的基础。

4. 不宜实行招标的工程,采用施工图预算加调整价结算的工程,施工图预算可作为确定合同价款的基础或作为审查施工企业提出的施工图预算的依据。

（三）施工图预算的内容

施工图预算有单位工程预算、单项工程预算和建设项目总预算。单位工程预算是根据施工图设计文件、现行预算定额、费用定额以及人工、材料、设备、机械台班等预算价格资料,以一定方法,编制单位工程的施工图预算;然后汇总所有各单位工程施工图预算,成为单项工程施工图预算;再汇总各所有单项工程施工图预算,便是一个建设项目建筑安装工程的总预算。

单位工程预算包括建筑工程预算和设备安装工程预算。建筑工程预算按其工程性质分为一般土建工程预算、卫生工程预算(包括室内外给排水工程、采暖通风工程、煤气工程等)、电气照明工程预算、弱电工程预算、特殊构筑物如炉窑、烟囱、水塔等工程预算和工业管道工程预算等。设备安装工程预算可分为机械设备安装工程预算、电气设备安装工程预算和热力设备安装工程预算等。

二、施工图预算的编制依据

1. 施工图纸及说明书和标准图集。经审定的施工图纸、说明书和标准图集,完整地反映了工程的具体内容、各部的具体做法、结构尺寸、技术特征以及施工方法,是编制施工图预算的重要依据。

2. 现行预算定额及单位估价表。国家和地区都颁发有现行建筑、安装工程预算定额及单位估价表和相应的工程量计算规则,是编制施工图预算确定分项工程子目、计算工程量、选用单位估价表、计算直接工程费的主要依据。

3. 施工组织设计或施工方案。因为施工组织设计或施工方案中包括了与编制施工图预算必不可少的有关资料,如建设地点的土质、地质情况、土石方开挖的施工方法及余土外运方式与运距,施工机械使用情况、结构件预制加工方法及运距、重要的梁板柱的施工方案、重要或特殊机械设备的安装方案等。

4. 材料、人工、机械台班预算价格及调价规定。材料、人工、机械台班预算价格是预算定额的三要素,是构成直接工程费的主要因素。尤其是材料费在工程成本中占的比重大,而且在市场经济条件下,材料、人工、机械台班的价格是随市场而变化的。为使预算造价尽可能接近实际,各地区主管部门对此都有明确的调价规定。因此,合理确定材料、人工、机械台班预算价格及其调价规定是编制施工图预算的重要依据。

5. 建筑安装工程费用定额。各省、市、自治区和各专业部门规定的费用定额及计算程序。

6. 预算工作手册及有关工具书。预算员工作手册和工具书包括了计算各种结构件面积和体积的公式,钢材、木材等各种材料规格型号及用量数据,各种单位换算比例,特殊断面、结构件的工程量的速算方法、金属材料重量表等。显然,以上这些公式、资料、数据是施工图预算中常常要用到的。所以它是编制施工图预算必不可少的依据。

三、施工图预算的编制方法

(一)预算单价法编制施工图预算

1. 单价法的含义

单价法编制施工图预算,是用事先编制好的分项工程的单位估价表来编制施工图预算的方法。按施工图计算的各分项工程的工程量,乘以相应单价,汇总相加,得到单位工程的人工费、材料费、机械使用费之和;再加上按规定程序计算出来的其他直接费、现场经费、间接费、计划利润和税金,便可得出单位工程的施工图预算造价。

单价法编制施工图预算的计算公式表述为:

$$\frac{单位工程施工}{图预算直接工程费} = \Sigma\,(分项工程量 \times 预算定额单价) \tag{6.3-1}$$

2. 单价法编制施工图预算的步骤

单价法编制施工图预算的步骤如图6-4所示。

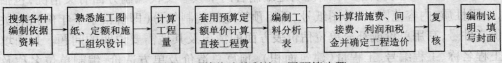

图6-4 单价法编制施工图预算步骤

具体步骤如下:

（1）搜集各种编制依据资料。各种编制依据资料包括施工图纸、施工组织设计或施工方案、现行建筑安装工程预算定额、费用定额、统一的工程量计算规则、预算工作手册和工程所在地区的材料、人工、机械台班预算价格与调价规定等。

（2）熟悉施工图纸和定额。只有对施工图和预算定额有全面详细的了解，才能全面准确地计算出工程量，进而合理地编制出施工图预算造价。

（3）计算工程量。工程量的计算在整个预算过程中是最重要、最繁重的一个环节，不仅影响预算的及时性，更重要的是影响预算造价的准确性。因此，必须在工程量计算上狠下工夫，确保预算质量。

计算工程量一般可按下列具体步骤进行：

①根据施工图示的工程内容和定额项目，列出计算工程量分部分项工程；

②根据一定的计算顺序和计算规则，列出计算式；

③根据施工图示尺寸及有关数据，代入计算式进行数学计算；

④按照定额中的分部分项工程的计量单位对相应的计算结果的计量单位进行调整，使之一致。

（4）套用预算定额单价。工程量计算完毕并核对无误后，用所得到的分部分项工程量套用单位估价表中相应的定额基价，相乘后相加汇总，便可求出单位工程的直接工程费。

套用单价时需注意如下几点：

①分项工程量的名称、规格、计量单位必须与预算定额或单位估价表所列内容一致，否则重套、错套、漏套预算基价都会引起直接工程费的偏差，导致施工图预算造价偏高或偏低。

②当施工图纸的某些设计要求与定额单价的特征不完全符合时，必须根据定额使用说明对定额基价进行调整或换算。

③当施工图纸的某些设计要求与定额单价特征相差甚远，既不能直接套用也不能换算、调整时，必须编制补充单位估价表或补充定额。

（5）编制工料分析表。根据各分部分项工程的实物工程量和相应定额中的项目所列的用工工日及材料数量，计算出各分部分项工程所需的人工及材料数量，相加汇总便得出该单位工程的所需要的各类人工和材料的数量。

（6）计算其他各项应取费用和汇总造价。按照建筑安装单位工程造价构成的规定费用项目、费率及计费基础，分别计算措施费、间接费、利润和税金，并汇总单位工程造价。

$$单位工程造价 = 直接费 + 间接费 + 利润 + 税金 \qquad (6.3\text{-}2)$$

（7）复核。单位工程预算编制后，有关人员对单位工程预算进行复核，以便及时发现差错，提高预算质量。复核时应对工程量计算公式和结果、套用定额基价、各项费用的取费费率及计算基础和计算结果、材料和人工预算价格及其价格调整等方面是否正确进行全面复核。

（8）编制说明、填写封面。编制说明是编制者向审核者交代编制方面有关情况，包括编制依据，工程性质、内容范围，设计图纸号、所用预算定额编制年份（即价格水平年份），有关部门的调价文件号，套用单价或补充单位估价表方面的情况及其他需要说明的问题。封面填写应写明工程名称、工程编号、工程量（建筑面积）、预算总造价及单方造价、编制单位名称及负责人和编制日期，审查单位名称及负责人和审核日期等。

预算单价法是目前国内编制施工图预算的主要方法，具有计算简单、工作量较小和编制速度较快,便于工程造价管理部门集中统一管理的优点。但由于是采用事先编制好的统一的单位估价表,其价格水平只能反映定额编制年份的价格水平。在市场经济价格波动较大的情况下,单价法的计算结果会偏离实际价格水平,虽然可采用调价,但调价系数和指数从测定到颁布又滞后且计算也较烦琐。

（二）实物法编制施工图预算

1. 实物法的含义

实物法是首先根据施工图纸分别计算出分项工程量,然后套用相应预算人工、材料、机械台班的定额用量,再分别乘以工程所在地当时的人工、材料、机械台班的实际单价,求出单位工程的人工费、材料费和施工机械使用费,并汇总求和,进而求得直接工程费,最后按规定计取其他各项费用,最后汇总就可得出单位工程施工图预算造价。

实物法编制施工图预算,其中直接费的计算公式为:

$$
\begin{aligned}
\genfrac{}{}{0pt}{}{单位工程施工图预}{算直接工程费} = & \sum\left(\begin{matrix}工程\\量\end{matrix}\times\begin{matrix}人工预\\算定额\\用量\end{matrix}\times\begin{matrix}当时当地\\人工工资\\单价\end{matrix}\right) + \sum\left(\begin{matrix}工程\\量\end{matrix}\times\begin{matrix}材料预\\算定额\\用量\end{matrix}\times\begin{matrix}当时当地\\材料预算\\价格\end{matrix}\right) + \\
& \sum\left(\begin{matrix}工程\\量\end{matrix}\times\begin{matrix}施工机械\\台班预算\\定额用量\end{matrix}\times\begin{matrix}当时当地\\机械台班\\单价\end{matrix}\right)
\end{aligned}
\tag{6.3-3}
$$

2. 实物法编制施工图预算的步骤

实物法编制施工图预算的步骤如图 6-5 所示。

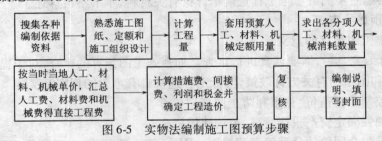

图 6-5　实物法编制施工图预算步骤

由图 6-5 可见,实物法与预算单价法首尾部分的步骤是相同的,所不同的主要是中间的三个步骤,即:

（1）工程量计算后,套用相应预算人工、材料、机械台班定额用量。建设部 1995 年颁发的《全国统一建筑工程基础定额》(土建部分,是一部量价分离定额)和现行全国统一安装定额、专业统一和地区统一的计价定额的实物消耗量,是完全符合国家技术规范、质量标准并反映一定时期施工工艺水平的分项工程计价所需的人工、材料、施工机械的消耗量的标准。这个消耗量标准,在建材产品、标准、设计、施工技术及其相关规范和工艺水平等没有大的突破性变化之前,是相对稳定不变的,因此,它是合理确定和有效控制造价的依据;这个定额消耗量标准,是由工程造价主管部门按照定额管理分工进行统一制定,并根据技术发展适时地补充修改。

（2）求出各分项工程人工、材料、机械台班消耗数量并汇总单位工程所需各类人工工日、材料和机械台班的消耗量。各分项工程人工、材料、机械台班消耗数量由分项工程的工程量分别乘以预算人工定额用量、材料定额用量和机械台班定额用量而得出,然后汇总便可得出单位工程各类人工、材料和机械台班的消耗量。

（3）用当时当地的各类人工、材料和机械台班的实际单价分别乘以相应的人工、材料和机械台班的消耗量，并汇总便得出单位工程的人工费、材料费和机械使用费。

在市场经济条件下，人工、材料和机械台班单价是随市场而变化的，而且它们是影响工程造价最活跃、最主要的因素。用实物法编制施工图预算，是采用工程所在地的当时人工、材料、机械台班价格，较好地反映实际价格水平，工程造价的准确性高。虽然计算过程较单价法烦琐，但用计算机来计算也就快捷了。因此，实物法是与市场经济体制相适应的预算编制方法。

（三）综合单价法编制施工图预算

综合单价是指分部分项工程单价综合了直接工程费及以外的多项费用内容。按照单价综合内容的不同，综合单价可分为全费用综合单价和部分费用综合单价。

①全费用综合单价

全费用综合单价即单价中综合了直接工程费、措施费、管理费、规费、利润和税金及风险因素等，以各分项工程量乘以综合单价的合价汇总后，就生成工程发承包价。

②部分费用综合单价

有些情况的综合单价还有不同于以上两种情况的其他内容。

我国目前实行的工程量清单计价采用的综合单价是部分费用综合单价，分部分项工程单价中综合了直接工程费、管理费、利润，并考虑了风险因素，单价中未包括措施费、规费和税金，是不完全费用单价。以各分项工程量乘以部分费用综合单价的合价汇总，再加上项目措施费、规费和税金后，生成工程发承包价。

综合单价法编制实例可参考工程量清单计价有关材料，本书不再详述。

四、施工图预算的审查

（一）审查施工图预算的意义

施工图预算编完之后，需要认真进行审查。加强施工图预算的审查，对于提高预算的准确性，正确贯彻党和国家的有关方针政策，降低工程造价具有重要的现实意义。

1. 有利于控制工程造价，克服和防止预算超概算。

2. 有利于加强固定资产投资管理，节约建设资金。

3. 有利于承包合同价的合理确定和控制。因为，施工图预算，对于招标工程，它是编制标底的依据。对于不宜招标工程，它是合同价款结算的基础。

4. 有利于积累和分析各项技术经济指标，不断提高设计水平。通过审查工程预算，核实了预算价值，为积累和分析技术经济指标提供了准确数据，进而通过有关指标的比较，找出设计中的薄弱环节。以便及时改进，不断提高设计水平。

（二）审查施工预算的内容

审查施工图预算的重点，应该放在工程量计算、预算单价套用、设备材料预算价格取定是否正确，各项费用标准是否符合现行规定等方面。

1. 审查工程量

（1）土方工程

①平整场地、挖地槽、挖地坑、挖土方工程量的计算是否符合现行定额计算规定和施工图纸标注尺寸，土壤类别是否与勘察资料一致，地槽与地坑放坡、带挡土板是否符合设计要求，有无重算和漏算。

②回填土工程量应注意地槽、地坑回填土的体积是否扣除了基础所占体积,地面和室内填土的厚度是否符合设计要求。

③运土方的审查除了注意运土距离外,还要注意运土数量是否扣除了就地回填的土方。

（2）打桩工程

①注意审查各种不同桩料,必须分别计算,施工方法必须符合设计要求。

②桩料长度必须符合设计要求,桩料长度如果超过一般桩料长度需要接桩时,注意审查接头数是否正确。

（3）砖石工程

①墙基和墙身的划分是否符合规定。

②按规定不同厚度的内、外墙是否分别计算的,应扣除的门窗洞口及埋入墙体各种钢筋混凝土梁、柱等是否已扣除。

③不同砂浆等级的墙和定额规定按立方米或按平方米计算的墙,有无混淆、错算或漏算。

（4）混凝土及钢筋混凝土工程

①现浇与预制构件是否分别计算,有无混淆。

②现浇柱与梁,主梁与次梁及各种构件计算是否符合规定,有无重算或漏算。

③有筋与无筋构件是否按设计规定分别计算,有无混淆。

④钢筋混凝土的含钢量与预算定额的含钢量发生差异时,是否按规定予以增减调整。

（5）木结构工程

①门窗是否分别按不同种类,按门、窗洞口面积计算。

②木装修的工程量是否按规定分别以延长米或平方米计算。

（6）楼地面工程

①楼梯抹面是否按踏步和休息平台部分的水平投影面积计算。

②细石混凝土地面找平层的设计厚度与定额厚度不同时,是否按其厚度进行换算。

（7）屋面工程

①卷材屋面工程是否与屋面找平层工程量相等。

②屋面保温层的工程量是否按屋面层的建筑面积乘保温层平均厚度计算,不做保温层的挑檐部分是否按规定不作计算。

（8）构筑物工程

当烟囱和水塔定额是以座编制时,地下部分已包括在定额内,按规定不能再另行计算。审查是否符合要求,有无重算。

（9）装饰工程

内墙抹灰的工程量是否按墙面的净高和净宽计算,有无重算或漏算。

（10）金属构件制作工程

金属构件制作工程量多数以吨为单位。在计算时,型钢按图示尺寸求出长度,再乘每米的重量;钢板要求算出面积,再乘以每平方米的重量。审查是否符合规定。

（11）水暖工程

①室内外排水管道、暖气管道的划分是否符合规定。

②各种管道的长度、口径是否按设计规定计算。

③室内给水管道不应扣除阀门、接头零件所占的长度,但应扣除卫生设备(浴盆、卫生盆、

冲洗水箱、淋浴器等)本身所附带的管道长度,审查是否符合要求,有无重算。

④室内排水工程采用承插铸铁管,不应扣除异形管及检查口所占长度。审查是否符合要求。有无漏算。

⑤室外排水管道是否已扣除了检查井与连接井所占的长度。

⑥暖气片的数量是否与设计一致。

(12)电气照明工程

①灯具的种类、型号、数量是否与设计图一致。

②线路的敷设方法、线材品种等,是否达到设计标准,工程量计算是否正确。

(13)设备及其安装工程

①设备的种类、规格、数量是否与设计相符,工程量计算是否正确。

②需要安装的设备和不需要安装的设备是否分清,有无把不需安装的设备作为安装的设备计算安装工程费用。

2. 审查设备、材料的预算价格

设备、材料预算价格是施工图预算造价所占比重最大,变化最大的内容,要重点审查。

(1)审查设备、材料的预算价格是否符合工程所占地的真实价格及价格水平。若是采用市场价,要核实其真实性、可靠性;若是采用有权部门公布的信息价,要注意信息价的时间、地点是否符合要求,是否要按规定调整。

(2)设备、材料的原价确定方法是否正确。非标准设备的原价的计价依据、方法是否正确、合理。

(3)设备的运杂费率及其运杂费的计算是否正确,材料预算价格的各项费用的计算是否符合规定,是否正确。

3. 审查预算单价的套用

审查预算单价套用是否正确,是审查预算工作的主要内容之一。审查时应注意以下几个方面:

(1)预算中所列各分项工程预算单价是否与现行预算定额的预算单价相符,其名称、规格、计量单位和所包括的工程内容是否与单位估价表一致。

(2)审查换算的单价,首先要审查换算的分项工程是否是定额中允许换算的,其次审查换算是否正确。

(3)审查补充定额和单位估价表的编制是否符合编制原则,单位估价表计算是否正确。

4. 审查有关费用项目及其计取

有关费用项目计取的审查,要注意以下几个方面:

(1)间接费的计取基础是否符合现行规定,有无不能作为计费基础的费用,列入计费的基础。

(2)预算外调增的材料差价是否计取了间接费。直接费或人工费增减后,有关费用是否相应做了调整。

(3)有无巧立名目,乱计费、乱摊费用现象。

(三)审查施工图预算的方法

审查施工图预算方法较多,主要有全面审查法、标准预算审查法、分组计算审查法、筛选审查法、重点抽查法、对比审查法、利用手册审查法和分解对比审查法等八种。

1. 全面审查法

全面审查又叫逐项审查法,就是按预算定额顺序或施工的先后顺序,逐一地全部进行审查的方法。其具体计算方法和审查过程与编制施工图预算基本相同。此方法的优点是全面、细致,经审查的工程预算差错比较少,质量比较高。缺点是工作量大。对于一些工程量比较小、工艺比较简单的工程,编制工程预算的技术力量又比较薄弱,可采用全面审查法。

2. 用标准预算审查法

对于利用标准图纸或通用图纸施工的工程,先集中力量,编制标准预算,以此为标准审查预算的方法。按标准图纸设计或通用图纸施工的工程一般上部结构和做法相同,可集中力量细审一份预算或编制一份预算,作为这种标准图纸的标准预算,或用这种标准图纸的工程量为标准,对照审查,而对局部不同部分作单独审查即可。这种方法的优点是时间短、效果好、好定案;缺点是只适应按标准图纸设计的工程,适用范围小。

3. 分组计算审查法

分组计算审查法是一种加快审查工程量速度的方法,把预算中的项目划分为若干组,并把相邻且有一定内在联系的项目编为一组,审查或计算同一组中某个分项工程量,利用工程量间具有相同或相似计算基础的关系,判断同组中其他几个分项工程量计算的准确程度的方法。

一般土建工程可以分为以下几个组:

(1)地槽挖土、基础砌体、基础垫层、槽坑回填土、运土。

(2)底层建筑面积、地面面层、地面垫层、楼面面层、楼面找平层、楼板体积、天棚抹灰、天棚刷浆、屋面层。

(3)内墙外抹灰、外墙内抹灰、外墙内面刷浆、外墙上的门窗和圈过梁、外墙砌体。

在第(1)组中,先将挖地槽土方、基础砌体体积(室外地坪以下部分)、基础垫层计算出来,而槽坑回填土、外运的体积按下式确定:

$$回填土量 = 挖土量 - (基础砌体 + 垫层体积)$$

$$余土外运量 = 基础砌体 + 垫层体积 \qquad (6.3\text{-}4)$$

在第(2)组中,先把底层建筑面积、楼(地)面面积计算出来。而楼面找平层、顶棚抹灰、刷白的工程量与楼(地)面面积相同;垫层工程量等于地面面积乘垫层厚度,空心楼板工程量由楼面工程量乘楼板的折算厚度(三种空心板折算厚度见表6-9);底层建筑面积加挑檐面积,乘坡度系数(平层面不乘)就是屋面工程量;底层建筑面积乘坡度系数(平层面不乘)再乘保温层的平均厚度为保温层工程量。

表6-9 空心板折算厚度

空心板种类	标准图标号	折算厚度(cm)
130mm 厚非预应力空心板	LG304	8
160mm 厚非预应力空心板	LG304	9.6
120mm 厚预应力空心板	LG404	8.15

在第(3)组中,首先把各种厚度的内外墙上的门窗面积和过梁体积分别列表填写,然后再计算工程量。门窗及墙体构件统计表格式见表6-10和表6-11。

表6-10　门窗统计表

门窗编号	门窗洞口尺寸(m)(长×宽)	每个面积(m²)	个数	合计面积(m²)	1层					2层以上每层				
					外墙		内墙			外墙		内墙		
					一砖	一砖半	半砖	一砖	一砖半	一砖	一砖半	半砖	一砖	一砖半

注:如果2层以上各层的门窗数不同时,应把不同层次单独统计。

表6-11　墙体构件统计表

构件名称或代号	构件尺寸(长×宽×高)(m³)	每根构件体积(m³)	个数	合计(m³)	1层					2层以上每层				
					外墙		内墙			外墙		内墙		
					一砖	一砖半	半砖	一砖	一砖半	一砖	一砖半	半砖	一砖	一砖半

注:2层以上有不同时,把不同层次单独统计,圈梁也要在此表反映。

在第(3)组中,先求出内墙面积,再减门窗面积,再乘墙厚减圈过梁体积等于墙体积(如果室内外高差部分与墙体材料不同时,应从墙体中扣除,另行计算)。外墙内面抹灰可用墙体乘定额系数计算,或用外抹灰乘0.9来估算。

4. 对比审查法

是用已建成工程的预算或虽未建成但已审查修正的工程预算对比审查拟建的类似工程预算的一种方法。对比审查法,一般有以下几种情况,应根据工程的不同条件,区别对待。

(1)两个工程采用同一个施工图,但基础部分和现场条件不同。其新建工程基础以上部分可采用对比审查法;不同部分可分别采用相应的审查方法进行审查。

(2)两个工程设计相同,但建筑面积不同。根据两个工程建筑面积之比与两个工程分部分项工程量之比例基本一致的特点,可审查新建工程各分部分项工程的工程量。或者用两个工程每平方米建筑面积造价以及每平方米建筑面积的各分部分项工程量,进行对比审查,如果基本相同时,说明新建工程预算是正确的,反之,说明新建工程预算有问题,找出差错原因,加以更正。

(3)两个工程的面积相同,但设计图纸不完全相同时,可把相同的部分,如厂房中的柱子、房架、屋面、砖墙等,进行工程量的对比审查,不能对比的分部分项工程按图纸计算。

5. 筛选法审查法

筛选法是统筹法的一种,也是一种对比方法。建筑工程虽然有建筑面积和高度的不同,但是它们的各个分部分项工程的工程量、造价、用工量在每个单位面积上的数值变化不大,我们把这些数据加以汇集,优选,归纳为工程量、造价(价值)、用工三个单方基本值表,并注明其适用的建筑标准。这些基本值犹如"筛子孔",用来筛选各分部分项工程,筛下去的就不审查了,没有筛下去的就意味着此分部分项的单位建筑面积数值不在基本值范围之内,应对该分部分项工程详细审查。当所审查的预算的建筑面积标准与"基本值"所适用的标准不同,就要对其进行调整。

筛选法的优点是简单易懂,便于掌握,审查速度和发现问题快。但解决差错、分析其原因需继续审查。因此,此法适用于住宅工程或不具备全面审查条件的工程。

6. 重点抽查法

重点抽查法是抓住工程预算中的重点进行审查的方法。审查的重点一般是:工程量大或造价较高、工程结构复杂的工程,补充单位估价表,计取的各项费用(计费基础、取费标准等)。

重点抽查法的优点是重点突出,审查时间短、效果好。

7. 利用手册审查法

是把工程中常用的构件、配件,事先整理成预算手册,按手册对照审查的方法。如工程常用的预制构配件:洗池、大便台、检查井、化粪池、碗柜等,几乎每个工程都有,把这些按标准图集计算出工程量,套上单价,编制成预算手册使用,可大大简化预结算的编审工作。

8. 分解对比审查法

一个单位工程,按直接费与间接费进行分解,然后再把直接费按工种和分部工程进行分解,分别与审定的标准预算进行对比分析的方法,叫分解对比审查法。

分解对比审查法一般有三个步骤:

第一步,全面审查某种建筑的定型标准施工图或复用施工图的工程预算,经审定后作为审查其他类似工程预算的对比基础。而且将审定预算按直接费与应取费用分解成两部分,再把直接费分解为各工种工程和分部工程预算,分别计算出他们的每平方米预算价格。

第二步,把拟审的工程预算与同类型预算单方造价进行对比,若出入在1%～3%以内(根据本地区要求),再按分部分项工程进行分解,边分解边对比,对出入较大者,就进一步审查。

第三步,对比审查。其方法是:

(1)经分析对比,如发现应取费用相差较大,应考虑建设项目的投资来源和工程类别及其取费项目和取费标准是否符合现行规定;材料调价相差较大,则应进一步审查《材料调价统计表》,将各种调价材料的用量、单位差价及其调增数量等进行对比。

(2)经过分解对比,如发现土建工程预算价格出入较大,首先审查其土方和基础工程,因为±0.00以下的工程往往相差较大。再对比其余各个分部工程,发现某一分部工程预算价格相差较大时,再进一步对比各分项工程或工程细目。在对比时,先检查所列工程细目是否正确,预算价格是否一致。发现相差较大者,再进一步审查所套预算单价,最后审查该项工程细目的工程量。

(四)审查施工预算的步骤

1. 做好审查前的准备工作。

(1)熟悉施工图纸。施工图是编审预算分项数量的重要依据,必须全面熟悉了解,核对所有图纸,清点无误后,依次识读。

(2)了解预算包括的范围。根据预算编制说明,了解预算包括的工程内容。例如:配套设施、室外管线、道路以及会审图纸后的设计变更等。

(3)弄清预算采用的单位估价表。任何单位估价表或预算定额都有一定的适用范围,应根据工程性质,搜集熟悉相应的单价、定额资料。

2. 选择合适的审查方法,按相应内容审查。由于工程规模、繁简程度不同,施工方法和施工企业情况不一样,所编工程预算和质量也不同,因此需选择适当的审查方法进行审查。

综合整理审查资料,并与编制单位交换意见,定案后编制调整预算。审查后,需要进行增加或核减的,经与编制单位协商,统一意见后,进行相应的修正。

思考题

1. 简述设计阶段工程造价管理的重要意义。
2. 设计阶段工程造价控制的措施和方法有哪些?
3. 简述设计方案评价的原则。
4. 简述设计概算的概念及其作用。
5. 单位工程概算、单项工程综合概算和建设项目总概算分别包括哪些内容?
6. 详述单位建筑工程概算编制的 3 种方法。
7. 简述单位设备及安装工程概算的编制方法。
8. 简述设计概算审查的内容和方法。
9. 简述施工图预算的概念及其作用。
10. 简述施工图预算的编制内容和编制依据。
11. 对比分析土建工程施工图预算编制的单价法和实物法。
12. 简述施工图预算的审查方法。

第七章 项目招标投标与合同价款的确定

学习目标

1. 了解招标投标阶段工程造价管理的内容和方法；
2. 初步掌握标底价、投标报价和合同价的确定方法。

学习重点

1. 了解工程招标投标对工程造价的影响；
2. 熟悉招标投标阶段工程造价管理的内容和程序；
3. 掌握招标文件和招标标底的编制；
4. 掌握投标报价编制与报价策略；
5. 熟悉工程评标工程合同价的确定与施工合同的签订。

第一节 项目招标投标概述

一、项目招标与投标制度

（一）招标与投标的基本概念

1. 招标与投标。招标与投标是市场经济的一种竞争方式，是一种特殊的买卖行为，是工程建设项目发包与承包、大宗货物买卖以及服务项目的采购与提供所采用的一种交易方式。这种交易方式的特点是，单一的买方设定包括功能、质量、期限、价格为主的标的，邀请若干卖方通过投标进行竞争，买方从众多卖方中择优胜者并与其达成交易合同，随后按合同实现标的。招标与投标制度也是国际上承包工程以及设计咨询等普遍采用的交易行为。

2. 招标。招标是一种特定的采购方法，是由工程建设单位（称买方或发包方）公开提出交易条件，将建设项目的内容和要求以文件形式标明，招引项目拟承建单位（称卖方或承包商）来投标，经比较，选择理想承建单位并达成协议的活动。

对于业主来说，招标的目标就是择优。对于土木工程施工招标来说，由于工程的性质和业主的评价标准不同，择优可能有不同的侧重面，但一般包含如下四个主要方面：较低的报价、先进的技术、优良的质量、较短的工期。

3. 投标。投标是对招标的响应，是卖方（潜在的承包商）向买方（建设单位）发出的要约。以便买方选择贸易成交的行为。换言之，投标是指潜在的承包商向招标单位提出承包该工程项目的价格和条件，供招标单位选择以获得承包权的活动。

对于承包商来说，参加投标就是一场竞争。因为，它关系到企业的兴衰存亡。这场竞争不仅比报价的高低，而且比技术、管理、经验、实力和信誉。

4. 标。标指发标单位标明的项目的内容、条件、工程量、质量、工期、标准等的要求,以及开标前不公开的工程价格,即标底。

5. 标底。标底是标底价格的简称,是建设项目造价的表现形式之一。是由招标单位或具有编制标底价格资格和能力的中介机构根据设计图样和有关规定,按照社会平均水平计算出来的招标工程的预期价格,标底是招标者对招标工程所需费用的期望值,也是评标定标的参考。

6. 报价。报价是指投标单位根据招标文件及有关计算工程造价的资料,按一定的计算程序计算的工程造价或服务费用,在此基础上,考虑投标策略以及各种影响工程造价或服务费用的因素,然后提出投标报价。

招标单位又叫发标单位,中标单位又叫承包单位。

(二)招标与投标制度的特点

招标与投标是市场经济的一种竞争方式,是一种特殊的买卖行为,与其他贸易方式相比,招标投标有其自身的特点。

1. 公开性

招标的目的是为项目业主在更广泛的范围征寻合适的工程承包方,以便少花钱多办事。因此,招标方要通过各种方法和广告宣传招标项目,说明交易的规则和条件,使之成为真正开放的采购活动,以使有兴趣、有实力投标的众多潜在承包商来参加竞争。

2. 公平性

公平性是市场竞争的特点,只有公平竞争,排除保护壁垒,才能真正做到优胜劣汰。公平性具体体现在,招标方在发出招标广告后,不得以政治或经济背景歧视任何投标者,不得随意撤销招标文件中的一些规定,不得将本国或本地区的投标者与外国或外地区的投标者区别对待。

3. 组织性

招标投标制度是有组织有计划的交易活动。工程招标方应有固定的招标组织人员负责招标的全部过程;招标方应有固定的招标地点,以开展投标咨询、递交标书、公开评标工作;招标的时间进程固定,招标的规则和条件固定等。以上这几个方面将保证招标投标工作在严密的组织下按招标规程进行。

(三)招标与投标制度的作用

招标与投标制度作为承包工程以及设计咨询等普遍采用的交易行为,有以下几个方面的积极作用:

1. 促进工程业主单位做好工程前期工作

招标制度中,招标单位始终处于主导地位,但是招标方必须做好前期的准备工作,才能进行施工招标工作。这就保证了工程前期必须严格地按照科学化程序办事,从而使建设项目指标化,按照承包合同顺利地进行工程施工建造。

2. 有利于降低工程造价

招投标过程中,为了竞争中标,参加投标的承包商都会主动降低报价,以报价的优惠条件争取中标,在施工过程中,承包商积极采用先进的工程成本控制措施,提高生产效率和加强工程管理,有利于降低工程造价。

3. 有利于保证工程质量

招标文件和工程承包合同中,对规范和技术标准有明确的规定,如承包商的工程质量保证体系、工程监理组织。动态监督承包商的施工,并进行检查试验和审批。因此,可以说实行招投标和监理的建设项目,可大大提高工程质量的优良率。

4. 有利于缩短建设工期

招投标过程中,承包商的竞争既包括技术力量的竞争,也包括管理的竞争。承包商要想在竞争中取胜,就必须在施工管理上下工夫,运用网络计划技术及其他先进的管理手段进行进度控制,达到缩短建设工期的目的。

5. 有利于使工程建设纳入法制化的管理体系,提高工程承包合同的履约率

实行公开招投标制度的工程,要求参加工程的发承包双方签订工程承包合同,一旦任何一方违约,都要受到经济或法律的制裁。这有利于提高工程承包合同的履约率。

（四）政府主管部门对招标投标的管理

1. 必须招标的范围

《招标投标法》规定,任何单位和个人不得将依法必须进行招标的项目化整为零或者以其他任何方式规避招标。《招标投标法》要求,下列工程建设项目的勘察、设计、施工、监理以及与工程建设有关的重要设备、材料等的采购,必须进行招标:

（1）大型基础设施、公用事业等关系社会公共利益、公众安全的项目;

（2）全部或者部分使用国有资金投资或者国家融资的项目;

（3）使用国际组织或者外国政府贷款、援助资金的项目。

前款所列项目的具体范围和规模标准,由国务院有关部门制订,报国务院批准。

《工程建设项目招标范围和规模标准规定》,对必须招标的范围进一步细化规定。要求各类工程项目的建设活动,达到下列标准之一者,必须进行招标:

（1）房屋建筑和市政基础设施工程(以下简称工程)的施工单项合同估算价在 200 万元人民币以上。

（2）重要设备、材料等货物的采购,单项合同估算价在 100 万元人民币以上;

（3）勘察、设计、监理等服务的采购,单项合同估算价在 50 万元人民币以上。

为了防止将应该招标的工程项目化整为零规避招标,即使单项合同估算价低于上述第（1）、（2）、（3）项规定的标准,但项目总投资在 3000 万元人民币以上的勘察、设计、施工、监理以及与建设工程有关的重要设备、材料等的采购,也必须采用招标方式委托工作。

2. 对招标有关文件的核查备案

（1）对投标人资格审查文件的核查,核查的内容如下:

1）不得以不合理条件限制或排斥潜在投标人;

2）不得对潜在投标人实行歧视待遇;

3）不得强制投标人组成联合体投标。

（2）对招标文件的核查,核查的内容如下:

1）招标文件的组成是否包括招标项目的所有实质性要求和条件,以及拟签订合同的主要条款,以便投标人能明确承包工作范围和责任,并能够合理预见风险并编制投标文件。

2）招标项目需要划分标段时,承包工作范围的合同界限是否合理。

3）招标文件是否有限制公平竞争的条件。在文件中不得要求或标明特定的生产供应者以及含有倾向或排斥潜在投标人的其他内容。主要核查是否有针对外地区或外系统设立的不

公正评标条件。

此外,政府主管部门对招标投标的管理还包括:对招标人前期准备应满足的要求核查备案,对招标人的招标能力要求核查备案,招标代理机构的资质条件核查备案,对投标活动的监督,查处招标投标活动中的违法行为。

（五）招标方式

国际通用的建设工程招标方式和程序,已由 FIDIC(国际咨询工程师联合会)推荐,并受到世界银行和世界各国的认可。建设项目招标方式主要有公开招标、邀请招标和协商议标三种。

我国《招标投标法》规定,招标分为公开招标和邀请招标两种。

1. 公开招标

公开招标,是指招标人以招标公告的方式邀请不特定的法人或者其他组织投标。

公开招标又称为无限竞争招标,是由招标人通过报刊、电台、电视等信息媒介或委托招标管理机构发布招标信息,公开邀请不特定的潜在投标单位参加投标竞争,凡具备相应资质符合招标单位规定条件的法人或者其他组织不受地域和行业限制均可在规定时间内向招标单位申请投标。

公开招标,由于申请投标人较多,一般要设置资格预审程序。"资格预审",是指在投标前对潜在投标人进行的资格审查。进行资格预审的,一般不再进行资格后审("资格后审",是指在开标后对投标人进行的资格审查)。一般在资格预审文件中载明资格预审的条件、标准和方法,招标人也可以发布资格预审公告。

公开招标有助于开展竞争,打破垄断,促使投标单位努力提高工程质量和服务质量水平,缩短工期和降低成本。但是,评标的工作量也较大,所需招标时间长、费用高。

公开招标时招标单位必须做好下面的准备工作:

（1）发布招标信息;

（2）受理投标申请;

投标单位在规定期限内向招标单位申请参加投标,招标单位向申请投标单位分发资格审查表格,以表示须经资格预审后才能决定是否同意对方参加投标。

（3）确定投标单位名单;

申请投标单位按规定填写《投标申请书》及资格审查表,并提供相关资料,接受招标单位的资格预审。

（4）发出招标文件。

招标单位向选定的投标单位发函通知,领取或购买招标文件。对那些分发给投标申请书而未被选定参加投标的单位,招标单位也应该及时通知。

2. 邀请招标

邀请招标,是指招标人以投标邀请书的方式邀请特定的法人或者其他组织投标。

邀请招标又称为有限竞争性招标。这种方式不发布广告,招标人根据自己的经验和所掌握的各种信息资料,向预先选择具备相应资质、符合招标条件的法人或者其他组织发出投标邀请书,请他们参加投标竞争。收到邀请书的单位才有资格参加投标。邀请对象的数目以 5~7 家为宜,但不应少于 3 家。

邀请招标,不需发布招标公告和设置资格预审程序,评标的工作量也较小,所需招标时间短、费用低。招标人应当在招标文件中载明对投标人资格要求的条件、标准和方法。同时,需要投标人在投标书内报送证明投标人资质能力的有关证明材料,作为评标时的评审内容之一(通常称为资格后审)。

3. 协商议标

对于涉及国家安全的工程或军事保密的工程,或紧急抢险救灾工程,或专业性、技术性要求较高的特殊工程,不适合采用公开招标和邀请招标的建设项目,经招投标管理机构审查同意,可以进行协商议标。

议标仍属于招标范畴,同样需要通过投标企业的竞争,由招标单位选择中标者。议标过程较为简单,但必须符合以下条件:

(1)建设项目具备招标条件;

(2)建设项目具备标底。对于技术特殊或内容复杂的项目也要有一个相当于标底的投资限额;

(3)至少有 2 个投标单位;

(4)议标的结果必须由所签合同来体现。

二、项目招标投标程序

建设项目的招标投标是一个连续完整的过程,它涉及的单位较多,协作关系较复杂,所以要按一定的程序进行。公开招标程序如图 7-1 所示,邀请招标可以参考实行。按照招标人和投标人参与程度,可将招标过程划分为招标准备阶段、招标投标阶段和决标成交阶段。

1. 招标准备阶段主要工作

(1)成立招标组织

招标组织应经招标投标管理机构审查批准后才可开展工作。招标人具有编制招标文件和组织评标能力的,可以自行办理招标事宜,也可委托招标代理机构办理招标事宜。招标组织的主要工作包括:各项招标条件的落实;招标文件的编制及向有关部门报批;组织或委托编制标底并报有关单位报批;发布招标公告或邀请书,审查投标企业资质;向投标单位发放招标文件、设计图纸和有关技术资料;组织投标单位勘察现场并对有关问题进行解释;确定评标办法;发出中标或失标通知书;组织中标单位签订合同等。

招标代理机构是依法设立、从事招标代理业务并提供相关服务的社会中介组织,与行政机关和其他国家机关没有隶属关系。为了保证圆满地完成代理业务,招标代理机构必须取得建设行政主管部门的资质认定。

招标代理机构应当具备下列条件:

1)有从事招标代理业务的营业场所和相应资金;

2)有能够编制招标文件和组织评标的相应专业能力;

3)有可以作为评标委员会成员人选的技术、经济等方面的"专家库"。

(2)选择招标方式

1)根据工程特点和招标人的管理能力确定发包范围。

2)依据工程建设总进度计划确定项目建设过程中的招标次数和每次招标的工作内容。

3)按照每次招标前准备工作的完成情况,选择合同的计价方式。

4)依据法律法规以及工程项目的特点、招标前准备工作的完成情况、合同类型等因素的影响程度,最终确定招标方式。

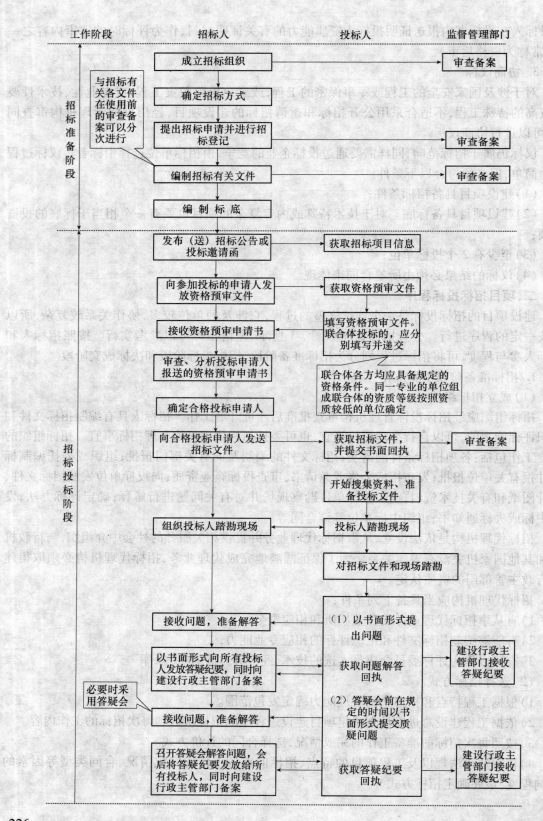

工作阶段	招标人	投标人	监督管理部门
招标准备阶段	成立招标组织		审查备案
	确定招标方式		
	提出招标申请并进行招标登记		审查备案
	编制招标有关文件		审查备案
	编 制 标 底		

与招标有关各文件在使用前的审查备案可以分次进行

招标投标阶段	发布（送）招标公告或投标邀请函	获取招标项目信息	
	向参加投标的申请人发放资格预审文件	获取资格预审文件	
	接收资格预审申请书	填写资格预审文件。联合体投标的，应分别填写并递交	
	审查、分析投标申请人报送的资格预审申请书		
	确定合格投标申请人		
	向合格投标申请人发送招标文件	获取招标文件，并提交书面回执	审查备案
		开始搜集资料、准备投标文件	
	组织投标人踏勘现场	投标人踏勘现场	
		对招标文件和现场踏勘	
	接收问题，准备解答	（1）以书面形式提出问题	建设行政主管部门接收答疑纪要
	以书面形式向所有投标人发放答疑纪要，同时向建设行政主管部门备案	获取问题解答回执	
	接收问题，准备解答	（2）答疑会前在规定的时间以书面形式提交质疑问题	
	召开答疑会解答问题，会后将答疑纪要发放给所有投标人，同时向建设行政主管部门备案	获取答疑纪要回执	建设行政主管部门接收答疑纪要

联合体各方均应具备规定的资格条件。同一专业的单位组成联合体的资质等级按照资质较低的单位确定

必要时采用答疑会

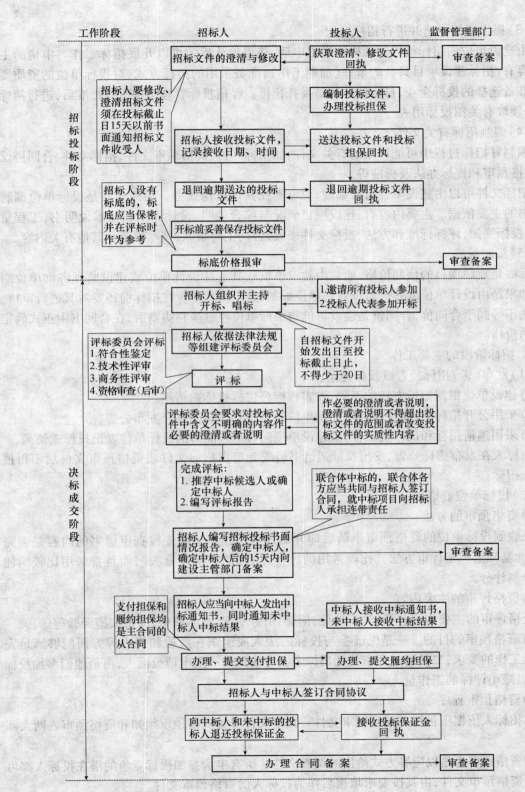

工作阶段	招标人	投标人	监督管理部门

招标投标阶段

招标文件的澄清与修改 → 获取澄清、修改文件回执 → 审查备案

招标人要修改、澄清招标文件须在投标截止日15天以前书面通知招标文件收受人

编制投标文件，办理投标担保

招标人接收投标文件，记录接收日期、时间 ← 送达投标文件和投标担保回执

招标人设有标底的，标底应当保密，并在评标时作为参考

退回逾期送达的投标文件 → 退回逾期投标文件回执

开标前妥善保存投标文件

标底价格报审 → 审查备案

决标成交阶段

招标人组织并主持开标、唱标 ← 1.邀请所有投标人参加 2.投标人代表参加开标

招标人依据法律法规等组建评标委员会

评标委员会评标 1.符合性鉴定 2.技术性评审 3.商务性评审 4.资格审查（后审）

评标

自招标文件开始发出日至投标截止日止，不得少于20日

评标委员会要求对投标文件中含义不明确的内容作必要的澄清或者说明 ← 作必要的澄清或者说明，澄清或者说明不得超出投标文件的范围或者改变投标文件的实质性内容

完成评标： 1.推荐中标候选人或确定中标人 2.编写评标报告

联合体中标的，联合体各方应当共同与招标人签订合同，就中标项目向招标人承担连带责任

招标人编写招标投标书面情况报告，确定中标人，确定中标人后的15天内向建设主管部门备案 → 审查备案

支付担保和履约担保均是主合同的从合同

招标人应当向中标人发出中标通知书，同时通知未中标人中标结果 → 中标人接收中标通知书，未中标人接收中标结果

办理、提交支付担保 → 办理、提交履约担保

招标人与中标人签订合同协议

向中标人和未中标的投标人退还投标保证金 → 接收投标保证金回执

办理合同备案 → 审查备案

图 7-1 公开招标程序

（3）提出招标申请并进行招标登记

由建设单位向招标投标管理机构提出申请，获得确认后才可以开展招标工作。申请的主要内容有：招标建设项目具备的条件（前期工作），准备采用的招标方式，对投标单位的资质要求或准备选择的投标企业，自行招标还是委托招标。经招投标管理机构审查批准后，进行招标登记，领取有关招投标用表。

（4）编制招标有关文件

编制好招标过程中可能涉及的有关文件，如招标广告、资格预审文件、招标文件、合同协议书、资格预审和评标办法及标准等。

招标文件可以由建设单位自己编制，也可委托其他机构代办。招标文件是投标单位编制投标书的主要依据。主要内容有：建设项目概况与综合说明，设计图纸和技术说明书，工程量清单，投标须知，评标标准和方法，投标文件格式，合同主要条款，技术规范和其他有关内容。

（5）编制标底

标底是建设项目的预期价格，通常由建设单位或其委托设计单位或建设监理咨询单位制订。如果是由设计单位或其他监理咨询单位编制，建设监理单位在招标前还要对其进行审核。但标底不等同于合同价，合同价是建设单位与中标单位经过谈判协商后，在合同书中正式确定下来的价格。

2. 招标阶段的主要工作

（1）发布（送）招标公告或投标邀请函

1）建设单位根据招标方式的不同，发布招标公告或投标邀请函。

2）采用公开招标的建设项目，由建设单位通过报刊等新闻媒介发布公告。

3）采用邀请招标和议标的工程，由建设单位向有承包能力的投标单位发出投标邀请函。

招标人在发布招标公告、发出投标邀请书后或者售出招标文件或资格预审文件后不得擅自终止招标。

（2）投标单位资格预审

1）资格预审的方法

在收到投标单位的资格预审申请后即开始评审工作。一般先检查申请书的内容是否完整，在此基础上拟定评审方法。比较常用的评审方法是"定项评分法"，而且常采用比较简便的百分制计分。

2）资格评审的主要内容

资格评审的主要内容包括：法人地位，信誉，财务状况，技术资格，项目实施经验等。

3）资格预审的目的。一是保证参与投标的法人或组织在资质和能力等方面能够满足完成招标工作的要求；二是通过评审优选出综合实力较强的一批申请投标人，再请他们参加投标竞争，以减小评标的工作量。

4）资格预审程序

①招标人依据项目特点编写预审文件。预审文件分为资格预审须知和资格预审表两大部分。

②资格预审表是以应答方式给出的调查文件。所有申请参加投标竞争的潜在投标人都可以购买资格预审文件，由其按要求填报后作为投标人的资格预审文件。

③招标人依据工程项目特点和发包工作性质划分评审的几大方面，如资质条件、人员能

力、设备和技术能力、财务状况、工程经验、企业信誉等,并分别给予不同权重。

④资格预审合格的条件。首先,投标人必需满足资格预审文件规定的必要合格条件和附加合格条件;其次,评定分必须在预先确定的最低分数线以上。

5)投标人必须满足的基本资格条件

资格预审须知中明确列出投标人必需满足的最基本条件,可分为必要合格条件和附加合格条件两类。

①必要合格条件通常包括法人地位、资质等级、财务状况、企业信誉、分包计划等具体要求,是潜在投标人应满足的最低标准。

②附加合格条件视招标项目是否对潜在投标人有特殊要求决定有无。附加合格条件是为了保证承包工作能够保质、保量、按期完成,按照项目特点设定而不是针对外地区或以外系统投标人,因此不违背《招标投标法》的有关规定。招标人可以针对工程所需的特别措施或工艺的专长,专业工程施工资质,环境保护方针和保证体系,同类工程施工经历,项目经理资质要求,安全文明施工要求等方面设立附加合格条件。

(3)发售招标文件

招标单位向经过资格审查合格的投标单位分发招标文件、设计图纸和有关技术资料。招标文件或者资格预审文件的收费应当合理,不得以营利为目的。对于所附的设计文件,招标人可以向投标人酌收押金;对于开标后投标人退还设计文件的,招标人应当向投标人退还押金。

(4)组织现场踏勘、交底及答疑

招标文件发出后,招标单位应按规定的日程安排,组织投标单位踏勘项目现场,介绍项目情况。在对项目交底的同时,解答投标单位对招标文件、设计图纸等提出的问题,并作为招标文件的补充形式通知所有的投标单位。

设置此程序的目的,一方面让投标人了解工程项目的现场情况、自然条件、施工条件以及周围环境条件,以便于编制投标书;另一方面也是要求投标人通过自己的实地考察确定投标的原则和策略,避免合同履行过程中投标人以不了解现场情况为理由推卸应承担的合同责任。

招标人对任何一位投标人所提问题的回答,必须发送给每一位投标人,保证招标的公开和公平,但不必说明问题的来源。回答函件作为招标文件的组成部分,如果书面解答的问题与招标文件中的规定不一致,以函件的解答为准。

3. 投标人计算确定投标报价

投标报价是投标人对拟投标工程估算的工程总价。制定投标报价的工作是整个投标程序中的核心环节,能否合理确定投标报价不仅关系着投标的成败,而且关系着投标企业的盈亏。因此,制定投标报价的工作也是决定投标人命运的重要工作。按照国际惯例,确定工程投标报价的程序如下:

(1)按相应的报价方法估算拟投标工程的"初步标价";

(2)确定"内部标价",在初步标价的基础上进行必要的分析、比较、调整,将经过调整的、价格水平较为合理的标价作为"内部标价";

(3)进行盈亏分析,作高、中、低三档标价。所谓"盈亏分析",是指对内部标价中尚存在的盈余、风险因素进行预测、研究、分析,并将可能出现的盈余额及亏损额予以定量反映的工作。

进行盈亏分析后,以内部标价作为"中档标价";用内部标价加上经修正后的各项亏损额之和为"高档标价";将内部标价减去经修正后的盈余额之和为"低档标价"。显然,高、中、低三档标价,有助于投标单位的决策者全面了解工程投标报价的高低,可能出现的盈利或亏损额的大小,从而为正确地选择"拟报标价"提供出可靠的、科学的依据;

(4)核准确定最终标价。最终标价即投标书上所填报的标价。它必须能满足这样两方面的基本要求:一是计算准确;二是价格水平高低适中,既能保证有较大的中标可能性,又能保证承包该项工程可获一定的盈利。最终标价一般是由投标单位的决策者,酌情从三档标价中选择一个作为"拟报标价",并综合各种必要的相关信息再做多方面的、必要的预测、分析、比较、优化、调整工作,将其核准为最终标价。

4. 投标人完成并报送投标文件

投标文件亦即投标人根据招标人的要求及招标人拟定的文件格式填写的"标函"。它表明投标单位的投标意见,因此,也称之为标书。投标文件的主要内容是:关于标函的综合说明;工程投标报价;工程费用支付办法及奖罚办法;中标后开工日期及全部工程竣工日期;施工组织与工程进度安排;工程质量和安全措施;主要工程的施工方法和主要施工机械等等。投标人在确定了最终投标报价的投标截止日期前,寄(送)给招标人,并取回投标收据。

5. 决标成交阶段的主要工作内容

(1)开标

开标应当在招标文件确定的提交投标文件截止时间的同一时间公开进行;开标地点应当为招标文件中预先确定的地点。

开标由招标人主持,邀请所有投标人参加。

开标时,由投标人或者其推选的代表检查投标文件的密封情况,也可以由招标人委托的公证机构检查并公证;经确认无误后,由工作人员当众拆封,宣读投标人名称、投标价格和投标文件的其他主要内容。

招标人在招标文件要求提交投标文件的截止时间前收到的所有投标文件,开标时都应当当众予以拆封、宣读。开标过程应当记录,并存档备查。如果有标底也应公布。

在开标时,如果发现投标文件出现下列情形之一,应当作为无效投标文件,不再进入评标:

1)投标文件未按照招标文件的要求予以密封;

2)投标文件中的投标函未加盖投标人的企业及企业法定代表人印章,或者企业法定代表人委托代理人没有合法、有效的委托书(原件)及委托代理人印章;

3)投标文件的关键内容字迹模糊、无法辨认;

4)投标人未按照招标文件的要求提供投标保证金或者投标保函;

5)组成联合体投标的,投标文件未附联合体各方共同投标协议。

(2)评标

评标由招标人依法组建的评标委员会负责。

1)评标委员会

依法必须进行招标的项目,其评标委员会由招标人的代表和有关技术、经济等方面的专家组成,成员人数为 5 人以上单数,其中技术、经济等方面的专家不得少于成员总数的三分之二。评标委员会成员名单在中标结果确定前应当保密。向招标人提交书面评标报告后,评标委员会即告解散。

2）评标工作程序

大型工程项目的评标通常分成初评和详评两个阶段进行。

①初评。评标委员会以招标文件为依据，审查各投标书是否为响应性投标，确定投标书的有效性。

投标文件对招标文件实质性要求和条件响应的偏差分为重大偏差和细微偏差两类。下列情况为重大偏差：

a. 没有按照招标文件要求提供投标担保或者所提供的投标担保有瑕疵；

b. 没有按照招标文件要求由投标人授权代表签字并加盖公章；

c. 明显不符合技术规格、技术标准的要求；

d. 投标文件记载的招标项目完成期限超过招标文件规定的完成期限；

e. 投标附有招标人不能接受的条件；

f. 投标文件记载的货物包装方式、检验标准和方法等不符合招标文件的要求；

g. 不符合招标文件中规定的其他实质性要求。

投标文件有上述情形之一的，为未能对招标文件作出实质性响应，作废标处理。招标文件对重大偏差另有规定的，从其规定。所有存在重大偏差的投标文件都属于初评阶段应该淘汰的投标书。

对于存在细微偏差的投标文件，指投标文件基本上符合招标文件要求，但在个别地方存在漏项或者提供了不完整的技术信息和数据等情况，并且补正这些遗漏或者不完整不会对其他投标人造成不公平的结果。对招标文件的响应存在细微偏差的投标文件仍属于有效投标书。属于存在细微偏差的投标书，可以书面要求投标人在评标结束前予以澄清、说明或者补正，但不得超出投标文件的范围或者改变投标文件的实质性内容。

投标文件中的大写金额和小写金额不一致的，以大写金额为准；总价金额与单价金额不一致的，以单价金额为准，但单价金额小数点有明显错误的除外；对不同文字文本投标文件的解释发生异议的，以中文文本为准。

②详评。评标委员会应当根据招标文件确定的评标标准和方法，对其技术部分和商务部分作进一步评审、比较。

评审时不应再采用招标文件中要求投标人考虑因素以外的任何条件作为标准。设有标底的，评标时应参考标底。

《招标投标法》规定：中标人的投标应当符合下列条件之一：

综合评分法：能够最大限度地满足招标文件中规定的各项综合评价标准（高者优）；

评标价法：能够满足招标文件的实质性要求，并且经评审的投标价格最低；但是投标价格低于成本的除外（低者优）。关于评标过程中"低于成本报价竞标"的处理：评标委员会发现投标人的报价明显低于其他投标报价或者在设有标底时明显低于标底，使得其投标报价可能低于其个别成本的，应当要求该投标人作出书面说明并提供相关证明材料。投标人不能合理说明或者不能提供相关证明材料的，由评标委员会认定该投标人以低于成本报价竞标，其投标应作废标处理。

大型工程应采用"综合评分法"或"评标价法"对投标书进行科学的量化比较。

a. 综合评分法是指将评审内容分类后分别赋予不同权重，评标委员会依据评分标准对各类内容细分的小项进行相应的打分，最后计算的累计分值反映投标人的综合水平，以得分最高的投标书为最优。

b. 评标价法是指评审过程中以该标书的报价为基础，将报价之外需要评定的要素按预先规定的折算办法换算为货币价值，根据对招标人有利或不利的原则在投标报价上扣减或增加一定金额，最终构成评标价格。因此"评标价"既不是投标价也不是中标价，只是用价格指标作为评审标书优劣的衡量方法，评标价最低的投标书为最优。定标签订合同时，仍以报价作为中标的合同价。

经评审的最低投标价法一般适用于具有通用技术、性能标准或者招标人对其技术、性能没有特殊要求的招标项目。

（3）评标报告

评审报告是评标阶段的结论性报告，它为建设单位定标提供参考意见。评审报告包括招标过程简况，参加投标单位总数及被列为废标的投标单位名称，重点叙述有可能中标的几份标书。主要内容是：标价分析（标价的合理性，与标底的比较，高于或低于标底的百分比及其原因）；投标书与招标文件是否相符，有什么建议和保留意见，这些建议是否合理；对投标单位提出的工期和进度计划的评述；投标单位的资信及承担类似工程经验的简述；授标给某一投标单位的风险和可能遇到的问题等。评审报告要明确提出推荐的中标单位。

按规定否决不合格投标或者界定为废标后，因有效投标不足 3 个使得投标明显缺乏竞争的，评标委员会可以否决全部投标。

评标委员会经评审，认为所有投标都不符合招标文件要求的，可以否决所有投标。

投标人少于 3 个或者所有投标被否决的，招标人应当依法重新招标。

评标报告由评标委员会全体成员签字。对评标结论持有异议的评标委员会成员可以书面方式阐述其不同意见和理由。评标委员会成员拒绝在评标报告上签字且不陈述其不同意见和理由的，视为同意评标结论。

（4）定标

1）定标程序

确定中标人前，招标人不得与投标人就投标价格、投标方案等实质性内容进行谈判。招标人应该根据评标委员会提出的评标报告和推荐的中标候选人确定中标人，也可以授权评标委员会直接确定中标人。

中标人确定后，招标人应当向中标人发出中标通知书，同时通知未中标人中标结果，并准备与中标人签订合同。

中标通知书对招标人和中标人具有法律约束力。中标通知书发出后，招标人改变中标结果或者中标人放弃中标的，应当承担法律责任，即违反者承担缔约过失责任。

依法必须进行招标的项目，招标人应当自确定中标人之日起 15 日内，向有关行政监督部门提交招标投标情况的书面报告。

根据招标文件的规定，允许投标人投备选标的，评标委员会可以对中标人所投的备选标进行评审，以决定是否采纳备选标。不符合中标条件的投标人的备选标不予考虑。

2）定标原则

《招标投标法》规定，中标人的投标应当符合下列条件：

a. 能够最大限度地满足招标文件中规定的各项综合评价标准（高者优）；

b. 能够满足招标文件的实质性要求，并且经评审的投标价格最低；但是投标价格低于成本的除外(低者优)。

以评审报告为依据,建设单位选出两到三家投标单位就建设项目有关问题和价格问题进行谈判,然后选择决标。确定了中标单位后即可发授中标通知书,中标单位应在规定时间内和建设单位签订建设项目实施合同。

（5）签订合同

中标人确定后,招标人应与中标人在 30 个工作日（中标通知书发出）之内依据招标文件和投标文件签订书面合同,不得对招标文件和投标文件作实质性修改。招标文件要求中标人提交履约保证的,中标人应当提交。

招标人与中标人签订合同后 5 个工作日内,应当向中标人和未中标的投标人退还投标保证金。

招标人应当与中标人按照招标文件和中标人的投标文件订立书面合同。招标人与中标人不得再行订立背离合同实质性内容的其他协议。

中标人应当按照合同约定履行义务,完成中标项目。中标人不得向他人转让中标项目,也不得将中标项目肢解后分别向他人转让。

中标人按照合同约定或者经招标人同意,可以将中标项目的部分非主体、非关键性工作分包给他人完成。接受分包的人应当具备相应的资格条件,并不得再次分包。中标人应当就分包项目向招标人负责,接受分包的人就分包项目承担连带责任。

三、项目招标投标阶段影响工程造价的因素

在招投标阶段影响工程造价的因素,主要包括建筑市场的供需状况,业主的价值取向,招标项目的特点、投标人的策略等。

（一）建筑市场的供需状况

建筑市场的供需状况是影响工程造价的重要因素之一。当建筑市场繁荣时,承包商在成本中加上较大幅度的利润后,仍有把握中标;而在建筑市场萧条时,这时的利润幅度较低甚至为零,这是市场经济条件下的必然规律。近年来我国建筑市场的状况同样也反应了这一规律。

建筑市场的供需状况与经济增长的波动有密切的关系。在绝大多数情况下,经济增长率上升,建筑市场的需求也上升,反之则下降。1980～1989 年我国经济增长与固定资产投资增长状况如表 7-1 所示(资料来源:《中国统计年鉴》1990)。

表 7-1 社会总产值与固定资产投资年增长率表　　　　　　　　　　（%）

年　份	1980	1981	1982	1983	1984	1985	1986	1987	1988	1989
社会总产值 年增长率	8.4	4.6	9.5	10.3	14.7	16.5	10.2	14.1	15.8	5.2
固定资产投资 年增长率	6.6	-10.5	26.6	12.6	24.5	41.8	17.7	16.2	18.1	-6.5

从表 7-1 中可以看出,经济增长与固定资产投资几乎是完全同步的,当经济增长时,固定资产投资也增长;当经济下降时,固定资产投资也随着下降。固定资产投资的增长即是建筑市场的需求增加,反之则减少。实际上经济增长与固定资产是一种互动关系,即经济增长带动固定资产投资的增长;反过来,固定资产投资的增长又会拉动经济的增长。但随着固定资产投资规模的膨胀,会打破社会总供求比例关系,从而导致社会购买力超出了商品的可供量,物价上

涨,这时不得不削减投资总量,压制社会总需求,社会总需求的紧缩使拉动经济增长的动力消失,经济增长就必然要由增长转为停滞。因此,经济增长是波动的,建筑市场的供需也是波动的。建筑市场的供需状况,可以由国家的宏观调控手段反映出来,如利率的变化。当利率上调时,表明投资的增加,建筑市场的需求也在增加。当利率下调时,表明投资不足,这时建筑市场一般处于萎缩状况。

建筑市场的供需状况对工程造价的影响是客观存在的。影响程度的大小取决于市场竞争的状况。当建筑市场处于完全竞争时,其对工程造价的影响非常敏感。建筑市场任何微小的变化均会反映在工程造价的改变上,当建筑市场处于不完全竞争时,其影响程度相对减小。由于市场被分割成信息不对称,建筑市场的不完全和充分。实际上建筑市场不可能处在完全竞争的状态,其原因在于:其一各建筑行业并不能自由出入,都有市场准入的问题,铁路建设、电力建设都是被分割的市场;其二,业主并不能完全了解市场流行的价格,存在信息的不对称。

（二）业主的价值取向

业主的价值取向反映在招标工程的质量、进度和价格上。当然,质量好、进度快、造价低是每个业主所期望的,但这并不是理性的,也不符合客观实际。任何商品的生产都有其质量的标准,建筑产品也不例外。如质量验收规范,对建筑工程所要达到的标准进行了详细描述,如果业主以超过国家的质量标准为目标,显然需要承包商投入更大人力、物力、财力和时间,其价格自然会提高。在某些情况下业主可能以最短建筑周期为目标,力图尽快组织生产占领市场。这样,由于承包商施工资源不合理配置导致生产效率低下、成本增加,为保证适当的利润水平而提高投标报价。总之,业主为了获得更高的质量或加快建设进度,必然付出一定的代价。

（三）招标项目的特点

招标项目的特点与工程造价也有密切的关系,这主要表现在:招标项目的技术含量,建设地点、建筑的规模大小等。

1. 招标项目的技术含量是指完成项目所需要的技术支撑。如当项目的建设采用新型结构、新的生产工艺、新的施工方法等的时候,工程造价可能会提高。其原因在于:这些新的结构、新的生产工艺、新的施工方法等对于业主来说还不能准确掌握市场的价格信息,即信息的不对称,容易形成垄断价格。此外,新的技术的运用存在一定的风险,需要付出一定的代价。因此,承包商在报价时也要考虑风险因素。

2. 建设地点。建设地点的环境既影响投标人的吸引力也影响建设成本。环境对于投标人来说需要一定的回报。同时也会增加设备材料的进场、临时设施的费用。

3. 建设规模的大小。建设规模大,各项费用的摊销就会减少。许多费用并不与工程量呈线性变化。大的规模可以带来成本的降低,这时,投标人会根据建设规模大小实行不同的报价策略。即建设规模大适当报低价,反之则会适当报高价。这也是薄利多销的基本原则。

（四）投标人的策略

投标人作为建筑产品的生产者,其对建筑产品的定价与其投标的策略有密切关系。在报价的过程中除了要考虑自身实力和市场条件外,还要考虑企业的经营策略和竞争程度。如基于进入市场时往往会报低价,竞争激烈又急于中标时也会报低价。

四、招标过程中工程造价的控制

招标过程中,招标文件的编制是十分重要的环节,它既是投标文件编制的依据,也是签订合同的重要的内容之一。投标文件必须对招标文件的实质性的要求和条件做出实质上的响应。任何对招标文件的实质性的偏离或保留都将视为废标。因此,招标文件的编制对于顺利完成招标过程,控制工程造价都有十分重要的意义。

（一）合理分标

对于一个大型建设项目施工,往往需要划分若干个标段。标段的合理划分,对于项目的顺利实施和工程造价的控制具有十分重要的意义。适当地进行分标有利于造成竞争的态势。当前,我国正在培育和发展工程总承包,这与适当分标并不矛盾,工程总承包只是建设项目组织的实施方式。总承包企业同样也需要将部分工作发包给具有相应资质的分包企业,而这本身也是一个合理分标的问题。标段的划分应该遵循以下的原则:

1. 适度的工程量。在划分标段时应该考虑各个标段的工作任务量,工程量太大,则起不到分标的作用;工程量太小,则承包商投标的积极性不高。同时,也会加大承包商的成本开支,不利于控制工程造价。

2. 各标段应该相对独立,减少相互干扰。各个标段应该能独立组织施工。尽可能减少各个标段之间的干扰,以免造成索赔事件的发生。

3. 尽可能按专项技术分标。即充分发挥具有专项技术的企业的特长。既可以保证工程质量,又可以降低工程造价。

4. 从系统理论的角度合理分标以保证整体最优。建设项目是一个系统工程,局部最优并不能保证整体最优。在划分标段时,应该从整体的角度,合理分标。如道路工程中两相邻标段的土石方平衡问题等。

（二）标底的合理确定

标底作为评标的客观尺度,在招标投标中具有重要作用。尽管无标底评标技术已经应用到招标实践中去了,但无标底评标并不等于不编制标底,只是弱化了其作用,即不以标底作为判断报价合理性的唯一依据。标底对于业主来说,仍然具有重要的意义。首先,它预先明确了业主在招标工程上的财务尺度。其次,标底是业主的工程预期价格,也是业主控制造价的基本目标。总之,标底是业主(或者委托具有资质单位)编制的,能够反映业主期望和招标工程实际的预期工程造价。标底的编制应该考虑以下的因素:

1. 满足招标工程的质量要求。

对于特殊的质量要求(超过国家质量标准),应该考虑适当的费用。就我国目前的工程造价计价方法而言,均是以完成合格产品所花费的费用。如地面混凝土垫层的规范标准为±10mm,如果提出达到±5mm,则需要更多的投入,即加大成本。

2. 标底应该适应目标工期的要求。

工期与工程造价有密切的关系。当招标文件的目标工期短于定额工期时,承包商需要加大施工资源的投入,并且可能降低了生产效益,造成成本上升。标底应该反映由于缩短工期造成的成本增加。一般来说,当目标工期短于定额工期20%,则应考虑将赶工费计入标底。

3. 标底的编制应反映建筑材料的采购方式和市场价格。

对于大宗的材料往往也实行招标。在计算标底时,应该以材料的采购方式进行计算。目前各地和行业公布的材料价格信息,是综合的、指导性的,并不能真实反映市场价格。

4. 标底编制中应考虑招标工程的特点和自然地理条件,当前我国工程造价的编制方法基本采用定额法,这种方法的最大特点是只考虑一般性,对于具体工程的特点等并不能反映。

（三）评标办法

评标办法是业主价值取向的综合反映，因此，在编制评标办法时应明确表达业主的期望。

1. 评标指标的设置

评标指标的设置应是能充分反映投标人实力和满足投标人愿望。评标指标一般有：投标、施工组织设计或施工方案、质量、类似工程经验、工期、财务能力和资金等。

2. 评标方法

常用的评标方法有综合评分法和合理低报价法。综合评分法是将评标指数进行量化打分，并将各个指标分别赋予不同的权重。权重的大小对评标结果将产生直接的影响，实际上权重的赋值能反映业主的价值取向。如当报价指标权重大时，业主偏向低报价中标。当工期指标权重较大时，则业主对工期比较看重。合理低报价法，则是在其他指标能够满足条件的情况下以最低的合理报价作为中标条件。采用这种方法，业主的价值取向在于降低工程造价。对于技术难度不大、质量标准不高的工程，适宜采用合理的低报价法。

（四）合同条件

合同条件是招标文件的重要组成部分，它不仅是投标文件的编制依据，也是签订合同的主要内容。它对于合同实施阶段工程造价的控制具有特别重要的作用。招标文件中的实质性要求和条件均在合同条件中反映，因此编制好合同条件是十分重要的任务。合同条件中有关工程造价及编制的内容包括：

1. 合同形式的选择

合同的形式包括总价合同、单价合同和成本加酬金合同。合同形式的选择与招标工程的特点密切相关。一般来说，工程量明确、工期短、造价不高的项目采用总价合同。总价合同可以是固定总价，也可以是约定可调。这种合同形式管理比较简单。当工程量不能准确计算时，采用单价合同。最终以实际完成的工程量乘以单价进行结算。这种合同形式控制工程造价的关键在于准确地计量工程量。成本加酬金合同应用较少。不同的合同形式，承发包双方承担的风险是不同的。因此，对于合同形式的选择应根据招标工程的具体情况而定。

2. 工程款的支付方式

工程款支付方式是投标人十分看重的因素之一，甚至会影响投标人的报价策略。工程款的支付包括：预付款的支付与扣回方式，进度款的支付，尾留款的数量与支付方式，工程款的结算。工程款的支付方式不仅仅是对承包商完成产品价值的补偿，同时也是对承包商进行管理与控制工程造价的手段。例如，由于资金具有时间价值，不同的支付方式，其动态的工程造价是不同的。工程款的支付方式应当保证工程的正常进行。

3. 合同价的调整

当合同形式为可调合同时，应该对合同价的可调范围、调整的方法进行约定。工程变更是工程建设中无法避免的。当发生工程变更时，合同价的调整往往是双方利益的焦点。因此，在合同条件中对合同价调整的范围，调整的方法应予以明确，以减少合同纠纷。

4. 风险约定与承担

无论采用何种合同形式，合同双方均要承担一定的风险，因此在合同条件中应对风险进行约定。如在固定总价合同中，承包人应承担工程量变化和物价上涨风险。在固定单价合同中承包人应承担物价上涨的风险，发包人承担工程量变化的风险。风险的约定即是约定双方各自应承担的风险。在约定以外的风险发生时，则应确定分担的方法。例如合同约定当物价上涨影响总造价5%以内时为承包人的风险,超过5%时为双方共同风险。

第二节　项目施工招标投标与合同价格类型

一、施工招标投标管理

施工招标的特点是发包的工作内容明确、具体,各投标人针对拟建工程进行技术、经济、管理等综合能力的竞争,评标时对各投标人编制的投标书进行横向对比。

（一）招标准备工作

1. 合同数量的划分

依据工程特点和现场条件划分合同包的工作范围时,主要应考虑以下因素的影响:

（1）施工内容的专业要求。一般将土建施工和设备安装施工分别招标。土建施工宜采用公开招标,以便选择技术水平高、管理能力强且报价较低的投标人。设备安装施工由于专业技术要求较高,一般采用邀请招标的方式确定中标人。

（2）施工现场条件。划分施工合同时,应该避免几个独立承包人同时进行现场施工可能发生的交叉干扰,以利于监理工程师对合同的协调管理;同时还要考虑,各合同中施工内容在空间和时间上的衔接关系,避免不同合同交界面的工作责任的推诿或扯皮;当关键线路上的工作内容划分在不同的合同中时,应采取有效措施确保总进度计划目标的实现。

（3）对工程总投资影响。根据项目的特点具体分析合同数量划分的多少对工程造价的影响。当整个工程的施工仅采用一个合同时,便于承包对人工、施工机械和临时设施得到统一使用,有利于降低施工成本,同时,有能力参与竞争的投标人较少,会导致中标的合同价较高;划分合同数量较多时,各投标书中均要分别考虑预备费、施工机械闲置费、施工干扰风险费等,总施工成本可能较高,但是,由于投标的门槛较低,便于招标单位在更大的范围内进行择优,有利于降低工程投资。

（4）其他因素影响,如建设资金的筹措计划与实际到位情况、施工图设计的计划进度与实际进展情况等。

2. 编制招标文件

为了便于投标人充分了解招标项目和展开投标竞争,同时,考虑到招标文件中的许多内容将作为未来合同文件的有效组成部分,因此,招标文件力求详细、完整。施工招标范本中推荐的招标文件组成内容包括:

第一卷　投标须知、合同条件及合同格式　　第三卷　投标文件
　第一章　投标须知　　　　　　　　　　　　第六章　投标书及投标书附录
　第二章　合同通用条件　　　　　　　　　　第七章　工程量清单与报价单
　第三章　合同专用条件　　　　　　　　　　第八章　辅助资料表
　第四章　合同格式　　　　　　　　　　　　第九章　资格审查表（有资格预审的
第二卷　技术规范　　　　　　　　　　　　　　　　　　不再采用）
　第五章　技术规范　　　　　　　　　　　　第四卷　图纸
　　　　　　　　　　　　　　　　　　　　　第十章　图纸

（二）资格预审

资格预审是招标阶段对申请投标人的第一次筛选,主要审查申请投标人是否有能力承包招标工程。

1. 资格预审的内容

资格预审的内容应根据招标项目对投标人的要求来确定,中小型常规工程对申请投标人能力的审查可适当简单,大型复杂工程则要对申请投标人的能力进行全面的审查。大型复杂工程资格预审的主要内容包括:法人资格与组织机构、财务报表、人员报表、施工机械设备情况、分包计划、近5年完成同类工程项目的调查、在建工程项目调查、近2年涉及的诉讼案件调查以及其他资格证明等。

2. 资格预审方法

(1)必须满足的条件。必须满足的条件包括必要合格条件和附加合格条件。

1)必要合格条件包括:

①营业执照,即招标工程在营业执照允许承接的工作范围内;

②资质等级,即资质等级满足招标项目的要求标准;

③财务状况,财务状况一般通过开户银行的资信证明来体现;

④流动资金,流动资金一般不少于预计合同价的某一百分比;

⑤分包计划,主体工程、关键部位不能分包;

⑥履约状况,不存在毁约被驱逐的历史。

2)附加合格条件包括:

附加合格条件是根据招标工程的特点设定的具体要求,该项条件不一定与招标工程的实施内容完全相同,只要与本项工程的施工技术和管理能力在同一水平即可。附加合格条件并不是每个招标项目都必须设置的条件。比如,有特殊专业技术要求的施工招标,通常在资格预审阶段审查申请投标人是否具有同类工程的施工经验与能力。

(2)加权打分量化审查。对满足上述条件的资格预审文件,采用加权打分量化审查,权重的分配依据、招标工程的特点和对投标人的要求确定。

(三)评标

施工招标的评标方法主要有综合评分法和评标价法。

1. 综合评分法

评标是对各承包商实施工程综合能力的比较,综合评分法可以较全面地反映投标人的素质。大型复杂工程的评分标准最好设置几级评分目标,以利于评委控制打分标准,减小随意性。评分的指标体系及权重应根据招标工程项目特点设定。报价部分的评分又分为用标底衡量、用复合标底衡量和无标底比较三大类。

(1)以标底衡量报价的综合评分法。首先,以预先确定的允许报价浮动范围确定入围的有效投标;然后,按照评标规则依据报价与标底的偏离程度计算报价项得分;最后,以各项累计得分比较投标书的优劣。应予注意,若某投标书的总分不低,但其中某一项得分低于该项及格分时,也应充分考虑授标给此投标人可能存在的风险。

(2)以复合标底衡量报价的综合评分法。以标底作为报价评定标准时,有可能因编制的标底没有反映出较为先进的施工技术水平和管理水平,导致报价分的评定不合理。为了弥补这一缺陷,采用标底的修正值作为衡量标准。具体步骤为:

①计算各投标书报价的算术平均值;

②将标书平均值与标底再作算术平均;

③以②算出的值为中心,按预先确定的允许浮动范围确定入围的有效投标书;

④计算入围有效标书的报价算术平均值；

⑤将标底和④计算的值进行平均，作为确定报价得分的衡量标准。此步计算可以是简单的算术平均，也可以采用加权平均（如标底的权重为 0.6，报价的平均值权重为 0.4）；

⑥依据评标规则确定的计算方法，按报价与标准的偏离度计算各投标书的该项得分。

（3）无标底的综合评分法。

为了鼓励投标人的报价竞争，可以不预先制定标底，用反映投标人报价平均水平某一值作为衡量基准评定各投标书的报价部分得分。此种方法在招标文件中应说明比较的标准值和报价与标准值偏差的计分方法，视报价与其偏离度的大小确定分值高低。采用较多的方法包括：

1）以最低报价为标准值。

在所有投标书的报价中以报价最低者为标准（该项满分），其他投标人的报价按预先确定的偏离百分比计算相应得分。但应注意，最低的投标报价比次低投标人的报价如果相差悬殊（如 20% 以上），则应首先考查最低报价者是否有低于其企业成本的竞标，若报价的费用组成合理，才可以作为标准值。这种规则适用于工作内容简单，一般承包人采用常规方法都可以完成的施工内容，因此评标时更重视报价的高低。

2）以平均报价为标准值。

开标后，首先计算各主要报价项的标准值。可以采用简单的算术平均值或平均值下浮某一预先规定的百分比作为标准值。标准值确定后，再按预先确定的规则，视各投标书的报价与标准值的偏离程度，计算各投标书的该项得分。对于某些较为复杂的工作任务，不同的施工组织和施工方法可能产生不同效果的情况，不应过分追求报价，因此，采用投标人的报价平均水平作为衡量标准。

2. 评标价法

评标委员会首先通过对各投标书的审查淘汰技术方案不满足基本要求的投标书，然后对基本合格的标书按预定的方法将某些评审要素按一定规则折算为评审价格，加到该标书的报价上形成评标价。以评标价最低的标书为最优（不是投标报价最低）。评标价仅作为衡量投标人能力高低的量化比较方法，与中标人签订合同时仍以投标价格为准。可以折算成价格的评审要素一般包括：

1）实施过程中必然发生而标书又属明显漏项部分，给予相应的补项，增加到报价上去；

2）投标书承诺的工期提前给项目可能带来的超前收益，以月为单位按预定计算规则折算为相应的货币值，从该投标人的报价内扣减此值；

3）投标书内提出的优惠条件可能给招标人带来的好处，以开标日为准，按一定的方法折算后，作为评审价格因素之一；

4）技术建议可能带来的实际经济效益，按预定的比例折算后，在投标价内减去该值；

5）对其他可以折算为价格的要素，按照对招标人有利或不利的原则，减少或增加到投标报价上去。

二、施工招标与投标的价格

1. 工程建设招标与投标的计价方法

根据《建筑工程施工发包与承包计价管理办法》的规定，我国工程建设招标投标价格可以采用工料单价也可以是综合单价。

（1）工料单价法。工料单价是指分部分项工程的直接工程费单价。直接工程费单价以人工、材料、机械的消耗量及其相应价格确定。措施费、间接费、利润、税金按照有关规定另行计算。

工料单价法根据其所含价格和费用标准的不同,又可分为以下两种计算方法:预算定额单价法与预算定额实物法。

第一,预算定额单价法,按现行定额的人工、材料、机械的消耗量及其预算单价确定直接工程费,措施费、间接费、利润、税金按照有关规定另行计算。

第二,预算定额实物法,按工程量计算规则和基础定额确定的单位分部分项工程中的人工、材料、机械消耗量,再依据三种资源的市场时价计算直接工程费,然后计算措施费、间接费、利润、税金。

(2)综合单价法。综合单价是指分部分项工程的完全单价,它综合了直接工程费、间接费、有关文件规定的调价、利润、税金以及采用固定价格的工程所测算的风险金等全部费用,一般不包括措施费用。工程量清单计价主要采用综合单价。

综合单价法按其所包含项目工作内容及工程计量方法的不同,又可分为以下三种表达形式:

第一,参照现行预算定额(或基础定额)对应子项目所约定的工作内容、计算规则进行报价。

第二,按招标文件约定的工程量计算规则,以及按技术规范规定的每一分部分项工程所包括的工作内容进行报价。

第三,由投标者依据招标图纸、技术规范,按其计价习惯,自主报价,即工程量的计算方法、投标价的确定均由投标者根据自身情况决定。

一般情况下,综合单价法比工料单价法能更好地控制工程价格,使工程价格接近市场行情,有利于竞争,同时也有利于降低建设工程投资。

2. 工程建设招标与投标的价格形式

(1)标底价格。标底价格是建设项目造价的表现形式之一,是由招标单位或具有编制标底价格资格和能力的中介机构根据设计图样和有关规定,按照预算定额计算出来的招标工程的预期价格,标底是招标者对招标工程所需费用的期望值,也是评标定标的参考。

(2)投标报价。投标报价是投标人根据招标文件、企业定额、投标策略等要求,对投标工程做出的自主报价。如果中标,该价格是确定合同价格的基础。编制投标报价以及投标书的过程中,应当紧密结合招标文件的要求,追求"能够最大限度地满足招标文件中规定的各种综合评价标准"或"能够满足招标文件的实质性要求,并且经评审的投标价格最低"。投标书(投标报价)可以由投标人编制,也可以委托咨询机构代为编制。

(3)评标定价。在招标投标过程中,招标文件(含可能设置的标底)是发包人的定价意图,投标书(含投标报价)是投标人的定价意图,而中标价则是双方均可接受的价格,并应成为合同的重要组成部分。评标委员会在选择中标人时,通常遵循"最大限度地满足招标文件中规定的各种综合评价标准"或"能够满足招标文件的实质性要求,并且经评审的投标价格最低"原则。前者属于综合评价法,后者属于最低评标价法。

最低评标法中中标价必须是经评审的最低报价,但报价不得低于成本。成本的界定有两种方法:一是招标标底扣除招标人拟允许投标人获得的利润(或类似工程的社会平均利润水平统计资料);二是把计算标底时的工程直接费与间接费相加便可得出成本。如果不设标底的,在评标时,只能由评标委员会的专家根据报价的情况,把低报价且施工组织设计中又无具体措施的,认为是低于成本的报价,并予以剔除;或专家根据经验判断其报价是否低于成本。中标者的报价,即为决标价,即签订合同的价格依据。

三、招标标底的编制与审查

(一)标底的概述

标底是指招标人根据招标项目的具体情况,编制的完成招标项目所需的全部费用,是根据国家规定的计价依据和计价办法计算出来的工程造价,是招标人对建设工程的期望价格。标底有成本、利润、税金等组成,一般应该控制在批准的总概算及投资包干限额内。

我国的《招标投标法》没有明确规定招标工程是否必须设置标底价格,招标人可根据工程的实际情况自己决定是否需要编制标底。一般情况下,即使采用无标底招标方式进行工程招标,招标人在招标时还是需要对招标工程的建造费用做出估计,使心中有一基本价格底数,同时可以对各个投标价格的合理性做出理性的判断。

对设置标底的招标工程,标底价格是招标人的预期价格,对工程招标阶段的工作有一定的作用。

1. 标底价格是招标人控制建设工程投资,确定工程合同价格的参考依据。

2. 标底价格是衡量、评审投标人投标报价是否合理的尺度和依据。

因此,标底必须以严肃认真的态度和科学合理的方法进行编制,应当实事求是,综合考虑和体现发包方和承包方的利益,编制切实可行的标底,真正发挥标底价格的作用。

(二)标底的编制原则和依据

1. 标底价格编制的原则。工程标底是招标人控制投资,确定招标工程造价的重要手段,在计算时要求科学合理、计算准确。标底应当参考国务院和省、自治区、直辖市人民政府建设行政主管部门制定的工程造价计价办法和计价依据以及其他有关规定,根据市场价格信息,有招标单位或委托有相应资质的招标代理机构和工程造价咨询单位以及监理单位等中介组织进行编制。

在标底的编制过程中,应该遵循以下原则:

(1)根据国家公布的统一工程项目划分、统一计量单位、统一计算规则以及施工图纸、招标文件,并参照国家、行业或地方批准发布的定额和国家、行业、地方规定的技术标准规范,以及要素市场价格确定工程量和编制标底。

(2)按工程项目类别计价。

(3)标底作为建设单位的期望价格,应力求与市场的实际变化吻合,要有利于竞争和保证工程质量。

(4)标底应由直接工程费、间接费、利润、税金等组成,一般应控制在批准的总概算(或修正概算)及投资包干的限额内。

(5)标底应考虑人工、材料、设备、机械台班等价格变化因素,还应包括不可预见费(特殊情况)、预算包干费、措施费(赶工措施费、施工技术措施费)、现场因素费用、保险以及采用固定价格的工程的风险金等。工程要求优良的还应增加相应的费用。

(6)一个工程只能编制一个标底。

(7)标底编制完成后,直至开标时,所有接触过标底价格的人员均负有保密责任,不得泄漏。

2. 标底价格编制的依据。工程标底的编制主要需要以下基本资料和文件：

（1）国家的有关法律、法规以及国务院和省、自治区、直辖市人民政府建设行政主管部门制定的有关工程造价的文件、规定。

（2）工程招标文件中确定的计价依据和计价办法，招标文件的商务条款，包括合同条件中规定由工程承包方应承担义务而可能发生的费用，以及招标文件的澄清、答疑等补充文件和资料。在标底价格计算时，计算口径和取费内容必须与招标文件中有关取费等的要求一致。

（3）工程设计文件、图纸、技术说明及招标时的设计交底，按设计图纸确定的或招标人提供的工程量清单等相关基础资料。

（4）国家、行业、地方的工程建设标准，包括建设工程施工必须执行的建设技术标准、规范和规程。

（5）采用的施工组织设计、施工方案、施工技术措施等。

（6）工程施工现场地质、水文勘探资料，现场环境和条件及反映相应情况的有关资料。

（7）招标时的人工、材料、设备及施工机械台班等要素市场价格信息，以及国家或地方有关政策性调价文件的规定。

（三）标底的编制程序

当招标文件中的商务条款一经确定，即可进入标底编制阶段。工程标底的编制程序如下：

1. 确定标底的编制单位。标底由招标单位自行编制或委托经建设行政主管部门批准具有编制标底资格和能力的中介机构代理编制。

2. 收集编制资料。

（1）全套施工图纸及现场地质、水文、地上情况的有关资料；

（2）招标文件；

（3）领取标底价格计算书、报审的有关表格。

3. 参加交底会及现场勘察。标底编、审人员均应参加施工图交底、施工方案交底以及现场勘察、招标预备会，便于标底的编、审工作。

4. 编制标底。编制人员应严格按照国家的有关政策、规定，科学公正地编制标底价格。

5. 审核标底价格。

（四）标底文件的主要内容

（1）标底的综合编制说明；

（2）标底价格审定书、标底价格计算书、带有价格的工程量清单、现场因素、各种施工措施费的测算明细以及采用固定价格工程的风险系数测算明细等；

（3）主要人工、材料、机械设备用量表；

（4）标底附件：如各项交底纪要、各种材料及设备的价格来源、现场的地质、水文、地上情况的有关资料、编制标底价格所依据的施工方案或施工组织设计等；

（5）标底价格编制的有关表格。

（五）标底价格的编制方法

《建筑工程施工发包与承包计价管理办法》（中华人民共和国建设部第 107 号令）第五条中规定，施工图预算、招标标底、投标报价由成本、利润和税金构成。在编制时分部分项工程量单价可以是直接费单价也可以是综合单价。

我国目前建设工程施工招标标底的编制，主要采用定额计价和工程量清单计价来编制。

1. 以定额计价法编制标底。定额计价法编制标底采用的是分部分项工程量的直接费单价（或称为工料单价法），仅仅包括人工、材料、机械费用。直接费单价根据其所含价格和费用标准的不同，又可以分为单位估价法和实物估价法两种。

（1）单位估价法，其具体做法是根据施工图纸及技术说明，按照预算定额规定的分部分项工程子目，逐项计算出工程量，再套用定额单价（或单位估价表）确定直接费，然后按规定的费用定额确定其他直接费、现场经费、间接费、计划利润和税金，还要加上材料调价系数和适当的不可预见费，汇总后即为标底的基础。

单位估价法编制标底的步骤如图7-2所示。

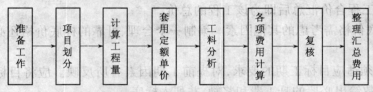

图7-2　单位估价法编制标底的步骤示意图

单位估价法实施中，也可以采用工程概算定额，对分项工程子目作适当的归并和综合，使标底价格的计算有所简化。采用概算定额编制标底，通常适用于初步设计或技术设计阶段进行招标的工程。在施工图阶段招标，也可按施工图计算工程量，按概算定额和单价计算直接费，既可提高计算结果的准确性，又可减少工作量，节省人力和时间。

（2）实物量法。用实物量法编制标底，主要先用计算出的各分项工程的实物工程量，分别套取预算定额中的工、料、机消耗指标，并按类相加，求出单位工程所需的各种人工、材料、施工机械台班的总消耗量，然后分别乘以当时当地的人工、材料、施工机械台班市场单价，求出人工费、材料费、施工机械使用费，再汇总求和。对于其他直接费、现场经费、间接费、计划利润和税金等费用的计算则根据当时当地建筑市场的供求情况给予具体确定。

实物量编制法与单位估价法相似，最大的区别在于两者在计算人工费、材料费、施工机械费及汇总三者费用之和方法不同。

①实物量法计算人工、材料、施工机械使用费，是根据预算定额中的人工、材料、机械台班消耗量与当时、当地人工、材料和机械台班单价相乘汇总得出。采用当时当地的实际价格，能较好地反映实际价格水平，工程造价准确度较高。从长远角度看，人工、材料、机械的实物消耗量应根据企业自身消耗水平来确定。

②实物量法在计算其他各项费用，如其他直接费、现场经费、间接费、计划利润、税金等时将间接费、计划利润等相对灵活的部分，根据建筑市场的供求情况，随行就市，浮动确定。

因此，实物量法是与市场经济体制相适应的并以预算定额为依据的标底编制方法。

2. 以工程量清单计价法编制标底。工程量清单计价的单价按所综合的内容不同，可以划分为三种形式：

（1）工料单价：单价仅仅包括人工费、材料费和机械使用费，故又称为直接费单价。

（2）完全费用单价：单价中除了包含直接费外，还包括现场经费、其他直接费和间接费等全部成本。

（3）综合单价法：所谓综合单价即分部分项工程的完全单价，综合了直接工程费、间接费、有关文件规定的调价、利润或者包括税金以及采用固定价格的工程所测算的风险金等全部费用。

工程量清单计价法的单价主要采用综合单价。

用综合单价编制标底价格，要根据统一的项目划分，按照统一的工程量计算规则计算工程量，形成工程量清单。接着，估算分项工程综合单价，该单价是根据具体项目分别估算的。综合单价确定以后，填入工程量清单中，再与各部分项工程量相乘得到合价，汇总之后即可得到标底价格。

这种方法与上述方法的显著区别主要在于：间接费、利润等是一个用综合管理费分摊到分项工程单价中，从而组成分项工程综合单价，某分项工程综合单价乘以工程量即为该分项工程合价，所有分项工程合价汇总后即为该工程的总价。

3. 编制标底价格需考虑的其他因素。编制一个合理、可靠的标底价格还必须在此基础上考虑以下因素：

（1）标底必须适应目标工期的要求，对提前工期因素有所反映。应将目标工期对照工期定额，按提前天数给出必要的赶工费和奖励，并列入标底。

（2）标底必须适应招标方的质量要求，对高于国家验收规范的质量因素有所反映。标底中对工程质量的反映，应按国家相关的施工验收规范的要求作为合格的建筑产品，按国家规范来检查验收。但招标方往往还要提出要达到高于国家验收规范的质量要求，为此，施工单位要付出比合格水平更多的费用。

（3）标底必须适应建筑材料采购渠道和市场价格的变化，考虑材料差价因素，并将差价列入标底。

（4）标底必须合理考虑招标工程的自然地理条件和招标工程范围等因素。将地下工程及"三通一平"等招标工程范围内的费用正确地计入标底价格。由于自然条件导致的施工不利因素也应考虑计入标底。

（5）标底价格应根据招标文件或合同条件的规定，按规定的工程发承包模式，确定相应的计价方式，考虑相应的风险费用。

（六）标底的审查

为了保证标底的准确和严谨，必须加强对标底的审查。

1. 审查标底的目的。审查标底的目的是检查标底价格编制是否真实、准确，标底价格如有漏洞，应予以调整和修正。如总价超过概算，应按照有关规定进行处理，不得以压低标底价格作为压低投资的手段。

2. 标底审查的内容。

（1）标底计价内容：承包范围、招标文件规定的计价方法及招标文件的其他有关条款。

（2）标底价格组成内容：工程量清单及其单价组成、直接费、其他直接费、有关文件规定的调价、间接费、现场经费以及利润、税金、主要材料、设备需用数量等。

（3）标底价格相关费用：人工、材料、机械台班的市场价格、措施费（赶工措施费、施工技术措施费）、现场因素费用、不可预见费（特殊情况）、对于采用固定价格的工程所测算的在施工周期内价格波动的风险系数等。

3. 标底的审查方法。标底价格的审查方法类似于施工图预算的审查方法，主要有：全面审查法、重点审查法、分解对比审查法、分组计算审查法、标准预算审查法、筛选法、应用手册审查法等。

四、投标报价的编制

任何一个工程项目的投标报价都是一项系统工程,必须遵循一定的程序。

(一)投标报价前期的调查研究

调查研究主要是对投标和中标后履行合同有影响的各种客观因素、业主和监理工程师的资信以及工程项目的具体情况等进行深入细致的了解和分析。具体包括以下内容:

1. 政治和法律方面。投标人首先应当了解在招标投标活动中以及在合同履行过程中有可能涉及到的法律,也应当了解与项目有关的政治形势、国家政策等,即国家对该项目采取的是鼓励政策还是限制政策。

2. 自然条件。自然条件包括工程所在地的地理位置和地形、地貌,气象状况,包括气温、湿度、主导风向、年降水量等,洪水、台风及其他自然灾害状况等。

3. 市场状况。投标人调查市场情况是一项非常艰巨的工作,其内容也非常多,主要包括:建筑材料、施工机械设备、燃料、动力、水和生活用品的供应情况、价格水平,还包括过去几年批发物价和零售物价指数以及今后的变化趋势和预测,劳务市场情况如工人技术水平、工资水平、有关劳动保护和福利待遇的规定等,金融市场情况如银行贷款的难易程度以及银行贷款利率等。

对材料设备的市场情况尤需详细了解。包括原材料和设备的来源方式,购买的成本,来源国或厂家供货情况;材料、设备购买时的运输、税收、保险等方面的规定、手续、费用;施工设备的租赁、维修费用;使用投标人本地原材料、设备的可能性以及成本比较。

4. 工程项目方面的情况。工程项目方面的情况包括工作性质、规模、发包范围;工程的技术规模和对材料性能及工人技术水平的要求;总工期及分批竣工交付使用的要求;施工场地的地形、地质、地下水位、交通运输、给排水、供电、通讯条件的情况;工程项目资金来源;对购买器材和雇佣工人有无限制条件;工程价款的支付方式、外汇所占比例;监理工程师的资历、职业道德和工作作风等。

5. 业主情况。包括业主的资信情况、履约态度、支付能力、在其他项目上有无拖欠工程款的情况、对实施的工程需求的迫切程度等。

6. 投标人自身情况。投标人对自己内部情况、资料也应当进行归纳管理。这类资料主要用于招标人要求的资格审查和本企业履行项目的可能性。

7. 竞争对手资料。掌握竞争对手的情况,是投标策略中的一个重要环节,也是投标人参加投标能否获胜的重要因素。投标人在制定投标策略时必须考虑到竞争对手的情况。

(二)对是否参加投标做出决策

承包商在是否参加投标的决策时,应考虑到以下几个方面的问题:

1. 承包招标项目的可行性与可能性。如:本企业是否有能力(包括技术力量、设备机械等)承包该项目,能否抽调出管理力量、技术力量参加项目承包,竞争对手是否有明显的优势等。

2. 招标项目的可靠性。如:项目的审批程序是否已经完成、资金是否已经落实等。

3. 招标项目的承包条件。如果承包条件苛刻,自己无力完成施工,则也应放弃投标。

(三)研究招标文件并制定施工方案

1. 研究招标文件。投标单位报名参加或接受邀请参加某一工程的投标,通过了资格审查,取得招标文件之后,首要的工作就是认真仔细地研究招标文件,充分了解其内容和要求,以便有针对性地安排投标工作。

2. 制定施工方案。施工方案是投标报价的一个前提条件,也是招标单位评标时要考虑的因素之一。施工方案应由投标单位的技术负责人主持制定,主要应考虑施工方法,主要施工机具的配置,各工种劳动力的安排及现场施工人员的平衡,施工进度及分批竣工的安排,安全措施等。施工方案的制定应在技术和工期两方面对招标单位有吸引力,同时又有助于降低施工成本。

(四)投标报价的编制

1. 投标报价的原则

投标报价的编制主要是投标单位对承建招标工程所要发生的各种费用的计算。在进行投标计算时,必须首先根据招标文件进一步复核工程量。作为投标计算的必要条件,应预先确定施工方案和施工进度,此外,投标计算还必须与采用的合同形式相协调。报价是投标的关键性工作,报价是否合理直接关系到投标的成败。

(1)以招标文件中设定的发承包双方责任划分,作为考虑投标报价费用项目和费用计算的基础;根据工程发承包模式考虑投标报价的费用内容和计算深度。

(2)以施工方案、技术措施等作为投标报价计算的基本条件。

(3)以反映企业技术和管理水平的企业定额作为计算人工、材料和机械台班消耗量的基本依据。

(4)充分利用现场考察、调研成果、市场价格信息和行情资料,编制基价,确定调价方法。

(5)报价计算方法要科学严谨,简明适用。

2. 投标报价的计算依据

(1)招标单位提供的招标文件。

(2)招标单位提供的设计图纸、工程量清单及有关的技术说明书等。

(3)国家及地区颁发的现行建筑、安装工程预算定额及与之相配套执行的各种费用定额规定等。

(4)地方现行材料预算价格、采购地点及供应方式等。

(5)因招标文件及设计图纸等不明确经咨询后由招标单位书面答复的有关资料。

(6)企业内部制定的有关取费、价格等的规定、标准。

(7)其他与报价计算有关的各项政策、规定及调整系数等。

在标价的计算过程中,对于不可预见费用的计算必须慎重考虑,不要遗漏。

3. 投标报价的编制方法

(1)以定额计价模式投标报价。一般是采用预算定额来编制,即按照定额规定的分部分项工程子目逐项计算工程量,套用定额基价或根据市场价格确定直接费,然后再按规定的费用定额计取各项费用,最后汇总形成标价。这种方法在我国大多数省市现行的报价编制中比较常用。

(2)以工程量清单计价模式投标报价。这是与市场经济相适应的投标报价方法,也是国际通用的竞争性招标方式所要求的。一般是由标底编制单位根据业主委托,将拟建招标工程全部项目和内容按相关的计算规则计算出工程量,列在清单上作为招标文件的组成部分,供投标人逐项填报单价,计算出总价,作为投标报价,然后通过评标竞争,最终确定合同价。工程量清单报价由招标人给出工程量清单,投标者填报单价,单价应完全依据企业技术、管理水平等企业实力而定,以满足市场竞争的需要。

工程量清单计价模式下的投标总价构成见图7-3。其中,措施项目费、分部分项工程费、其他项目费、规费和税金的计算详见第四章第三节。

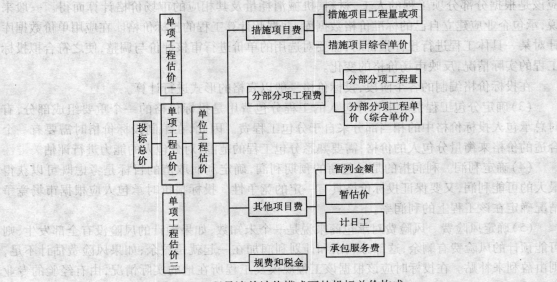

图7-3 工程量清单计价模式下的投标总价构成

④规费和税金

(3)我国工程造价改革的总体目标是客观以市场形成价格为主的价格体系。但目前尚处于过渡时期,今后一两年内,我国工程造价管理模式将会出现一个前所未有的多种模式并存的局面,一般说,工程项目投标报价方面存在着如下几种基本模式(见表7-2)。

表7-2 我国投标报价的模式

现行报价模式			工程量清单报价模式	
单位估价法	实物量法	直接费单价法	全费用单价法	综合单价
①计算工程量 ②查套定额单价 ③计算直接费 ④计算取费 ⑤得到投标报价书	①计算工程量 ②查套定额消耗量 ③套用市场价格 ④计算直接费 ⑤计算取费 ⑥得到投标报价书	①计算各分项工程资源消耗量 ②套用市场价格 ③计算直接费 ④按实计算其他费用 ⑤得到投标报价书	①计算各分项资源消耗量 ②套用市场价格 ③计算直接费 ④按实计算分摊费用 ⑤分摊管理费和利润 ⑥得到分项综合单价 ⑦计算其他费用 ⑧得到投标报价书	①计算各分项资源消耗量 ②套用市场价格 ③计算直接费 ④核实计算所有分摊费用 ⑤分摊费用 ⑥得到投标报价书

4. 投标报价的编制程序

不论采用何种投标报价体系,一般计算过程是:

(1)复核或计算工程量。工程招标文件中若提供有工程量清单,投标价格计算之前,要对工程量进行校核。若招标文件中没有提供工程量清单,则必须根据图纸计算全部工程量。如招标文件对工程量的计算方法有规定,应按照规定的方法进行计算。

（2）确定单价，计算合价。在投标报价中，复核或计算各个分部分项工程的实物工程量以后，就需要确定每一个分部分项工程的单价，并按照招标文件中工程量表的格式填写报价，一般是按照分部分项工程量内容和项目名称填写单价与合价。

计算单价时，应将构成分部分项工程的所有费用项目都归入其中。人工、材料、机械费用应该是根据分部分项工程的人工、材料、机械消耗量及其相应的市场价格计算而得。一般来说，承包企业应建立自己的标准价格数据库，并据此计算工程的投标价格。在应用单价数据库针对某一具体工程进行投标报价时，需要对选用的单价进行审核评价与调整，使之符合拟投标工程的实际情况，反映市场价格的变化。

在投标价格编制的各个阶段，投标价格一般以表格的形式进行计算。

（3）确定分包工程费。来自分包人的工程分包费用是投标价格的一个重要组成部分，有时总承包人投标价格中的相当部分来自于分包工程费。因此，在编制投标价格时需要有一个合适的价格来衡量分包人的价格，需要熟悉分包工程的范围，对分包人的能力进行评估。

（4）确定利润。利润指的是承包商的预期利润，确定利润取值的目标是考虑既可以获得最大的可能利润，又要保证投标价格具有一定的竞争性。投标报价时承包人应根据市场竞争情况确定在该工程上的利润率。

（5）确定风险费。风险费对承包商来说是一个未知数，如果预计的风险没有全部发生，则可能预计的风险费有剩余，这部分剩余和计划利润加在一起就是盈余；如果风险费估计不足，则由盈利来补贴。在投标时应该根据该工程规模及工程所在地的实际情况，由有经验的专业人员对可能的风险因素进行逐项分析后确定一个比较合理的费用比率。

（6）确定投标价格。如前所述，将所有的分部分项工程的合价汇总后就可以得到工程的总价，但是这样计算的工程总价还不能作为投标价格，因为计算出来的价格可能重复也可能会漏算，也有可能某些费用的预估有偏差等，因而必须对计算出来的工程总价作某些必要的调整。调整投标价格应当建立在对工程盈亏分析的基础上，盈亏预测应用多种方法从多角度进行，找出计算中的问题以及分析可以通过采取哪些措施降低成本、增加盈利，确定最后的投标报价。

图7-4为工程投标报价编制的一般程序。

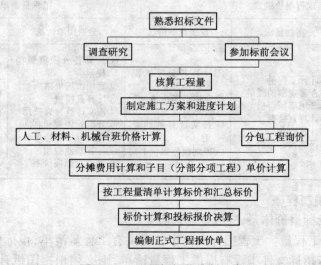

图 7-4　工程投标报价编制程序

（五）投标报价的策略

投标价格既要注重严谨的建设投资测算，又要运用一定的策略，既力争能使招标人接受报价，又能让自己（承包人）获得更多的利润。通常，承包人可能会采用以下几种投标策略。

1. 不平衡报价策略。所谓不平衡报价，就是在不影响投标总报价的前提下，将某些分部分项工程的单价定得比正常水平高一些，某些分部分项工程的单价定得比正常水平低一些。不平衡报价是单价合同投标报价中常见的一种方法。

（1）对能早期得到结算付款的分部分项工程的单价定得较高，对后期的施工分项单价适当降低。

（2）估计施工中工程量可能会增加的项目，单价提高；工程量会减少的项目单价降低。

（3）设计图纸不明确或有错误的，估计今后修改后工程量会增加的项目，单价提高，工程内容说明不清的，单价降低。

（4）没有工程量，只填单价的项目（如土方工程中的挖淤泥、岩石等），其单价提高些，这样做既不影响投标总价，以后发生时承包人又可多获利。

（5）对于暂列数额（或工程），预计会做的可能性较大，价格定高些，估计不一定发生的则单价低些。

（6）零星用工（计日工）的报价高于一般分部分项工程中的工资单价，因它不属于承包总价的范围，发生时实报实销，价高些会多获利。

不平衡报价一定要建立在对工程量清单表中工程量仔细核对的基础上，特别是对于报低单价的项目，实际工程量增多将给承包商造成损失。

2. 多方案报价与增加备选方案报价策略

对于一些招标项目工程范围不很明确，文件条款不清楚或不公正，或技术规范要求过于苛刻时，承包人往往可能会承担较大的风险，为了减少风险就须提高单价，增加不可预见费，但这样做又会因报价过高而增加投标失败的可能性。在这种情况下，要在充分估计投标风险的基础上，按多方案报价法处理。即按原招标文件报一个价，然后再提出"如果条款做某些变动，报价可降低多少……"以此降低总价，吸引业主。此外，如对工程中部分没有把握的工作，可注明采用成本加酬金方式进行结算的办法。

有时招标文件中规定，可以提一个备选方案，即可以部分或全部修改原设计方案，提出投标人的方案。投标人这时应组织一批有经验的设计和施工工程师，对原招标文件的设计和施工方案仔细研究，提出更合理的方案以吸引业主，促成自己的方案中标。这种新的备选方案必须有一定的优势，如可以降低总造价，或提前竣工，或使工程运作更合理。但要注意的是对原招标方案一定也要报价，以供业主比较。

增加备选方案时，不要将方案写得太具体，要保留方案的技术关键，以防止业主将此方案交给其他承包商实施。同时要强调的是，备选方案一定要比较成熟，或过去有这方面的实践经验。因为投标时间不长，如果仅为中标而匆忙提出一些没有把握的备选方案，可能会引起很多后患。

多方案与增加备选方案报价都需要按招标文件提出的具体要求进行报价，在此基础上提出的新报价方案要有特点。例如，报价降低，采用新技术、新工艺、新材料，工程整体质量提高等。多方案报价和增加备选方案报价与施工组织设计、施工方案的选择有着密切的关系，应充分发挥投标企业的整体优势，调动各类人员的积极性，促进报价方案整体水平的提升。在制定方案时要具体问题具体分析,深入施工现场调查研究,集思广益选定最佳建议方案,要从安全、质量、经济、技术和工期上,对建议(比选)方案进行综合分析比较,使最终选定的建议(比选)方案在满足安全、质量、技术、工期等要求的前提下,达到效益最佳的目的。

3. 随机应变策略

在投标截止日之前,一些投标人采取随机应变策略,这是根据竞争对手可能出现的方案,在充分预案的前提下,采取的突然降价策略、开口升级策略、扩大标价策略、许诺优惠条件策略的总称。

报价是一件保密的工作,但是对手往往通过各种渠道、手段来刺探情况,因之在报价时可以采取迷惑对方的手法。即先按一般情况报价或表现出自己对该工程兴趣不大,到投标快截止时,再突然降价。如鲁布革水电站引水系统工程招标时,日本大成公司知道他的主要竞争对手是前田公司,因而在临近开标前把总报价突然降低8.04%,取得最低标,为以后中标打下基础。

采用这种方法时,一定要在准备投标报价的过程中考虑好降价的幅度,在临近投标截止日期前,根据情报信息与分析判断,再作最后决策。

(1)突然降价法

这是一种迷惑对手的竞争手段。投标报价是一项商业秘密性的竞争工作,竞争对手之间可能会随时互相探听对方的报价情况。在整个报价过程中,投标人先按一般态度对待招标工程,按一般情况进行报价,甚至可以表现出自己对该工程的兴趣不大,但等快到投标截止时,再突然降价,使竞争对手措手不及。采取突然降价法必须在信息完备,测算合理,预案完整,系统调整的条件下完成。

(2)开口升级报价法

这种方法是将报价看成是协商的开始。首先对图纸和说明书进行分析,把工程中的一些难题,如特殊基础等造价最多的部分抛开作为活口,将标价降至无法与之竞争的数额(在报价单中应加以说明)。利用这种“最低标价”来吸引业主,从而取得与业主商谈的机会。由于特殊条件施工要求的灵活性,利用活口进行升级加价,以达到最后得标的目的。

(3)扩大标价法

这种方法比较常用,即除了按正常的已知条件编制价格外,对工程中变化较大或没有把握的工作,采用扩大单价、增加“不可预见费”的方法来减少风险。但是这种方法往往因为总价过高而不易中标。

这三种策略都是在正常编制投标标价并有可能获得中标的情况下,利用招标项目中的特殊性、风险性所选择的策略,在投标前要做好充分的准备。

(4)许诺优惠条件

投标报价附带优惠条件是行之有效的一种手段。招标单位评标时,除了主要考虑报价和技术方案外,还要分析其他条件,如工期、支付条件等。所以在投标时主动提出提前竣工、低息贷款、赠给施工设备、免费转让新技术或某种技术专利、免费技术协作、代为培训人员等,均是吸引业主、利于中标的辅助手段。

4. 费用构成与盈利水平调整策略

有的招标文件要求投标者对工程量大的项目报“单价分析表”。投标者可将单价分析表中的人工费及机械设备费报得较高,而材料费算得较低。这主要是为了在今后补充项目报价时,可能参考选用"单价分析表"中较高的人工费和机械设备费,而材料则往往采用市场价,因而可获得较高的收益。

（1）计日工报价

如果是单纯计日工的报价,可以高一些,以便在日后业主用工或使用机械时可以多盈利。但如果采用"名义工程量"时,则需具体分析是否报高价,以免抬高总报价。

（2）暂定工程量的报价

暂定工程量有三种。第一种是业主规定了暂定工程量的分项内容和暂定总价款,并规定所有投标人都必须在总报价中加入这笔固定金额,但由于分项工程量不很准确,允许将来按投标人所报单价和实际完成的工程量付款。第二种是业主列出了暂定工程量的项目和数量,但并没有限制这些工程量的估价总价款,要求投标人既列出单价,也应按暂定项目的数量计算总价,当将来结算付款时可按实际完成的工程量和所报单价支付。第三种是只有暂定工程的一笔固定总金额,将来这笔金额做什么用,由业主确定。第一种情况,由于暂定总价款是固定的,对总报价水平竞争力没有任何影响,因此,投标时应将暂定工程量的单价适当提高。这样既不会因今后工程量变更而吃亏,也不会削弱投标报价的竞争力。第二种情况,投标人必须慎重考虑,如果单价定高了,同其他工程量计价一样,便会增大总报价,影响投标报价的竞争力;如果单价定低了,将来这类工程量增大,便会影响收益。一般来说,这类工程量可以采用正常价格。如果承包商估计今后实际工程量肯定会增大,则可适当提高单价,使将来可增加额外收益。第三种情况对投标竞争没有实际意义,按招标文件要求将规定的暂定款列入总报价即可。

（3）分阶段报价

对大型分期建设工程,在第一期工程投标时,可以将部分间接费分摊到第二期工程中去,少计利润以争取中标。这样在第二期工程招标时,凭借第一期工程的经验、临时设施,以及创立的信誉,比较容易中标。但应注意分析第二期工程实现的可能性,如果开发前景不明确,后续资金来源不明确,实施第二期工程遥遥无期,则不可以这样考虑。

（4）无利润报价

缺乏竞争优势的承包商,在不得已的情况下,只好在算标中根本不考虑利润去夺标。这种办法一般是处于以下情况时采用。

①有可能在得标后将大部分工程包给索价较低的一些分包商。

②对于分期建设的项目,先以低价获得首期工程,而后赢得机会创造第二期工程的竞争优势,并在以后的实施中赚得利润。

③较长时期内,承包商没有在建的工程项目,如果再不得标,就难以维持生存。因此,虽然本工程无利可图,只要能有一定的管理费维持工程的日常运转,就可设法渡过暂时的困难,以图将来东山再起。

但采用这种方法的承包人,必须要有十分雄厚的实力,较好的资信条件,这样才能长久、不断地扩大市场份额。

5. 其他策略

除上述策略外,还可以采取信誉制胜策略、优势制胜策略、联合保标策略。

（1）信誉制胜策略

信誉,在建筑业意味着工程质量好,及时交工,守信用。它如同工厂产品的商标,名牌产品价格就高;建筑企业信誉好,价格就高些,如某建设项目,施工技术复杂,难度大,而本公司过去承担过此类工程,取得信誉,业主信得过,报价就可稍高些。若为了打入某地区市场,建立信誉,也可以忍痛降低报价,以求占有市场,争取将来发展。

（2）优势制胜策略

优势体现在施工质量、施工速度、价格水平、设计方案上,采用上述策略可以有以下几种方式。

①以质取胜。建筑产品百年大计,质量第一。投标企业用自己以前承建的施工项目质量的社会评价及荣誉、科学完备的质量保证体系,已通过国际和国内相关认证等,作为获得中标的重要条件。

②以快取胜。通过采取有效措施缩短施工工期,并能保证进度计划的合理性和可行性,从而使招标工程早投产、早收益,以吸引业主。

③以廉取胜。其前提是保证施工质量,这对业主一般都具有较强的吸引力。从投标单位的角度出发,采取这一策略也可能有长远的考虑,即通过降价扩大任务来源,从而降低固定成本在各个工程上的摊销比例,既降低工程成本,又为降低新投标工程的承包价格创造了条件。

④靠改进设计取胜。通过仔细研究原设计图纸,若发现明显不合理之处,可提出改进设计的建议和能切实降低造价的措施。在这种情况下,一般仍然要按原设计报价,再按建议的方案报价。

（3）联合保标策略

在竞争对手众多的情况下,可以采取几家实力雄厚的承包商联合起来控制标价,一家出面争取中标,再将其中部分项目转让给其他承包商分包,或轮流相互保标。在国际上这种做法很常见,但是一旦被业主发现,则有可能被取消投标资格。

上述策略是投标报价中经常采用的,策略的选择需要掌握充足的信息,而竞标企业对项目重要性的认识对策略选择有着直接的影响。策略的应用又与谈判、答辩的技巧有关,灵活使用投标报价的基本策略,以达到中标获得项目承建权和企业获得经济效益的目的。

五、施工合同价格的类型与选择

（一）合同类型

工程建设发承包合同根据计价方式的不同,可以划分总价合同、单价合同、成本加酬金合同三大类型。把握各类合同的计价方法、特点和适用条件,对于选择合同类型以及合同管理等均具有非常重要的意义。

1. 总价合同

所谓总价合同是指支付给承包方的款项在合同中是一个"规定的金额",即总价。它是以工程量清单、设计图样和工程说明书为依据,由承包方与发包方协商确定的。

总价合同按其履行过程中是否允许调值又可分为以下两种不同形式:

（1）不可调值总价合同。该合同的价格计算是以工程量清单、图样及规定、规范为基础,发承包双方就承包项目协商一个固定的总价,并由承包方一笔包死,无特定情况不能变化。

特点:这种合同的合同总价只有在设计和工程范围有所变更的情况下,才能随之做相应的变更。采用这种合同时,承包方要承担实物工程量、工程单价、地质条件、气候和其他一切客观因素造成亏损的风险。在合同执行过程中,发承包双方均不能因工程量、设备、材料价格、工资等变动和地质条件恶劣、气候恶劣等理由，提出对合同总价调值的要求，因此承包方要在投标时对一切费用的上升可能做出估计并包含在投标报价之中。由于承包方要为许多不可预见的因素付出代价，并加大不可预见费用，可能致使这种合同的报价较高。

适用条件：不可调值总价合同适用于工期较短（一般不超过一年），对最终产品的要求又非常明确的工程项目，即项目的内涵清楚、设计图样完整齐全、工作范围及工程量计算依据确切。

（2）可调值总价合同。该合同的总价也是以工程量清单、图样及规定、规范为基础，但它是按"时价"计算的，是一种相对固定的价格。

特点：在合同执行过程中，由于通货膨胀而使所用的工料成本增加时，允许利用调值条款对合同总价进行相应的调值。其有关调值的特定条款，往往是在合同特别说明书（亦称特别条款）中列明，调值工作必须按照这些特定的调值条款进行。它与不可调值总价合同的区别在于，对合同实施中出现的风险做了分摊，发包方承担了通货膨胀这一不可预测费用因素的风险，而承包方只承担了实施中实物工程量、工期等因素的风险。

适用条件：可调值总价合同适用于工程内容和技术经济指标规定比较明确的项目，由于合同中列有调值条件，因此适用于工期较长（一年以上）的项目。

2. 单价合同

当施工图不完整或准备发包的工程项目内容、技术经济指标尚不能明确、具体地予以规定时，往往要采用单价合同形式。这样可以避免凭运气而使发包方或承包方中的任何一方承担过大的风险。

（1）估算工程量单价合同，亦称计量估价合同。该合同形式要求承包商在报价时，按照招标文件中提供的估计工程量，填报发包分项工程单价，以便确定投标包价及合同价格，实际结算价按承包方实际完成的分项工作量乘以该分项工程单价计算。

特点：采用这种合同时，要求实际完成的工程量与原估计的工程量不能有实质性的变更。因为承包方给出的单价是以相应工程量为基础的，如果工程量大幅度增减可能影响工程成本。不过在实践中往往很难确定工程量究竟有多大范围的变更才算实质性变更，这是采用这种合同计价方式需要考虑的一个问题。有些固定单价合同规定，如果实际工程量与报价表中的工程量相差超过 ±10％ 时，允许承包方调整合同单价。此外，也有些固定单价合同在材料价格变动较大时允许承包方调整单价。

这种合同计价方式较为合理分担了合同履行过程中的风险。承包方以报价的清单工程量为估计工程量，这样可以避免实际完成工程量与估计工程量有较大差异时，若以总价合同承包可能导致发包方过大的额外支出或是承包方的亏损。此外，承包方在投标时不必将不能合理预见的风险计入投标报价内，有利于发包方获得较为合理的合同价格。

采用这种合同时，确定合同价格的工程量是统一计算出来的，承包方只需经过复核并填上适当的单价，承担的风险较小，发包方只需审核单价是否合理，对双方都方便。因此，估算工程量单价合同是较常见的一种合同计价方式。

适用条件：估算工程量单价合同大多用于工期长、技术复杂、实施过程中可能会发生各种不可预见因素较多的建设工程；或发包方为了缩短项目建设周期，如在初步设计完成后就拟进行施工招标的工程。在施工图不完整或当准备招标的工程项目内容、技术经济指标一时尚不能明确、具体予以规定时，往往要采用这种合同计价方式。

（2）纯单价合同。采用该合同形式时，发包方只向承包方给出发包工程的有关分部分项工程以及工程范围，不需对工程量作任何规定。承包方在投标时只需要对这种给定范围的分部分项工程做出报价，而结算则按实际完成工程量进行。因此，发包方必须对工程的划分做出明确的规定，以使承包方能够合理地确定单价。

纯单价合同形式主要适用于没有施工图样、工程量不明，却急需开工的紧迫工程。

3. 成本加酬金合同

成本加酬金合同是将工程项目的实际投资划分成直接成本费和承包方完成工作后应得酬金两部分。工程实施过程中发生的直接成本费由发包方实报实销，再按合同的约定另外支付给承包商相应报酬。

成本加酬金合同主要适用于工程内容及其技术经济指标尚未全面确定、投标报价的依据尚不充分的情况下，但因工期要求紧迫，必须发包的工程；或者发包方与承包方之间有着高度的信任，承包方在某些方面具有独特的技术、特长和经验。

按照酬金的计算方式不同，成本加酬金合同又分为以下几种形式。

（1）成本加固定百分比酬金合同。采用这种合同形式，承包方的实际成本实报实销，同时按照实际成本的固定百分比付给承包方一笔酬金。

这种合同形式，工程总价及付给承包方的酬金随工程成本而水涨船高，不利于鼓励承包商降低成本，这是此种合同类型的弊病所在，使得这种合同形式很少被采用。

（2）成本加固定金额酬金合同。这种合同形式的酬金一般是按估算工程成本的一定百分比确定，数额是固定不变的。

采用上述两种合同形式时，为了避免承包商企图获得更多的酬金而对工程成本不加控制，业主应在承包合同中补充一些鼓励承包方节约资金，降低成本的条款。

（3）成本加奖罚合同（成本加浮动酬金合同）。采用成本加奖罚合同，在签订合同时双方事先约定工程的预期成本（或称目标成本）和固定酬金，以及根据实际成本与预期成本的比较结果确定奖罚计算的办法：

①当实际成本小于目标成本时，承包商从发包方获得实际成本、全额酬金、额外奖金。

②当实际成本等于目标成本时，承包商从发包方获得实际成本、全额酬金。

③当实际成本大于目标成本时，承包商从发包方获得实际成本、部分酬金。

这种合同发承包双方都不会承担太大的风险，故应用较多。

（4）最高限额成本加固定最大酬金合同。

在这种形式的合同中，首先要确定最高限额成本、报价成本和最低成本，并约定固定酬金。执行此种合同时酬金计算方法如下：

①当实际成本小于最低成本时，承包商从发包方获得实际成本、全额酬金、分享节约额。

②当实际工程成本在最低成本和报价成本之间时，承包商从发包方获得实际成本、全额酬金。

③当实际工程成本在报价成本与最高限额成本之间时，从发包方只能获得实际成本。

④当实际工程成本超过最高限额成本时，则承包商不能从发包方获得超过报价成本部分的支付。

这种合同形式有利于控制工程投资，能鼓励承包商最大限度地降低工程成本。

不同计价类型的合同在应用范围、投资控制、承包商风险等方面有不同的作用，见表7-3。

表 7-3　不同计价类型的合同在应用范围、投资控制、承包商风险方面的比较

合同类型	总价合同	单价合同	成本加酬金合同			
			百分比酬金	固定酬金	浮动酬金	固定最大酬金
应用范围	较广泛	广泛	局限性较大	有局限性	较广泛	酌情采用
投资控制	易	较易	最难	难	不易	存在可能
承包商风险	风险大	风险小	基本无风险	基本无风险	风险不大	有风险

（二）建设工程施工合同类型的选择

我们在这里讨论的合同类型的选择，仅指以付款方式划分的合同类型的选择，合同的内容视为不可选择。选择合同类型应考虑以下因素：

1. 项目规模和工期长短。如果项目的规模较小，工期较短，则合同类型的选择余地较大，总价合同、单价合同及成本加酬金合同都可选择。由于选择总价合同业主可以不承担风险，业主较愿选用；对这类项目，承包商同意采用总价合同的可能性较大，因为这类项目风险小，不可预测因素少。

如果项目规模大、工期长，则项目的风险也大，合同履行中的不可预测因素也多。这类项目不宜采用总价合同。

2. 项目的竞争情况。如果在某一时期和某一地点，愿意承包某一项目的承包商较多，则业主拥有较多的主动权，可按照总价合同、单价合同、成本加酬金合同的顺序进行选择。如果愿意承包项目承包商较少，则承包商拥有的主动权较多，可以尽量选择承包商愿意采用的合同类型。

3. 项目的复杂程度。如果项目的复杂程度较高，则意味着：（1）对承包商的技术水平要求高；（2）项目的风险较大。因此，承包商对合同的选择有较大的主动权，总价合同被选用的可能性较小。如果项目的复杂程度低，则业主对合同类型的选择握有较大的主动权。

4. 项目的单项工程的明确程度。如果单项工程的类别和工程量都已十分明确，则可选用的合同类型较多，总价合同、单价合同、成本加酬金合同都可以选择。如果单项工程的分类已详细而明确，但实际工程量与预计的工程量可能有较大出入时，则应优先选择单价合同，此时单价合同为最合理的合同类型。如果单项工程的分类和工程量都不甚明确，则无法采用单价合同。

5. 项目准备时间的长短。项目的准备包括业主的准备工作和承包商的准备工作。对于不同的合同类型他们分别需要不同的准备时间和准备费用。总价合同需要的准备时间和准备费用最低，成本加酬金合同需要的准备时间和准备费用最高。对于一些非常紧急的项目如抢险救灾等项目，给予业主和承包商的准备时间都非常短，因此，只能采用成本加酬金的合同形式。反之，则可采用单价或总价合同形式。

6. 项目的外部环境因素。项目的外部环境因素包括：项目所在地区的政治局势是否稳定、经济局势因素（如通货膨胀、经济发展速度等）、劳动力素质（当地）、交通、生活条件等。如果项目的外部环境恶劣则意味着项目的成本高、风险大、不可预测的因素多，承包商很难接受总价合同方式，而较适合采用成本加酬金合同。

总之，在选择合同类型时，一般情况下是业主占有主动权。但业主不能单纯考虑乙方利益，应当综合考虑项目的各种因素、考虑承包商的承受能力，确定双方都能认可的合同类型。

第三节　设备、材料采购及合同价款的确定

一、设备、材料采购的招投标方式

设备、材料采购是建设工程施工中的重要工作之一。采购货物质量的好坏和价格的高低，对项目的投资效益影响极大。《招标投标法》规定，在中华人民共和国境内进行与工程建设有关的重要设备、材料等的采购，必须进行招标。为了将这方面工作做好，应根据采购的标的物的具体特点，正确选择设备、材料的招投标方式，进而正确选择好设备、材料供应商。

（一）公开招标（即国际竞争性招标、国内竞争性招标）

设备、材料采购的公开招标是由招标单位通过报刊、广播、电视等公开发表招标广告，在尽量大的范围内征集供应商。公开招标对于设备、材料采购，能够引起最大范围内的竞争。其主要优点有：

1. 可以使符合资格的供应商能够在公平竞争条件下，以合适的价格获得供货机会。

2. 可以使设备、材料采购者以合理价格获得所需的设备和材料。

3. 可以促进供应商进行技术改造，以降低成本，提高质量。

4. 可以基本防止徇私舞弊的产生，有利于采购的公平和公正。

设备、材料采购的公开招标一般组织方式严密，涉及环节众多，所需工作时间较长，故成本较高。因此，一些紧急需要或价值较小的设备和材料的采购则不适宜这种方式。

设备、材料采购的公开招标在国际上又称为国际竞争性招标和国内竞争性招标。

国际竞争性招标就是公开的广泛的征集投标者，引起投标者之间的充分竞争，从而使项目法人能以较低的价格和较高的质量获得设备或材料。我国政府和世界银行商定，凡工业项目采购额在 100 万美元以上的，均需采用国际竞争性招标。通过这种招标方式，一般可以使买主以有利的价格采购到需要的设备、材料，可引进国外先进的设备、技术和管理经验，并且可以保证所有合格的投标人都有参加投标的机会，保证采购工作公开而客观地进行。

国内竞争性招标适合于合同金额小，工程地点分散且施工时间拖得很长，劳动密集型生产或国内获得货物的价格低于国际市场价格，行政与财务上不适于采用国际竞争性招标等情况。国内竞争性招标亦要求具有充分的竞争性、程序公开，对所有的投标人一视同仁，并且根据事先公布的评选标准，授予最符合标准且标价最低的投标人。

（二）邀请招标（即有限国际竞争性招标）

设备、材料采购的邀请招标是由招标单位向具备设备、材料制造或供应能力的单位直接发出投标邀请书，并且受邀参加投标的单位不得少于三家。这种方式也称为有限国际竞争性招标，是一种不需公开刊登广告而直接邀请供应商进行国际竞争性投标的采购方法。它适用于合同金额不大，或所需特定货物的供应商数目有限，或需要尽早交货等情况。有的工业项目，合同价值很大，也较为复杂，在国际上只有为数不多的几家潜在投标人，并且准备投标的费用很大，这样也可以直接邀请来自三四个国家的合格公司进行投标，以节省时间。但这样可能遗漏合格的有竞争力的供应商，为此应该从尽可能多的供应商中征求投标，评标方法参照国际竞争性招标，但国内或地区性优惠待遇不适用。

采用设备、材料采购邀请招标一般是有条件的，主要有：

1. 招标单位对拟采购的设备在世界上（或国内）的制造商的分布情况比较清楚，并且制造厂家有限，又可以满足竞争态势的需要。

2. 已经掌握拟采购设备的供应商或制造商或其他代理商的有关情况,对他们的履约能力、资信状况等已经了解。

3. 建设项目工期较短,不允许拿出更多时间进行设备采购,因而采用邀请招标。

4. 还有一些不宜进行公开采购的事项,如国防工程、保密工程、军事技术等。

（三）其他方式

1. 设备、材料采购有时也通过询价方式选定设备、材料供应商。一般是通过对国内外几家供货商的报价进行比较后,选择其中一家签订供货合同,这种方式一般仅适用于现货采购或价值较小的标准规格产品。

2. 在设备、材料采购时,有时也采用非竞争性采购方式——直接订购方式。这种采购方式一般适用于如下情况:增购与现有采购合同类似货物而且使用的合同价格也较低廉;保证设备或零配件标准化,以便适应现有设备需要;所需设备设计比较简单或属于专卖性质的;要求从指定的供货商采购关键性货物以保证质量;在特殊情况下急需采购的某些材料、小型工具或设备。

二、设备 、材料采购招投标文件的编制

（一）设备、材料采购招标文件的编制

1. 设备招标单位具备的条件。

按照我国 1995 年 11 月颁布的《建设工程设备招标投标管理试行办法》中规定,承担设备招标的单位应当具备下列条件:

（1）法人资格;

（2）有组织建设工程设备供应工作的经验;

（3）对国家和地区大中型基建、技改项目的成套设备招标单位,应当具有国家有关部门资格审查认证的相应的甲、乙级资质;

（4）具有编制招标文件和标底的能力;

（5）具有对投标单位进行资格审查和组织评标的能力;

（6）建设工程项目单位自行组织招标的,应符合上述条件,如不具备上述条件应委托招标代理机构进行招标。

2. 设备招标文件的组成。

设备招标文件是一种具有法律效力的文件,它是设备采购者对所需采购设备的全部要求,也是投标和评标的主要依据,内容应当做到完整、准确,所提供条件应当公平、合理,符合有关规定。招标文件主要由下列部分组成:

（1）招标书,包括招标单位名称、建设工程名称及简介、招标设备简要内容（设备主要参数、数量、要求交货期等）、投标截止日期和地点、开标日期和地点;

（2）投标须知,包括对招标文件的说明及对投标者和投标文件的基本要求,评标、定标的基本原则等内容;

（3）招标设备清单和技术要求及图纸;

（4）主要合同条款应当依据合同法的规定,包括价格及付款方式、交货条件、质量验收标准以及违约罚款等内容,条款要详细、严谨,防止事后发生纠纷;

（5）投标书格式、投标设备数量及价目表格式;

（6）其他需要说明的事项。

3. 设备招标文件的内容。

根据财政部编制的《世界银行贷款项目国内竞争性招标采购指南》规定,设备、材料采购招标文件的内容包括:

（1）投标人须知;

（2）投标使用的各种格式,如保证金格式;

（3）合同格式;

（4）通用和专用条款;

（5）技术规格（规范）;

（6）货物清单;

（7）图纸;

（8）附件。

4. 在编制设备、材料采购招标文件时,要遵循如下规定:

（1）招标文件应清楚地说明拟购买的货物及其技术规格、交货地点、交货时间表、维修保修的要求,技术服务和培训的要求及付款、运输、保险、仲裁的条件和条款及可能的验收方法与标准,还应明确规定在评标时要考虑的除价格以外的其他能够量化的因素,以及评价这些因素的方法。

（2）对原招标文件的任何补充、澄清、勘误或内容改变,都必须在投标截止期前送给所有招标文件购买者,并留给足够的时间使其能够采取适当的行动。

（3）技术规格（规范）应明确定义。不能用某一制造厂家的技术规格（规范）作为招标文件的技术规格（规范）。如确需引用,应加上"实质上等同的产品也可"这样的词句。如果兼容性的要求是有利的,技术规范（规格）应清楚地说明与已有的设施或设备兼容的要求。技术规格（规范）方面应允许接受在实质上特性相似,在性能与质量上至少与规定要求相等的货物。在技术标准方面亦应说明在保证产品质量和运用等同或优于招标文件中规定的标准与规则的前提下,那些可替代的设备、材料或工艺也可以接受。

（4）关于投标有效期和保证金。投标有效期应使项目执行单位有足够的时间来完成评标及授予合同的工作。提交投标保证金的最后期限应是投标截止时间,其有效期应持续到投标有效期或延长期结束后30天。

（5）货物和设备合同通常不需要价格调整条款。在物价剧烈变动时期,对受价格剧烈波动影响的货物合同可以有价格调整条款。价格调整可以采用事先规定的公式进行,也可以证据（比如票据）为依据调整。所采用的价格调整方法、计算公式和基础数据应在招标文件内明确规定。

（6）履约保证金的金额应在招标文件内加以规定,其有效期应至少持续到预计的交货或接受货物日期保证期后30天。

（7）报价应以指定交货地为基础,价格应包括成本、保险费和运费。如为进口货物和设备,还要考虑关税和进口税。

（8）招标文件中应有适当金额的违约赔偿条款,违约损失赔偿的比率和总金额应在招标文件中明确规定。

（9）招标文件中应明确规定属于不可抗力的事件。

（10）解释合同条款时使用中华人民共和国的法律。争端可以在中国法院或按照中国仲裁程序解决。

（11）在投标截止日期前，投标人可以对其已经投出的标书文件进行修改或撤回，但须以书面文件确认其修改或撤回。若在投标有效期内撤回其标书，则投标保证金将被没收。

（二）设备、材料采购投标文件的编制

根据《建设工程设备招标投标管理试行办法》规定，投标需要有投标文件。投标文件是评标的主要依据之一，应当符合招标文件的要求。基本内容包括：

（1）投标书；

（2）投标设备数量及价目表；

（3）偏差说明书，即对招标文件某些要求有不同意见的说明；

（4）证明投标单位资格的有关文件；

（5）投标企业法人代表授权书；

（6）投标保证金（根据需要定）；

（7）招标文件要求的其他需要说明的事项。

三、设备、材料采购评标

（一）设备、材料采购评标的原则与要求

根据有关规定，设备、材料采购评标、定标应遵循下列原则及要求：

1. 招标单位应当组织评标委员会（或评标小组），负责评标定标工作。评标委员会应当由专家、设备需方、招标单位以及有关部门的代表组成，与投标单位有直接经济关系（财务隶属关系或股份关系）的单位人员不参加评标委员会。

2. 评标前，应当制定评标程序、方法、标准以及评标纪律。评标应当依据招标文件的规定以及投标文件所提供的内容评议并确定中标单位。在评标过程中，应当平等、公正地对待所有投标者，招标单位不得任意修改招标文件的内容或提出其他附加条件作为中标条件，不得以最低报价作为中标的唯一标准。

3. 招标设备标底应当由招标单位会同设备需方及有关单位共同协商确定。设备标底价格应当以招标当年现行价格为基础，生产周期长的设备应考虑价格变化因素。

4. 设备招标的评标工作一般不超过 10 天，大型项目设备招标的评标工作最多不超过 30 天。

5. 评标过程中，如有必要可请投标单位对其投标内容作澄清解释。澄清时不得对投标内容作实质性修改。澄清解释的内容必要时可做书面纪要，经投标单位授权代表签字后，作为投标文件的组成部分。

6. 评标过程中有关评标情况不得向投标人或与招标工作无关的人员透露。凡招标申请公证的，评标过程应当在公证部门的监督下进行。

7. 评标定标以后，招标单位应当尽快向中标单位发出中标通知，同时通知其他未中标单位。

另外，设备、材料采购应以最合理价格采购为原则，即评标时不仅要看其报价的高低，还要考虑货物运抵现场过程中可能支付的所有费用，以及设备在评审预定的寿命期内可能投入的运营、维修和管理的费用等。

（二）设备、材料采购评标的主要方法

设备、材料采购评标中可采用综合评标价法、全寿命费用评标价法、最低投标价法或百分评定法。

1. 综合评标价法。综合评标价法是指以设备投标价为基础，将评定各要素按预定的方法换算成相应的价格，在原投标价上增加或扣减该值而形成评标价格。评标价格最低的投标书为最优。采购机组、车辆等大型设备时,较多采用这种方法。评标时,除投标价格以外还需考察的因素和折算主要方法,一般包括以下几个方面:

(1)运输费用。这部分是招标单位可能支付的额外费用,包括运费、保险费和其他费用,如运输超大件设备需要对道路加宽、桥梁加固所需支出的费用等。换算为评标价格时,可按照运输部门(铁路、公路、水运)、保险公司,以及其他有关部门公布的取费标准,计算货物运抵最终目的地将要发生的费用。

(2)交货期。以招标文件规定的具体交货时间作为标准。当投标书中提出的交货期早于规定时间,一般不给予评标优惠,因为施工还不需要时的提前到货,不仅不会使项目法人获得提前收益,反而要增加仓储管理费和设备保养费。如果迟于规定的交货日期,但推迟的时间尚在可以接受的范围之内,则交货日期每延迟一个月,按投标价的某一百分比(一般为2%)计算折算价,将其加到投标价上去。

(3)付款条件。投标人应按招标文件中规定的付款条件来报价,对不符合规定的投标,可视为非响应性投标而予以拒绝。但在订购大型设备的招标中,如果投标人在投标致函内提出,若采用不同的付款条件(如增加预付款或前期阶段支付款)可降低报价的方案供招标单位选择时,这一付款要求在评标时也应予以考虑。当支付要求的偏离条件在可接受范围情况下,应将偏离要求而给项目法人增加的费用(资金利息等),按招标文件中规定的贴现率换算成评标时的净现值,加到投标致函中提出的更改报价上后,作为评标价格。

(4)零配件和售后服务。零配件以设备运行两年内各类易损备件的获取途径和价格作为评标要素,售后服务内容一般包括安装监督、设备调试、提供备件、负责维修、人员培训等工作,评价提供这些服务的可能性和价格。评标时如何对待这两笔费用,要视招标文件的规定区别对待。当这些费用已要求投标人包括在投标价之内,则评标时不再考虑这些因素;若要求投标人在投标价之外单报这些费用,则应将其加到报价上。如果招标文件中没有做出上述任何一种规定,评标时应按投标书技术规范附件中由投标人填报的备件名称、数量计算可能需购置的总价格,以及由招标单位自行安排的售后服务价格,然后将其加到投标价上去。

(5)设备性能、生产能力。投标设备应具有招标文件技术规范中规定的生产效率。如果所提供设备的性能、生产能力等某些技术指标没有达到技术规范要求的基准参数,则每种参数比基准参数降低1%时,应以投标设备实际生产效率单位成本为基础计算,在投标价上增加若干金额。

将以上各项评审价格加到投标价上去后,累计金额即为该标书的评标价。

2. 全寿命费用评标价法。采购生产线、成套设备、车辆等运行期内各种后续费用(备件、油料及燃料、维修等)较高的货物时,可采用以设备全寿命费用为基础评标价法。评标时应首先确定一个统一的设备评审寿命期,然后再根据各投标书的实际情况,在投标价上加上该年限运行期内所发生的各项费用,再减去寿命期末设备的残值。计算各项费用和残值时,都应按招标文件中规定的贴现率折算成净现值。

这种方法是在综合评标价法的基础上,进一步加上一定运行年限内的费用作为评审价格。这些以贴现值计算的费用包括:估算寿命期内所需的燃料消耗费;估算寿命期内所需备件及维修费用;备件费可按投标人在技术规范附件中提供的担保数字,或过去已用过可作参考的类似设备实际消耗数据为基础,以运行时间来计算;估算寿命期末的残值。

3. 最低投标价法。采购技术规格简单的初级商品、原材料、半成品以及其他技术规格简单的货物,由于其性能质量相同或容易比较其质量级别,可把价格作为唯一尺度,将合同授予报价最低的投标者。

4. 百分评定法。这一方法是按照预先确定的评分标准,分别对各设备投标书的报价和各种服务进行评审打分,得分最高者中标。一般评审打分的要素包括:投标价格;运输费、保险费和其他费用;投标书中所报的交货期限;偏离招标文件规定的付款条件,备件价格和售后服务;设备的性能、质量、生产能力;技术服务和培训;其他。

评审要素确定后,应依据采购标的物的性质、特点,以及各要素对采购方总投资的影响程度来具体划分权重和记分标准。例如,世界银行贷款项目通常采用的分配比例是:投标价(60~75 分),备件价格(0~10 分),技术性能、维修、运行费(0~10 分),售后服务(0~5 分),标准备件等(0~5 分),总计 100 分。

百分评定法的好处是简便易行,评标考虑因素全面,可以将难以用金额表示的各项要素量化后进行比较,从中选出最好的投标书。缺点是各评标人独立给分,对评标人的水平和知识面要求高,否则主观随意性较大。

四、设备、材料合同价款的确定

在国内设备、材料采购招投标中的中标单位在接到中标通知后,应当在规定时间内由招标单位组织与设备需方签订经济合同,进一步确定合同价款。一般说,国内设备材料采购合同价款就是评标后的中标价,但需要在合同签订中双方确认。按照国家经济贸易委员会 1996 年11 月颁布的《机电设备招标投标管理办法》规定,合同签订时,招标文件和投标文件均为经济合同的组成部分,随合同一起有效。投标单位中标后,如果撤回投标文件拒签合同,作违约论,应当向招标单位和设备需方赔偿经济损失,赔偿金额不超过中标金额的 2% 。可将投标单位的投标保证金作为违约赔偿金。中标通知发出后,设备需方如拒签合同,应当向招标单位和中标单位赔偿经济损失,赔偿金额为中标金额的 2% ,由招标单位负责处理。合同生效以后,双方都应当严格执行,不得随意调价或变更合同内容;如果发生纠纷,双方都应当按照《合同法》和国家有关规定解决。合同生效以后,接受委托的招标单位可向中标单位收取少量服务费,金额一般不超过中标设备金额的 1.5% 。

设备、材料的国际采购合同中,合同价款的确定应与中标价相一致,其具体价格条款应包括单价、总价及与价格有关的运输、保险费、仓储费、装卸费、各种捐税、手续费、风险责任的转移等内容。由于设备、材料价格的构成不同,价格条件也各有不同。设备、材料国际采购合同中常用的价格条件有离岸价格(FOB)、到岸价格(CIF)、成本加运费价格(CFR)。这些内容需要在合同签订过程中认真磋商、最终确认。

第四节 工程招标评标实例

鲁布革水电站引水系统工程招标评标实例。

一、工程简介

鲁布革水电站位于云贵两省交界处的红水河支流黄泥河上,距昆明市约 320km。电站装机容量 60 万 kW(四台 15 万 kW 机组),年发电量 27.5kW·h。工程投资 8.9 亿元,计划 1989年第一季度发电。

整个工程由三部分组成:

(1)首部枢纽工程,包括 101m 高的堆石坝,左右岸泄洪洞,左岸溢洪道、排砂洞及引水隧洞进水口。

（2）引水系统工程，包括一条内径 8m、长 9.4km 的引水隧洞，一座带有上室差动式调压井，两条内径 4.6m、倾角 48 度、长 468m 的压力钢管斜井及四条内径 3.2m 的压力支管。

（3）地下厂房工程，包括长 125m、宽 18m、高 38.4m 的地下厂房、变压器室、开关站及四条尾水洞等。

总工程量为明挖 182.3 万 m^3；洞挖 137.9 万 m^3；坝体填筑 214.9 万 m^3；浇注混凝土 67.41 万 m^3；安装闸门及启闭机 5943t；另有连接鲁布革与昆明及曲靖的 220kV 高压输电线路 400km。

鲁布革水电站工程由昆明勘测设计院设计，设计方案于 1984 年 5 月经国家批准。首部枢纽工程与地下厂房工程原由水电部第十四工程局施工，计划于 1985 年 11 月截流。

鲁布革水电站工程系利用世界银行贷款项目。贷款总额 1.454 亿美元，其中，引水系统土建工程为 3540 万美元，施工设备 2490 万美元，工程材料 2680 万美元，永久设备（不包括主机）1760 万美元，输变电工程 1940 万美元，预备费 1974 万美元，其他费用 156 万美元。此项贷款属于国家向世界银行总贷款的一部分，由财政部转贷给水电部云南电力局，转贷利率为 8%，不计施工期利息，发电后 20 年还清。

按照世界银行关于贷款使用的规定，要求引水系统工程必须采用国际招标的方式选定承包商施工。此外由世界银行推荐澳大利亚 SMEC 公司和挪威 AGN 公司作为咨询单位，分别对首部枢纽工程，引水系统工程和厂房工程提供咨询服务。咨询费用由澳大利亚开发援助局和挪威王国政府赠款资助。

二、招标与评标

水电部委托中国技术进出口公司组织本工程面向国际进行竞争性招标。从 1982 年 7 月编制招标文件开始，至工程开标，历时 17 个月。

引水系统工程招标的主要施工项目包括：直径 8m、长 9.4km 的引水隧洞开挖和混凝土的衬砌、灌浆；直径 13m、深 68.5m 的调压井的开挖和混凝土衬砌；调压井上池、塔室和起重机房的明挖和混凝土浇注；交通隧洞和两条直径 4.6m、倾角 48 度的压力钢管斜井的开挖、钢管安制、回填混凝土及灌浆；四条压力支管的开挖和岔管与支管的制作、运输；以及相应的临时工程。其主要工程量为：明挖土石方 12 万 m^3；地下开挖土方 60.1 万 m^3；混凝土衬砌 13.1 万 m^3；锚杆 5 万 m；混凝土喷涂 4.5 万 m^2；排水孔 1.1 万 m；固结灌浆 4.8 万 m^3；钢管制作、运输与安装 2940t，金属结构制造安装 50.9t 等。全部工程施工期限为 1597 天。

（一）招标前的准备工作

1. 编制招标文件

从 1982 年 7 月～10 月，根据鲁布革工程初步设计并参照国际施工水平，在"施工进度及计划"和工程概算的基础上编制出招标文件。该文件共三卷。第一卷含有招标条件、招标文件、合同格式与合同条款。招标条件主要包括：明确招标单位、招标工程的范围、对投标人的要求、合同类型、工程的集资、招标文件内容、签收、保密性、补充通知、文件的解释、提供的参考资料、参观工地、计算标价时应考虑的费用、对货币种类的规定、对投标文件编写的要求、投标的有效期限、撤回标书的条件、投标保证金、开标日期与条件、评标的原则、授标、合同协议、履约保证书及开工命令等详细说明与规定。投标文件主要包括：投标书的格式（并附有合同条款与完成合同的程序和时间）、投标保证金的银行保证书格式、授权书格式、细目表（包括现金流通、计费工作、当地材料、施工设施和材料、组织机构和主要人员、劳动力需要量、价格浮动公式、外币兑换率、关税及税收与保险金费率等明细表）、工程量表与说明、标价汇总表及有关附表（包括当地职工工资标准、材料、运输、税收、电讯、医疗与膳宿等价格）。合同格式主要包括：协议书、担保单位出具的履约保证书、银行出具的履约保证书、银行出具的预付款保证书等格式。合同条款主要包括：一般条款与特殊条款。第二卷为技术规范，主要包括一般要求与技术标准。一般要求的主要内容是：主要承包的工程项目、工作范围、施工任务的划分与协调、施工条件、施工设施的使用、材料与施工设备的提供、安全防护、环境的保护、对工程承担的责任、临时性工程设施、费用支付的办法、中标承包厂商应提供的施工方案与图纸以及施工进度安排、工程师审批办法与职责等；技术标准包括各项目的技术要求，指定使用的技术规范。第三卷为设计图纸。另有补充通知等。

2. 编制标底

编制标底的目的是为了评议投标单位报价的合理性、可行性和先进性，但并不是评议投标单位报价的唯一标准，所以是一项十分重要而又复杂的工作。标底的编制也是在"施工进度及计划"和工程概算的基础上进行的。按照国际惯例，通常不考虑临时工程费和其他费用，只计算招标项目的工程量乘以与其对应的综合单价所得的工程总价。综合单价既包含了工程项目的概算单价，又包含了按一定比例摊入单价的临时工程及其他工程费用，其比例系数必须经过周密的分析和计算确定。鲁布革引水系统工程的标底为14958万元。上述工作均由昆明水电勘测设计院和澳大利亚SMEC咨询组共同完成。水电部有关司局、水电总局等对招标文件与标底进行了审查。

（二）公开招标

首先在国内外有影响的报纸上刊登招标广告，对有参加投标意向的承包商发招标邀请，并发售资格预审须知，其主要内容有：工程地点、类型、规模，招标的工程范围，对投标人的经验要求，规定的财务审查内容，银行或担保公司的证明信格式和有关公司法人地位的各项要求等。提交预审材料的共有13个国家的32家承包厂商。

1982年9月至1983年6月进行资格预审。资格预审的主要内容是：审查承包商的法人地位，警惕买空卖空的经纪人；审查承包商的财务状况，防止财务上不可靠或缺乏一定支付能力而不能顺利执行承包合同；审查承包商的施工经验，防止无实践经验而不能完成工程建设；审查承包商提出的施工方案、施工管理和质量控制方面的措施，防止不能按期按质完成工程建设；审查承包商的人员资历和装备状况，防止无能力承担工程施工；调查承包商的商业信誉，防止中标后违约或毁约。经过评审，确定了其中20家承包厂商具备投标资格，经与世界银行磋商后，通知各合格承包商。在此期间，我国三家公司先后和14家外商进行了几十轮会谈，最后闽昆公司和挪威FHS公司联营；贵华公司和原联邦德国霍兹曼公司联营；江南公司不联营。

在资格预审结束后，即通知合格的承包商6月15日发售招标文件，每套1000元人民币。有15家中外承包厂商购买。7月下旬，由云南省电力局咨询工程师组织一次正式情况介绍后，并分三批到鲁布革工程工地考察，其目的是让承包商了解工程的自然环境、施工条件、地质地貌以及搜集施工布置和编标所需的资料。承包商在编标与考察工地的过程中，提出了不少的问题，简单的问题均以口头做了答复，涉及对招标文件的解释以及对标书的修订，前后用三次书面的补充通知发给所有购买标书并参加正式的工地考察和情况介绍的承包商。这三次补充通知均作为招标文件的组成部分，与招标文件具有同等效力。本次招标规定在投标截止前

28 天之内不再发补充通知,以免投标人来不及做出反应。

我国的三家公司分别与外商联合编标或单独编标。由于世界银行坚持中国公司不与外商联营就不能投标,故江南公司被迫退出投标。

(三)开标

1983 年 11 月 8 日在中国技术进出口公司当众开标。根据当日的官方汇率,将外币换算成人民币。各家厂商标价按顺序排列如下:

日本大成公司,标价 8460 万元;

日本前田公司,标价 8800 万元;

意大利英波吉洛联营公司,标价 9280 万元;

中国贵华、原联邦德国霍兹曼联营公司,标价 12000 万元;

中国闽昆、挪威 FHS 联营公司,标价 12120 万元;

南斯拉夫能源工程公司,标价 13220 万元;

法国 SBTP 公司,标价 17940 万元。

原联邦德国霍克蒂夫公司所投标书系技术转让,不符合投标文件要求,作为废标。

根据投标条件的规定,对和中国联营的厂商标价给予优惠,即对应享有国内优惠的厂商标价各减少标价的 7.5%,但仍未能改变原标序。

(四)评标和决标

评标的具体工作分两个阶段进行

第一阶段初评:由 1983 年 11 月 20 日至 12 月 6 日,对七家投标文件的完整性进行全面检查。即法律手续是否齐全,各种保证书是否符合要求。并对标价进行核定,以确认标价无误。同时,对施工方法、进度安排、人员、施工设备、财务状况等进行综合对比。经全面检查,七家承包商都是资本雄厚,国际信誉好的企业,可以较好地完成本工程任务。

从标价看,前三家厂商是日本大成、日本前田、意美联营的英波吉洛公司,其标价比较接近,而居第四位的中国贵华、原联邦德国霍兹曼联营公司的标价与前三名则相差 2720 万 ~ 3660 万元。显然,第四名及以后的四家厂商已不具备竞争能力。唯有前三名可确定为进一步评审的对象。

第二阶段终评:于 1984 年 1 月至 6 月进行。终评的目的是从日本大成、前田及意美联营的英波吉洛公司三家厂商中确定一家中标。但由于这三家厂商实力相当,标价又十分接近,所以终评工作就较为复杂。这段工作成为鲁布革水电站引水系统工程国际招标评标工作的高潮。

为了进一步弄清三家厂商在各自投标文件中存在的问题,1983 年 12 月 12 日和 12 月 23 日两次分别向三家厂商电传讯问,1984 年 1 月 18 日前,收到了各家的书面答复。1984 年 1 月 18 日至 1 月 26 日,又分别与三家厂商举行了为时各三天的投标澄清会谈。在澄清会谈期间,三家公司都认为自己有可能中标,因此竞争十分激烈,他们在工期不变、标价不变的前提下,都按照中方的意愿修改施工方法和施工布置;此外,还都主动提出了不少优惠条件来吸引业主,以达到夺标的目的。

例如:在原投标书上,日本大成和前田公司都在进水口附近布置了一条施工支洞,显然这种施工布置就引水系统工程而言是合理的,但必然会对首部枢纽工程产生干扰。经过在澄清会上说明,大成公司同意放弃施工支洞。前田公司也同意取消,但改用接近首部的 1 号支洞。到 3 月 4 日,前田公司意识到这方面处于劣势时,又立即电传答复放弃使用 1 号支洞。从而,改善了首部工程的施工条件,保证了整个工程重点。

关于压力钢管外混凝土的输送方式。原投标书上,大成和前田公司分别采用溜槽和溜管,这对倾角48度、高差达308.8m的长斜井施工难于保证质量,也缺少先例。澄清会谈之后,为了符合业主的意愿,于3月8日,大成电传表示:改变原施工方法,用没有操纵阀的混凝土泵代替。尽管由此增加了水泥用量,也不为此提高标价。前田也电传表示更改原施工方法,用混凝土运输车沿铁轨送混凝土,仍然保证工期,不改变标价。

再如:根据投标书,前田公司投入的施工设备最强,不仅开挖和混凝土施工设备数量多(均为三套),而且全部是新的,设备价值最高达2062万元,为了吸引业主,在澄清会上,前田公司提出在完工后愿将全部施工设备无偿地赠给我国,并赠送备件84万元。

英波吉洛公司为了缩小和大成、前田在标价上的差距,在澄清会谈中提出了书面声明,若能中标,可向鲁布革工程提供2500万美元的软贷款,年利率2.5%。同时,表示愿与我国的昆水公司实行标后联营,并愿同业主的下属公司联营共同开展海外合作。

日本大成公司为了保住标价最低的优势,也提出以41台新设备替换原来投标书中所列的旧施工设备,在完工之后也都赠予中国。还提出免费培训中国技术人员,免费对一些新技术转让的建议。

第十四工程局在昆明附近早已建成了一座钢管厂。投标的厂商能否将高压钢管的制造与运输分包给该厂,这也是业主十分关心的问题。如果投标厂商愿意利用业主的当地资源,将钢管的工程项目分包给十四局钢管厂承担,发挥我们的现有能力,对我们将有显著利益,在原投标中,前田公司不分包,已委托外国的分包商施工。大成公司也只是把部分项目分包给十四局。通过澄清会谈,当他们理解到业主的意图后,立即转变态度,表示愿意将钢管的制作、运输、甚至安装全部分包给十四局钢管厂,并且主动和十四局洽商分包事宜。

大成公司听说业主认为他们在水工隧洞方面的施工经验不及前田公司,他们立即大量递交大成公司的工程履历,又单方面地做出与前田公司的施工经历对比表,以争取业主的信任。

由于在三家实力雄厚的厂商之间激烈竞争,使他们不断改进自己的不足,差距逐渐缩小,形势发展越来越对业主有利,中方业主自始至终处于主动地位。

在此期间,业主对三家厂商的情况进行了认真、全面的比较和分析。

(1)标价的比较分析:即总价、单价比较及计日工作单价的比较。从国家实际支付考虑,把标价中的工商税扣除作为分析依据,并考虑各家现金流通不同及上涨率和利息等因素,比较后,相差不大,原标序仍未改变。

(2)有关优惠条件的比较分析:即对施工设备赠给、软贷款、钢管分包、技术协作和转让、标后联营等问题逐项做出具体分析。对此,既要考虑国家的实际利益,又要符合国际招标中的惯例和世界银行所规定的有关规则。经反复分析,认为英波吉洛的标后贷款在评标中不予考虑。大成和英波吉洛提出的与昆水公司标后合营也不宜考虑。而对大成和前田的设备赠与、技术协作和免费培训及钢管分包则应当在评标中作为考虑因素。

(3)有关财务实力的比较分析:即对三家公司的财务状况和财务指标及外币支付利息进行比较。结果是:三家厂商中,大成资金最雄厚,其次前田,最后英波吉洛。但不论哪一家公司都有足够资金承担本项工程。

(4)有关施工能力和经验的比较分析:三家厂商都是国际上较有信誉的大承包商,都有足够的能力、设备和经验来完成工程。如从水工隧洞的施工经验比较,20世纪60年代以来,英波吉洛公司共完成内径6m以上的水工隧洞34条,全长4万余米;前田是17条,1.8万余米;大成为6条,0.6万余米。从投入本工程的施工设备看,前田最强,在满足施工安排的灵活性,应付意外情况的能力方面处于优势。

(5)有关施工进度和方法的比较分析:日本大成和前田两家公司施工方法类似,对引水隧洞都采用全断面圆形开挖和全断面衬砌;而英波吉洛公司的开挖和衬砌都按传统方法分两阶段施工。引水隧洞平均每个工作面的开挖月进尺,大成190m,前田220m,英波吉洛为上部230m、底部350m。引水隧洞衬砌,日本两家公司都采用针梁式钢模新工艺,大成每月衬砌速度160m;前田为180m;英波吉洛采用底拱拉模,边顶拱折叠式模板,边顶衬砌速度每月450m,底拱每月730m(综合效率278m/d)。

压力钢管斜井开挖方法,三家厂商均采用阿利克爬罐施工反导井,之后正向扩大。前田原计划采用新型展开式平台全断面掘进,遇有复杂地质时,则先挖导井后扩大。

调压井的开挖施工,大成和英波吉洛均采用爬罐,而前田采用钻井法,即先自上而下钻直径250mm的导孔,再用大钻头反向将孔扩大成直径1.45m的导井,然后自上而下全断面扩大。调压井混凝土衬砌,三家全是采用滑模施工。

隧洞施工通风设施中,前田在三家中最好,除设备总功率达1350kW,为最大者外,还沿隧洞轴线布置了五个直径为1.45m的通风井。

在施工工期方面,三家均可按期完成工程项目。但由于前田的主要施工设备数量最多,质量好,所以对工期的保证程序与应变能力最高。而英波吉洛由于施工程序多,强度大,工期较为紧张,应变能力差。大成在施工工期方面居中。

通过有关问题的澄清和综合分析,认为意美联营的英波吉洛公司标价在三家厂商中最高,所提的附加优惠条件不符合招标条件,已失去竞争优势,所以首先予以淘汰。对日本大成、前田两厂商,因其条件不相上下,评审意见不一。经过各有关方面的反复研究讨论,为了尽快完成招标,以利现场施工的正常进行,最后选定最低标价的日本大成公司为中标厂商。

以上评标工作,始终是有组织地进行。由外经贸部与水电部组成的协调小组为决策单位,下设以水电总局为主的评标小组为具体工作机关(包括施工、财务、预算和综合等部门)。鲁布革工程管理局、昆明勘测设计院、水电总局有关处室以及澳大利亚SMEC咨询组都参加了这次评标工作。

1984年4月13日评标结束。经外经贸部和水电部协调小组讨论通过,于4月17日正式通知世界银行。同时,鲁布革工程管理局、第十四工程局分别与日本大成公司举行谈判,草签了施工设备赠予和技术合作的有关协议,以及劳务、当地材料、钢管分包、生活服务等有关备忘录。世界银行于6月9日回电表示对评标结果无异议。1984年6月16日招标单位向日本大成公司发出中标通知书。至此,评标工作结束。

(五)签订合同和发布工程开工令

1984年7月14日在昆明翠湖宾馆,由鲁布革工程管理局代表业主和日本大成公司正式签订了鲁布革水电站引水系统工程的承包合同。

1984年7月31日,由鲁布革工程管理局向日本大成公司正式发布了开工命令。大成公司的施工人员、设备和材料相继进入鲁布革工地现场,经过筹建与准备,于1984年11月24日,大成公司在鲁布革水电站工地举行了鲁布革水电站引水系统工程开工典礼。至此,揭开了实施中国水电工程第一个国际承包合同的序幕。

思考题

1. 简述招投标阶段工程造价管理的内容和程序。
2. 招标文件编制过程中工程量清单的编制应注意哪些事项?
3. 简述标底的编制原则和步骤。
4. 简述标底价格的计算方式,标底的计算需考虑哪些因素?
5. 简述标底审查的内容和方法。
6. 简述投标报价的原则、依据编制方法。
7. 简述以工程量清单计价模式投标报价的计算过程。
8. 简述工程投标报价编制的一般程序。
9. 投标报价可以采取哪些策略?
10. 简述评标的程序和方法。
11. 确定合同价款的方式有哪些?
12. 招投标过程中可以选择哪些施工合同格式?
13. 施工合同签订过程中的注意事项有哪些?
14. 对比分析不同计价模式对合同价和合同签订的影响。
15. 简述设备采购的招投标方式。
16. 简述设备采购招标文件编制的基本要求。

第八章 项目施工阶段工程造价管理

学习目标

1. 了解施工阶段工程造价管理的内容;
2. 掌握工程价款结算、工程变更价款确定;
3. 掌握工程索赔及投资偏差分析的基本方法。

学习重点

1. 工程变更与变更价款的确定;
2. 工程索赔的基本方法;
3. 工程进度款结算的基本方法;
4. 投资偏差分析的基本方法。

第一节 概 述

施工阶段是实现建设工程价值的阶段,也是资金投入量最大的阶段。在实践中,往往把施工阶段作为工程造价控制的重要阶段。施工阶段工程造价控制的主要任务是通过工程付款控制、工程变更费用控制、预防并处理好费用索赔、挖掘节约工程造价潜力来实现实际发生的费用不超过计划投资。虽然施工阶段对工程造价的影响仅为 10% ~ 15% ,但这并不表明施工阶段对工程造价的控制无能为力。相反,施工阶段工程造价的控制更具现实意义。首先,施工阶段工程造价的控制是实现总体控制目标的最后阶段,它的控制效果决定了总体的控制效果。其次,施工阶段工程造价的控制进入了实质性操作阶段,影响因素更多,情况更加复杂,许多不确定因素纷纷呈现出来,其控制的难度加大。第三,在施工阶段,业主、承包商、监理、设备材料供应商等,由于各处于不同利益的主体,他们之间相互交叉、相互影响、相互制约,其行为均与工程造价有联系。因而施工阶段工程造价的控制是一个协调各方面利益的复杂工作。

施工阶段工程造价控制的工作内容包括组织、经济、技术、合同等多个方面内容。

1. 组织工作内容

(1)在项目管理班子中落实服务于工程造价控制的人员分工、任务分工和职能分工。

(2)编制本阶段工程造价控制的工作计划和详细的工作流程图。

2. 经济工作内容

(1)编制资金使用计划,确定、分解工程造价控制目标。

(2)对工程项目造价控制目标进行风险分析,并制定防范性对策。

（3）进行工程计量。

（4）复合工程付款账单,签发付款证书。

（5）在施工过程中进行工程造价跟踪控制,定期进行投资偏差分析。发现偏差,分析产生偏差的原因,采取纠偏措施。

（6）协商确定工程变更的价款。

（7）审核竣工结算。

（8）对工程施工过程中的造价支出做好分析与预测,定期向业主提交项目造价控制及其存在问题的报告。

3. 技术工作内容

（1）对设计变更进行技术经济比较,严格控制设计变更。

（2）继续寻找通过设计挖潜节约造价的可能性。

（3）审核承包人编制的施工组织设计,对主要施工方案进行技术经济分析。

4. 合同工作内容

（1）做好工程施工记录,保存各种文件图纸,特别是与施工变更有关的图纸,注意积累素材,为处理可能发生的索赔提供依据。

（2）参与处理索赔事宜。

（3）参与合同修改、补充工作,着重考虑它对造价控制的影响。

一、施工阶段三大目标相互作用关系

施工阶段工程造价控制最理想的目标是:质量好、工期短、造价低。但实际上是不可能实现的,这三者的关系是相互影响、相互制约的,高质量和短工期都是要付出高投资代价的。因此,施工阶段工程造价控制的目标是:在满足合理质量标准和保证计划工期的前提下尽可能降低工程造价。其控制的主要内容就是正确处理质量、工期、造价三者之间的关系(图 8-1),可以把这三者之间的关系分为 A、B、C、D、E 五种因素。

A 类因素:这类因素关系到质量、进度和造价,是工程造价控制的重点,也是控制最有效的因素。例如施工方案不仅能保证施工质量、确保工期,也能有效地控制工程造价。

B 类因素:这类因素主要是质量和工程造价的关系问题。高质量要付出一定的代价。在工程建设中,并不一定要追求高质量,过高的质量标准有时得不偿失。

C 类因素:这类因素主要是指进度和工程造价的关系问

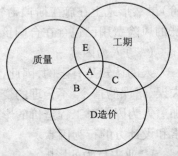

图 8-1　质量、工期、造价关系图

题。一般情况下,加快进度缩短工期既可以减少建设贷款利息支出和使项目提前发挥效益,也可以降低建设期内物价的上涨风险。但是,不适当地压缩工期也会导致生产效率降低以及增加质量事故的发生概率。在处理进度与工程造价的关系时,应做定量分析,只有在加快进度付出代价的同时能够获得更多的效益时,才能做出正确的决策。

D 类因素:这类因素与质量、工期无关,其主要目标就是如何降低工程造价。如不影响施工质量的材料控制,某些施工辅助手段的采用、土石方工程的优化调配以及超挖量的控制等。

E 类因素:这类因素虽然与工程造价无直接关系,当质量与工期关系处理不好时就可能牵涉到工程造价,比如在追求质量的同时导致了工期的延长,则工程造价也会受到影响。

二、施工阶段影响工程造价的因素

工程建设是一个开放的系统,与外界有许多信息的交流。社会的、经济的、自然的等因素会不断地作用于工程建设这个系统。其表现之一在于对工程造价的影响。施工阶段影响工程造价的因素,可概括为三个方面:社会经济因素、人为因素和自然因素。

(一)社会经济因素

社会经济因素是不可控制的因素,但它对工程造价的影响却是直接的,社会经济因素是工程造价动态控制的重要内容。

1. 政府的干预

政府的干预是指宏观的财政税收政策以及利率、汇率的变化和调整等。在施工阶段,遇到国家财政政策和税收政策的变化将会直接影响工程造价。通常情况下,对于财政税收政策的变化或调整,在签订工程承包合同时,均不在承包人应承担的风险范围内,即一旦发生政策的变化对工程造价都进行调整。利率的调整将会直接影响建设期内贷款利息的支出,从而影响工程造价。对于承包商而言,也可能影响到流动资金、贷款利息的变化和成本的变动。对于有利用外汇的建设项目,汇率的变化也直接影响工程造价。这类因素往往就是变更合同价调整,系统费用的计算及风险识别与分担计算的直接依据。对于业主和承包商都是十分重要的。比如利率的变化,可能会影响到工程造价的动态控制问题,也会影响到工程款延期支付的利息索赔计算等。

2. 物价因素

在施工阶段之前,关于物价上涨的影响都进行了预测和估算,比如预备费的计算。而在施工实施阶段则已成为一个现实问题,是合同双方利益的焦点。物价因素对工程造价的影响是非常敏感的,尤其是建设周期长的工程。物价因素对工程的影响主要表现在可调价合同中,一般对物价上涨的影响明确了具体的调整办法。对于固定价合同(无论是固定总价还是固定单价)虽然形式上在施工阶段对物价上涨波动不予调整,即不影响工程造价,但实际上,物价上涨的风险费用已包含在合同价之中,这一点应该是十分明确的。

(二)人为因素

人的认知是有限的,因此,人的行为也会出现偏差。例如在施工阶段,对事件的主观判断失误、错误的指令、不合理的变更、认知的局限性、管理的不当行为等都可能导致工程造价的增加。人为因素对工程造价的影响包括:业主的行为因素,承包商的行为因素,工程师的行为因素和设计方的行为因素。

1. 业主行为的影响

(1)业主原因造成的工期延期、暂停施工。一般情况下,由于业主原因造成的工期延期、暂停施工,承包商均有权延长工期和获得经济补偿。如业主不能及时提供施工场地,则承包商可顺延工期和获得窝工损失补偿。

(2)业主要求的赶工。出于建设项目的需要或业主原因导致的工期延期,如果业主要求承包商赶工,则承包商有权要求得到赶工造成的费用增加。

(3)业主要求的不合理变更引起的费用增加。

(4)业主合理分包造成的费用增加。

(5)工程延误支付,承包人要求的利息索赔费用。

（6）业主其他行为导致的费用增加或引起的索赔。

2. 承包商行为的影响

承包商行为的影响主要是使成本增加，从而使自身的利益受到影响，其主要表现在：

（1）施工方案不合理或施工组织不力导致工效降低；

（2）由于承包人原因引起的赶工措施费用；

（3）由于承包人原因造成的赶工费用；

（4）由于承包人违约导致的分包商和业主的索赔；

（5）由于承包人工作失误导致的损失费用，如索赔失败；

（6）其他原因造成的成本增加。

3. 工程师行为的影响

（1）工程师的错误指令导致的承包商赔偿；

（2）工程师未按规定时间到场进行工程量计量，可能导致的损失；

（3）工程师其他行为导致的工程造价增加。

4. 设计方行为的影响

（1）不合理的设计变更导致的工程造价增加。

（2）设计失误导致的损失。虽然设计方有赔偿由于设计失误造成的损失的责任，但这种赔偿责任是有限的，仍然可能导致业主的损失。

（3）设计的行为失误造成的损失。如提供图纸不及时导致的承包人赔偿等。

（三）自然因素

建设项目施工阶段的一个重要特点就是受自然因素的制约大。自然因素可分为两类，第一类是不可抗力的自然灾害，如洪水、台风、地震、滑坡等，这类因素具有随机性。毫无疑问，在工程建设施工阶段若遇到不可抗力的自然灾害，对工程造价的影响将是巨大的。这类风险的回避一般采用工程保险转嫁风险。但是，保险费无疑也是工程造价的组成部分，客观上增加了工程造价。第二类是自然条件，如地质、地貌、气象、气温等。不利的地质条件变化和水文条件的变化是施工中常常遇到的问题，其往往导致设计的变更和施工难度的增加，而设计变更和施工方案的改变会引起工程造价的增加。特殊异常的气候条件应加以约定，气温状况也是影响工程造价的因素之一。如高温天气混凝土拌合的出料口温控以及低温天气混凝土的保温养护都会增加工程造价。

第二节　工程变更与合同价款调整

一、工程变更的概念及其控制的意义

（一）工程变更的概念

所谓工程变更包括设计变更、进度计划变更、施工条件变更、工程量变更以及原招标文件和工程量清单中未包括的"新增工程"。在履行合同过程中，工程师可以根据工程的重要性，批示承包人进行的以下各种形式的变更，其内容包括：

（1）增加或减少合同中任何一项工作内容；

（2）增加或减少合同中关键项目的工程量超过专用合同条款规定的百分比；

（3）取消合同中任何一项工作（但被取消的工作不能转由发包人或其他承包人实施）；

（4）改变合同中任何一项工作的标准或性质；

（5）改变的工程有关部分的标高、基线、位置或尺寸；

（6）改变合同中任何一项工程的完工日期或改变已批准的施工顺序；

（7）追加为完成工程所需的任何额外工作。

（二）工程变更产生的原因

由于建设工程施工阶段条件复杂，影响的因素较多，工程变更是难以避免的，其产生的主要原因包括：

（1）发包方的原因造成的工程变更。如发包方要求对设计的修改、工程的缩短以及增加合同以外的"新增工程"等。

（2）工程师的原因造成的工程变更。工程师可以根据工程的需要对施工工期、施工顺序等提出工程变更。

（3）设计方的原因造成的工程变更。如由于设计深度不够、质量粗糙等导致不能按图施工，不得不进行的设计变更。

（4）自然原因造成的工程变更。如不利的地质条件变化、特殊异常的天气条件以及不可抗力的自然灾害的发生导致的设计变更、工期的延误和灾后的修复工程等。

（5）承包人原因造成的工程变更。一般情况下，承包人不得对原工程设计进行变更，但施工中承包人提出的合理化建议，经工程师同意后，可以对原工程设计或施工组织进行变更。

（三）工程变更控制的意义

工程变更的控制是施工阶段控制工程造价的重要内容之一。一般情况下，由于工程变更都会带来合同价的调整，而合同价的调整又是双方利益的焦点。合理地处理好工程变更可以减少不必要的纠纷、保证合同的顺利实施，也是有利于保护承包双方的利益。工程变更也分为主动变更和被动变更。主动变更是指为了改善项目功能、加快建设速度、提高工程质量、降低工程造价而提出的变更。被动变更是指为了纠正人为的失误和自然条件的影响而不得不进行的设计工期等的变更。工程变更控制是指为实现建设项目的目标而对工程变更进行的分析、评价以保证工程变更的合理性。工程变更控制的意义在于能够有效控制不合理变更和工程造价，保证建设项目目标的实现。

二、《施工合同示范文本》条件下的工程变更

（一）工程变更的程序

由于工程变更会带来工程造价和工期的变化，为了有效地控制造价，无论任何一方提出工程变更，均需由工程师确认并签发工程变更指令。工程师确认工程变更的一般步骤是：提出工程变更→分析提出的工程变更对项目目标的影响→分析有关的合同条款和会议、通信记录→向业主提交变更评估报告（初步确定处理变更所需的费用、时间范围和质量要求）→确认工程变更。

1. 发包人（建设单位）提出的工程变更

施工中发包人需对原工程设计进行变更，根据《建设工程施工合同（示范文本）》的规定，应提前14天以书面形式向承包人发出变更通知。变更超过原设计标准或批准的建设规模时，须经原规划管理部门和其他有关部门重新审查批准，并由原设计单位提供变更的相应图纸和说明。发包人妥协上述事项后，承包人根据工程师的变更通知要求进行变更。因变更导致合同价款的增减及造成承包人的损失，由发包人承担，延误的工期相应顺延。

合同履行中发包人要求变更工程质量标准及发生其他实质性变更,由双方协商解决。

2. 承包人提出的工程变更

承包人应严格按照图纸施工,不得随意变更设计。施工中承包人提出合理化建议涉及对设计图纸进行变更,须经工程师同意。工程师同意变更以后,必要的时候也须经原规划管理部门、图纸审查机构及其他有关部门审查批准,并由原设计单位提供变更的相应的图纸和说明。承包人擅自变更设计发生的费用和导致发包人的直接损失,由承包人承担,延误的工期不予顺延。工程师同意采用承包人合理化建议而同意变更的,所发生的费用和获得的收益,由发包人与承包人另行约定。

3. 由施工条件引起的工程变更

施工条件的变更,往往是指在施工中遇到的现场条件同招标文件中描述的现场条件有本质的差异,或遇到未能预见的不利自然条件(不包括不利的气候条件),使承包人向业主提出施工单价和施工时间的变更要求。如基础开挖时发现招标文件为载明的流沙或淤泥层,隧洞开挖中发现新的断裂层等。承包人在施工中遇到这类情况时,要及时向工程师报告。施工条件的变更往往比较复杂,需要特别重视,否则会由此引起索赔的发生。

(二)变更后合同价款的确定

1. 变更后合同价款的确定程序

《建设工程施工合同(示范文本)》和《工程价款结算办法》规定的工程合同变更价款的程序如图 8-2 所示。

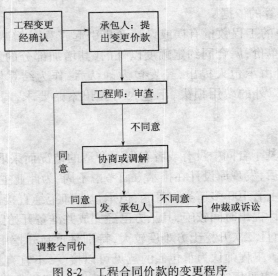

图 8-2　工程合同价款的变更程序

(1)施工中发生工程变更,承包人按照经发包人认可的变更设计文件,进行变更施工。其中,政府投资项目重大变更,需按基本建设程序报批后方可施工。

(2)承包人在工程变更确定后 14 日内,提出变更工程价款的报告,经工程师确认发包人审核同意后调整合同价款。

(3)承包人在确定变更后 14 日内不向工程师提出变更工程价款报告,则发包人可根据所掌握的资料决定是否调整合同价款和调整的具体金额。重大工程变更设计工程价款变更报告和确认的时限由发承包双方协商确定。

（4）收到变更工程价款报告一方，应在收到之日起 14 天内予以确认或提出协商意见，自变更工程价款报告送达之日起 14 天内，对方未确认也未提出协商意见时，视为变更工程价款报告已被确认。

处理工程变更价款问题时应注意以下 3 个方面。①工程师不同意承包人提出的变更价款报告，可以协商或提请有关部门调解。协商或调解不成的，双方可以采用仲裁或向人民法院起诉的方式解决。②工程师确认增加的工程变更价款作为追加合同价款，与工程进度款同期支付。③因承包人自身原因导致的工程变更，承包人无权要求追加合同价款。

2. 变更后合同价款的确定方法

（1）一般规定

①合同中已有适用于变更工程的价格，按合同已有的价格变更合同价款；

②合同中只有类似于变更工程的价格，可以参照此类价格变更合同价款；

③合同没有适用或类似于变更工程的价格，由承包人或发包人提出适当的变更价格，经对方确认后执行。如双方不能达成一致的，双方可提请工程所在地工程造价管理机构进行咨询或按合同约定的争议或纠纷解决程序办理。

（2）采用工程量清单计价的工程

采用工程量清单计价的工程，除合同另有约定外，其综合单价因工程量变更需调整时，应按下列办法确定：

①工程量清单漏项或设计变更引起新的工程量清单项目，其相应综合单价由承包人提出，经发包人确认后作为结算的依据。

②由于工程量清单的工程数量有误或设计变更引起工程量增减，属合同约定幅度以内的，应执行原有的综合单价；属合同约定幅度以外的，其增加部分的工程量或减少后剩余部分的工程量的综合单价由承包人提出，经发包人确认后，作为结算依据。由于工程量的变更，且实际发生了规定以外的费用损失，承包人可提出索赔要求，与发包人协商确认后，给予补偿。

（3）协商单价和价格

协商单价和价格是基于合同中没有或者有但不合适的情况而采取的一种方法。例如：某合同路堤土方工程完成后，发现原设计在排水方面考虑不周，为此业主提出在适当位置增设排水管涵。在工程量清单上有 100 多道类似管涵，但承包人却拒绝直接从中选择适合的作为参考依据。理由是变更设计提出时间较晚，其土方已经完成并准备开始路面施工，新增工程不但打乱了施工进度计划，而且二次开挖土方难度较大，特别是重新开挖用石灰处理过的路堤，与开挖天然表土不能等同。工程师认为承包人的意见可以接受，不宜直接套用清单中的管涵价格。经与承包人协商，决定采用工程量清单上的几何尺寸、地理位置等条件类似的管涵价格作为新增工程的基本价格，但对其中的"土方开挖"一项在原报价基础上按某个系数予以适当提高，提高的费用叠加在基本单价上，构成新增工程价格。

（三）特殊情况下的变更处理

1. 工程变更的连锁影响

某一项工程变更可能会引起本合同工程或部分工程的施工组织和进度计划发生实质性变动，以致影响本项目和其他项目的单价或总价，这就是工程变更的连锁影响。理论上讲，任何一项工程变更或多或少都会对合同工程或部分工程产生一定的影响。工程变更的连锁影响是指那些对变更工程以外的其他项目性的影响。如就进度而言,如果关键线路上的工程发生变更,只有影响总工期时才能称其为产生实质性的影响,即关键线路发生了改变。再如对于某些被取消的工程项目,由于摊销在该项目上的费用也随之被取消,这部分费用只能摊销到其他项目单价或总价之中。对于这种情况,承包人应有权要求调整受影响项目的单价或总价。

2. 合同价格增减超过规定比例

在完工结算时,若出现全部变更工作引起合同价格增减额超过合同价格规定的比例时,除了已确定的变更工作的增减金额外,一般还需对合同价格进行调整。这种情况下,承包人可能从中获得额外利润或蒙受额外损失。因为承包人的现场管理费及其后方的企业管理费一般按一定的比例分摊在各子项目之中。完工结算时,若合同价格比签约时增加或减少,其管理费用也按比例相应增减,这显然与实际不符。实际上承包人需要支出的管理费并不随着合同价格的增减而按比例增减。当合同价格增加时,如果管理费也同比例增加,则承包人获得了超额利润;反之,承包人遭受了利润损失。合同价格的增减幅度在专用条款中约定(一般取15%左右),合同价格的变动在规定的幅度之内时,由于其影响较小,风险由双方分担,不再为此调整合同价格。调整的范围是指超过幅度以外的部分。

三、FIDIC 合同条件下的工程变更

在 FIDIC 合同条件下,业主提供的设计一般较为粗略,有的设计(施工图)是由承包商完成的,因此设计变更少于我国施工合同条件下的施工。

(一)工程变更权(或称工程变更的内容)

工程变更属于合同履行过程中的正常管理工作,工程师可以根据施工进展的实际情况,在认为必要时就以下几个方面发布变更指令:

1. 对合同中任何工作工程量的改变(但此种改变不一定构成变更)。

2. 任何工作质量或其他特性的变更。

3. 工程任何部分标高、位置和(或)尺寸的改变。

4. 删减任何合同约定的工作内容。省略的工作应是不再需要的工程,不允许用变更指令的方式将承包范围内的工作变更给其他承包商实施。

5. 进行永久工程所必需的任何附加工作、生产设备、材料供应或其他服务,包括任何联合竣工试验、钻孔和其他试验以及勘察工作。这种变更指令应是增加与合同工作范围性质一致的新增工作内容,而且不应以变更指令的形式要求承包商使用超过他目前正在使用或计划使用的施工设备范围去完成新增工程。除非承包商同意此项工作按变更对待,否则,一般应将新增工程按一个单独的合同来对待。

6. 改变原定的施工顺序或时间安排。此类属于合同工期的变更,即可能是基于增加工程量、增加工作内容等情况,也可能源于工程师为了协调几个承包商施工的相互干扰而发布的变更指示。

除非工程师指示或批准了变更,承包商不得对永久工程作任何改变和(或)修改。

(二)变更程序

1. 工程师指示的变更

(1)指示变更。指示的内容应包括详细的变更内容、变更工程量、变更项目的施工技术要求和有关部门文件图纸,以及变更处理的原则。

（2）要求承包商递交建议书后再确定的变更。

如果工程师在发出变更指示前要求承包商提出一份建议书，承包商应尽快做出书面回应，或提出他不能照办的理由（如果情况如此），其程序为：

①工程师将计划变更事项通知承包商，并要求他递交实施变更的建议书。

②承包商应尽快予以答复。一种情况可能是通知工程师由于受到某些非自身原因的限制而无法执行此项变更，如无法得到变更所需的物资等，工程师应根据实际情况和工程的需要再次发出取消、确认或修改变更指示的通知。另一种情况是承包商依据工程师的指示递交实施此项变更的说明，内容包括：

a. 将要实施的工作的说明以及该工作实施的进度计划；

b. 根据进度计划和竣工时间的要求，承包商对进度计划做出必要修改的建议书，提出工期顺延要求；

c. 承包商对变更估价的建议书。

③工程师作出是否变更的决定，尽快通知承包商说明批准与否或提出意见。

承包商在等待答复期间，不应延误任何工作；工程师发出每一项实施变更的指示，应要求承包商记录支出的费用；承包商提出的变更建议书，只是作为工程师决定是否实施变更的参考。除了工程师作出指示或批准以总价方式支付的情况外，每一项变更应依据计量工程量进行估价和支付。

2. 承包商申请的变更

（1）承包商提出变更建议。

承包商可以随时向工程师提交一份书面建议。承包商认为如果采纳其建议将可能：

①加速完工；

②降低雇主实施、维护或运行工程的费用；

③对雇主而言能提高竣工工程的效率或价值；

④为雇主带来其他利益。

（2）承包商应自费编制此类建议书。

（3）如果由工程师批准的承包商建议包括一项对部分永久工程的设计的改变，通用条件的条款规定如果双方没有其他协议，承包商应设计该部分工程。如果他不具备设计资质，也可以委托有资质单位进行分包。变更的设计工作应按合同约定的"承包商负责设计"的规定执行，包括：

①承包商应按照合同中说明的程序向工程师提交该部分工程的承包商的文件；

②承包商的文件必须符合规范和图纸的要求；

③承包商应对该部分工程负责，并且该部分工程完工后应适合于合同中规定的工程的预期目的；

④在开始竣工试验之前，承包商应按照规范规定向工程师提交竣工文件以及操作和维修手册。

（4）接受变更建议的估价

①如果此改变造成该部分工程的合同的价值减少，工程师应与承包商商定或决定一笔费用，并将之加入合同价格。这笔费用应是以下金额差额的一半（50%）：

a. 合同价值的减少——由此改变造成的合同价值的减少，不包括依据后续法规变化做出的调整和因物价浮动调价所作的调整；

b. 变更对使用功能价值的影响——考虑到质量、预期寿命或运行效率的降低，对雇主而言已变更工作价值上的减少（如有时）。

②如果降低工程功能的价值 b 大于减少合同价格 a 对雇主的好处，则没有该笔奖励费用。

（三）工程变更的估价

1. 变更估价的原则

变更工程的价格或费率是合同双方协商的焦点。计算变更工程应采用的费率或价格包括以下三种情况：

（1）变更工作在工程量表中有同种工作内容的单价，应以该费率计算变更工程费用。

（2）工程量表中虽然列有同类工作的单价或价格，但对具体变更工作而言已不适用，则应在原单价和价格的基础上制定合理的新单价或价格。

（3）变更工作的内容在工程量表中没有同类工作的费率和价格，应按照与合同单价水平相一致的原则确定新内容的费率或价格。任何一方不能以工程量表中没有此项价格为借口，将变更工作的单价定得过高或过低。

2. 可以调整合同工作单价的原则

在以下情况下，宜对有关工作内容采用新的费率或价格。

第一种情况：

（1）如果此项工作实际测量的工程量比工程量表或其他报表中规定的工程量的变动大于10%；

（2）工程量的变化与该项工作规定的费率的乘积超过了中标的合同金额的 0.01%；

（3）由此工程量的变化直接造成该项工作单位成本的变动超过1%；

（4）这项工作不是合同中规定的"固定费率项目"。

第二种情况：

（1）此工作是根据变更与调整的指示进行的；

（2）合同没有规定此项工作的费率或价格；

（3）由于该项工作与合同中的任何工作没有类似的性质或不在类似的条件下进行，故没有一个规定的费率或价格适用。

每种新的费率或价格应考虑以上描述的有关事项对合同中相关费率或价格加以合理调整后得出。如果没有相关的费率或价格可供推算新的费率或价格，应根据实施该工作的合理成本和合理利润并考虑其他相关事项后得出。

工程师应在商定或确定适宜费率或价格前，确定用于期中付款证书的临时费率或价格。

3. 删减原定工作后对承包商的补偿

工程师发布删减工作的变更指示后，承包商不再实施部分工作，虽然合同价格中包括的直接费部分没有受到损害，但摊销在该部分的间接费、税金和利润则实际不能合理回收。因此，承包商可以就其损失向工程师发出通知并提供具体的证明资料，工程师与合同双方协商后确定一笔补偿金额加入到合同价格内。

第三节 工 程 索 赔

一、工程索赔概述

(一)工程索赔的概念

索赔在有关辞典中这样定义:"索赔——作为合法的所有者,根据自己的权力提出的有关某一资格、财产、金钱等方面的要求。"索赔一词在英语中有"有权力得到"的意思。

工程索赔是指在工程建设过程中,对于并非自己的过错而使自己遭受实际损失,根据合同要求对方承担责任给予补偿的要求。由于工程建设的复杂性,索赔事件的发生是难以避免的,因此索赔是一种正常的商务活动,是合同执行中重要的内容之一。

对于索赔的概念,至少应从以下四个方面理解:

(1)非自己的过错,即并不意味着一定存在他人的过错,自然条件、社会条件等的变化而导致索赔事件的发生,索赔仍然是成立的。

(2)事件的发生确实造成了实际损失。有些行为、事件的发生并不一定会造成损失,而只有造成实际损失,索赔才有可能成立。

(3)索赔是合同赋予的权利。如承包商可能会由于物价上涨而遭受损失。但这种损失的补偿必须以合同为依据,如果合同约定物价上涨风险由承包商承担,则物价上涨导致的损失就得不到补偿,即没有索赔的权利。

(4)索赔是对损失的补偿。索赔是补偿性质的,即对损失进行补偿。"中标靠低价,赚钱靠索赔"的观点在理论上是站不住脚的,是对索赔概念的错误理解,对规范建筑市场是不利的。

(二)工程索赔产生的原因

1. 当事人违约。当事人违约常常表现为没有按照合同约定履行自己的义务。发包人违约常常表现为没有为承包人提供合同约定的施工条件、未按照合同约定的期限和数额付款等。工程师未能按照合同约定完成工作,如未能及时发出图纸、指令等也视为发包人违约。承包人违约的情况则主要是没有按照合同约定的质量、期限完成施工,或者由于不当行为给发包人造成其他损害。

如发包人违约导致的索赔:

在某世界银行贷款的项目中,采用 FIDIC 合同条件,合同规定发包人为承包人提供三级路面标准的现场公路。由于发包人选定的工程局在修路中存在问题,现场交通道路在相当一段时间内未达到合同标准。承包人的车辆只能在路面块石垫层上行驶,造成轮胎严重超常磨损,承包人提出索赔。工程师批准了对 208 条轮胎及其他零配件的费用补偿,共计 1900 万日元。

2. 不可抗力事件。不可抗力又可以分为自然事件和社会事件。自然事件主要是不利的自然条件和客观障碍,如在施工过程中遇到了经现场调查无法发现、业主提供的资料中也未提到的、无法预料的情况,如地下水、地质断层等。社会事件则包括国家政策、法律、法令的变更、战争、罢工等。

如不利自然条件导致的索赔:

某港口工程在施工过程中,承包人在某一部位遇到了比合同标明的更多、更加坚硬的岩石,开挖工作变得更加困难,工期拖延了 4 个月。这种情况就是承包人遇到了与原合同规定不同的、无法预料的不利自然条件,工程师应给予证明,发包人应当给予工期延长及相应的额外费用补偿。

3. 合同缺陷。合同缺陷表现为合同文件规定不严谨甚至矛盾、合同中的遗漏或错误。在这种情况下,工程师应当给予解释,如果这种解释将导致成本增加或工期延长,发包人应当给予补偿。

4. 合同变更。合同变更表现为设计变更、施工方法变更、追加或者取消某些工作、合同其他规定的变更等。

5. 工程师指令。工程师指令有时也会产生索赔,如工程师指令承包人加速施工、进行某项工作、更换某些材料、采取某些措施等。

6. 其他第三方原因。其他第三方原因常常表现为与工程有关的第三方的问题而引起的对本工程的不利影响。

（三）工程索赔的分类

工程索赔依据不同的标准可以进行不同的分类。

1. 按索赔的合同依据分类。按索赔的合同依据可以将工程索赔分为合同中明示的索赔和合同中默示的索赔。

（1）合同中明示的索赔。合同中明示的索赔是指承包人所提出的索赔要求,在该工程项目的合同文件中有文字依据,承包人可以据此提出索赔要求,并取得经济补偿。这些在合同文件中有文字规定的合同条款,称为明示条款。

（2）合同中默示的索赔。合同中默示的索赔,即承包人的该项索赔要求,虽然在工程项目的合同条款中没有专门的文字叙述,但可以根据该合同的某些条款的含义,推论出承包人有索赔权。这种索赔要求,同样有法律效力,有权得到相应的经济补偿。这种有经济补偿含义的条款,在合同管理工作中被称为“默示条款”或称为“隐含条款”。默示条款是一个广泛的合同概念,它包含合同明示条款中没有写人、但符合双方签订合同时设想的愿望和当时环境条件的一切条款。这些默示条款,或者从明示条款所表述的设想愿望中引申出来,或者从合同双方在法律上的合同关系引申出来,经合同双方协商一致,或被法律和法规所指明,都成为合同文件的有效条款,要求合同双方遵照执行。

2. 按索赔目的分类。按索赔目的可以将工程索赔分为工期索赔和费用索赔。

（1）工期索赔。由于非承包人责任的原因而导致施工进程延误,要求批准顺延合同工期的索赔,称之为工期索赔。工期索赔形式上是对权利的要求,以避免在原定合同竣工日不能完工时,被发包人追究拖期违约责任。一旦获得批准合同工期顺延后,承包人不仅免除了承担拖期违约赔偿费的严重风险,而且可能提前工期得到奖励,最终仍反映在经济收益上。

（2）费用索赔。费用索赔的目的是要求经济补偿。当施工的客观条件改变导致承包人增加开支,要求对超出计划成本的附加开支给予补偿,以挽回不应由他承担的经济损失。

3. 按索赔事件的性质分类。按索赔事件的性质可以将工程索赔分为工程延期索赔和工程变更索赔。

（1）工程延期索赔。因发包人未按合同要求提供施工条件,如未及时交付设计图纸、施工现场、道路等,或因发包人指令工程暂停或不可抗力事件等原因造成工期拖延的,承包人对此提出索赔。这是工程中常见的一类索赔。

（2）工程变更索赔。由于发包人或监理工程师指令增加或减少工程量或增加附加工程、修改设计、变更工程顺序等,造成工期延长和费用增加,承包人对此提出索赔。

（3）合同被迫终止的索赔。由于发包人或承包人违约以及不可抗力事件等原因造成合同非正常终止,无责任的受害方因其蒙受经济损失而向对方提出索赔。

（4）工程加速索赔。由于发包人或工程师指令承包人加快施工速度,缩短工期,引起承包人人、财、物的额外开支而提出的索赔。

（5）意外风险和不可预见因素索赔。在工程实施过程中,因人力不可抗拒的自然灾害,特殊风险以及一个有经验的承包人通常不能合理预见的不利施工条件或外界障碍,如地下水、地质断层、溶洞、地下障碍物等引起的索赔。

（6）其他索赔。如因货币贬值、汇率变化、物价、工资上涨、政策法令变化等原因引起的索赔。

二、工程索赔的处理原则和程序

（一）工程索赔的处理原则

1. 索赔必须以合同为依据。索赔是合同赋予双方的权力,索赔能否成立,既不以事件发生的真实性为依据,也不以是否遭受实际损失为依据。

2. 索赔事件的真实性和关联性。索赔事件必须是在合同实施过程中确实存在的,索赔事件必须具有关联性,即索赔事件的发生确实是他人的行为或其他影响因素造成的,因果关系明确。

3. 索赔的处理必须及时。一方面索赔处理的时间限制在合同中有明确规定,超过规定的时间,索赔就不能成立;另一方面,索赔事件发生后如果不及时处理,随着时间的推移,会降低处理索赔的合理性,尤其是持续时间较短的索赔事件,一旦时过境迁很难准确处理。

4. 加强索赔的前瞻性,尽量避免索赔事件的发生。对于索赔,无论是发包人、承包人还是工程师都不希望发生,因为索赔的处理会牵涉到各方的利益,论证、谈判工作量大,需要付出较多的时间和精力。加强索赔的前瞻性,尽量避免索赔事件的发生,对于各方都是有利的,当然避免不是回避,一旦索赔事件发生了,还是应该认真对待。

（二）处理工程索赔的一般程序

工程索赔处理的程序一般按以下6个步骤进行:提出索赔要求,报送索赔报告,工程师审核索赔报告,会议协商解决,邀请中间人调解,提出仲裁或诉讼。工程索赔工作程序见图8-3。

上述6个工作步骤,可归纳为两个阶段,即:友好协商解决和诉诸仲裁或诉讼。友好协商解决阶段,包括从提出索赔要求到邀请中间人调解四个过程。对于每一项索赔工作,承包商和雇主都应力争通过友好协商的方式来解决,不要轻易地诉诸仲裁或诉讼。

1. 提出索赔要求

及时提出索赔意向通知。索赔意向通知的内容包括:事件发生的时间和情况的简单描述;索赔依据的合同条款和其他理由;有关后续资料的提供,包括及时记录和提供事件发展的动态;对工程成本和工期产生不利影响的严重程度,以期引起工程师(雇主)的注意。

2. 报送索赔报告书

及时报送索赔报告书。在正式提出索赔要求以后,承包商应抓紧准备索赔资料,计算索赔款额,或计算所必需的工期延长天数,编写索赔报告书。

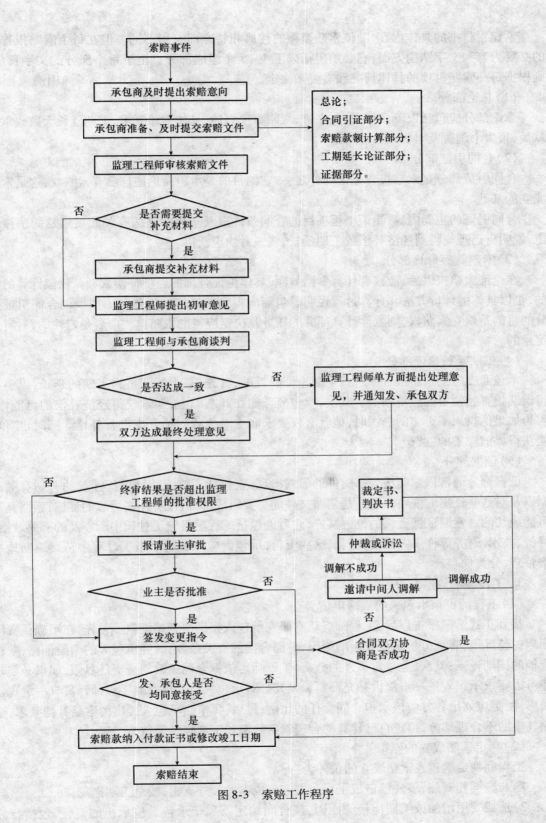

图 8-3　索赔工作程序

索赔报告书的具体内容,随该索赔事项的性质和特点而有所不同。但在每个索赔报告书的必要内容和文字结构方面,它必须包括以下4～5个组成部分。至于每个部分的文字长短,则根据每一索赔事项的具体情况和需要来决定。

(1)总论部分

总论部分应包括以下具体内容:序言,索赔事项概述,具体索赔要求,工期延长天数或索赔款额,报告书编写及审核人员。

(2)合同引证部分

合同引证部分是索赔报告关键部分之一,它的目的是承包商论述自己有索赔权,这是索赔成立的基础。

合同引证的主要内容,是该工程项目的合同条件以及工程所在国有关此项索赔的法律规定,说明自己理应得到经济补偿或工期延长,或二者均应获得。

(3)索赔款额计算部分

在论证索赔权以后,应接着计算索赔款额,具体论证合理的经济补偿款额。款额计算的目的,是以具体的计价方法和计算过程说明承包商应得到的经济补偿款额。如果说合同引证部分的目的是确立索赔权,则款额计算部分的任务是决定应得的索赔款。前者是定性的,后者是定量的。

(4)工期延长论证部分

承包商在施工索赔报告中进行工期论证的目的,首先,是为了获得施工期的延长,以免承担误期损害赔偿费的经济损失。其次,承包商可能在此基础上,探索获得经济补偿的可能性。因为如果他投入了更多的资源时,他就有权要求雇主对他的附加开支进行补偿。同时也有可能获得提前竣工的"奖金"。

(5)证据部分

证据部分通常以索赔报告书附件的形式出现,它包括了该索赔事项所涉及的一切有关证据以及对这些证据的说明。证据是索赔文件的必要组成部分,没有翔实可靠的证据,索赔是不可能成功的。索赔证据资料的范围甚广,它可能包括工程项目施工过程中所涉及的有关政治、经济、技术、财务等许多方面的资料。这些资料,承包商应该在整个施工过程中持续不断地搜集整理、分类储存。

3. 工程师审核索赔报告

(1)工程师审核承包人的索赔申请

接到正式索赔报告以后,工程师应认真研究承包人报送的索赔资料。首先,在不确认责任归属的情况下,客观分析事件发生的原因,重温合同的有关条款,研究承包人的索赔证据,并检查他的同期记录;其次,通过对事件的分析,工程师再依据合同条款划清责任界限,如果必要时还可以要求承包人进一步提供补充资料。尤其是对承包人与发包人或工程师都负有一定责任的事件,更应划出各方应该承担合同责任的比例;最后,再审查承包人提出的索赔补偿要求,剔除其中的不合理部分,拟定自己计算的合理索赔款额和工期顺延天数。

(2)判定索赔成立的原则

工程师判定承包人索赔成立的条件为:

1)与合同相对照,事件已造成了承包人施工成本的额外支出,或总工期拖延;

2)造成费用增加或工期拖延的原因,按合同约定不属于承包人应承担的责任,包括行为责任或风险责任；

3）承包人按合同约定的程序提交了索赔意向通知和索赔报告。

上述三个条件没有先后主次之分，应当同时具备。只有工程师认定索赔成立后，才处理应给予承包人费用与时间的补偿额。

（3）对索赔报告的审查

1）事态调查。通过对合同实施的跟踪、分析了解事件经过、前因后果，掌握事件详细情况。

2）损害事件原因分析。即分析索赔事件是由何种原因引起，责任应由谁来承担，当损害事件是由多方面原因造成的，必须进行责任分解，划分责任原因。

3）分析索赔理由。只有符合合同约定的索赔要求才有合法性、才能成立。如某合同约定，在合同价 5% 范围内的工程变更属于承包人承担的风险，则发包人指令增加的工程量在此范围内，承包人不能提出索赔。

4）实际损失分析。即为索赔事件的影响分析，主要表现为工期的延长和费用的增加。如果索赔事件不造成损失，则无索赔而言。损失调查的重点是分析对比实际与计划的施工进度、工程成本和费用方面的资料，在此基础上核算索赔值。

5）证据资料分析。主要分析证据资料的有效性、合理性、正确性，这也是索赔要求有效的前提条件。如果工程师认为承包人提出的证据不足以说明其要求的合理性时，可以要求承包人进一步提交索赔的证据资料。如果索赔报告中提不出证明其索赔的理由、索赔事件的影响、索赔值计算等方面的详细资料，索赔要求是不能成立的。

（4）确定合理的补偿额

当工程师确定的索赔额超过其权限范围时，必须报请发包人批准。

承包人接受最终的索赔处理决定，索赔事件的处理即告结束。如果承包人不同意，就会导致合同争议。通过协商双方达到互谅互让的解决方案，是处理争议的最理想方式。如达不成谅解，承包人有权提交仲裁或诉讼解决。

4. 会议协商解决

当某项工程索赔要求不能在每月的结算付款过程中得到解决，而需要采取合同双方面对面地讨论决定时，应将未解决的索赔问题列为会议协商的专题，提交会议协商解决。

5. 邀请中间人调解

当争议双方直接谈判无法取得一致的解决意见时，为了争取通过友好协商的方式解决索赔争端，根据工程索赔的经验，可由争议双方协商邀请中间人进行调停，亦能比较满意地解决索赔争端。

6. 提出仲裁或诉讼

在工程索赔的实践中，许多国家都提倡通过仲裁解决索赔争端，而不主张通过法院诉讼的途径。在 FIDIC 合同条件和 ICE 条件中，均列有仲裁条款，没有把诉讼列为合同争端的最终解决办法。这一方面是为了减轻法院系统民事诉讼案件数量的压力，更主要的原因是，施工合同争端经常涉及许多工程技术专业问题，案情审理过程甚久。

（三）1999 版 FIDIC《施工合同条件》中的索赔

1. 1999 版 FIDIC《施工合同条件》中的承包商的索赔

（1）承包商必须在注意到或应该注意到索赔事件之后 28 天内向工程师发出索赔通知，并提交合同要求的其他通知（如果合同要求）和详细证明报告。否则,将丧失索赔权利。

（2）保持同期记录

承包商应在现场或工程师可接受的地点保持用以证明索赔事件的同期记录。工程师在收到索赔通知后,在不必事先承认雇主责任（不批准索赔成立）的情况下,监督此类记录的进行,并（或）可指示承包商保持进一步的同期记录。承包商应允许工程师审查所有此类记录,并应向工程师提供复印件（如果工程师指示的话）。

（3）索赔报告

承包商应在注意到或应该注意到索赔事件发生后的 42 天内（或由承包商提议经工程师批准的其他时间段内）,应向工程师提交详细的索赔报告,说明承包商索赔的依据、要求索赔的工期和金额,并附以完整的证明报告。

如果引起索赔的事件有连续影响,承包商应:在提交第一份索赔报告之后按月陆续提交进一步的期中索赔报告,说明索赔的累计工期和累计金额;在索赔事件产生的影响结束后 28 天（或在由承包商建议并经工程师批准的时间段）内,提交一份最终索赔报告。

（4）工程师的反应

收到承包商的索赔报告及其证明报告后的 42 天（或在由工程师建议且经承包商批准的时间段）内,工程师应做出批准或不批准的决定,也可要求承包商提交进一步的详细报告,不批准时要给予详细的评价。但一定要在这段时间内就处理索赔的原则做出反应。

（5）索赔的支付

在工程师核实了承包商的索赔报告、同期记录和其他有关资料之后,应根据合同规定决定承包商有权获得的延期和附加金额。

经证实的索赔款额应在期中支付证书中给予支付。如果承包商提供的报告不足以证实全部索赔,则已经证实的部分应被支付,不应将索赔款额全部拖到工程结束后再支付。如果承包商未遵守合同中有关索赔的各项规定,则在决定给予承包商延长竣工时间和额外付款时,要考虑其行为影响索赔调查的程度。

2. 雇主的索赔

雇主的索赔主要限于施工质量缺陷和拖延工期等承包商违约行为导致的雇主损失。FIDIC 1999 合同条件内规定雇主可以索赔的条款见表 8-1。

表 8-1　FIDIC1999《施工合同条件》雇主的索赔条款

序号	条款号	内　容	序号	条款号	内　容
1	4.2	履约保证	7	9.4	未能通过竣工检验
2	4.21	进度报告	8	11.3	缺陷通知期的延长
3	7.5	拒收	9	11.4	未能补救缺陷
4	7.6	补救工作	10	15.4	终止后的支付
5	8.6	进展速度	11	18.2	工程和承包商的设备的保险
6	8.7	误期损害赔偿费			

（四）《建设工程施工合同（示范文本）》规定的索赔

当(施工合同)一方向另一方提出索赔时,要有正当的索赔理由,且有索赔事件发生时的有效证据。

1. 承包人向发包人索赔

发包人未能按合同约定履行自己的各项义务或发生错误以及应由发包人承担责任的其他情况,造成工期延误和(或)承包人不能及时得到合同价款及承包人的其他经济损失,承包人可按下列程序以书面形式向发包人索赔:

(1)索赔事件发生后28天内,向工程师发出索赔意向通知;

(2)发出索赔意向通知后28天内,向工程师提出延长工期和(或)补偿经济损失的索赔报告及有关资料;

(3)工程师在收到承包人送交的索赔报告和有关资料后,于28天内给予答复,或要求承包人进一步补充索赔理由和证据;

(4)工程师在收到承包人送交的索赔报告和有关资料后28天内未予答复或未对承包人作进一步要求,视为该项索赔已经认可;

(5)当该索赔事件持续进行时,承包人应当阶段性(合同约定的时间段或监理工程师指定的时间段)向工程师发出索赔意向。在索赔事件终了后28天内,向工程师送交索赔的有关资料和最终索赔报告。索赔答复程序与(3)、(4)规定相同。

2. 发包人向承包人索赔

承包人未能按合同约定履行自己的各项义务或发生错误,给发包人造成经济损失,发包人可按第1款(承包人向发包人索赔)确定的时限向承包人提出索赔。

(五)索赔的依据

索赔是一项重证据的工作,索赔的证据应该具有真实性、全面性,并具有法律证明效力,即一般要求证据必须是书面文件。因此为了获得索赔成功,应十分注意收集具有法律效力的证据,在索赔实践中,下列书面文件可作为索赔的证据:

(1)根据文件,工程合同及附件,业主认可的施工组织设计、工程图纸技术规范等;

(2)工程各项有关设计交底记录、变更图纸、变更施工指令等;

(3)工程各项经业主或监理工程师签认的签证;

(4)工程各项往来信件、指令、信函、通知、答复等;

(5)工程各项会议纪要;

(6)施工计划及现场实施情况记录;

(7)施工日报及工长工作日志、备忘录;

(8)工程送电、送水、道路开通、封闭的日期及数量记录;

(9)工程停电、停水和各种干扰事件影响的日期及恢复施工的日期;

(10)工程预付款、进度付款的数额及日期记录;

(11)工程图纸、图纸变更、交底记录的送达份数及日期记录;

(12)业主供材料、设备送达日期记录;

(13)工程有关施工部位的照片及录像等;

(14)工程现场气候记录等气象资料;

(15)工程验收报告及各项技术签订报告等;

(16)国家法律法规行业等有关文件资料等。

可见,索赔要有证据,证据是索赔报告的重要组成部分,证据不足或没有证据,索赔就不可能成立。总之,施工索赔是利用经济杠杆进行项目管理的有效手段,对承包人、发包人和监理工程师来说,处理索赔问题水平的高低,反映了对项目管理水平的高低。由于索赔是合同管理的重要环节,也是计划管理的动力,更是挽回成本损失的重要手段,所以随着建筑市场的建立和发展,它将成为项目管理中越来越重要的问题。

（六）费用索赔

1. 可索赔的费用

原则上,承包商有索赔权的工程成本增加,都是可以索赔的费用。这些费用都是承包商为了完成额外的施工任务而增加的开支。但是对于不同原因引起的索赔,承包商可索赔的具体费用内容是不完全一样的。现将可索赔费用概述如下:

（1）人工费。人工费索赔部分,是指完成合同之外的额外工作所花费的人工费用;由于非承包商责任的工效降低所增加的人工费用;超过法定工作时间加班劳动费用;法定人工费增长以及非承包商责任工程延期导致的人员窝工费和工资上涨费等。

（2）材料费。索赔费用中的材料费包括:

1）由于索赔事项,材料实际用量超过计划用量而增加的材料费;

2）由于客观原因,材料价格大幅度上涨而增加的材料费;

3）由于非承包商责任,工程延期导致的材料价格上涨和超期储存费用。

材料费中应包括运输费、仓储费以及合理的损耗费用。如果由于承包商管理不善,造成材料损坏失效,则不能列入索赔计价。

（3）施工机械使用费。施工机械使用费的索赔包括:

1）由于完成额外工作增加的机械使用费;

2）非承包商责任工效降低增加的机械使用费;

3）由于雇主或工程师原因导致机械停工的窝工费。

窝工费的计算:如果是租赁设备,一般按实际租金和调进调出费分摊计算;如果是承包商自有设备,一般按台班折旧费计算而不能按台班费计算,因台班费中包括了设备使用费。

（4）分包费用。分包费用索赔指的是分包商的索赔费,一般也包括人工、材料、机械使用费的索赔。分包商的索赔应如数列入总承包商的索赔款总额内。

（5）工地/现场管理费。索赔款中的工地管理费是指承包商完成额外工程、索赔事项工作以及工期延长期间的工地管理费,包括管理人员工资、办公费、交通费等。但如果对部分工人窝工损失索赔时,因其他工程仍然进行,可能不予计算工地管理费索赔。

（6）利息。在索赔款额的计算中,经常包括利息。利息的索赔通常包括:

1）拖期付款的利息;

2）由于工程变更和工程延期增加投资的利息;

3）索赔款的利息;

4）错误扣款的利息。

至于这些利息的具体利率应是多少,在实践中可采用不同的标准,主要有下列几种:

1）按当时的银行贷款利率;

2）按当时的银行透支利率;

3）按合同双方协议的利率;

4）按中央银行贴现率加三个百分点。

（7）总部管理费

索赔款中的总部管理费主要指的是工程延误期间所增加的管理费。这项索赔款的计算，目前没有统一的方法。在国际工程施工索赔中总部管理费的计算有以下几种：

1）按照投标书中总部管理费的比例（3%~8%）计算：

$$总部管理费 = \frac{合同中总部}{管理费比率（\%）} ×（直接费索赔款额 + 工地管理费索赔款额等） \quad （8.3-1）$$

2）按照公司总部统一规定的管理费比率计算：

$$总部管理费 = 公司管理费比率（\%）×（直接费索赔款额 + 工地管理费索赔款额等）$$

$$（8.3-2）$$

3）以工程延期的总天数为基础，计算总部管理费的索赔额，计算步骤如下：

$$\frac{对某一工程}{提取的管理费} = \frac{同期内公司}{的总管理费} × 该工程的合同额/同期内公司的总合同额 \quad （8.3-3）$$

$$该工程的每日管理费 = 该工程向总部上缴的管理费/合同实施天数 \quad （8.3-4）$$

$$索赔的总部管理费 = 该工程的每日管理费 × 工程延期的天数 \quad （8.3-5）$$

（8）利润

一般来说，由于工程范围的变更、文件有缺陷或技术性错误、雇主未能提供现场等引起的索赔，承包商可以列入利润。但对于工程暂停的索赔，由于利润通常是包括在每项实施的工程内容的价格之内的，而延误工期并未影响削减某些项目的实施，而导致利润减少。所以，一般监理工程师很难同意在工程暂停的费用索赔中列入利润损失。

索赔利润的款额计算通常是与原报价单中的利润百分率保持一致。即在成本的基础上，增加原报价单中的利润率，作为该项索赔款的利润。

2. 索赔费用的计算方法

（1）实际费用法

实际费用法是工程索赔计算时最常用的一种方法。这种方法的计算原则是：以承包商为某项索赔工作所支付的实际开支为根据，向雇主要求费用补偿。

用实际费用法计算时，在直接费的额外费用部分的基础上，再加上应得的间接费和利润，即是承包商应得的索赔金额。由于实际费用法所依据的是实际发生的成本记录或单据，所以，在施工过程中，系统而准确地积累记录资料是非常重要的。

（2）总费用法

总费用法即总成本法，就是当发生多次索赔事件以后，重新计算该工程的实际总费用，实际总费用减去投标报价时的估算总费用，即为索赔金额，其计算公式为：

$$索赔金额 = 实际总费用 - 投标报价估算总费用 \quad （8.3-6）$$

不少人对采用该方法计算索赔费用持批评态度，因为实际发生的总费用中可能包括了承包商，比如施工组织不善而增加的费用，同时投标报价估算的总费用却因为想中标而过低，所以这种方法只有在难以采用实际费用法时才应用。

（3）修正的总费用法

修正的总费用法是对总费用法的改进，即在总费用计算的原则上，去掉一些不合理的因素，使其更合理。修正的内容如下：

1）将计算索赔款的时段局限于受到外界影响的时间，而不是整个施工期；

2）只计算受影响时段内的某项工作所受影响的损失，而不是计算该时段内所有施工工作所受的损失；

3）与该项工作无关的费用不列入总费用中；

4）对投标报价费用重新进行核算：按受影响时段内该项工作的实际单价进行核算乘以实际完成的该项工作的工程量，得出调整后的报价费用。

按修正后的总费用计算索赔金额的公式如下：

$$索赔金额 = 某项工作调整后的实际总费用 - 该项工作的报价费用\qquad(8.3\text{-}7)$$

修正的总费用法与总费用法相比，有了实质性的改进，它的准确程度已接近于实际费用法。

3. 审核索赔取费的合理性

费用索赔涉及的款项较多、内容庞杂。承包人都是从维护自身利益的角度解释合同条款，进而申请索赔额。工程师应公平地审核索赔报告申请，挑出不合理的取费项目或费率。

4. 审核索赔计算的正确性

（1）所采用的费率是否合理、适度。主要注意的问题包括：

1）工程量表中的综合单价涉及的内容，在索赔计算中不应有重复取费。

2）停工损失中，不应以计日工费计算。不应计算闲置人员在此期间的奖金、福利等，通常采取人工单价乘以折减系数计算；停使的机械费补偿，应按机械折旧费或设备租赁费计算，不应包括运转操作费用。

（2）正确区分停工损失与因监理工程师临时改变工作内容或作业方法的功效降低损失的区别。凡可以改作其他工作的，不应按停工损失计算，但可以适当补偿降效损失。

（七）工期索赔

1. 针对索赔报告中要求顺延的工期中应注意以下几点：

（1）划清施工进度拖延的责任。只有承包人不承担任何责任的工期拖延才可能获得工期顺延。

（2）被拖延的工作是否处于施工进度计划关键线路上。如果是，则应顺延工期；如果不是，则应计算拖延的工作在施工进度计划中的总时差并与拖延的时间做比较，若拖延的时间大于总时差，则应顺延工期。

（3）无权要求承包人缩短合同工期。工程师有审核、批准承包人顺延工期的权力，但他不可以扣减合同工期。也就是说工程师有权指示承包人删减掉某些合同内规定的工作内容，但不能要求他相应缩短合同工期。如果要求提前竣工的话，这项工作属于合同的变更。

2. 工期索赔的计算

工期索赔的计算主要有网络图分析、比例计算法、相对单位法、平均值计算法。

（1）网络分析法

工期索赔的计算主要有网络图分析法。网络图分析法是利用进度计划的网络图，分析其关键线路。如果拖延的工作为关键工作，则总拖延的时间为批准的顺延工期；如果拖延的工作为非关键工作，当该工作由于拖延超过总时差限制而成为关键工作时，批准拖延时间与工作总时差的差值为批准的顺延工期；若该工作拖延后仍为非关键工作，则不存在工期索赔问题。

当多个工作被拖延，一般来说需要重新进行网络计算确定计算工期并与原计划工期比较，进而确定可批准的顺延时间，切不可进行简单的时间累加。

（2）比例计算法

在工程实施中,业主推迟设计资料、设计图纸、建设场地、行驶道路等条件的提供,会直接造成工期的推迟或中断,从而影响整个工期。通常,上述活动的推迟时间可直接作为工期的延长天数。但是,当提供的条件能满足部分施工时,应按比例法来计算工期索赔值。公式为:

对于已知部分工程的延期的时间:

$$工期索赔值 = \frac{受干扰部分工程的合同价}{原合同总价} \times 该受干扰部分工期拖延时间 \qquad (8.3-8)$$

对于已知额外增加工程量的价格:

$$工期索赔值 = \frac{额外增加的工程量的价格}{原合同总价} \times 原合同总工期 \qquad (8.3-9)$$

比例计算法简单方便,但有时不尽符合实际情况,比例计算法不适用于变更施工顺序、加速施工、删减工程量等事件的索赔。

【例8-1】 某承包工程,承包商总承包该工程的全部设计和施工任务。合同规定,业主应于2001年5月中旬前向承包商提供全部设计资料。该工程的主要结构设计部分占80%,其他轻型结构和零星设计部分占20%。但是,在合同实施过程中,业主在2001年12月至2002年6月之间才陆续将主要结构设计资料交付齐全,其余资料在2002年5月至2002年10月才交付齐全(设计资料交付时间由资料交接表及交接手续为证)。对此,承包商提出工期拖延索赔要求。

解:对主要结构设计资料的提供时间可以取2001年12月初到2002年6月底的中间月份,即为2002年3月中旬。其他结构设计资料的提供期可取2002年5月初到2002年10月底的中间月份,即为2002年7月底。综合这两方面的日期,按比例以平衡点的月份为全部设计资料的提供期(图8-4)。

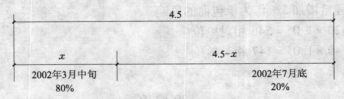

图8-4 综合平衡日期示意图

按图8-4所示列出的计算式及计算结果为:

$$x \times 80\% = (4.5 - x) \times 20\%$$
$$0.8x = 0.9 - 0.2x$$
$$x = 0.9(月)$$

即全部设计资料提供期应为2002年4月中旬,则索赔工期为11个月(由2001年5月中旬拖延到2002年4月中旬)。

在实际工程中,干扰事件常常仅影响某些分项工程,要分析它们对总工期的影响,可以采用比例法分析。

【例8-2】 某工程施工中,业主推迟工程室外楼梯设计图纸的批准,使该楼梯的施工延期20周,该室外楼梯工程的合同造价为45万元,而整个工程的合同总价为500万元,则承包商应提出索赔工期多少周?

解： $\text{工期索赔值} = \dfrac{\text{受干扰部分工程的合同价}}{\text{原合同总价}} \times \text{该受干扰部分工期拖延时间}$

$$= \dfrac{45}{500} \times 20 = 1.8(\text{周})$$

所以，承包商应提出 1.8 周的工期索赔。

【例 8-3】 某工程合同总价为 360 万元，总工期为 12 个月，现业主指令增加附属工程的合同价为 60 万元，计算承包商应提出的工期索赔时间。

解： $\text{工期索赔值} = \dfrac{\text{额外增加的工程量的价格}}{\text{原合同总价}} \times \text{原合同总工期}$

$$= \dfrac{60}{360} \times 12 = 2(\text{月})$$

所以，承包商应提出 2 个月的工期索赔。

（3）相对单位法

工程的变更必须会引起劳动量的变化，这时可以用劳动量相对单位法来计算工期索赔天数。

【例 8-4】 某工程原合同规定的工期为：土建工程 30 个月，安装工程 6 个月。现以一定量的劳动力需用量作为相对单位，则合同所规定的土建工程可折算为 520 个相对单位，安装工程可折算为 140 个相对单位。另外，合同规定，在工程量增减 5% 的范围内，承包商不能要求工期补偿。但是，在实际施工中，土建和安装各分项工程量都有较大幅度的增加。通过计算，实际土建工程量增加了 110 个相对单位、安装工程量增加了 50 个相对单位。对此，承包商应提出多少个月的工期赔偿？

解：①考虑工程量增加 5% 作为承包商的风险

土建工程为：$520 \times 1.05 = 546$ 相对单位

安装工程为：$140 \times 1.05 = 147$ 相对单位

②计算工期延长

$$\text{土建工程} = 30 \times \left(\dfrac{520 + 110}{546} - 1 \right) = 4.6(\text{月})$$

$$\text{安装工程} = 6 \times \left(\dfrac{140 + 50}{147} - 1 \right) = 1.8(\text{月})$$

所以，总工期索赔：$4.6 + 1.8 = 6.4(\text{月})$

（4）平均值计算法

合同规定，某工程 A、B、C、D 四个分项工程由业主供应水泥。在实际施工中，业主没有按合同规定的日期供应水泥，造成停工待料。根据现场工程有关资料和合同双方的有关文件证明，由于业主水泥供应不及时对施工造成的停工时间如下：

A 分项工程：   15 天

B 分项工程：   8 天

C 分项工程：   10 天

D 分项工程：   11 天

承包商在一揽子索赔中,对业主由于材料供应不及时造成工期延长提出工期索赔的计算如下:

总延长天数: 15 天 + 8 天 + 10 天 + 11 天 = 44 天

平均延长天数: 44 天 ÷ 4 = 11 天

工期索赔值: 11 天

(5)其他方法

在实际工程中,工期补偿天数的确定方法可以是多样的。例如,在干扰事件发生前由双方商讨在变更协议或其他附加协议中直接确定补偿天数;或者按实际工期延长记录确定补偿天数等。

第四节 工程价款结算

一、我国工程价款结算方法

(一)工程价款结算的重要意义

所谓工程价款结算是指承包商在工程实施过程中,依据承包合同中关于付款条款的规定和已经完成的工程量,并按照规定的程序向建设单位(业主)收取工程价款的一项经济活动。

工程价款结算是工程项目承包中的一项十分重要的工作,主要表现在:

1. 工程价款结算是反映工程进度的主要指标。在施工过程中,工程价款的结算的依据之一就是按照已完成的工程量进行结算,也就是说,承包商完成的工程量越多,所应结算的工程价款就应越多,所以,根据累计已结算的工程价款占合同总价款的比例,能够近似地反映出工程的进度情况,有利于准确掌握工程进度。

2. 工程价款结算是加速资金周转的重要环节。承包商能够尽快尽早地结算回工程价款,有利于偿还债务,也有利于资金的回笼,降低内部运营成本。通过加速资金周转,提高资金使用的有效性。

3. 工程价款结算是考核经济效益的重要指标。对于承包商来说,只有工程价款如数结算,才意味着完成了"惊险一跳",避免了经营风险,承包商也才能够获得相应的利润,进而达到良好的经济效益。

(二)工程价款的主要结算方式

建设产品单件性、生产周期长等特点,决定了其工程价款的结算应采用不同的方式、方法单独结算。工程性质、建设规模、资金来源和施工工期、承包内容不同,所影响的结算方式也不同。按工程结算的时间和对象,可分为按月结算、年终结算、阶段结算和竣工后一次结算等,如图 8-5 所示。

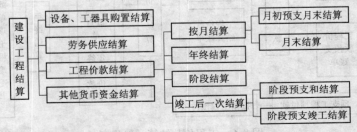

图 8-5 建设工程与建筑安装工程结算分类

我国现行工程价款结算根据不同情况,可采取多种方式。

1. 按月结算。实行旬末或月中预支,月终结算,竣工后清算的方法。跨年度竣工的工程,在年终进行工程盘点,办理年度结算。我国现行建筑安装工程价款结算中,相当一部分是实行这种按月结算。

2. 竣工后一次结算。建设项目或单项工程全部建筑安装工程建设期在 12 个月以内,或者工程承包合同价值在 100 万元以下的,可以实行工程价款每月月中预支,竣工后一次结算。

3. 分段结算。即当年开工,当年不能竣工的单项工程或单位工程按照工程形象进度,划分不同阶段进行结算。分段结算可以按月预支工程款。分段的划分标准,由各部门、自治区、直辖市、计划单列市规定。

4. 目标结款方式。即在工程合同中,将承包工程的内容分解成不同的控制界面,以业主验收控制界面作为支付工程价款的前提条件。也就是说,将合同中的工程内容分解成不同的验收单元,当承包商完成单元工程内容并经业主(或其委托人)验收后,业主支付构成单元工程内容的工程价款。

目标结款方式下,承包商要想获得工程价款,必须按照合同约定的质量标准完成界面内的工程内容;要想尽早获得工程价款,承包商必须充分发挥自己的组织实施能力,在保证质量的前提下,加快施工进度。这意味着承包商拖延工期时,则业主推迟付款,增加承包商的财务费用、运营成本,降低承包商的收益,客观上使承包商因延迟工期而遭受损失。同样,当承包商积极组织施工,提前完成控制界面内的工程内容,则承包商可提前获得工程价款,增加承包收益,客观上承包商因提前工期而增加了有效利润。同时,因承包商在界面内质量达不到合同约定的标准而业主不予验收,承包商也会因此而遭受损失。可见,目标结款方式实质上是运用合同手段、财务手段对工程的完成进行主动控制。

目标结款方式中,对控制界面的设定应明确描述,便于量化和质量控制,同时要适应项目资金的供应周期和支付频率。

5. 结算双方约定的其他结算方式。

(三)工程价款结算的内容和程序

工程价款结算的内容和一般程序如图 8-6 所示。

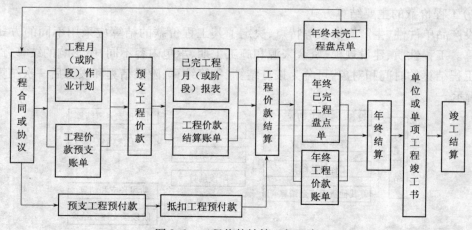

图 8-6　工程价款结算一般程序

1. 按工程承包合同或协议预支工程预付款。在具备施工条件的前提下,发包人应在双方签订合同后的一个月内或不迟于约定的开工日期前 7 天内预付工程款。包工包料工程的预付款按合同约定拨付,原则上预付比例不低于合同金额的 10%,不高于合同金额的 30%。对重大工程项目,按年度工程计划逐年预付。计价执行《建设工程工程量清单计价规范》的工程,实体性消耗和非实体性消耗部分应在合同中分别约定预付款比例。

2. 按照双方确定的结算方式开列月(或阶段)施工作业计划和工程价款预支单,预支工程价款。

3. 月末(或阶段完成)呈报已完工程月(或阶段)报表和工程价款结算账单,提出支付工程进度款申请,14 天内发包人应按不低于工程价款的 60% 及不高于工程价款的 90% 向承包人支付工程进度款。工程进度款的计算内容包括:①以已完工程量和对应工程量清单或报价单的相应价格计算的工程款;②设计变更应调整的合同价款;③本期应扣回的工程预付款;④根据合同允许调整合同价款原因应补偿给承包人的款项和应扣减的款项;⑤经过工程师批准的承包人索赔款;⑥其他应支付或扣回的款项等。

4. 跨年度工程年终进行已完工程、未完工程盘点和年终结算。

5. 单位工程竣工时,编写单位工程竣工书,办理单位工程竣工结算。

6. 单项工程竣工时,办理单项工程竣工结算。

7. 最后一个单项工程竣工结算审查确认后 15 天内,汇总编写建设项目竣工总结算,送发包人后 30 天内审查完成。发包人根据确认的竣工结算报告向承包人支付工程竣工结算价款,保留 5% 左右的质量保证(保修)金,待工程交付使用一年质保期到期后清算(合同另有约定的,从其约定),质保期内如有返修,发生费用应在质量保证(保修)金内扣除。

(四)工程预付款

工程预付款(Advanced Payment)是建设工程施工合同订立后,由发包人按照合同约定,在正式开工前预先支付给承包人的工程款。它是施工准备和所需主要材料和构件等流动资金的主要来源,因此也称作工程预付备料款。实行工程预付款的,双方应当在专用条款内约定发包人向承包人预付工程款的时间和数额,以及开工后扣回工程预付款的时间和比例。

在《建设工程价款结算暂行办法》中,对有关工程预付款作了如下约定:包工包料工程的预付款按合同约定拨付,原则上预付比例不低于合同金额的 10%,不高于合同金额的 30%,对重大工程项目,按年度工程计划逐年预付。

计价执行《建设工程工程量清单计价规范》的工程,实体性消耗和非实体性消耗部分应在合同中分别约定预付款比例。在具备施工条件的前提下,发包人应在双方签订合同后的 1 个月内或不迟于约定的开工日期前的 7 天内预付工程款(《建设工程施工合同(示范文本)》规定:预付时间应不迟于约定的开工日期前 7 天),发包人不按约定预付,承包人应在预付时间到期后 10 天内向发包人发出要求预付的通知,发包人收到通知后仍不按要求预付,承包人可在发出通知 14 天后停止施工(《建设工程施工合同(示范文本)》规定:发包人不按约定预付,承包人在约定预付时间 7 天后向发包人发出要求预付的通知,发包人收到通知后仍不能按要求预付,承包人可在发出通知后 7 天停止施工,发包人应从约定应付之日起向承包人支付应付款的利息,并承担违约责任)。

1. 工程预付款的额度

工程预付款额度,各地区、各部门的规定不完全相同,主要是保证施工所需材料和构件的正常储备。一般是根据施工工期、建筑安装工作量、主要材料和构件费用占建筑安装工作量的比例以及材料储备周期等因素测算而定的。

（1）合同条件中约定。发包人根据工程的特点、工期长短、市场行情、供求规律等因素，招标时在合同条件中约定工程预付款的百分比。

（2）公式计算法。公式计算法是根据主要材料（含结构件等）占承包工程总价的比重、材料储备定额天数和计划施工工期等因素，通过公式计算预付备料款额度的一种方法。

$$M = \frac{P \times N}{T} \times t \tag{8.4-1}$$

式中　M——工程预付款数额；

　　　P——承包工程合同总价；

　　　N——主要材料及构件所占比重，即主要材料和构件占承包工程总价的比例；

　　　T——计划施工工期；

　　　t——材料储备时间，可根据材料储备定额或当地材料供应情况确定。

对于施工企业常年应备的备料款数额也可按下式计算：

$$M = \frac{P' \times N}{T'} \times t \tag{8.4-2}$$

式中　P'——年度承包工程总价值；

　　　T'——年度施工总日历天数；

　　　M、N、t 含义同上。

工程预付款仅用于承包人支付施工开始时与本工程有关的动员费用。如承包人滥用此款，发包人有权立即收回。在承包人向发包人提交金额等于预付款数额的银行保函（发包人认可的银行开出）后，发包人按规定的金额和规定的时间向承包人支付预付款，在发包人全部扣回预付款之前，该银行保函将一直有效。随着预付款被发包人不断扣回，银行保函金额可相应递减。

2. 工程预付款的扣回

随着工程进度的推进，拨付的工程进度款数额不断增加，工程所需主要材料、构件的用量逐渐减少，原已支付的预付款应以抵扣的方式予以陆续扣回，扣款的方法有以下几种：

（1）发包人和承包人通过洽商用合同的形式予以确定，可采用等比率或等额扣款的方式，也可针对工程实际情况具体处理，如有些工程工期较短、造价较低，就无需分期扣还；有些工期较长，如跨年度工程，其预付款的占用时间长，根据需要可以少扣或不扣。

（2）从未施工工程尚需的主要材料及构件的价值相当于工程预付款数额时起扣，按材料及构件比重扣抵工程价款，至竣工之前全部扣清。

工程预付款起扣点可按下式计算：

$$T = P - \frac{M}{N} \tag{8.4-3}$$

式中　T——起扣点，即工程预付款开始扣回的累计完成工程金额；

　　　P、M、N 含义同前。

【例 8-5】　某项工程合同总额为 6000 万元，工程预付款为合同总额的 20%，主要材料和构件所占比重为 60%，求该工程的工程预付款、累计工程量起扣点为多少万元？

解:工程预付款 $M = 6000 \times 20\% = 1200$ 万元

工程预付款起扣点 $T = P - (M/N) = 6000 - (1200/60\%) = 4000$ 万元。

【例 8-6】 某工程项目合同总价为 1200 万元,工程预付款为 200 万元,主要材料和构件的比重为 50%,工程预付款起扣点为累计完成建筑安装工作量 400 万元,6 月份累计完成建筑安装工作量 500 万元,当月完成建筑安装工作量 110 万元,7 月份完成建筑安装工作量 108 万元。计算 6 月份和 7 月份结算应抵扣工程预付款数额。

解:(1)6 月份结算应抵扣工程预付款数额:

$$(500 - 400) \times 50\% = 50 \text{ 万元}$$

(2)7 月份结算应抵扣工程预付款数额:

$$108 \times 50\% = 50.4 \text{ 万元}$$

(五)工程计量与工程进度款的支付

工程计量是进行工程进度款结算的基础。

1. 工程计量

(1)工程计量的依据

计量依据一般有质量合格证书、工程量清单前言、技术规范中的"计量支付"条款和设计图纸。也就是说,计量时必须以这些资料为依据。

1)质量合格证书

经过专业工程师检验,工程质量达到合同规定的标准的,专业工程师签署报验申请表(质量合格证书)。只有质量合格已完的工程,才予以计量。工程计量与质量监理紧密配合,质量监理是计量监理的基础,计量又是质量监理的保障,通过计量支付,强化承包商的质量意识。

2)工程量清单前言和技术规范

工程量清单前言和技术规范是确定计量方法的依据。工程量清单前言和技术规范的"计量支付"条款规定了清单中每一项工程的计量方法,同时还规定了按规定的计量方法确定的单价所包括的工作内容和范围。

3)设计图纸

单价合同以实际完成的工程量进行结算,但被工程师计量的工程数量,并不一定是承包商实际施工的数量。计量的几何尺寸要以设计图纸为依据,工程师对照设计图纸,仅对承包人完成的永久工程合格工程量进行计量。所以,对承包人超出设计图纸范围和因承包人原因造成返工的工程量,工程师不予计量;承包人原因造成返工的工程量不予计算。

(2)工程计量的内容与方法

1)工程师一般只对以下三方面的工程项目进行计量:

第一,工程量清单中的全部项目;

第二,合同文件中规定的项目;

第三,工程变更项目。

2)根据 FIDIC 合同条件的规定,一般可按照以下方法进行计量:

①均摊法。就是对清单中某些项目的合同价款,按合同工期平均计量。

②凭据法。就是按照承包商提供的凭据进行计量支付。如建筑工程险保险费、第三方责任险保险费等,一般按凭据法进行计量支付。

③估价法。就是按合同文件的规定,根据工程师估算的已完成的工程价值支付。

④断面法。主要用于取土坑或填筑路堤土方的计量。

⑤图纸法。在工程量清单中，许多项目都采取按照设计图纸所示的尺寸进行计量。

⑥分解计量法。就是将一个项目，根据工序或部位分解为若干子项，对完成的各子项进行计量支付。这种计量方法主要是为了解决一些包干项目或较大的工程项目的支付时间过长，影响承包商的资金流动等问题。

（3）工程计量的程序

1）《建设工程施工合同（示范文本）》约定的程序

承包人应按专用条款约定的时间，向工程师提交已完工程量的报告，工程师接到报告后7天内按设计图纸核实已完工程量，并在计量前24小时通知承包人，承包人为计量提供便利条件并派人参加。承包人收到通知后不参加计量，计量结果有效，作为工程价款支付的依据。

工程师不按约定时间通知承包人，使承包人不能参加计量，计量结果无效。

共同计量的指导思想：一是工程师未通知承包人的单方计量无效；二是工程师已经通知承包人，承包人未按时参加的，工程师的单方计量有效。

工程师收到承包人报告后7天内未进行计量，从第8天起，承包人报告中开列的工程量即视为已被确认，作为工程价款支付的依据。

对承包人超出设计图纸范围和因承包人原因造成返工的工程量，工程师不予计量。

2）《建设工程价款结算暂行办法》约定的程序

承包人应当按照合同约定的方法和时间，向发包人提交已完工程量的报告。发包人接到报告后14天内核实已完工程量，并在核实前1天通知承包人，承包人应提供条件并派人参加核实，承包人收到通知后不参加核实，以发包人核实的工程量作为工程价款支付的依据。

发包人不按约定时间通知承包人，致使承包人未能参加核实，核实结果无效。

发包人收到承包人报告后14天内未核实完工程量，从第15天起，承包人报告的工程量即视为被确认，作为工程价款支付的依据，双方合同另有约定的，按合同执行。

对承包人超出设计图纸（含设计变更）范围和因承包人原因造成返工的工程量，发包人不予计量。

3）《建设工程监理规范》规定的程序

①承包单位统计经专业监理工程师质量验收合格的工程量，按施工合同的约定填报工程量清单和工程款支付申请表；

②专业监理工程师进行现场计量，按施工合同的约定审核工程量清单和工程款支付申请表，并报总监理工程师审定；

③总监理工程师签署工程款支付证书，并报建设单位。

4）FIDIC施工合同约定的程序

当工程师要求测量工程的任何部分时，应向承包商代表发出合理通知，承包商代表应：

①及时亲自或另派合格代表协助工程师进行测量；

②提供工程师要求的任何具体材料。

如果承包商未能到场或派代表，工程师（或其代表）所作测量应作为准确予以认可。除合同另有规定外，凡需根据记录进行测量的任何永久工程，此类记录应由工程师准备，承包商应根据或被提出要求时，到场与工程师对记录进行检查和协商，达成一致后应在记录上签字。如承包商未到场，应认为该记录准确，予以认可。如果承包商检查后不同意该记录，和（或）不签字表示同意,承包商应向工程师发出通知,说明认为该记录不准确的部分。工程师收到通知后,应审查该记录,进行确认或更改。如果承包商被要求检查记录14天内,没有发出此类通知,该记录应作为准确予以认可。

2. 工程进度款支付

(1)工程进度款的计算方法

工程进度款的计算,主要涉及两个方面:

一是工程量的计量,执行《建设工程工程量清单计价规范》,可参照该规范规定的工程量的计算规则;二是单价的计算方法,主要根据由发包人和承包人事先约定的工程价格的计价方法确定。

1)可调工料单价法

当采用可调工料单价法计算工程进度款时,在确定已完工程量后,可按以下步骤计算工程进度款:

第一步,根据已完工程量的项目名称、分项编号、单价得出合价;

第二步,将本月所完全部项目合价相加,得出直接工程费小计;

第三步,按规定计算措施费、间接费、利润;

第四步,按规定计算主材差价或差价系数;

第五步,按规定计算税金;

第六步,累计本月应收工程进度款。

2)全费用综合单价法

用全费用综合单价法计算工程进度款比用可调工料单价法更为方便,工程量得到确认后,只需将工程量与综合单价相乘得出合价,再累加即可完成本月工程进度款的计算工作。

(2)工程进度款的计算内容

计算本期应支付承包人的工程进度款的款项内容包括:

①经过确认核实的实际工程量对应工程量清单或报价单的相应价格计算应支付的工程款。

②设计变更应调整的合同价款。

③本期应扣回工程预付款与应扣留的保留金,与工程款(进度款)同期结算。

④根据合同允许调整合同价款发生,应补偿承包人的款项和应扣减的款项。

⑤经过工程师批准的承包人索赔款等。

(3)工程进度款的支付

1)《建设工程价款结算暂行办法》和《建设工程施工合同(示范文本)》均有如下规定:

①发包人向承包人支付工程进度款内容。发包人应扣回的预付款,与工程进度款同期结算抵扣;符合合同约定范围的合同价款的调整、工程变更调整的合同价款及其他条款中约定的追加合同价款,应与工程进度款同期调整支付;对于质量保证金从应付的工程款中预留。

②关于支付期限。根据确定的工程计量结果,承包人向发包人提出支付工程进度款申请后,14天内发包人应向承包人支付工程进度款。

③违约责任。发包人超过约定的支付时间不支付工程进度款,承包人可向发包人发出要求付款的通知,发包人收到承包人通知后仍不能按要求付款,可与承包人协商签订延期付款协议,经承包人同意后可延期支付,协议应明确延期支付的时间和从工程计量结果确认后第15

天起计算应付款的利息。

发包人不按合同约定支付工程进度款，双方又未达成延期付款协议，导致施工无法进行，承包人可停止施工，由发包人承担违约责任。

（六）工程保证金

建设工程质量保证金（保修金），是指发包人与承包人在建设工程承包合同中约定，从应付的工程款中预留，用以保证承包人在缺陷责任期内对建设工程出现的缺陷进行维修的资金。

缺陷是指建设工程质量不符合工程建设强制性标准、设计文件，以及承包合同的约定。

缺陷责任期指承包人对工程可能存在的缺陷承担责任的期限，一般从工程通过竣（交）工验收之日起计。由于承包人原因导致工程无法按规定期限进行竣（交）工验收的，缺陷责任期从实际通过竣（交）工验收之日起计；由于发包人原因导致工程无法按规定期限进行竣（交）工验收的，在承包人提交竣（交）工验收报告 90 天后，工程自动进入缺陷责任期。缺陷责任期一般为六个月、十二个月或二十四个月，具体可由发、承包双方在合同中约定。

（1）保证金的预留。建设工程保证金，发包人应按照合同约定在向承包人支付工程结算价款中按结算价款的 5% 左右预留。

（2）保证金（含利息）的返还。缺陷责任期内，承包人认真履行合同约定的责任，缺陷责任期结束后，承包人向发包人申请返还保证金。发包人在接到承包人返还保证金申请后，应于 14 日内会同承包人按照合同约定的内容进行核实。如无异议，发包人应当在核实后 14 日内将保证金返还给承包人，逾期支付的，从逾期之日起，按照同期银行贷款利率计付利息，并承担违约责任。发包人在接到承包人返还保证金申请后 14 日内不予答复，经催告后 14 日内仍不予答复，视同认可承包人的返还保证金申请。

（七）其他费用的支付

1. 安全施工方面的费用

承包人按工程质量、安全及消防管理有关规定组织施工，采取严格的安全防护措施，承担由于自身的安全措施不力造成事故的责任和因此发生的费用。非承包人责任造成安全事故，由责任方承担责任和发生的费用。

发生重大伤亡及其他安全事故，承包人应按有关规定立即上报有关部门并通知工程师，同时按政府有关部门要求处理，发生的费用由事故责任方承担。

承包人在动力设备、输电线路、地下管道、密封防震车间、易燃易爆地段以及临街交通要道附近施工时，施工开始前应向工程师提出安全保护措施，经工程师认可后实施，防护措施费用由发包人承担。

实施爆破作业，在放射、毒害性环境中施工（含存储、运输、使用）及使用毒害性、腐蚀性物品施工时，承包人应在施工前 14 天以书面形式通知工程师，并提出相应的安全保护措施，经工程师认可后实施。安全保护措施费用由发包人承担。

2. 专利技术及特殊工艺涉及的费用

发包人要求使用专利技术或特殊工艺，须负责办理相应的申报手续，承担申报、试验、使用等费用。承包人按发包人要求使用，并负责试验等有关工作。承包人提出使用专利技术或特殊工艺，报工程师认可后实施。承包人负责办理申报手续并承担有关费用。

擅自使用专利技术侵犯他人专利权，责任者承担全部后果及所发生的费用。

3. 文物和地下障碍物涉及的费用

在施工中发现古墓、古建筑遗址等文物及化石或其他有考古、地质研究等价值的物品时，承包人应立即保护好现场并于4小时内以书面形式通知工程师，工程师应于收到书面通知后24小时内报告当地文物管理部门，承发包双方按文物管理部门的要求采取妥善保护措施。发包人承担由此发生的费用，延误的工期相应顺延。

如施工中发现古墓、古建筑遗址等文物及化石或其他有考古、地质研究等价值的物品，隐瞒不报致使文物遭受破坏的，责任方、责任人依法承担相应责任。

施工中发现影响施工的地下障碍物时，承包人应于8小时内以书面形式通知工程师，同时提出处置方案，工程师收到处置方案后8小时内予以认可或提出修正方案。发包人承担由此发生的费用，延误的工期相应顺延。

（八）工程竣工结算及其审查

1. 工程竣工结算的含义及要求。工程竣工结算是指施工企业按照合同规定的内容全部完成所承包的工程，经验收质量合格，并符合合同要求之后，与发包单位进行的最终工程价款结算。

《建设工程施工合同（示范文本）》中对竣工结算做了详细规定：

（1）工程竣工验收报告经发包方认可后28天内，承包方向发包方递交竣工结算报告及完整的结算资料，双方按照协议书约定的合同价款及专用条款约定的合同价款调整内容，进行工程竣工结算。

（2）发包方收到承包方递交的竣工结算报告及结算资料后28天内进行核实，给予确认或者提出修改意见。发包方确认竣工结算报告后通知经办银行向承包方支付工程竣工结算价款。承包方收到竣工结算价款后14天内将竣工工程交付发包方。

（3）发包方收到竣工结算报告及结算资料后28天内无正当理由不支付工程竣工结算价款，从第29天起按承包方同期向银行贷款利率支付拖欠工程价款的利息，并承担违约责任。

（4）发包方收到竣工结算报告及结算资料后28天内不支付工程竣工结算价款，承包方可以催告发包方支付结算价款。发包方在收到竣工结算报告及结算资料后56天内仍不支付的，承包方可以与发包方协议将该工程折价，也可以由承包方申请人民法院将该工程依法拍卖，承包方就该工程折价或者拍卖的价款优先受偿。

（5）工程竣工验收报告经发包方认可后28天内，承包方未能向发包方递交竣工结算报告及完整的结算资料，造成工程竣工结算不能正常进行或工程竣工结算价款不能及时支付，发包方要求交付工程的，承包方应当交付；发包方不要求交付工程的，承包方承担保管责任。

（6）发包方和承包方对工程竣工结算价款发生争议时，按争议的约定处理。

在实际工作中，当年开工、当年竣工的工程，只需办理一次性结算。跨年度的工程，在年终办理一次年终结算，将未完工程结转到下一年度，此时竣工结算等于各年度结算的总和。

办理工程价款竣工结算的一般公式为：

$$\text{竣工结算工程价款} = \text{预算（或概算）或合同价款} + \text{施工过程中预算或合同价款调整数额} - \text{预付及已结算工程价款} - \text{保修金} \qquad (8.4\text{-}4)$$

2. 工程竣工结算的审查。工程竣工结算审查是竣工结算阶段的一项重要工作。经审查

299

核定的工程竣工结算是核定建设工程造价的依据,也是建设项目验收后编制竣工决算和核定新增固定资产价值的依据。因此,建设单位、监理公司以及审计部门等,都十分关注竣工结算的审核把关。一般从以下几方面入手:

(1)核对合同条款。首先,应该对竣工工程内容是否符合合同条件要求,工程是否竣工验收合格,只有按合同要求完成全部工程并验收合格才能列入竣工结算。其次,应按合同约定的结算方法、计价定额、取费标准、主材价格和优惠条款等,对工程竣工结算进行审核,若发现合同开口或有漏洞,应请建设单位与施工单位认真研究,明确结算要求。

(2)检查隐蔽验收记录。所有隐蔽工程均需进行验收,两人以上签证;实行工程监理的项目应经监理工程师签证确认。审核竣工结算时应该对隐蔽工程施工记录和验收签证,手续完整,工程量与竣工图一致方可列入结算。

(3)落实设计变更签证。设计修改变更应由原设计单位出具设计变更通知单和修改图纸,设计、校审人员签字并加盖公章,经建设单位和监理工程师审查同意、签证;重大设计变更应经原审批部门审批,否则不应列入结算。

(4)按图核实工程数量。竣工结算的工程量应依据竣工图、设计变更单和现场签证等进行核算,并按国家统一规定的计算规则计算工程量。

(5)认真核实单价。结算单价应按现行的计价原则和计价方法确定,不得违背。

(6)注意各项费用计取。建安工程的取费标准应按合同要求或项目建设期间与计价定额配套使用的建安工程费用定额及有关规定执行,先审核各项费率、价格指数或换算系数是否正确,价差调整计算是否符合要求,再核实特殊费用和计算程序。要注意各项费用的计取基数,如安装工程间接费等是以人工费为基数,这个人工费是定额人工费与人工费调整部分之和。

(7)防止各种计算误差。工程竣工结算子目多、篇幅大,往往有计算误差,应认真核算,防止因计算误差多计或少算。

工程价款结算实例参见本书第十章第三节。

(九)工程价款价差调整的主要方法

在经济发展过程中,物价水平是动态的、是经常不断变化的,有时上涨快、有时上涨慢,有时甚至表现为下降。工程建设项目中合同周期较长的项目,随着时间的推移,经常要受到物价浮动等多种因素的影响,其中主要是人工费、材料费、施工机械费、运费等动态影响。这样就有必要在工程价款结算中充分考虑动态因素,也就是要把多种动态因素纳入到结算过程中认真加以计算,使工程价款结算能够基本上反映工程项目的实际消耗费用。这对避免承包商(或业主)遭受不必要的损失,获取必要的调价补偿,从而维护合同双方的正当权益是十分必要的。

工程价款价差调整的方法有工程造价指数调整法、实际价格调整法、调价文件计算法、调值公式法等。下面分别加以介绍:

1. 工程造价指数调整法

这种方法是甲乙方采用当时的预算(或概算)定额单价计算出承包合同价,待竣工时,根据合理的工期及当地工程造价管理部门所公布的该月度(或季度)的工程造价指数,对原承包合同价予以调整,重点调整那些由于实际人工费、材料费、施工机械费等费用上涨及工程变更因素造成的价差,并对承包商给以调价补偿。

【例8-7】 某市某建筑公司承建一职工宿舍楼（框架形），工程合同价款500万元，1996年1月签订合同并开工，1996年10月竣工，如根据工程造价指数调整法予以动态结算，求价差调整的款额应为多少？

解：自《某市建筑工程造价指数表》查得：宿舍楼（框架形）1996年1月的造价指数为100.02，1996年10月的造价指数为100.27，运用下列公式：

$$工程合同价 \times \frac{竣工时工程造价指数}{签订合同时工程造价指数} = 500 \times \frac{100.27}{100.02} = 500 \times 1.0025 = 501.25（万元）$$

此工程价差调整额为1.25万元。

2. 实际价格调整法

在我国，由于建筑材料需市场采购的范围越来越大，有些地区规定对钢材、木材、水泥等三大材的价格采取按实际价格结算的方法。工程承包商可凭发票按实报销。这种方法方便而正确。但由于是实报实销，因而承包商对降低成本不感兴趣，为了避免副作用，地方主管部门要定期发布最高限价，同时合同文件中应规定建设单位或工程师有权要求承包商选择更廉价的供应来源。

3. 调价文件计算法

这种方法是甲乙方采取按当时的预算价格承包，在合同工期内，按照造价管理部门调价文件的规定，进行抽料补差（在同一价格期内按所完成的材料用量乘以价差）。也有的地方定期发布主要材料供应价格和管理价格，对这一时期的工程进行抽料补差。

4. 调值公式法

根据国际惯例，对建设项目工程价款的动态结算，一般采用此法。事实上，在绝大多数国际工程项目中，甲乙双方在签订合同时就明确列出这一调值公式，并以此作为价差调整的计算依据。

建筑安装工程费用价格调值公式一般包括固定部分、材料部分和人工部分。但当建筑安装工程的规模和复杂性增大时，公式也变得更为复杂。调值公式一般为：

$$P = P_0 \left(a_0 + a_1 \frac{A}{A_0} + a_2 \frac{B}{B_0} + a_3 \frac{C}{C_0} + a_4 \frac{D}{D_0} + \cdots \right) \tag{8.4-5}$$

式中　　　　P——调值后合同价款或工程实际结算款；

P_0——原合同价款或工程预算进度款；

a_0——固定要素，代表合同支付中不能调整的部分占合同总价中的比重；

a_1、a_2、a_3、a_4、$\cdots$——代表有关各项费用（如：人工费用、钢材费用、水泥费用、运输费等）在合同总价中所占比重 $a_0 + a_1 + a_2 + a_3 + a_4 + \cdots = 1$；

A_0、B_0、C_0、D_0、$\cdots$——投标截止日期前第28天与 a_1、a_2、a_3、a_4、$\cdots$对应的各项费用的基期价格指数或价格；

A、B、C、D、$\cdots$——在工程结算月份与 a_1、a_2、a_3、a_4、$\cdots$对应的各项费用的现行价格指数或价格。

在运用这一调值公式进行工程价款价差调整中要注意如下几点：

（1）固定要素通常的取值范围在0.15～0.35之间。固定要素对调价的结果影响很大，它与调价余额成反比关系。固定要素相当微小的变化，隐含着在实际调价时很大的费用变动，所以，承包商在调值公式中采用的固定要素取值要尽可能偏小。

（2）调值公式中有关的各项费用，按一般国际惯例，只选择用量大、价格高且具有代表性的一些典型人工费和材料费，通常是大宗的水泥、沙石料、钢材、木材、沥青等，并用它们的价格指数变化综合代表材料费的价格变化，以便尽量与实际情况接近。

（3）各部分成本的比重系数，在许多招标文件中要求承包方在投标中提出，并在价格分析中予以论证。但也有的是由发包方（业主）在招标文件中即规定一个允许范围，由投标人在此范围内选定。例如，鲁布革水电站工程的标书即对外币支付项目各费用比重系数范围作了如下规定：外籍人员工资 0.10 ~ 0.20；水泥 0.10 ~ 0.16；钢材 0.09 ~ 0.13；设备 0.35 ~ 0.48；海上运输 0.04 ~ 0.08，固定系数 0.17。并规定允许投标人根据其施工方法在上述范围内选用具体系数。

（4）调整有关各项费用要与合同条款规定相一致。例如，签订合同时，甲乙双方一般应商定调整的有关费用和因素，以及物价波动到何种程度才进行调整。在国际工程中，一般在 ±5% 以上才进行调整。如有的合同规定，在应调整金额不超过合同原始价 5% 时，由承包方自己承担；在 5% ~ 20% 之间时，承包方负担 10%，发包方（业主）负担 90%；超过 20% 时，则必须另行签订附加条款。

（5）调整有关各项费用应注意地点与时点。地点一般指工程所在地或指定的某地市场价格。时点指的是某月某日的市场价格。这里要确定两个时点价格，即签订合同时间某个时点的市场价格（基础价格）和每次支付前的一定时间的时点价格。这两个时点就是计算调值的依据。

（6）确定每个品种的系数和固定要素系数，品种的系数要根据该品种价格对总造价的影响程度而定。各品种系数之和加上固定要素系数应该等于 1。

有关调值公式的结算实例参见本书第十章第三节。

二、设备、工器具和材料价款的支付与结算

（一）国内设备、工器具和材料价款的支付与结算

1. 国内设备、工器具价款的支付与结算

按照我国现行规定，银行、单位和个人办理结算都必须遵守结算原则：一是恪守信用，及时付款，二是谁的钱进谁的账，由谁支配，三是银行不垫款。

建设单位对订购的设备、工器具，一般不预付定金，只对制造期在半年以上的大型专用设备和船舶的价款，按合同分期付款。如上海市对大型机械设备结算进度规定为：当设备开始制造时，收取 20% 货款；设备制造进行到 60% 时收取 40% 货款；设备制造完毕托运时，再收取 40% 货款。有的合同规定，设备购置方扣留 5% 的质量保证金，待设备运抵现场验收合格或质量保证期届满时再返还质量保证金。

建设单位收到设备工器具后，要按合同规定及时结算付款，不应无故拖欠。如果资金不足而延期付款，要支付一定的赔偿金。

2. 国内材料价款的支付与结算

建安工程承发包双方的材料往来，可以按以下方式结算：

（1）由承包单位自行采购建筑材料的，发包单位可以在双方签订工程承包合同后按年度工作量的一定比例向承包单位预付备料资金。备料款的预付额度，建筑工程一般不应超过当

302

年建筑(包括水、电、暖、卫等)工作量的30%,大量采用预制构件以及工期在6个月以内的工程,可以适当增加;安装工程一般不应超过当年安装工程量的10%,安装材料用量较大的工程,可以适当增加。

预付的备料款,可从竣工前未完工程所需材料价值相当于预付备料款额度时起,在工程价款结算时按材料款占结算价款的比重陆续抵扣;也可按有关文件规定办理。

(2)按工程承包合同规定,由承包方包工包料的,则由承包方负责购货付款,并按规定向发包方收取备料款。

(3)按工程承包合同规定,由发包单位供应材料的,其材料可按材料预算价格转给承包单位。材料价款在结算工程款时陆续抵扣。这部分材料,承包单位不应收取备料款。

凡是没有签订工程承包合同和不具备施工条件的工程,发包单位不得预付备料款,不准以备料款为名转移资金。承包单位收取备料款后两个月仍不开工或发包单位无故不按合同规定付给备料款的,开户银行可以根据双方工程承包合同的约定分别从有关单位账户中收回或付出备料款。

(二)进口设备、工器具和材料价款的支付与结算

进口设备分为标准机械设备和专制设备两类。标准机械设备系指通用性广泛、供应商(厂)有现货,可以立即提交的货物。专制设备是指根据业主提交的定制设备图纸专门为该业主制造的设备。

1. 标准机械设备的结算

标准机械设备的结算,大都使用国际贸易广泛使用的不可撤销的信用证。这种信用证在合同生效之后一定日期由买方委托银行开出,经买方认可的卖方所在地银行为议付银行。以卖方为收款人的不可撤销的信用证,其金额与合同总额相等。

(1)标准机械设备首次合同付款。当采购货物已装船,卖方提交下列文件和单证后,即可支付合同总价的90%。

①由卖方所在国的有关当局颁发的允许卖方出口合同货物的出口许可证,或不需要出口许可证的证明文件;

②由卖方委托买方认可的银行出具的以买方为受益人的不可撤销保函。担保金额与首次支付金额相等;

③装船的海运提单;

④商业发票副本;

⑤由制造厂(商)出具的质量证书副本;

⑥详细的装箱单副本;

⑦向买方信用证的出证银行开出以买方为受益人的即期汇票;

⑧相当于合同总价形式的发票。

(2)最终合同付款。机械设备在保证期截止时,卖方提交下列单证后支付合同总价的尾款,一般为合同总价的10%。

①说明所有货物无损、无遗留问题、完全符合技术规范要求的证明书;

②向出证行开出以买方为受益人的即期汇票;

③商业发票副本。

(3)支付货币与时间。

①合同付款货币:买方以卖方在投标书标价中说明的一种或几种货币,和卖方在投标书中说明在执行合同中所需的一种或几种货币比例进行支付;

②付款时间:每次付款在卖方所提供的单证符合规定之后,买方须从卖方提出日期的一定期限内(一般45天内),将相应的货款付给卖方。

2. 专制机械设备的结算

专制机械设备的结算一般分为三个阶段,即预付款、阶段付款和最终付款。

(1)预付款。一般专制机械设备的采购,在合同签订后开始制造前,由买方向卖方提供合同总价的10%～20%的预付款。

预付款一般在提出下列文件和单证后进行支付:

①由卖方委托银行出具以买方为受益人的不可撤销的保函,担保金额与预付款货币金额相等;

②相当于合同总价形式的发票;

③商业发票;

④由卖方委托的银行向买方的指定银行开具由买方承兑的即期汇票。

(2)阶段付款。按照合同条款,当机械制造开始加工到一定阶段,可按设备合同价一定的百分比进行付款。阶段的划分是当机械设备加工制造到关键部位时进行一次付款,到货物装船买方收货验收后再付一次款。每次付款都应在合同条款中作较详细的规定。

机械设备制造阶段付款的一般条件如下:

①当制造工序达到合同规定的阶段时,制造厂应以电传或信件通知业主;

②开具经双方确认完成工作量的证明书;

③提交以买方为受益人的所完成部分保险发票;

④提交商业发票副本。

机械设备装运付款,包括成批订货分批装运的付款,应由卖方提供下列文件和单证:

①有关运输部门的收据;

②交运合同货物相应金额的商业发票副本;

③详细的装箱单副本;

④由制造厂(商)出具的质量和数量证书副本;

⑤原产国证书副本;

⑥货物到达买方验收合格后,当事双方签发的合同货物验收合格证书副本。

(3)最终付款。最终付款指在保证期结束时的付款。付款时应提交:

①商业发票副本;

②全部设备完好无损,所有待修缺陷及待办的问题,均已按技术规范说明圆满解决后的合格证副本。

3. 利用出口信贷方式支付进口设备、工器具和材料价款

对进口设备、工器具和材料价款的支付,我国还经常利用出口信贷的形式。出口信贷根据借款的对象分为卖方信贷和买方信贷。

(1)卖方信贷是卖方将产品赊销给买方,规定买方在一定时期内延期或分期付款。卖方通过向本国银行申请出口信贷,来填补占用的资金。其过程如图8-7所示。

采用卖方信贷进行设备材料结算时,一般是在签订合同后先预付10%定金,在最后一批

货物装船后再付 10%，在货物运抵目的地，验收后付 5%，待质量保证期届满时再付 5%，剩余的 70% 货款应在全部交货后规定的若干年内一次或分期付清。

（2）买方信贷有两种形式：一种是由产品出口国银行把出口信贷直接贷给买方，买卖双方以即期现汇成交，其过程如图 8-8 所示。

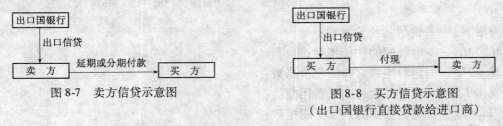

图 8-7　卖方信贷示意图

图 8-8　买方信贷示意图
（出口国银行直接贷款给进口商）

例如，在进口设备材料时，买卖双方签订贸易协议后，买方先付 15% 左右的定金，其余贷款由卖方银行贷给，再由买方按现汇付款条件支付给卖方。此后，买方分期向卖方银行偿还贷款本息。

买方信贷的另一种形式，是由出口国银行把出口信贷贷给进口国银行，再由进口国银行转贷给买方，买方用现汇支付借款，进口国银行分期向出口国银行偿还借款本息，其过程如图8-9所示。

（三）设备、工器具和材料价款的动态结算

1. 设备、工器具和材料价款的动态结算主要是依据国际上流行的货物及设备价格调值公式来计算，即：

$$P_1 = P_0\left(a + b \cdot \frac{M_1}{M_0} + c \cdot \frac{L_1}{L_0}\right) \qquad (8.4\text{-}6)$$

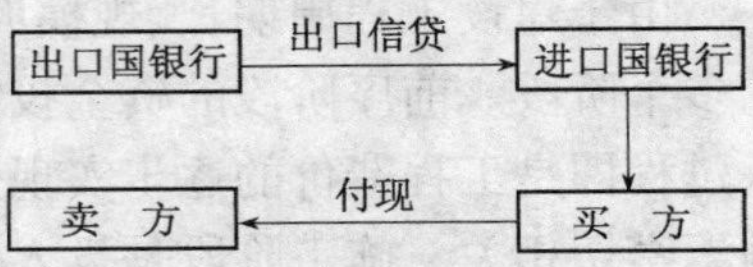

图 8-9　买方信贷示意图
（出口国银行借款给进口国银行）

式中　P_1——应付给供货人的价格或结算款；

P_0——合同价格（基价）；

M_0——原料的基本物价指数，取投标截止前 28 天的指数；

L_0——特定行业人工成本的基本指数，取投标截止日期前 28 天的指数；

M_1、L_1——在合同执行时的相应指数；

a——代表管理费用和利润占合同的百分比，这一比例是不可调整的，因而称之为"固定成分"；

b——代表原料成本占合同价的百分比；

c——代表人工成本占合同价的百分比。

在公式（8.4-6）中，$a + b + c = 1$，其中：

a 的数值可因货物性质的不同而不同，一般占合同的 5% ~ 15%。

b 是通过设备、工器具制造中消耗的主要材料的物价指数进行调整的。如果主要材料是钢材，但也需要铜螺丝、轴承和涂料等，那么也仅以钢材的物价指数来代表所有材料的综合物价指数；如果有两三种主要材料，其价格对成品的总成本都是关键因素，则可把材料物价指数再细分成两三个子成本。

c 通常是根据整个行业的物价指数调整的（例如机床行业）。在极少数情况下，将人工成本 c 分解成两三个部分，通过不同的指数来进行调整。

2. 对于由多种主要材料和成分构成的成套设备合同,则可采用更为详细的公式进行逐项的计算调整:

$$P_1 = P_0\left(a + b \cdot \frac{M_{S1}}{M_{S0}} + c \cdot \frac{M_{C1}}{M_{C0}} + d \cdot \frac{M_{P1}}{M_{P0}} + e \cdot \frac{L_{E1}}{L_{E0}} + f \cdot \frac{L_{P1}}{L_{P0}}\right) \qquad (8.4-7)$$

式中　　M_{S1}/M_{S0}——钢板的物价指数;

$\quad\quad\quad$ M_{C1}/M_{C0}——电解铜的物价指数;

$\quad\quad\quad$ M_{P1}/M_{P0}——塑料绝缘材料的物价指数;

$\quad\quad\quad$ L_{E1}/L_{E0}——电气工业的人工费用指数;

$\quad\quad\quad$ L_{P1}/L_{P0}——塑料工业的人工费用指数;

$\quad\quad\quad$ a——固定成本在合同价格中所占的百分比;

$\quad\quad\quad$ b、c、d——每类材料成分的成本在合同价格中所占的百分比;

$\quad\quad\quad$ e、f——每类人工成分的成本在合同价格中所占的百分比。

第五节　资金使用计划的编制和投资偏差分析

一、编制施工阶段资金使用计划的相关因素

由于建设工程周期长、规模大、造价高,建设产品的形成过程可以分为相互关联、相互作用的多个阶段。前序阶段的资金投入与策划直接影响到后序工作的进程与效果,资金的不断投入过程即是工程造价的逐步实现过程。施工阶段工程造价的计价与控制与其前序阶段的众多因素密切相关。施工阶段是投入资金最直接,效果最明显。联合国工业发展组织为发展中国家提供的可行性研究资料中将基本建设周期分为:投资前期、投资期、生产期,在不同阶段投入资金的关系可以用图 8-10 表示。

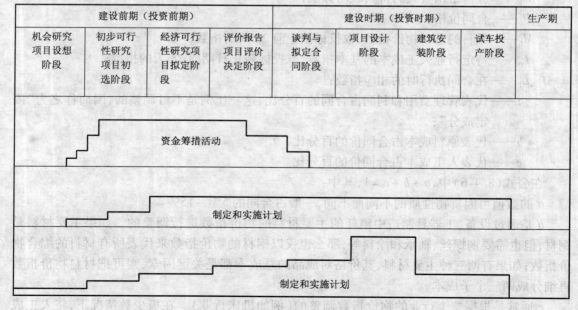

图 8-10　不同阶段工程投资资金示意图

建设项目的可行性研究报告是确定建设项目,编制设计文件,确定投资资金来源,进行施工组织、工程进度安排及竣工验收和项目后评价的依据。研究报告的内容一般包括:总论,拟建规模,外部环境条件,项目实施条件,项目设计方案,企业组织结构,项目施工计划和进度要求,投资估算和资金筹措,项目经济评价,综合评价等内容。建设项目的设计阶段包括:设计前准备工作,初步设计,扩大初步设计,施工图设计,设计交底和配合施工等项内容。设计方案直接关系到投资的使用计划,特别是施工单位要根据设计单位的意图对设计文件的解释,根据现场进展情况及时解决设计文件中的实际问题进行设计变更和工程量调整,直接影响施工阶段工程造价的计价与资金使用计划。施工图设计是施工的直接依据,一些专家认为虽然工程设计费占全部工程寿命费用的比例不到1%,但对施工阶段的造价控制起着关键作用。施工图预算是由设计单位在施工图设计完成后根据设计图纸、现行预算定额、费用定额,所在地区设备、材料、人工费、机械台班费等预算价格编制的确定工程造价的文件与规定。对于实施招投标的工程,它是编制标底的依据,也是制定企业投标报价的基础和中标后施工中造价控制的依据。上述内容说明可行性研究报告、设计方案、施工图预算是施工阶段造价计价与控制的重要关联因素。

与施工阶段造价计价与控制有直接关系的是施工组织设计,其任务是实现建设计划和实际要求,对整个工程施工选择科学的施工方案和合理安排施工进度,是施工过程控制的依据,也是施工阶段资金使用计划编制的依据之一。施工组织设计能够协调施工单位之间、单项工程之间,资源使用时间和资金投入时间之间的关系有利于实现保证工期、保障质量、优化投资的整体目标的实现。施工组织设计包括施工组织规划设计、总设计,单位工程和分项工程施工组织设计。施工组织总设计要从战略全局出发、抓重点、抓难点、抓关键环节与薄弱环节,既要考虑施工总进度的合理安排,确保施工的连续性、节奏性、均衡性,又要考虑投入资金和各类资源在施工的不同阶段的需求量、控制量、调节量。

施工阶段资金控制目标的确定要结合工程特点,确定合理的施工程序与进度,科学地选择施工机械,优化人力资源管理。采用先进的施工技术、方法与手段实现资金使用与控制目标的优化。资金使用目标的确定既要考虑资金来源(例如,政府拨款,金融机构贷款,合作单位相关资金,自有资金)的实现方式和时间限制,又要按照施工进度计划的细化与分解。将资金使用计划和实际工程进度调整有机地结合起来。施工总进度计划要求严格,涉及面广,其基本要求是:保证拟建工程项目在规定期限内按时或提前完成,节约施工费用,降低工程造价。总进度计划的相关因素为:项目工程量,建设总工期,单位工程工期,施工程序与条件,资金资源和需要与供给的能力与条件。总进度计划成为确定资金使用计划与控制目标,编制资源需要与调度计划的最为直接的重要依据。

图 8-11 为项目施工进度与资金使用计划关系图。

确定施工阶段资金使用计划时还应考虑施工阶段出现的各种风险因素对于资金使用计划的影响。如:设计变更与工程量调整,建筑材料价格变化,施工条件变化,不可抗力自然灾害,有关施工政策规定的变化,多方面因素造成实际工期变化等。因此,在制定资金使用计划时要考虑计划工期与实际工期,计划投资与实际投资,资金供给与资金调度等多方面的关系。

二、施工阶段资金使用计划的作用与编制方法

施工阶段资金使用计划的编制与控制在整个工程造价管理中处于重要而独特的地位,它对工程造价的重要影响表现在以下几方面:

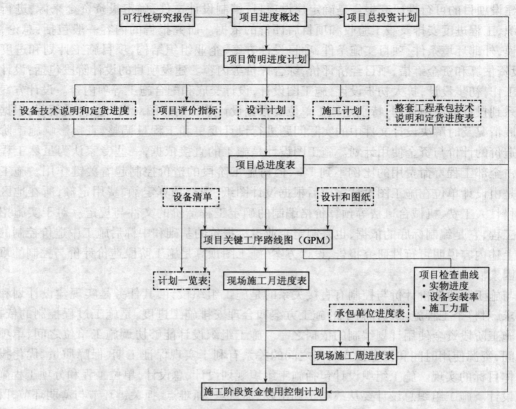

图 8-11　工程进度与资金使用关系图

通过编制资金使用计划,合理确定工程造价施工阶段目标值,使工程造价的控制有所依据,并为资金的筹集与协调打下基础;如果没有明确的造价控制目标,就无法把工程项目的实际支出额与之进行比较,也就不能找出偏差,从而使控制措施缺乏针对性。

通过资金使用计划的科学编制,可以对未来工程项目的资金使用和进度控制有所预测,消除不必要的资金浪费和进度失控,也能够避免在今后工程项目中由于缺乏依据而进行轻率判断所造成的损失,减少了盲目性,增加了自觉性,使现有资金充分发挥作用。

在建设项目的进行过程中,通过资金使用计划的严格执行,可以有效地控制工程造价上升,最大限度地节约投资,提高投资效益。

对脱离实际的工程造价目标值和资金使用计划,应在科学评估的前提下,允许修订和修改,使工程造价更加趋于合理水平,从而保障建设单位和承包商各自的合法利益。

施工阶段资金使用计划的编制方法,主要有以下几种:

1. 按不同子项目编制资金使用计划。一个建设项目往往由多个单项工程组成,每个单项工程还可能由多个单位工程组成,而单位工程总是由若干个分部分项工程组成。按不同子项目划分资金的使用,进而做到合理分配,首先必须对工程项目进行合理划分,划分的粗细程度根据实际需要而定。在实际工作中,总投资目标按项目分解只能分到单项工程或单位工程,如果再进一步分解投资目标,就难以保证分目标的可靠性。

例如:某学校建设项目的分解过程,就是该项目施工阶段资金使用计划的编制依据。

为了满足建设项目分解管理的需要,建设项目可分解为单项工程、单位工程、分部工程和分项工程,以一个学校建设项目为例,其分解如图 8-12 所示。

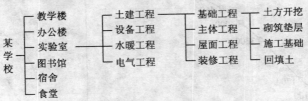

图 8-12　工程项目分解图

2. 按时间进度编制的资金使用计划。建设项目的投资总是分阶段、分期支出的,资金应用是否合理与资金时间安排有密切关系。为了编制资金使用计划,并据此筹措资金,尽可能减少资金占用和利息支付,有必要将总投资目标按使用时间进行分解,确定分目标值。

按时间进度编制的资金使用计划,通常可利用项目进度网络图进一步扩充后得到。利用网络图控制时间的投资,即要求在拟定工程项目的执行计划时,一方面确定完成某项施工活动所需的时间,另一方面也要确定完成这一工作的合适的支出预算。

按时间进度编制资金使用计划用横道图形式和时标网络图形式。

资金使用计划也可以采用 S 形曲线与香蕉图的形式,其对应数据的产生依据是施工计划网络图中时间参数(工序最早开工时间,工序最早完工时间,工序最迟开工时间,工序最迟完工时间,关键工序,关键路线,计划总工期)的计算结果与对应阶段资金使用要求。

利用确定的网络计划便可计算各项活动的最早及最迟开工时间,获得项目进度计划的甘特图。在甘特图的基础上便可编制按时间进度划分的投资支出预算,进而绘制时间投资累计曲线(S 形图线)。时间投资累计曲线的绘制步骤如下:

(1)确定工程进度计划,编制进度计划的甘特图。

(2)根据每单位时间内完成的实物工程量或投入的人力、物力和财力,计算单位时间(月或旬)的投资,如表 8-2 所示。

表 8-2　按月编制的资金使用计划表

时间(月)	1	2	3	4	5	6	7	8	9	10	11	12
投资(万元)	100	200	300	500	600	800	800	700	600	400	300	200

(3)计算规定时间 t 计划累计完成的投资额,其计算方法为:各单位时间计划完成的投资额累加求和,可按下式计算:

$$Q_t = \sum_{n=1}^{t} q_n \tag{8.5-1}$$

式中　Q_t——某时间 t 计划累计完成投资额;

　　　q_n——单位时间 n 的计划完成投资额;

　　　t——规定的计划时间。

(4)按各规定时间的 Q_t 值,绘制 S 形曲线,如图 8-13 所示。

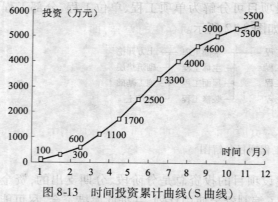

图 8-13 时间投资累计曲线（S 曲线）

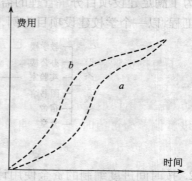

图 8-14 投资计划值的香蕉图

每一条 S 形曲线都是对应某一特定的工程进度计划。进度计划的非关键路线中存在许多有时差的工序或工作,因而 S 形曲线(投资计划值曲线)必然包括在由全部活动都按最早开工时间开始和全部活动都按最迟开工时间开始的曲线所组成的"香蕉图"内,见图 8-14。其中:a 是所有活动按最迟开始时间开始的曲线,b 是所有活动按最早开始时间开始的曲线。建设单位可根据编制的投资支出预算来合理安排资金,同时建设单位也可以根据筹措的建设资金来调整 S 形曲线,即通过调整非关键路线上的工序项目最早或最迟开工时间,力争将实际的投资支出控制在预算的范围内。

一般而言,所有活动都按最迟时间开始,对节约建设资金贷款利息是有利的,但同时也降低了项目按期竣工的保证率,因此必须合理地确定投资支出预算,达到既节约投资支出,又控制项目工期的目的。

资金使用计划编制过程中要注意 ABC 控制法等现代科学管理方法的应用。ABC 控制法是指将影响资金使用的因素按照影响程度的大小分成 ABC 三类,其中 A 类因素占因素总数的 5% ~ 20% ,其对应的资金耗用值占计划资金总额的 70% ~ 90% ;B 类因素占因素总数的 25% ~ 40% ,其对应的资金耗用值占计划资金总额的 10% ~ 30% ;C 类因素占因素总数的 50% ~ 70% ,其对应的资金耗用值占计划资金总额的 5% ~ 15% 。A 类因素为重点因素,B 类因素为次要因素,C 类因素为一般因素。以因素所占百分比为横坐标,因素对应累计资金使用值为纵坐标即可以绘制成 ABC 曲线,作为编制资金使用计划的参考依据。具体编制过程中要把 A 类因素使用资金额作为优先考虑因素,它也是控制工程造价的重要依据。

三、施工阶段投资偏差分析

施工阶段投资偏差的形成过程,是由于施工过程随机因素与风险因素的影响形成了实际投资与计划投资,实际工程进度与计划工程进度的差异。

(一)投资偏差的概念

1. 投资偏差

投资偏差指投资实际值与计划值之间存在的差异,即:

$$投资偏差 = 已完工程实际投资 - 已完工程计划投资 \qquad (8.5-2)$$

结果为正表示投资超支,结果为负表示投资节约。但是,进度偏差对投资偏差分析的结果也有重要的影响,如果不予考虑则不能正确反映投资偏差的实际情况。例如,某一阶段的投资偏差结果为正,可能是由于进度超前导致的,也可能由于物价上涨导致。因此,必须引入进度偏差的概念。

2. 进度偏差

进度偏差指已完工程实际时间与已完工程计划时间之间存在的差异,即:

$$进度偏差 = 已完工程实际时间 - 已完工程计划时间 \qquad (8.5-3)$$

为了与投资偏差联系起来,进度偏差也可表示为:

$$进度偏差 = 拟完工程计划投资 - 已完工程计划投资 \qquad (8.5-4)$$

式中,拟完工程计划投资 = 拟完工程量 × 计划单价

进度偏差为正值时,表示工期拖延;结果为负值时,表示工期提前。实际应用中,为了便于调整工期,需将用投资差额表示的进度偏差转化为相应的时间。

3. 其他投资偏差参数

进行投资偏差分析时,还应考虑以下几组投资偏差参数。

(1) 局部偏差和累计偏差

局部偏差有两层含义:一是相对于总项目的投资而言,指各单项工程、单位工程和分部分项工程的偏差;二是相对于项目实施的时间而言,指每一控制周期所发生的投资偏差。

累计偏差,其数值总是与具体的时间联系在一起,表示在项目已经实施的时间内累计发生的偏差,因此累计偏差是一个动态概念。

局部偏差的工程内容及其原因一般都比较明确,分析结果也就比较可靠,而累计偏差所涉及的工程内容较多、范围较大,且原因也较复杂,因而累计偏差分析必须以局部偏差分析的结果为基础,其结果更能显示规律性,对投资控制工作在较大范围内具有指导作用。

(2) 绝对偏差和相对偏差

绝对偏差是指投资实际值与计划值比较所得的差额。相对偏差是指投资偏差的相对数或比例数,通常是用绝对偏差与投资计划值的比值来表示,即:

$$相对偏差 = \frac{绝对偏差}{投资计划值} = \frac{投资实际值 - 投资计划值}{投资计划值} \qquad (8.5-5)$$

绝对偏差和相对偏差的数值均可正可负,且两者符号相同,正值表示投资超支,负值表示投资节约。绝对偏差的结果比较直观,其作用主要是了解项目投资偏差的绝对数额,指导调整资金支出计划和资金筹措计划。由于项目规模、性质、内容不同,其投资总额会有很大差异,因此绝对偏差就显得有一定的局限性。相对偏差就能较客观地反映投资偏差的严重程度或合理程度,从对投资控制工作的要求来看,相对偏差比绝对偏差更有意义,应当给予更高的重视。

(3) 偏差程度

偏差程度是指投资实际值与计划值的偏离程度,表达为:

$$投资偏差程度 = \frac{投资实际值}{投资计划值} \qquad (8.5-6)$$

(二) 偏差分析方法

常用的偏差分析方法有横道图法、时标网络图法、表格法和曲线法。

(1) 横道图法。用横道图进行投资偏差分析,是用不同的横道标识已完工程计划投资、已完工程实际投资和拟完工程计划投资,横道的长度与其数额成正比。投资偏差和进度偏差数额可以用数字或横道表示,而产生投资偏差的原因则应经过认真分析后填入。见表8-3。

横道图的优点是简单直观,便于了解项目投资的概貌,但这种方法的信息量较少,主要反映累计偏差和局部偏差,因而其应用有一定的局限性。

表 8-3　投资偏差分析表（横道图法）

编码	项目名称	投资参数数额（万元）	投资偏差（万元）	进度偏差（万元）	原因
011	土方工程	70 / 50 / 60	10	−10	
012	打桩工程	80 / 66 / 100	−20	−34	
013	基础工程	80 / 80 / 60	20	20	
	合计		10	−24	

图例：▥ 已完工程实际投资　　□ 拟完工程计划投资　　▨ 已完工程计划投资

横道图优点是简单直观，便于了解项目投资的概貌，但这种方法的信息量较少，主要反映累计偏差和局部偏差，因而其应用有一定的局限性。

在实际工作中有时需要根据拟完工程计划投资和已完工程实际投资确定已完工程计划投资后，再确定投资偏差与进度偏差。通过下面例题可以帮助掌握具体做法（表 8-4）。

【例 8-8】

表 8-4　某工程计划进度与实际进度表　　　　　　　　　　（万元）

分项工程	进度计划（周）											
	1	2	3	4	5	6	7	8	9	10	11	12
A	5 / 5 / 5	5 / 5 / 5	5 / 5 / 5									
B		4	4 / 4 / 4	4 / 4 / 4	4 / 4 / 4	4 / 4 / 4	4 / 4					
C					9	9 / 9 / 9	9 / 9 / 9	9 / 9 / 9	9 / 9 / 9	9		
D						5	5 / 4 / 4	5 / 4 / 4	5 / 4 / 4	4 / 4	4 / 4	
E								3	3 / 3 / 3	3 / 3 / 3	3 / 3	3 / 3

注：—— 表示拟完工程计划投资；——— 表示已完工程实际投资；……… 表示已完工程计划投资。

如果拟完工程计划投资与已完工程实际投资已经给出，确定已完工程计划投资时，应注意已完工程计划投资表示线与已完工程实际投资表示线的位置相同。已完工程计划投资单项工程的总值与拟完工程计划投资的单位工程总值相同。例如：D 工程原定计划 4 周内完成，计划投资 20 万元，每周完成 5 万元。由于实际进度为 5 周内完成，则平均每周应完成计划投资 4 万元。根据表 8-4 中数据，按照每周各项单项工程拟完工程计划投资、已完工程计划投资、已完工程实际投资的累计值进行统计，可以得到表 8-5 的数据。

表 8-5　投资数据表

项　目	投　资　数　据											
	1	2	3	4	5	6	7	8	9	10	11	12
每周拟完工程计划投资	5	9	9	13	13	18	14	8	8	3		
拟完工程计划投资累计	5	14	23	36	49	67	81	89	97	100		
每周已完工程实际投资	5	5	9	4	4	12	15	11	11	8	8	3
已完工程实际投资累计	5	10	19	23	27	39	54	65	76	84	92	95
每周已完工程计划投资	5	5	9	4	4	13	17	13	13	7	7	3
已完工程计划投资累计	5	10	19	23	27	40	57	70	83	90	97	100

根据表 8-5 中数据可以确定投资偏差与进度偏差。

例如：第 6 周末投资偏差与进度偏差：

投资偏差 = 已完工程实际投资 − 已完工程计划投资 = 39 − 40 = − 1（万元），即：投资节约 1 万元。

进度偏差 = 拟完工程计划投资 − 已完工程计划投资 = 67 − 40 = 27（万元），即：进度拖后 27 万元。

（2）时标网络图法。时标网络图是在确定施工计划网络图的基础上，将施工的实施进度与日历工期相结合而形成的网络图，它可以分为早时标网络图与迟时标网络图，图 8-15 为早时标网络图。早时标网络图中的结点位置与以该结点为起点的工序的最早开工时间相对应；图中的实线长度为工序的工作时间；虚节线表示对应施工检查日（用▼表示）施工的实际进度；图中箭线上标入的数字可以表示箭线对应工序单位时间的计划投资值。例如图 8-15 中①→②，即表示该工序每日计划投资 5 万元；图 8-15 中，对应 4 月份有②→③、②→⑤、②→④三项工作列入计划，由上述数字可确定 4 月份拟完工程计划投资为 10 万元。图 8-15 下方表格中的第 1 行数字为拟完工程计划投资的逐月累计值，例如 4 月份为 5 + 5 + 10 + 10 = 30 万元；表格中的第 2 行数字为已完工程实际投资逐月累计值，是表示工程进度实际变化所对应的实际投资值。

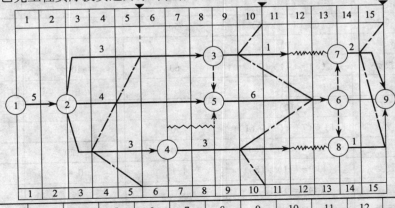

月份	1	2	3	4	5	6	7	8	9	10	11	12	13	14	15
(1)	5	10	20	30	40	50	60	70	80	90	100	106	112	115	118
(2)	5	15	25	35	45	53	61	69	77	85	94	103	112	116	120

图 8-15　某工程时标网络计划（月）和投资数据（万元）

注：1. 图中每根箭线上方数值为该工作每月计划投资。
　　2. 图下方表内(1)栏数值为该工程计划投资累计值；(2)栏数值为该工程已完工程实际投资累计值。

313

在图 8-15 中如果不考虑实际进度前锋线,可以得到每个月份的拟完工程计划投资。例如 4 月份有 3 项工作,投资分别为 3 万、4 万、3 万,则 4 月份拟完工程计划投资值为 10 万元。将各月中数据累计计算即可产生拟完工程计划投资累计值。即上表中(1)栏的数据。(2)栏中的数据为已完工程实际投资,其数据为单独给出。在上图中如果考虑实际进度前锋线,可以得到对应月份的已完工程计划投资。

第 5 个月底,已完工程计划投资为:20 + 6 + 4 = 30 万元

第 10 个月底,已完工程计划投资为:80 + 6 × 3 = 98 万元

根据投资偏差与进度偏差的定义可以得到下列结论:

第 5 个月底的投资偏差 = 已完工程实际投资 − 已完工程计划投资

$$= 45 − 30 = 15 \text{ 万元} \quad 即:投资增加 15 万元。$$

第 10 个月底,投资偏差 = 85 − 98 = − 13 万元　即:投资节约 13 万元。

进度偏差 = 拟完工程计划投资 − 已完工程计划投资

第 5 个月底,进度偏差 = 40 − 30 = 10 万元　即:进度拖延 10 万元。

第 10 个月底,进度偏差 = 90 − 98 = − 8 万元　即:进度提前 8 万元。

(3)表格法。表格法是进行偏差分析最常用的一种方法。可以根据项目的具体情况、数据来源、投资控制工作的要求等条件来设计表格,因而适用性较强,表格法的信息量大,可以反映各种偏差变量和指标,对全面深入地了解项目投资的实际情况非常有益;另外,表格法还便于用计算机辅助管理,提高投资控制工作的效率(表 8-6)。

表 8-6　投资偏差分析表

项　目　编　码	(1)	011	012	013
项目名称	(2)	土方工程	打桩工程	基础工程
单位	(3)			
计划单位	(4)			
拟完工程量	(5)			
拟完工程计划投资	(6) = (4) × (5)	50	66	80
已完工程量	(7)			
已完工程计划投资	(8) = (4) × (7)	60	100	60
实际单价	(9)			
其他款项	(10)			
已完工程实际投资	(11) = (7) × (9) + (10)	70	80	80
投资局部偏差	(12) = (11) − (8)	10	− 20	20
投资局部偏差程度	(13) = (11) ÷ (8)	1.17	0.8	1.33
投资累计偏差	(14) = ∑(12)			
投资累计偏差程度	(15) = ∑(11) ÷ ∑(8)			
进度局部偏差	(16) = (6) − (8)	− 10	− 34	20
进度局部偏差程度	(17) = (6) ÷ (8)	0.83	0.66	1.33
进度累计偏差	(18) = ∑(16)			
进度累计偏差程度	(19) = ∑(6) ÷ ∑(8)			

（4）曲线法。曲线法是用投资时间曲线进行偏差分析的一种方法。在用曲线法进行偏差分析时，通常有三条投资曲线，即已完成工程实际投资曲线 a、已完工程计划投资曲线 b 和拟完工程计划投资曲线 P，如图 8-16 所示，图中曲线 a 和 b 的竖向距离表示投资偏差，曲线 P 的水平距离表示进度偏差。图中所反映的是累计偏差，而且主要是绝对偏差。用曲线法进行偏差分析，具有形象直观的优点，但不能直接用于定量分析，如果能与表格法结合起来，则会取得较好的效果。

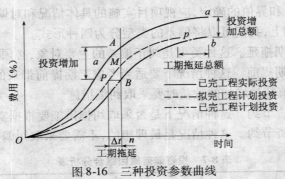

图 8-16　三种投资参数曲线

四、偏差形成原因的分类及纠正方法

一般来讲，引起投资偏差的原因主要有四个方面，即客观原因、业主原因、设计原因和施工原因，见图 8-17。

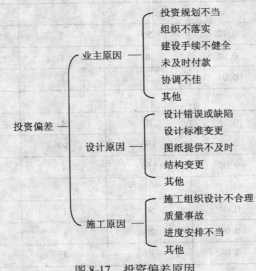

图 8-17　投资偏差原因

为了对偏差原因进行综合分析，通常采用图表工具。在用表格法时，首先要将每期所完成的全部分部分项工程的投资情况汇总，确定引起分部分项工程投资偏差的具体原因；然后通过适当的数据处理，分析每种原因发生的频率（概率）及其影响程度（平均绝对偏差或相对偏差）；最后按偏差原因的分类重新排列，就可以得到投资偏差原因综合分析表，我们利用虚拟数字可以编成投资偏差原因综合分析表。需要说明表中：已完工程计划投资由各期"投资偏差分析表"（表 8-7）中各偏差原因所对应的已完分部分项工程计划投资累加而得。这里要特

别注意,某一分部分项工程的投资偏差可能同时由两个以上的原因引起,为了避免重复计算,在计算"已完工程计划投资"时,只按其中最主要的原因考虑,次要原因计划投资的重复部分在表中以括号标出,不计入"已完工程计划投资"的合计值。

对投资偏差原因的发生频率和影响程度进行综合分析,还可以采用图8-18的形式。

图8-18把偏差原因的发生频率和影响各分为三个阶段、形成9个区域,将表8-7中的投资偏差特征值分别填入对应的区域内即可,其中影响程度可用相对偏差和平均绝对偏差两种形式表达。图中阶段数目和界值的确定,应视项目实施的具体情况和对偏差分析的要求而定。

在数量分析的基础上,我们可以将偏差的类型分为四种形式。

(1)投资增加且工期拖延。这种类型是纠正偏差的主要对象,必须引起高度的重视。

(2)投资增加但工期提前。这种情况下要适当考虑工期提前带来的效益。从资金使用的角度,如果增加的资金值超过增加的效益时要采取纠偏措施。

(3)工期拖延但投资节约。这种情况下是否采取纠偏措施要根据实际需要确定。

(4)工期提前且投资节约。这种情况是最理想的,不需要采取纠偏措施。

表8-7 投资偏差原因综合分析表

偏差原因	次 数	频 率	已完工程计划投资(万元)	绝对偏差(万元)	平均绝对偏差(万元)	相对偏差(%)
1−1	3	0.12	500	24	8	4.8
1−2	1	0.04	(100)	3.5	3.5	3.5
...						
1−9	3	0.12	50	3	1	6.0
2−1	1	0.04	20	1	1	10.0
2−2	1	0.04	20	1	1	5.0
...						
2−9	4	0.16	30	4	1	13.3
3−1	5	0.20	150	20	4	13.3
3−2	2	0.08	(150)	4	2	2.7
...						
3−9	1	0.04	50	1	1	2.0
4−1	1	0.04	20	1	1	5.0
4−2	2	0.08	30	4	2	13.3
...						
4−9	1	0.04	(30)	0.5	0.5	1.7
合 计	25	1.00	870	68	2.72	7.82

从偏差原因的角度,由于客观原因是无法避免的,施工原因造成的损失由施工单位自己负责。因此,纠偏的主要对象是由于业主原因和设计原因造成的投资偏差。

从偏差原因发生频率和影响程度明确纠偏的主要对象,在图8-18中要把C-C,B-C,C-B三个区域内的偏差原因作为纠偏的主要对象,尤其对同时出现在(a)和(b)中的C-C,B-C,C-B

三个区域内的偏差原因予以特别重视,这些原因发生的频率大,相对偏差大,平均绝对偏差也大,必须采取必要的措施,减少或避免其发生后的经济损失。

施工阶段工程造价偏差的纠正与控制。要注意采用动态控制、系统控制、信息反馈控制、弹性控制、循环控制和网络技术控制的原理,注意目标手段分析方法的应用。目标手段分析方法要结合施工现场实际情况,依靠有丰富实践经验的技术人员和工作人员通过各方面的共同努力实现纠偏。由于偏差的不断出现,从管理学的角度上是一个计划制定、实施工作、检查进度与效果、纠正与处理偏差的滚动的 PDCA 循环过程。因此纠偏就是对系统实际运行状态偏离标准状态的纠正,以便使运行状态恢复或保持住标准状态。

从施工管理的角度,合同管理、施工成本管理、施工进度管理、施工质量管理是几个重要环节。在纠正施工阶段资金使用偏差的过程中,要按照经济性原则、全面性与全过程原则、责权利相结合原则、政策性原则、开源节约相结合原则在项目经理的负责下,在费用控制预测的基础上,各类人员共同配合,通过科学、合理、可行的措施,实现由分项工程、分部工程、单位工程、整体项目整体纠正资金使用偏差。实现工程造价有效控制的目标。通常把纠偏措施分为组织措施、经济措施、技术措施、合同措施四个方面。

(1)组织措施。是指从投资控制的组织管理方面采取的措施。例如,落实投资控制的组织机构和人员,明确各级投资控制人员的任务、职能分工、权利和责任,改善投资控制工作流程等。组织措施往往被人忽视,其实它是其他措施的前提和保障,而且一般无需增加什么费用,运用得当时可以收到良好的效果。

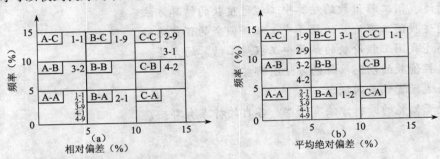

图 8-18　投资偏差原因的发生频率和影响程度
(a)频率和相对偏差;(b)频率和绝对偏差

(2)经济措施。经济措施最易为人们接受,但运用中要特别注意不可把经济措施简单理解为审核工程量及相应的支付价款。应从全局出发来考虑问题,如检查投资目标分解的合理性,资金使用计划的保障性,施工进度计划的协调性。另外,通过偏差分析和未完工程预测还可以发现潜在的问题,及时采取预防措施,从而取得造价控制的主动权。

(3)技术措施。从造价控制的要求来看,技术措施并不都是因为发生了技术问题才加以考虑的,也可以因为出现了较大的投资偏差而加以运用。不同的技术措施往往会有不同的经济效果,因此运用技术措施纠偏时,要对不同的技术方案进行技术经济分析综合评价后加以选择。

(4)合同措施。合同措施在纠偏方面主要指索赔管理。在施工过程中,索赔事件的发生是难免的,造价工程师在发生索赔事件后,要认真审查有关索赔依据是否符合合同规定,索赔计算是否合理等,从主动控制的角度出发,加强日常的合同管理,落实合同规定的责任。

思考题

1. 简述施工阶段工程造价管理的工作内容。
2. 简述施工阶段工程造价管理的工作程序。
3. 资金使用计划的编制对工程造价有何影响？
4. 简述施工组织设计对工程造价的影响及施工组织设计优化的途径。
5. 简述我国现行工程变更的确认及处理程序。
6. 简述我国现行工程变更价款的确定方法。
7. 简述工程索赔的目的和分类。
8. 施工中的干扰事件和索赔理由有哪些？
9. 简述工程索赔的程序。
10. 简述费用索赔的原则。
11. 索赔费用的组成内容有哪些？
12. 对比分析费用索赔的计算方法。
13. 简述工程价款结算的作用和分类。
14. 简述我国工程价款结算的依据。
15. 简述我国工程价款结算的内容程序和有关规定。
16. 简述我国工程价款的结算中工程预付款(预付备料款)的支付与扣回方法。
17. 简述我国工程价款的结算中工程进度款的结算方法。
18. 简述我国工程价款的结算中工程保留金的预留方法。
19. 简述我国工程价款的结算中工程竣工结算的方法。
20. 工程价款的动态结算的方法有哪些？
21. 简述投资偏差的概念。
22. 投资偏差的分析方法有哪些？各自的特点有哪些？

第九章 竣工阶段造价管理

第一节 竣 工 验 收

一、竣工验收的概念

竣工验收是工程建设的最后阶段，是建设工程合同履行中的一个重要环节。一个单位工程或一个建设项目在全部竣工后进行的检查验收及交工，是对建设、施工、生产准备工作进行检查评定的重要环节，也是对建设成果和投资效果的总检验。

建设项目的验收一般分为初步验收和竣工验收两个阶段，对于规模较小，较简单的工程项目，可以一次进行全部工程项目的竣工验收。

（一）初步验收

施工单位在单位工程交工前，应进行初步验收工作，单位工程竣工后，施工单位再按照国家规定，整理好文件、技术资料，向建设单位提出竣工报告，建设单位收到报告后，应及时组织施工、设计和监理等有关单位进行初步验收。

（二）竣工验收

整个建设项目全部完成后，经过各单位工程的验收，符合设计条件，并具备施工图、工程总结等必要性文件，由项目主管部门或建设单位组织的验收。竣工验收是对建设成果和投资效果的总检验，凡新建、扩建、改建的基本建设项目和技术改造项目，按批准的设计文件建设，符合验收标准的，要及时组织竣工验收，办理固定资产移交手续。

工程未经竣工验收或竣工验收未通过的，发包人不得使用。发包人强行使用时，由此发生的质量问题及其他问题，由发包人承担责任。竣工验收分为单项工程竣工验收和整体工程竣工验收两大类，视施工合同约定的工作范围而定。

二、竣工验收依据与需满足的条件

(一)验收的主要依据

项目计划任务书及有关文件;工程承包合同;设计文件、施工图纸及设备技术说明书;国家现行的施工及验收规范。对从国外引进的新技术或成套设备项目,还应按照签订的合同和国外提供的设计文件等资料进行验收。

(二)竣工验收需满足的条件

(1)完成建设工程施工合同约定的各项内容;

(2)施工单位在工程完工后对工程质量进行了检查,确认工程质量符合有关工程建设强制性标准,符合建设工程施工合同要求,并提出工程竣工报告;

(3)对于委托监理的工程项目,监理单位对工程进行了质量评价,具有完整的监理资料,并提出工程质量评价报告;

(4)勘察、设计单位对勘察、设计文件及施工过程中由设计单位签署的设计变更通知书进行了确认;

(5)有完整的技术档案和施工管理资料;

(6)有工程使用的主要建筑材料、建筑构配件和设备合格证及必要的进场试验报告;

(7)有施工单位签署的工程质量保修书;

(8)有公安消防、环保等部门出具的认可文件或准许使用文件;

(9)建设行政主管部门及其委托的工程质量监督机构等有关部门责令整改的问题全部整改完毕。

三、竣工验收的组织

(一)成立竣工验收委员会或验收组

根据工程规模大小和复杂程度组成验收委员会或验收组,其人员构成应由银行、物资、环保、劳动、统计、消防及其他有关部门的专业技术人员和专家组成。建设主管部门和建设单位(业主)、监理单位、接管单位、施工单位、勘察设计单位也应参加验收工作。

大、中型和限额以上建设项目及技术改造项目,由国家发改委或国家发改委委托项目主管部门、地方政府部门组织验收;小型和限额以下建设项目及技术改造项目,由项目主管部门或地方政府部门组织验收。

(二)验收委员会或验收组的职责

验收委员会或验收组的职责包括以下几个方面:

1. 负责审查工程建设的各个环节,听取各有关单位的工作报告;

2. 审阅工程档案资料,实地检验建筑工程和设备安装工程情况;

3. 对工程设计、施工、设备质量、环境保护、安全卫生、消防等方面客观地、实事求是地做出全面的评价。签署验收意见,对遗留问题应提出具体解决方案并限期落实完成;不合格工程不予验收。

四、竣工验收程序及后管理

竣工验收由承包人提出验收申请,发包人组织验收。

竣工验收程序如图9-1所示。

正式验收过程主要包括:

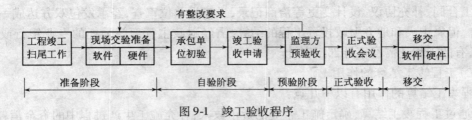

图 9-1　竣工验收程序

（1）发包人、承包人、勘察、设计、监理单位分别向验收组汇报建设工程合同履约情况和工程建设各个环节执行法律、法规和建设工程强制性标准的情况；

（2）验收组审阅建设、勘察、设计、施工、监理单位提供的工程档案资料；

（3）查验工程实体质量；

（4）验收组通过查验后，对工程施工、设备安装质量和各管理环节等方面做出总体评价，形成工程竣工验收意见。

验收后管理：

（1）竣工验收合格的工程移交给发包人使用，承包人不再承担工程保管责任。需要修改缺陷的部分，承包人应按要求进行修改，并承担由自身原因造成修改的费用；

（2）发包人收到承包人送交的竣工验收报告后 28 天内不组织验收，或验收后 14 天内不提出修改意见，视为竣工验收报告已被认可；

（3）因特殊原因，发包人要求部分单位工程或工程部位甩项竣工的，双方应另行签订甩项竣工协议，明确双方责任和工程价款的支付方法。

五、竣工时间的确定

1. 工程竣工验收通过，承包人送交竣工验收报告的日期为实际竣工日期。

2. 工程按发包人的要求修改后通过竣工验收的，实际竣工日期为承包人修改后提请发包人验收的日期。

竣工日期用于计算承包人的实际施工期限，与合同约定的工期比较是提前竣工还是延误竣工。

承包人的实际施工期限，从开工日起到上述确认为竣工日期之间的日历天数。开工日正常情况下为专用条款内约定的日期，也可能是由于发包人或承包人要求延期开工，经工程师确认的日期。

第二节　工程竣工结算与决算

一、工程竣工结算

（一）工程竣工结算的概念

工程竣工结算是指一个单位工程或单项工程完成并达到验收标准，取得竣工验收合格后，在工程交付使用前，由施工企业根据合同价格和实际发生的增减费用等情况与建设单位办理的工程财务结算。主要包括工程价款结算、设备、工具、器具购置结算、劳务供应结算和其他货币资金结算。

工程竣工结算一般由施工单位编制，建设单位审核同意后，按合同规定签字盖章，最后通过相关银行办理工程价款的竣工结算。

工程竣工验收后，由施工单位及时整理交工技术资料，绘制工程竣工图和编制竣工结算并附上施工合同、补充协议、设计变更等洽商记录,送建设单位审查,经承发包双方达成一致后办理结算。但属中央和地方财政投资工程的结算,需经财政主管部门委托的专业银行或中介机构审查,有的工程还需经审计部门审计。

（二）工程竣工结算的作用

工程竣工结算的作用有以下几点:

1. 通过工程竣工结算,确定施工企业的货币收入,补充施工生产过程中的资金消耗;

2. 工程竣工结算,是确定施工企业完成生产计划和建设单位完成建设投资任务的依据;

3. 工程竣工结算,是施工企业编制工程决算、进行成本核算的主要依据;

4. 工程竣工结算,是建设单位编制竣工决算并进行投资效果分析的主要依据;

5. 工程竣工结算的完成,标志着施工企业和建设单位双方所承担的合同义务和经济责任的结束。工程竣工结算生效后,建设单位与施工单位可以通过经办拨款的银行进行结算,以完成双方的合同关系和经济责任。

（三）工程竣工结算的编制依据和结算方式

1. 工程竣工结算编制依据

（1）工程竣工报告及工程竣工验收单,对于未完工程或质量不合格的工程,不能结算,需要返工重做的,应返工修补合格后,才能结算;

（2）招投标文件、施工图预算、及建设工程施工合同;

（3）设计变更通知单、施工现场工程变更洽商记录和施工签证单（预算外的费用）;

（4）按照有关部门规定及建设工程施工合同约定持凭据进行结算的原始凭证以及其他费用单据;

（5）本地区现行的概预算定额资料（预算定额、费用定额、材料估价表、税率、地方各种收费标准）及关于工程的计价规定;

（6）其他有关技术资料。

2. 工程竣工结算的方式

竣工结算的方式与经济承包方式有关。施工合同的经济承包方式有总价合同、单价合同和成本加酬金合同,相应的竣工结算方式也有以下几种:

（1）经济包干法。经济包干法考虑了工程造价的动态变化,合同价格一次包死,合同价格就是竣工结算造价。

（2）合同价格增减法。合同中载明了合同价格,但没有包死,允许按实际情况进行增减结算。例如:修改设计、加深基础、材料调价等。

（3）预算签证法。预算签证法以双方审定的施工图预算为基础。对施工中发生的设计变更、原概预算书与实际不相符、经济政策的变化等,编制变更增减账经过双方签字同意的凭证都作为结算的依据,对施工图预算进行调整。编制竣工结算的具体增减内容,有以下几个方面:

①工程量量差;

②各种人工、材料、机械价格的调整;

③各项费用调整。

（4）竣工图计算法。根据竣工图、竣工技术资料、预算定额、按照施工图预算编制法,全部重新计算。这种方法工程量大,但完整性和准确性好,适用于工程内容变化大、施工周期长的项目使用。

（5）工程量清单计价法：以业主与承包方之间的工程量清单报价和实际工程量为依据，进行工程结算。

（四）竣工结算的内容

建设项目竣工结算的内容应包括这几个方面：单位工程竣工结算书（例如：土建、管线安装、通风空调等）、单项工程综合结算书（单位工程竣工结算书汇总）、项目总结算书（单项工程结算书汇总）、竣工结算说明书。如果建设项目只有一个单项工程时，以上内容可以直接计算。

在竣工结算书中应体现"量差"和"价差"。

1. 量差

"量差"是指原工程预算中所列工程量与实际完成的工程量不符而产生的差别。

产生"量差"的原因主要有：

（1）设计修改：施工过程中如果对原施工图纸进行修改，应由设计单位出具设计变更通知书。设计变更通知书是现场施工的依据，也是编制竣工结算书计算增减工程量的依据。

（2）现场的小修小改及建设单位的临时委托增加任务等引起的工作量，应根据施工企业与建设单位双方的现场签证单为依据，按照合同规定的调整内容和方法进行调整。

（3）原施工图预算中的错误：由于对图纸未看清或计算错误等原因造成的工程量误算，在编制竣工结算书前，应结合工程交工验收，核对本工程实际完成的工程量，原工程预算有错误处应作相应调整（本条的执行与建设工程施工合同规定的结算方式有关）。

2. 价差

"价差"是指原工程预算所采用定额或取费标准与实际不符而产生的差别。影响价格差异的因素主要有：

（1）材料价差：在编制工程施工图预算时，已按照规定的价差系数编入了原预算，在编制竣工结算书时，主要调整"高进高出"这部分议价材料的实际价差，应根据实际购进价格与地区规定的材料预算价格及调整规定进行。

（2）材料代用：指因材料供应缺口或其他原因而发生代换造成的价差。应根据经设计单位审核批准的"材料代用通知单"计算代用材料与原设计材料的价格差异。

（3）选用定额不合理，费用定额不正确等造成的价差。

（4）取费计算不合理，或施工期间取费标准调整、变化等造成多取、少取或漏取的费用调整。

（5）补充单位估价表的计算调整等。

3. 价差调整方法

价差调整方法有以下几种：

（1）单调法。单调法以每种材料的实际价格与预算价格的差值作为该种材料的价差，实际价格由双方协议或当地主管部门定期发布的价格信息来确定。

（2）价差系数调整法。对工程使用的主要材料根据实际供应价格与预算价格进行比较，找出差额，测算价差平均系数，以施工图预算的直接工程费用为基础，在工程结算时按价差系数进行调整。

（3）价差系数法与单调法并用。当价差系数对造价影响较大时，对其中某些价格波动较大的材料进行单调法调整,从而确定结算价值的一种方法。

(五)竣工结算的程序

1. 竣工结算程序的一般规定

(1)承包人向发包人递交竣工结算报告及完整的结算资料。工程竣工验收报告经发包人认可后28天内,承包人向发包人递交竣工结算报告及完整的结算资料,双方按照协议书约定的合同价款及专用条款约定的合同价款调整内容,进行工程竣工结算。

(2)发包人核实竣工结算报告及结算资料。发包人收到承包人递交的竣工结算报告及结算资料后28天内进行核实,给予确认或者提出修改意见。

(3)发包向承包人支付工程竣工结算价款。发包人确认竣工结算报告通知经办银行向承包人支付工程竣工结算价款。

(4)承包人向发包人移交竣工工程。承包人收到竣工结算价款后14天内将竣工工程交付发包人。

2. 竣工结算的违约责任

(1)发包人的违约责任

①发包人收到竣工结算报告及结算资料后28天内无正当理由不支付工程竣工结算价款,从第29天起按承包人同期向银行贷款利率支付拖欠工程价款的利息,并承担违约责任。

②发包人收到竣工结算报告及结算资料后28天内不支付工程竣工结算价款,承包人可以催告发包人支付结算价款。发包人在收到竣工结算报告及结算资料后56天内仍不支付的,承包人可以与发包人协议将该工程折价,也可以由承包人申请人民法院将该工程依法拍卖,承包人就该工程折价或者拍卖的价款优先受偿。

(2)承包人的违约责任

工程竣工验收报告经发包人认可后28天内,承包人未能向发包人递交竣工结算报告及完整的结算资料,造成工程竣工结算不能正常进行或工程竣工结算价款不能及时支付,发包人要求交付工程的,承包人应当交付;发包人不要求交付工程的,承包人承担保管责任。

(六)竣工结算的编制

编制竣工结算书就是在原来预算造价的基础上,对在施工过程中的工程价差、量差的费用变化等进行调整,计算出竣工工程的造价和实际结算价格的一系列计算过程。竣工结算的编制按以下步骤进行:

1. 收集影响工程量差、价差及费用变化的原始凭证,数量没有核定的要补充核实,没有签证的要补充签证,没有文字手续的,要补办文字手续。

2. 分类计算:将收集好的资料分类进行汇总并计算工程量。

3. 查对预算:对施工图预算的主要内容进行检查和核对,少算漏算的要补充结算。

4. 结算单位工程。根据查对结果和各种结算依据,分别归纳汇总,做出单位工程结算。

5. 结算单项工程。

6. 总结算。

7. 写说明书。其内容应包括:工程概况、结算方法、费用定额和其他需要说明的问题。

8. 送审。

(七)竣工结算的审查

竣工结算是施工单位向建设单位提出的最终工程造价。对于国家计划建设项目来说,竣工结算是施工企业向国家提出的最终工程造价。因此结算一定要经过审查程序,审查的内容包括工程量、材料价、直接工程费、费用定额、总表等。

1. 竣工结算的审查程序

(1)自审:竣工结算初稿编定后,施工单位内部先组织校审。

(2)建设单位审:自审后编印成正式结算书送交建设单位审查,建设单位也可委托有关部门批准的工程造价咨询单位审查。

(3)造价管理部门审:建设单位与施工单位协商无法达成一致时,可以提请造价管理部门裁决。

2. 竣工结算的审查方法

(1)高位数:着重审查高位数,诸如整数部分或者十位以前的高位数。单价低的项目从十位甚至百位开始查对,单价高总金额大的项目从个位起开始查对。

(2)抽查法:抽查建设项目中的单项工程,单项工程中的单位工程。抽查的数量,可以根据已经掌握的大致情况决定一个百分率,如果抽查未发现大的原则性的问题,其他未查的就不必再查。

(3)对比法:根据历史资料,用统计法编写各种类型建筑物分项工程量指标值。用统计指标值去对比结算数值,一般可以判断对错。

(4)造价审查法:结算总造价对比计划造价(或设计预算、计划投资额)。对比相差大小一般可以判断结算的准确度。

(八)竣工工程结算单

竣工工程结算单内容:

第一,原预算造价;

第二,调整预算(包括增、减部分);

第三,竣工结算总造价;

第四,财务结算。

二、竣工决算

(一)竣工决算的概念

竣工决算,是反映竣工项目建设成果的文件,是工程建设投资效果的反映,是核定新增固定资产和工程办理交付使用验收的依据,也是竣工验收报告的重要组成部分。是建设单位向主管部门汇报建设项目竣工文件的内容之一。

竣工决算是指项目竣工后,由建设单位报告项目建设成果和财务状况的总结性文件,是考核其投资效果的依据,也是办理交付、动用、验收的依据。

建设项目竣工决算包括从筹划到竣工投产全过程的全部实际费用,即包括建筑工程费用、安装工程费用、设备工器具购置费用和工程建设其他费用以及预备费等。

在全部工程竣工前,要认真做好各种账务、物资财产以及债权债务的清理工作,做到工完账清。各种材料、设备、施工机具等,要逐项清点核实,妥善保管,按照国家规定进行处理,不准任意侵占。积极清理落实结余资金,竣工后的结余资金,一律通过银行上交主管部门。

按照《基本建设项目竣工决算编制办法》的规定,各建设单位的筹建人员,在没有编报竣工决算、清理好各种账务、物资和债权债务之前,机构不得撤销,有关人员不得调离。

（二）竣工结算与竣工决算的关系

竣工结算与竣工决算的主要联系与区别见表9-1。

表9-1 竣工结算与竣工决算的联系与区别

区别项目	竣工结算	竣工决算
编制单位及部门	施工单位的预算部门	建设单位的财务部门
编制范围不同	主要是针对单位工程	针对建设项目，必须在整个建设项目全部竣工后
内容	施工单位承包工程的全部费用，最终反映了施工单位的施工产值	建设工程从筹建到竣工投产全部费用，它反映了建设工程的投资效益
性质和作用	1. 双方办理工程价款最终结算的依据； 2. 双方签订的施工合同终结的依据； 3. 建设单位编制竣工决算的依据	1. 业主办理交付、验收、动用新增各类资产的依据； 2. 竣工验收报告的重要组成部分

（三）竣工决算的内容

竣工决算应包括从筹建到竣工投产全过程的全部实际支出费用，竣工决算由竣工决算报告说明书、竣工决算报表、建设项目竣工图、工程造价比较分析四个部分组成。

1. 竣工决算报告说明书

文字说明主要包括工程概况、设计概算和基建计划的执行情况、各项技术经济指标完成情况、各项款额的使用情况、建设成本和投资效果的分析，以及建设过程中的主要经验和存在问题、处理办法等。

竣工决算报告说明书反映竣工项目建设成果和经验，是全面考核工程投资与造价的书面总结文件，是竣工决算报告的重要组成部分，其主要内容包括：

（1）对工程总的评价

从工程的进度、质量、安全和造价四个方面进行分析说明。对于工程进度主要说明开工和竣工时间、对照合理工期和要求工期是提前还是延期。对于工程质量要根据竣工验收委员会或相当于一级质量监督部门的验收部门的验收评定等级，合格率和优良品率进行说明。对于工程安全要根据劳动工资和施工部门记录，对有无设备和人身事故进行说明。对于工程造价应对照概算造价，说明是节约还是超支，并用金额数量和百分率进行分析说明。

（2）各项财务和技术经济指标的分析

根据项目实际投资完成额与概算进行对比分析，分析概算执行情况。进行新增生产能力的效益分析，说明交付使用财产占总投资的比例，固定资产占交付使用财产的比例，递延资产占投资总数的比例，进行基本建设投资包干情况的分析，说明投资包干数，实际支用数和节约额，投资包干节余的有机构成和包干节余的分配情况。进行财务分析，列出历年资金来源和资金占用情况。

（3）工程建设的经验教训及有待解决的问题，决算中存在的问题和建议。

（4）需说明的其他事项。

2. 竣工决算报表

竣工决算报表分大中型项目竣工决算报表和小型项目竣工决算报表两种。

（1）大中型项目竣工决算报表组成：

建设项目竣工决算审批表；

竣工工程概况表；

竣工财务决算表；

交付使用财产总表；

交付使用财产明细表。

（2）小型项目决算报表组成

建设项目竣工决算审批表；

建设项目竣工决算总表；

交付使用财产明细表。

3. 建设项目竣工图

建设项目竣工图是真实地记录各种地上地下建筑物、构筑物等情况的技术文件，是工程项目进行交工验收、维护、改建和扩建的依据，是国家的重要技术档案。

按图施工没有变动的，由施工单位在原施工图上加盖竣工图标志后即作为竣工图；施工过程中虽有一般性设计变更，但能在原施工图中加以修改补充作为竣工图的可不重新绘制，由施工单位在原施工图上注明修改的部分，附以说明，加盖竣工图标志后，作为竣工图；有重大改变不宜在原施工图上修改补充的，应重新绘制修改后的竣工图，由施工单位在新图上加盖竣工图标志作为竣工图。

4. 工程造价比较分析

在竣工决算报告中必须对控制工程造价所采取的措施、效果以及其动态的变化进行认真的比较分析，总结经验教训。批准的概算是考核建设工程造价的依据，在分析时，可将决算报表中所提供的实际数据和相关资料与批准的概算、预算指标进行对比，以确定竣工项目总造价是节约还是超支，在比较的基础上，总结经验教训，找出原因，以利改进。

为考核概算执行情况，正确核实建设工程造价。财务部门，首先必须积累概算动态变化资料，比如材料价差、设备价差、人工价差、费率价差以及对工程造价有重大影响的设计变更资料；其次，核查竣工形成的实际工程造价节约或超支的数额，为了便于进行比较，可先对比整个项目的总概算，之后对比单项工程的综合概算和其他工程费用概算；最后，再对比单位工程概算，并分别将建筑安装工程、设备、工器具购置和其他基建费用逐一与项目竣工决算编制的实际工程造价进行对比，找出节约或超支的具体环节，实际工作中，应主要分析以下内容：

（1）主要实物工程量。概预算编制的主要实物工程量的增减必然使工程概预算造价和竣工决算实际工程造价随之增减，因此要认真对比分析和审查建设项目的建设规模、结构、标准、工程范围等是否遵循批准的设计文件规定，其中有关变更是否按照规定的程序办理，它们对造价的影响如何。对实物工程量出入较大的项目，还必须查明原因。

（2）主要材料消耗量。在建筑安装工程投资中，材料费一般占直接工程费的70%以上，因此考核材料费的消耗是重点。在考核主要材料消耗量时，要按照竣工决算表中所列"三大材料"实际超概算的消耗量，查清是在哪一个环节超出量最大，并查明超额消耗的原因。

（3）建设单位管理费、建筑安装工程措施费和间接费。要根据竣工决算报表中所列的建设单位管理费数额与概预算所列的建设单位管理费数额进行比较，确定其节约或超支数额，并查明原因。对于建筑安装工程措施费和间接费的费用项目的取费标准，国家和各地均有统一的规定，要按照有关规定查明是否多列费用项目，有无重计、漏计、多计的现象以及增减的现象。

以上所列内容是工程造价对比分析的重点,应侧重分析,具体项目应进行具体分析,选择考核内容、确定分析重点。

（四）竣工决算编制依据

建设项目竣工决算的编制依据包括以下几个方面:

1. 建设项目计划任务书和有关文件;

2. 建设项目总概算书和单项工程综合概算书;

3. 建设项目图纸及说明,其中包括总平面图、建筑工程施工图、安装工程施工图及有关资料;

4. 设计交底和图纸会审会议记录;

5. 招标标底,承包合同及工程结算资料;

6. 施工记录或施工签证单及其他施工中发生的费用,例如:索赔报告和记录等;

7. 项目竣工图及各种竣工验收资料;

8. 设备、材料调价文件和调价记录;

9. 历年基建资料、历年财务决算及批复文件;

10. 国家和地方主管部门颁发的有关建设工程竣工决算的文件。

（五）竣工决算编制的程序

项目建设完工后,建设单位应及时按照国家有关规定,编制项目竣工决算。其编制程序一般是:

1. 搜集、整理和分析有关资料

在编制竣工决算文件前,必须准备一套完整齐全的资料,这是准确、迅速编制竣工决算的必要条件,在工程竣工验收阶段,应注意收集资料,系统地整理所有的技术资料、工程结算的经济文件、施工图纸和各种变更与签证资料,并分析它们的准确性。

2. 清理各项账务、债务和结余物资

在搜集、整理和分析有关资料过程中,要特别注意建设项目从筹建到竣工投产的全部费用的各项账务、债务和债权的清理,做到工完账清。对结余的各种材料、工器具和设备要逐项清点核实,妥善管理,并按规定及时处理,收回资金。

3. 分期建设的项目,应根据设计的要求分期办理竣工决算。单项工程竣工后应尽早办理单项工程竣工决算,为建设项目全面竣工决算积累资料。

4. 在实地验收合格的基础上,根据前面所陈述的有关结算的资料写出竣工验收报告,填写有关竣工决算表,编制完成竣工决算。

5. 上报主管部门审批

将决算文件上报主管部门审批,同时抄送有关设计单位。

（六）竣工决算的作用

项目竣工后要及时编制竣工决算,竣工决算主要有以下几个方面的作用:

1. 有利于节约建设项目投资。及时编制竣工决算,据此办理新增固定资产移交转账手续,是缩短建设周期,节约基建投资。

2. 有利于固定资产的管理。工程竣工决算可作为固定资产价值核定与交付使用的依据,也可作为分析和考核固定资产投资效果的依据。

3. 有利于经济核算。竣工决算可使生产企业正确计算已投入使用的固定资产折旧费,保证产品成本的真实性,合理计算生产成本和企业利润,促使企业加强经营管理,增加盈利。

4. 考核竣工项目概（预）算与基建计划执行情况以及分析投资效果。

5."三算"对比的依据。"三算"对比中的设计概算和施工图预算都是人们在建筑施工前不同建设阶段根据有关资料进行计算,确定拟建工程所需要的费用,属于估算范畴,竣工决算所确定的费用是工程实际支出的费用,反映投资效果。

6.有利于总结建设经验。通过编制竣工决算,全面清理财务,做到工完账清,便于及时总结建设经验,积累各项技术经济资料,不断改进基本建设管理工作,提高投资效果。

（七）竣工决算的审查

竣工决算编制完成后,在建设单位或委托咨询单位自查的基础上,应及时上报主部门并抄送有关部门审查,必要时,应经有关部门批准的社会审计机构组织的外部审查。大中型建设项目的竣工决算,必须报该建设项目的批准机关审查,并抄送省、自治区、直辖市财政厅、局和国家财政部审查。

（八）新增资产的确认

竣工决算是办理交付使用财产价值的依据。正确核定新增资产价值,不但有利于建设项目交付使用后的财务管理,而且可为建设项目竣工后评估提供依据。

根据新的财务制度和企业会计准则,新增资产按资产性质可分为:

1.新增固定资产价值的确定

固定资产是指使用期限在一年（包括一年）以上,单位价值在规定标准以上,并且在使用过程中保持原有物质形态的资产,包括房屋及建筑物、机电设备、运输设备、工具器具等。

新增固定资产是建设项目竣工投产后所增加的固定资产价值,是以价值形态表示的固定资产投资最终成果的综合性指标。

新增固定资产价值的计算应以单项工程为对象,单项工程建成经有关部门验收鉴定合格后,正式移交生产或使用,即应计算其新增固定资产价值。

2.流动资产价值的确定

流动资产是指可以在一年内或超过一年的一个营业周期内变现或者运用的资产,包括:

（1）货币资金。

（2）应收及预付款项,包括应收票据、应收账款、其他应收款、预付货款和待摊费用。

（3）各种存货应按照取得时的实际成本计价。

3.无形资产价值的确定

无形资产是指企业长期使用但不具有实物形态的资产,包括专利权、商标权、著作权、土地使用权、非专利技术、商业信誉等。

4.递延资产价值及其他资产价值的确定

递延资产是指不能全部计入当年损益,应在以后年度内分期摊销的各项费用,包括开办费、租入固定资产的改良支出等。

第三节　保修阶段造价管理

一、保修的基本概念

所谓保修,是指施工单位按照国家或行业现行的有关技术标准、设计文件以及建设工程施工合同中对质量的要求,对已竣工验收的建设工程在规定的保修期限内,进行维修、返工等工作。为了使建设项目达到最佳状态,确保工程质量,降低生产或使用费用,发挥最大的投资效益,业主应督促设计单位、施工单位、设备材料供应单位认真做好保修工作,并加强保修期间的造价控制。

二、质量保修书

承包人应在工程竣工验收之前,与发包人签订质量保修书,作为建设工程施工合同附件(合同附件3)。质量保修书的主要内容包括:

(1)质量保修项目内容及范围;

(2)质量保修期;

(3)质量保修责任;

(4)质量保修金的支付方法。

(一)工程质量保修范围和内容

双方按照工程的性质和特点,具体约定保修的相关内容。

(二)质量保修期

保修期从竣工验收合格之日起计算。当事人双方应针对不同的工程部位,在保修证书内约定具体的保修年限。当事人协商约定的保修期限,不得低于法规规定的标准。国务院颁布的《建设工程质量管理条例》明确规定,在正常使用条件下的最低保修期限为:

(1)基础设施工程、房屋建筑的地基基础工程和主体工程,为设计文件规定的该工程的合理使用年限;

(2)屋面防水工程、有防水要求的卫生间和外墙面的防渗漏,为5年;

(3)供热与供冷系统,为2个采暖期、供冷期;

(4)电气管线、给排水管道、设备安装和装修工程,为2年。

(三)质量保修责任

(1)属于保修范围、内容的项目,承包人应在接到发包人的保修通知起7天内派人保修。承包人不在约定期限内派人保修,发包人可以委托其他人修理。

(2)发生紧急抢修事故时,承包人接到通知后应当立即到达事故现场抢修。

(3)涉及结构安全的质量问题,应当按照《房屋建筑工程质量保修办法》的规定,立即向当地建设行政主管部门报告,采取相应的安全防范措施。由原设计单位或具有相应资质等级的设计单位提出保修方案,承包人实施保修。

(4)质量保修完成后,由发包人组织验收。

(四)保修费用

《建设工程质量管理条例》颁布后,由于保修期限较长,为了维护承包人的合法利益,竣工结算时不再扣留质量保修金。保修费用由造成质量缺陷的责任方承担。

根据国务院颁布的《建设工程质量管理条例》规定,建设工程承包单位在向建设单位提交工程竣工验收报告时,应向建设单位出具质量保修书,质量保修书中应明确建设工程的保修范围、保修期限和保修责任等。

三、保修费用的处理

保修费用是指对建设工程在保修期限和保修范围内所发生的维修、返工等各项费用支出。

保修费用的处理必须根据造成问题的原因以及具体返修内容,按照国家有关规定以及合同文件与有关单位共同商定处理办法。一般有以下几种情况:

(一)勘察、设计原因造成保修费用的处理

勘察、设计方面的原因造成的质量缺陷,由勘察、设计单位负责并承担经济责任,由施工单位负责维修或处理。按新的合同法规定,勘察、设计人员应当继续完成勘察、设计,减收或免收

330

勘察、设计费并赔偿损失。

（二）施工原因造成的保修费用处理

施工单位未按国家有关规范、标准和设计要求施工,造成质量缺陷,由施工单位负责无偿返修并承担经济责任。建设工程在保修范围和保修期限内发生质量问题的,施工单位应当履行保修义务,并对造成的损失承担赔偿责任。施工单位不履行保修义务或者拖延履行保修义务的,责令改正,处 10 万元以上 20 万元以下的罚款,并对保修期内因质量缺陷造成的损失承担赔偿责任。

（三）设备、材料、构配件不合格造成的保修费用处理

因设备、建筑材料、构配件质量不合格引起的质量缺陷,属于施工单位采购的或经其验收同意的,由施工单位承担经济责任;属于建设单位采购的,由建设单位承担经济责任。至于施工单位、建设单位与设备、材料、构配件供应单位或部门之间的经济责任,按其设备、材料、构配件的采购供应合同处理。

（四）用户使用原因造成的保修费用处理

建设工程因用户使用不当造成的质量缺陷,由用户自行负责。

（五）不可抗力原因造成的保修费用处理

因地震、洪水、台风等不可抗力造成的质量问题,施工单位和设计单位都不承担经济责任,由建设单位负责处理。

第四节　FIDIC 施工合同条件竣工验收阶段造价控制

一、竣工验收阶段的合同管理

（一）竣工检验和移交工程

1. 竣工检验

承包商完成工程并准备好竣工报告所需报送的资料后,应提前 21 天将某一确定的日期通知工程师,说明此日后已准备好进行竣工检验。工程师应指示在该日期后 14 天内的某日进行。此项规定同样适用于按合同规定分部移交的工程。

2. 颁发工程接收证书

工程通过竣工检验达到了合同规定的"基本竣工"要求后,承包商在他认为可以完成移交工作前 14 天以书面形式向工程师申请颁发接收证书。"基本竣工"是指工程已通过竣工检验,能够按照预定目的交给业主占用或使用,而非完成了合同规定的包括扫尾、清理施工现场及不影响工程使用的某些次要部位缺陷修复工作后的最终竣工,剩余工作允许承包商在缺陷通知期内继续完成。这样规定有助于准确判定承包商是否按合同规定的工期完成施工义务,也有利于业主尽早使用或占有工程,及时发挥工程效益。

3. 特殊情况下的证书颁发程序

（1）业主提前占用工程。工程师应及时颁发工程接收证书,并确认业主占用日为竣工日。

（2）因非承包商原因导致不能进行规定的竣工检验。工程师应以本该进行竣工检验日签发工程接收证书,将这部分工程移交给业主照管和使用。工程虽已接收,仍应在缺陷通知期内进行补充检验。当竣工检验条件具备后,承包商应在接到工程师指示进行竣工试验通知的 14 天内完成检验工作。由于非承包商原因导致缺陷通知期内进行的补检,属于承包商在投标阶段不能合理预见到的情况,该项检查试验比正常检验多支出的费用应由业主承担。

（二）未能通过竣工检验

1. 重新检验

如果工程或某区段未能通过竣工检验，承包商对缺陷进行修复和改正，在相同条件下重复进行此类未通过的试验和对任何相关工作的竣工检验。

2. 重复检验仍未能通过

当整个工程或某区段未能通过按重新检验条款规定所进行的重复竣工检验时，工程师应有权选择以下任何一种处理方法：

（1）指示再进行一次重复的竣工检验；

（2）如果由于该工程缺陷致使业主基本上无法享用该工程或区段所带来的全部利益，拒收整个工程或区段（视情况而定）。在此情况下，业主有权向承包商要求赔偿。赔偿内容包括：

1）业主为整个工程或该部分工程（视情况而定）所支付的全部费用以及融资费用；

2）拆除工程、清理现场和将永久设备和材料退还给承包商所支付的费用。

（3）颁发一份接收证书（如果业主同意的话），折价接收该部分工程。

（三）竣工结算

1. 承包商报送竣工报表

颁发工程接收证书后的84天内，承包商应按工程师规定的格式报送竣工报表。报表内容包括：

（1）截止工程接收证书中指明的竣工日止，根据合同完成全部工作的最终价值。

（2）承包商认为应该支付给他的其他款项，如要求的索赔款、应退还的部分保留金等。

（3）承包商认为根据合同应支付给他的估算总额。所谓"估算总额"是这笔金额还未经过工程师审核同意。估算总额应在竣工结算报表中单独列出，以便工程师签发支付证书。

2. 竣工结算与支付

工程师接到竣工报表后，应对照竣工图进行工程量详细核算，对其他支付要求进行审查，然后再依据检查结果签署竣工结算的支付证书。此项签证工作，工程师也应在收到竣工报表后28天内完成。业主依据工程师的签证予以支付。

二、缺陷通知期阶段的合同管理

（一）工程缺陷责任

1. 承包商在缺陷通知期内应承担的义务

工程师在缺陷通知期内可就以下事项向承包商发布指示：

（1）将不符合合同规定的永久设备或材料从现场移走并替换；

（2）将不符合合同规定的工程拆除并重建；

（3）实施任何因保护工程安全而需进行的紧急工作。

2. 承包商的补救义务

承包商应在工程师指示的合理时间内完成上述工作。若承包商未能遵守指示，业主有权雇用其他人实施并予以付款。如果属于承包商应承担的责任原因导致，业主有权按照业主索赔的程序由承包商赔偿。

（二）履约证书

履约证书是承包商已按合同规定完成全部施工义务的证明，因此该证书颁发后工程师就无权再指示承包商进行任何施工工作。承包商即可办理最终结算手续。

缺陷通知期满时,如果工程师认为还存在影响工程运行或使用的较大缺陷,可以延长缺陷通知期推迟颁发证书,但缺陷通知期的延长不应超过竣工日后的两年。

（三）最终结算

最终决算是指颁发履约证书后,对承包商完成全部工作价值的详细结算,以及根据合同条件对应付给承包商的其他费用进行核实,确定合同的最终价格。

颁发履约证书后的 56 天内,承包商应向工程师提交最终报表草案,以及工程师要求提交的有关资料。

工程师在接到最终报表和结清单附件后的 28 天内签发最终支付证书,业主应在收到证书后的按 56 天内支付。只有当业主按照最终支付证书的金额予以支付并退还履约保函后,结清单才生效,承包商的索赔权也即行终止。

注:FIDIC 施工合同条件中典型事件关系如图 9-2 所示。

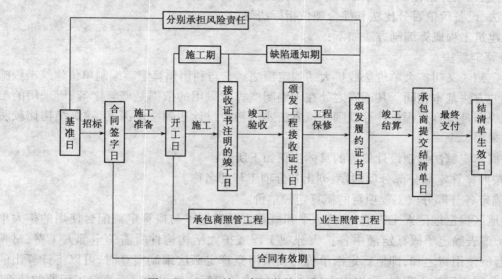

图 9-2　FIDIC 施工合同条件中典型事件时间关系

思考题

1. 简述竣工验收的基本程序。
2. 简述竣工结算与竣工决算的区别与联系。
3. 根据不同情况,保修费用分别如何处理?
4. 简述竣工结算中,承发包双方的权利与义务。
5. 简述 FIDIC 施工合同条件关于竣工验收和工程竣工结算的规定。

第十章　工程造价文件的编制实例

第一节　设计概算的编制

一、单位工程概算编制方法及实例

单位工程概算分建筑工程概算和设备及安装工程概算两大类。建筑工程概算的编制方法有概算定额法、概算指标法、类似工程预算法；设备及安装工程概算的编制方法有预算单价法、扩大单价法、设备价值百分比法和综合吨位指标法等。

单位建筑工程概算编制方法如下：

1. 概算定额法

概算定额法又叫扩大单价法或扩大结构定额法。它与利用预算定额编制单位建筑工程施工图预算的方法基本相同。其不同之处在于编制概算所采用的依据是概算定额，所采用的工程量计算规则是概算工程量计算规则。该方法要求初步设计达到一定深度，建筑结构比较明确时方可采用。

利用概算定额法编制设计概算的具体步骤如下所述：

（1）按照概算定额分部分项顺序，列出各分项工程的名称。

（2）确定各分部分项工程项目的概算定额单价。

有些地区根据地区人工工资、物价水平和概算定额编制了与概算定额配合使用的扩大单位估价表，该表确定了概算定额中各扩大分项工程或扩大结构构件所需的全部人工费、材料费、机械台班使用费之和，即概算定额单价。在采用概算定额法编制概算时，可以将计算出的扩大分部分项工程的工程量，乘以扩大单位估价表中的概算定额单价进行直接工程费的计算。计算概算定额单价的计算公式为：

$$概算定额单价 = 概算定额人工费 + 概算定额材料费 + 概算定额机械台班使用费$$

（3）计算单位工程直接工程费和直接费。

（4）根据直接费，结合其他各项取费标准，分别计算间接费、利润和税金。

（5）计算单位工程概算造价，其计算公式为：

$$单位工程概算造价 = 直接费 + 间接费 + 利润 + 税金 \qquad (10.1\text{-}1)$$

【例 10-1】　采用概算定额法编制的某学校实验楼土建单位工程概算书，具体参见表 10-1 所示。

2. 概算指标法

当初步设计深度不够，不能准确地计算工程量，但工程设计采用技术比较成熟而又有类似工程概算指标可以利用时，可以采用概算指标法编制工程概算。

概算指标法将拟建厂房、住宅的建筑面积或体积乘以技术条件相同或基本相同的概算指标而得出直接工程费，然后按规定计算出措施费、间接费、利润和税金等。但是概算指标法计算精度较低。

表 10-1　某学校实验楼土建单位工程概算书表

工程定额编号	工程费用名称	计量单位	工程量	金额（元）	
				概算定额基价	合　价
3-1	实心砖基础（含土方工程）	10m³	19.60	1722.55	33761.98
3-27	多孔砖外墙	100m²	20.78	4048.22	84126.17
3-29	多孔砖内墙	100m²	21.45	5021.47	107710.53
……	……				……
（一）	项目直接工程费小计	元			7893244.79
（二）	措施费（一）×5%	元			394662.24
（三）	直接费[（一）+（二）]	元			8287907.03
（四）	间接费（三）×10%	元			828790.70
（五）	利润[（三）+（四）]×5%	元			455834.89
（六）	税金[（三）+（四）+（五）]×3.41%	元			326423.36
（七）	造价总计[（三）+（四）+（五）+（六）]	元			9898955.98

（1）拟建工程结构特征与概算指标相同时的计算

在使用概算指标法时，如果拟建工程在建设地点、结构特征、地质及自然条件、建筑面积等方面与概算指标相同或相近，就可直接套用概算指标编制概算。

根据选用的概算指标的内容，可选用两种套算方法。一种方法是以指标中所规定的工程每平方米或每立方米的造价，乘以拟建单位工程建筑面积或体积，得出单位工程的直接工程费，再计算其他费用，即可求出单位工程的概算造价。直接工程费计算公式为：

$$直接工程费 = 概算指标每平方米（立方米）工程造价 \times 拟建工程建筑面积（体积）$$

$$(10.1-2)$$

这种简化方法的计算结果参照的是概算指标编制时期的价值标准，未考虑拟建工程建设时期与概算指标编制时期的价差，所以在计算直接工程费后还应用物价指数另行调整。另一种方法以概算指标中规定的每 100m² 建筑面积（或 1000m³）所耗人工工日数、主要材料数量为依据，首先计算拟建工程人工、主要材料消耗量，再计算直接工程费，并取费。在概算指标中，一般规定了 100m² 建筑面积（或 1000m³）所耗工日数、主要材料数量，通过套用拟建地区当时的人工工日单价和主材预算单价，便可得到每 100m² 建筑面积（或 1000m³）建筑物的人工费和主材费而无需再作价差调整。计算公式为：

$$100m² 建筑面积的人工费 = 指标规定的工日数 \times 本地区人工工日单价 \quad (10.1-3)$$

$$100m² 建筑物面积的主要材料费 = \sum（指标规定的主要材料数量 \times 相应的地区材料预算单价）\quad (10.1-4)$$

$$100m² 建筑物面积的其他材料费 = 主要材料费 \times 其他材料费占主要材料费的百分比 \quad (10.1-5)$$

$$100m² 建筑物面积的机械使用费 = （人工费 + 主要材料费 + 其他材料费）\times 机械使用费所占百分比 \quad (10.1-6)$$

$1m^2$ 建筑面积的直接工程费 = (人工费 + 主要材料费 + 其他材料费 + 机械使用费) ÷ 100

$$\text{(10. 1-7)}$$

根据直接工程费,结合其他各项取费方法,分别计算措施费、间接费、利润和税金,得到 $1m^2$ 建筑面积的概算单价,乘以拟建单位工程的建筑面积,即可得到单位工程概算造价。

(2)拟建工程结构特征与概算指标有局部差异时的调整

由于拟建工程往往与类似工程的概算指标的技术条件不尽相同,而且概算编制年份的设备、材料、人工等价格与拟建工程当时当地的价格也会不同,在实际工作中,还经常会遇到拟建对象的结构特征与概算指标中规定的结构特征有局部不同的情况,因此必须对概算指标进行调整后方可套用。调整如下两种方法:

第一,调整概算指标中的每平方米(立方米)造价。

当设计对象的结构特征与概算指标有局部差异时需要进行这种调整。这种调整方法是将原概算指标中的单位造价进行调整(仍使用直接工程费指标),扣除每平方米(立方米)原概算指标中与拟建工程结构不同部分的造价,增加每平方米(立方米)拟建工程与概算指标结构不同部分的造价,使其成为与拟建工程结构相同的工程单位直接工程费造价。计算公式为:

$$\text{结构变化修正概算指标}(元/m^2) = J + Q_1 P_1 - Q_2 P_2 \qquad \text{(10. 1-8)}$$

式中　J——原概算指标;

Q_1——概算指标中换入结构的工程量;

Q_2——概算指标中换出结构的工程量;

P_1——换入结构的直接工程费单价;

P_2——换出结构的直接工程费单价。

则拟建单位工程的直接工程费为:

$$\text{直接工程费} = \text{修正后的概算指标} \times \text{拟建工程建筑面积(或体积)} \qquad \text{(10. 1-9)}$$

求出直接工程费后,再按照规定的取费方法计算其他费用,最终得到单位工程概算价值。

第二,调整概算指标中的工、料、机数量。

这种方法是将原概算指标中每 $100m^2$ 建筑面积(或 $1000m^3$)中的工、料、机数量进行调整,扣除原概算指标中与拟建工程结构不同部分的工、料、机消耗量,增加拟建工程与概算指标结构不同部分的工、料、机消耗量,使其成为与拟建工程结构相同的每 $100m^2$ 建筑面积(或 $1000m^3$)工、料、机数量。计算公式为:

结构变化修正概算指标的工、料、机数量 = 原概算指标的工、料、机数量 + 换入结构件工程量 × 相应定额工、料、机消耗量 - 换出结构件工程量 × 相应定额工、料、机消耗量

$$\text{(10. 1-10)}$$

以上两种方法,前者是直接修正概算指标单价,后者是修正概算指标工料机数量。修正之后,方可按上述第一种情况分别套用。

【例 10-2】　某新建住宅的建筑面积为 $4000m^2$,按概算指标和地区材料价格等算出一般土建工程单位造价为 680.00 元/m^2(其中直接工程费为 480.00 元/m^2),采暖工程 34.00 元/m^2,给排水工程 38.00 元/m^2,照明工程 32.00 元/m^2,按照当地造价管理部门规定,土建工程措施费费率为 8%,间接费费率为 15%,利润率为 7%,税率为 3.4%。

新建住宅的设计资料与概算指标相比较,其结构构件有部分变更,设计资料表明外墙为1砖半,而概算指标中外墙为1砖,根据当地土建工程预算定额,外墙带型毛石基础的预算单价为150元/m³,1砖外墙的预算单价为176元/m³,1砖半外墙的预算单价为178元/m³;概算指标中每100m²建筑面积中含外墙带型毛石基础为18m³,1砖外墙为46.5m³,新建工程设计资料表明,每100m²中含外墙带型毛石基础为19.6m³,1砖半外墙为61.2m³。

请计算调整后的概算单价和新建宿舍的概算造价。

解:对土建工程中结构构件的变更和单价调整过程如表10-2所示。

表10-2　土建工程概算指标调整

序　号	结　构　名　称	单　位	数量(每100m²)	单　价	合价/元
	土建工程单位直接工程费造价				480.00
1	换出部分:				
	外墙带型毛石基础	m³	18.00	150.00	2700.00
	一砖外墙	m³	46.50	177.00	8230.50
	合　　计	元			10930.50
2	换入部分:				
	外墙带型毛石基础	m³	19.60	150.00	2940.00
	一砖半外墙	m³	61.20	178.00	10893.60
	合　　计	元			13833.60
结构变化修正指标		480.00 − 10930.50/100 + 13833.60/100 = 509.00(元)			

以上计算结果为直接工程费单价,需取费得到修正后的土建单位工程造价,即

$$509.00 \times (1 + 8\%) \times (1 + 15\%) \times (1 + 7\%) \times (1 + 3.4\%) = 699.43(元/m^2)$$

其余工程单位造价不变,因此经过调整后的概算单价为

$$699.43 + 34.00 + 38.00 + 32.00 = 803.43(元/m^2)$$

新建宿舍楼概算造价为

$$803.43 \times 4000 = 3213720(元)$$

3. 类似工程预算法

类似工程预算法是利用技术条件与设计对象相类似的已完工程或在建工程的工程造价资料来编制拟建工程设计概算的方法。该方法适用于拟建工程初步设计与已完工程或在建工程的设计相类似且没有可用的概算指标的情况,但必须对建筑结构差异和价差进行调整。

(1)建筑结构差异的调整

调整方法与概算指标法的调整方法相同。即先确定有差别的项目,然后分别按每一项目算出结构构件的工程量和单位价格(按编制概算工程所在地区的单价),然后以类似预算中相应(有差别)的结构构件的工程数量和单价为基础,算出总差价。将类似预算的直接工程费总额减去(或加上)这部分差价,就得到结构差异换算后的直接工程费,再行取费得到结构差异换算后的造价。

（2）价差调整

类似工程造价的价差调整方法通常有两种：一是类似工程造价资料有具体的人工、材料、机械台班的用量时，可按类似工程造价资料中的主要材料用量、工日数量、机械台班用量乘以拟建工程所在地的主要材料预算价格、人工工日单价、机械台班单价，计算出直接工程费，再行取费即可得出所需的造价指标；二是类似工程造价资料只有人工、材料、机械台班费用和其他费用时，可作如下调整：

$$D = AK \qquad (10.1-11)$$

$$K = a\% K_1 + b\% K_2 + c\% K_3 + d\% K_4 + e\% K_5 \qquad (10.1-12)$$

式中 D——拟建工程单方概算造价；

A——类似工程单方预算造价；

K——综合调整系数；

$a\%$、$b\%$、$c\%$、$d\%$、$e\%$——类似工程预算的人工费、材料费、机械台班费、措施费、间接费占预算造价比重；

K_1、K_2、K_3、K_4、K_5——拟建工程地区与类似工程地区人工费、材料费、机械台班费、措施费、间接费价差系数。

$K_1 = $ 拟建工程概算的人工费（或工资标准）/类似工程预算人工费（或工资标准）

$(10.1-13)$

$K_2 = \sum$（类似工程主要材料数量 × 编制概算地区材料预算价格）/ $\sum$ 类似地区各主要材料费

$(10.1-14)$

类似地，可得出其他指标的表达式。

【例10-3】 拟建办公楼建筑面积为 3000m²，类似工程的建筑面积为 2800m²，预算造价为 3200000 元。各种费用占预算造价的比例为：人工费 10%，材料费 60%，机械使用费 7%，措施费 3%，其他费用 20%；各种价格差异系数为：人工费 $K_1 = 1.02$，材料费 $K_2 = 1.05$，机械使用费 $K_3 = 0.99$，措施费 $K_4 = 1.04$，其他费用 $K_5 = 0.95$。试用类似工程预算法编制概算。

解：综合调整系数 $K = 10\% \times 1.02 + 60\% \times 1.05 + 7\% \times 0.99 + 3\% \times 1.04 + 20\% \times 0.95$
$= 1.023$

价差修正后的类似工程预算造价 $= 3200000 \times 1.023 = 3273600$ 元

价差修正后的类似工程预算单方造价 $= 3273600/2800 = 1169.14$ 元

由此可得，拟建办公楼概算造价 $= 1169.14 \times 3000 = 3507420$ 元

【例10-4】 拟建砖混结构住宅工程 3400m²，结构形式与已建成的某工程相同，只有外墙保温贴面不同，其他部分均较为接近。具体数据见表 10-3。

表 10-3 基础数据

		每平方米建筑面积消耗量	造 价
类似工程	外墙保温 A	0.05m³	153.00 元/m³
	水泥砂浆抹面	0.84m²	9.00 元/m²
拟建工程	外墙保温 B	0.08m³	185.00 元/m³
	贴釉面砖	0.82m²	50.00 元/m²

类似工程单方直接工程费为 480 元/m²,其中,人工费、材料费、机械费占单方直接工程费比例分别为:15%、75%、10%,综合费率为 20%。拟建工程与类似工程预算造价在人工费、材料费、机械费的差异系数分别为:2.01、1.06 和 1.92。

问题 1:应用类似工程预算法确定拟建工程的单位工程概算造价。

问题 2:若类似工程预算中,每平方米建筑面积主要资源消耗为:人工消耗 5.08 工日,钢材 23.8kg,水泥 205kg,原木 0.05m³,铝合金门窗 0.24m²,其他材料费为主材费的 45%,机械费占直接工程费比例为 8%,拟建工程主要资源的现行预算价格分别为人工 20.31 元/工日,钢材 3.1 元/kg,水泥 0.35 元/kg,原木 1400 元/m³,铝合金门窗平均 350 元/m²,拟建工程综合费率为 20%,应用概算指标法,确定拟建工程的单位工程概算造价。

解:

1. 首先计算直接工程费差异系数,通过直接工程费部分的价差调整进而得到直接工程费单价,再做结构差异调整,最后取费得到单位造价,计算步骤如下所述:

拟建工程直接工程费差异系数 = 15% × 2.01 + 75% × 1.06 + 10% × 1.92 = 1.2885

拟建工程概算指标(直接工程费)= 480 × 1.2885 = 618.48 元/m²

结构修正概算指标(直接工程费)= 618.48 + (0.08 × 185.00 + 0.82 × 50.00) - (0.05 × 153.00 + 0.84 × 9.00) = 659.07 元/m²

拟建工程单位造价 = 659.07 × (1 + 20%) = 790.89 元/m²

拟建工程概算造价 = 790.89 × 3400 = 26890269 元

2. (1) 根据类似工程预算中每平方米建筑面积的主要资源消耗和现行预算价格,计算拟建工程单位建筑面积的人工费、材料费、机械费。

$$人工费 = \frac{每平方米建筑面积}{人工消耗指标} × 现行人工工日单价 = 5.08 × 20.31 = 103.17 元$$

材料费 = ∑(每平方米建筑面积材料消耗指标 × 相应材料预算价格)

= (23.8 × 3.1 + 205 × 0.35 + 0.05 × 1400 + 0.24 × 350) × (1 + 45%)

= 434.32 元

机械费 = 直接工程费 × 机械费占直接工程费的比率

= 直接工程费 × 8%

直接工程费 = 103.17 + 434.32 + 直接工程费 × 8%

则:直接工程费 = (103.17 + 434.32)/(1 - 8%)

= 584.23 元/m²

(2) 进行结构差异调整,按照所给综合费率计算拟建单位工程概算指标、修正概算指标和概算造价。

结构修正概算指标
(直接工程费) = 拟建工程概算指标 + 换入结构指标 - 换出结构指标

= 584.23 + 0.08 × 185.00 + 0.82 × 50.00 -

(0.05 × 153.00 + 0.84 × 9.00)

= 624.82 元/m²

拟建工程单位造价 = 结构修正概算指标 × (1 + 综合费率)

= 624.82 × (1 + 20%) = 749.78 元/m²

$$拟建工程概算造价 = 拟建工程单位造价 \times 建筑面积$$
$$= 749.78 \times 3400 = 2549252 \, 元$$

二、单项工程综合概算的编制

单项工程综合概算是以其所包含的建筑工程概算表和设备及安装工程表为基础汇总编制的。当建设工程只有一个单项工程时,单项工程综合概算(实为总概算)还应包括工程建设其他费用概算(含建设期利息、预备费和固定资产投资方向调节税)。

单项工程综合概算文件一般包括编制说明(不编制总概算时列入)和综合概算表两部分。

1. 编制说明

主要包括编制依据、编制方法、主要设备和材料数量等。

2. 综合概算表

综合概算表是根据单项工程所辖范围内的各单位工程概算等基础资料,按照国家规定的统一表格进行编制。对于工业建筑而言,其概算包括建筑工程和设备及安装工程;对于民用建筑工程而言,其概算包括一般土木建筑工程、给排水、采暖、通风及电气照明工程等。

【例10-5】 某综合试验室综合概算表如表10-4所示。

表10-4 某综合试验室综合概算

序号	单位工程或费用名称	概算价值(万元)				技术经济指标			占总投资比例(%)
		建安工程费	设备购置费	工程建设其他费用	合 计	单位	数量	指标(元/m²)	
1	建筑工程	168.97			168.97	m²	1360	1242.45	58.50
1.1	土建工程	115.54			115.54			894.54	
1.2	给排水工程	2.89			2.89			31.86	
1.3	采暖工程	4.33			4.33	m²	1360	286.72	
1.4	通风空调工程	38.99			38.99			53.10	
1.5	电器照明工程	7.22			7.22			21.24	
2	设备及安装工程	8.67	109.76		118.43	m²	1360	870.77	41.00
2.1	设备购置		109.76		109.76			807.66	
2.2	设备安装工程	8.67			8.67			63.71	
3	工器具购置		1.44		1.44	m²	1360	10.62	0.50
	合　计	177.64	111.20		288.84			2123.85	100

三、建设项目总概算的编制

建设项目总概算是设计文件的重要组成部分。它由各单项工程综合概算、工程建设其他费用、建设期利息、预备费、固定资产投资方向调节税和经营性项目的铺底流动资金组成,并按主管部门规定的统一表格编制而成。

设计概算文件一般应包括以下6部分。

1. 封面、签署页及目录。

2. 编制说明。编制说明应包括下列内容:

(1)工程概况简述建设项目性质、特点、生产规模、建设周期、建设地点等主要情况。对于

340

引进项目要说明引进内容及与国内配套工程等主要情况。

（2）资金来源及投资方式。

（3）编制依据及编制原则。

（4）编制方法说明设计概算是采用概算定额法，还是采用概算指标法等。

（5）投资分析主要分析各项投资的比重、各专业投资的比重等经济指标。

（6）其他需要说明的问题。

3. 总概算表。总概算表应反映静态投资和动态投资两个部分，如表 10-5 所示。

4. 工程建设其他费用概算表。工程建设其他费用概算按国家或地区或部委所规定的项目和标准确定，并按统一表式编制。

5. 单项工程综合概算表和建筑安装单位工程概算表。

6. 工程量计算表和工、料数量汇总表。

【例 10-6】 某医院急救中心卫生防病中心新扩建工程项目总概算，如表 10-5 所示。

表 10-5 某医院急救中心卫生防病中心新扩建工程项目总概算

| 序 号 | 单位工程或费用名称 | 概算价值（万元） | | | | 技术经济指标 | | |
		建筑工程费	安装工程费	设备购置费	合 计	单位	数量	指标（元/m²）
一	建筑、安装工程费							
1	1 号楼	5254.7	579.61	831.62	6665.93	m²	21617	3083.65
2	2 号楼	534.88	240.17	317.16	1092.21	m²	1547	7060.18
	小 计	5789.58	819.78	1148.78	7758.14	m²	23164	3349.22
二	工程建设其他费							
1	建设管理费				99.46	m²	23164	42.94
2	可行性研究费				32	m²	23164	13.81
3	勘察设计费				433.78	m²	23164	187.26
4	环境影响评价费				11	m²	23164	4.75
5	劳动安全卫生评价费				9	m²	23164	3.89
6	场地准备及临时设施费				85	m²	23164	36.69
7	市政公用设施建设及绿化补偿费				565.39	m²	23164	244.08
8	建设用地费				6711	m²	23164	2897.17
	小 计				7946.63	m²	23164	3430.59
三	预备费				280.45	m²	23164	121.07
1	基本预备费				250.45	m²	23164	108.12
2	涨价预备费				30	m²	23164	12.95
四	建设期利息				220	m²	23164	94.97
五	造价合计				16205.22	m²	23164	6995.86

第二节 施工图预算的编制实例

一、工料单价法编制施工图预算实例

1. 工料单价法编制施工图预算计算程序

【例10-7】 某住宅楼工程,以工料单价法计算得到直接工程费为650万元,措施费为直接工程费的5%,间接费为直接费的9%,利润为直接费和间接费的4%,税金按规定取,税金率取3.41%。计算该工程的建安工程造价(保留到小数点后三位数)。

解:建安工程造价计算过程如表10-6所示。

2. 预算单价法编制施工图预算实例

表10-6 某住宅楼工程的建安工程造价计算表

序 号	费 用 项 目	计算结果(万元)
1	直接工程费	650
2	措 施 费	(1)×5% = 32.5
3	直接费小计	(1) + (2) = 682.5
4	间 接 费	(3)×9% = 61.425
5	利 润	((3) + (4))×4% = 29.757
6	合 计	(3) + (4) + (5) = 773.682
7	含税造价	(6)×(1 + 3.41%) = 800.064

【例10-8】 某住宅楼项目主体设计采用七层轻型框架结构,基础形式为钢筋混凝土筏式基础。现以基础部分为例说明预算单价法和实物法编制施工图预算的过程。

表10-7是采用预算单价法编制的某住宅楼基础工程预算书。采用的预算定额是当时当地适用的某市建筑工程预算定额,套用的是当时当地建筑工程单位估价表中的有关分项工程的预算单价,并考虑了部分材料价差。

表10-7 采用预算单价法编制某住宅楼基础工程预算书

定额编号	工程费用名称	计量单位	工程量	金额(元) 单 价	金额(元) 合 价
1-48	平整场地	100m³	15.21	112.55	1711.89
1-149	机械挖土	1000m³	2.78	1848.42	5138.61
8-15	碎石掺土垫层	10m³	31.45	1004.47	31590.58
8-25	C10 混凝土垫层	10m³	21.1	2286.4	48243.04
5-14	C20 带形钢筋混凝土基础(绑筋、支模)	10m³	37.23	2698.22	100454.73
5-479	C20 带形钢筋混凝土绑筋、支模	10m³	37.23	2379.37	88595.86
5-25	C20 独立式混凝土绑筋、支模	10m³	4.33	2014.47	8722.66
5-481	独立式混凝土	10m³	4.33	2404.48	10411.40
5-110	矩形柱绑筋、支模(1.8m)	10m³	0.92	5377.06	4946.90
5-489	矩形柱混凝土	10m³	0.92	3029.82	2787.43
5-8	带形无筋混凝土基础模板(C10)	10m³	5.43	604.38	3281.78
5-479	带形无筋混凝土	10m³	5.43	2379.69	12921.72

定额编号	工程费用名称	计量单位	工程量	金额（元）	
				单 价	合 价
4-1	砖基础 M5 砂浆	10m³	3.5	1306.9	4574.15
9-128	基础防潮层平面	100m³	0.32	925.08	296.03
3-23	满堂红脚手架	100m³	10.3	416.16	4286.45
1-51	回填土	100m³	12.61	720.45	9084.87
16-36	挖土机场外运输				0.00
16-38	推土机场外运输				0.00
	C10 混凝土差价		265.3	84.9	22523.97
	C20 混凝土差价		424.8	101.14	42964.27
	商品混凝土运费		690.1	50	34505.00
（一）	项目直接工程费小计	元			437041.33
（二）	措施费	元			41650.00
（三）	直接费[（一）+（二）]	元			478691.33
（四）	间接费[（三）×10%]	元			47869.13
（五）	利润[（三）+（四）]×5%	元			26328.02
（六）	税金[（三）+（四）+（五）]×3.41%	元			18853.50
（七）	造价总计[（三）+（四）+（五）+（六）]	元			571741.98

3. 实物法编制施工图预算实例

【例 10-9】 实物法编制同一工程的预算，采用的定额与预算单价法采用的定额相同，但资源单价为当时当地的价格。采用实物法编制同一住宅楼基础工程预算书具体参见表 10-8。

表 10-8 采用实物法编制某住宅楼基础工程预算书

序 号	人工、材料、机械费用名称	计量单位	实物工程量	金额（元）	
				当地时价	单 价
1	人工（综合工日）	工日	2049	35	71715.00
2	土石屑	m³	292.94	65	19041.10
3	黄 土	m³	160.97	18	2897.46
4	C10 素混凝土	m³	265.3	175.1	46454.03
5	C20 钢筋混凝土	m³	417.6	198.86	83043.94
6	M5 砂浆	m³	8.26	128.59	1062.15
7	砖	m³	18125	0.2	3625.00
8	脚手架材料费	块			0.00
9	蛙式打夯机	台班	84.02	29.28	2460.11
10	挖土机		7.34	600.53	4407.89
11	推土机		0.75	465.7	349.28
12	其他机械费				84300.00
13	其他材料费				21200.00
14	基础防潮层				296.00

序 号	人工、材料、机械费用名称	计量单位	实物工程量	金 额 （元） 当地时价	单 价
15	挖土机运费				3500.00
16	推土机运费				3057.00
17	混凝土差价				57484.00
18	混凝土运费				42964.00
（一）	项目直接工程费小计	元			447859.95
（二）	措施费	元			41650.00
（三）	直接费[（一）+（二）]	元			489509.95
（四）	间接费[（三）×10%]	元			48951.00
（五）	利润[（三）+（四）]×5%	元			26923.05
（六）	税金[（三）+（四）+（五）]×3.41%	元			19279.59
（七）	造价总计[（三）+（四）+（五）+（六）]	元			584663.59

二、综合单价法编制施工图预算实例

综合单价是指分部分项工程单价综合了除直接工程费以外的多项费用内容。按照单价综合内容的不同,综合单价可分为全费用综合单价和部分费用综合单价。

1. 全费用综合单价

全费用综合单价即单价中综合了直接工程费、措施费、管理费、规费、利润和税金等,以各分项工程量乘以综合单价的合价汇总后,就生成工程发承包价。

2. 部分费用综合单价

我国目前实行的工程量清单计价采用的综合单价是部分费用综合单价,分部分项工程单价中综合了直接工程费、管理费、利润,并考虑了风险因素,单价中未包括措施费、规费和税金,是不完全费用单价。以各分项工程量乘以部分费用综合单价的合价汇总,再加上项目措施费、规费和税金后,生成工程发承包价。

综合单价法的计算程序见第二章中建筑安装工程费用组成及计价程序,具体计算过程及编制案例参见本章第四节工程量清单计价实例。

第三节　工程结算与工程决算实例

一、工程结算实例

【例 10-10】　某工程项目,采用以直接费为计算基础的全费用单价计价,混凝土分项工程的全费用单价为 446 元/m³,直接费为 350 元/m³,间接费费率为 12%,利润率为 10%,营业税税率为 3%,城市维护建设税税率为 7%,教育费附加费率为 3%。施工合同约定:工程无预付款;进度款按月结算;工程量以实际计量的结果为准;工程保留金按工程进度款的 3%逐月扣留;监理工程师每月签发进度款的最低限额为 25 万元。

施工过程中,按建设单位要求设计单位提出了一项工程变更,该变更使混凝土分项工程量大幅减少。经协商,各方达成如下共识:若最终减少的该混凝土分项工程量超过原先计划工程量的 15%,则该混凝土分项的全部工程量执行新的全费用单价,新全费用单价的间接费和利润调整系数分别为 1.1 和 1.2,其余数据不变。该混凝土分项工程的计划工程量和变更后实际工程量如表 10-9 所示。

表 10-9　混凝土分项工程计划工程量和实际工程量表

月份	1	2	3	4
计划工程量(m³)	500	1200	1300	1300
实际工程量(m³)	500	1200	700	800

问题：

　　1. 计算新的全费用单价,将计算方法和计算结果填入表 10-10 相应的空格中。

　　2. 每月的工程应付款是多少? 总监理工程师签发的实际付款金额应是多少?

表 10-10　单价分析表

序　号	费用项目	全费用单价(元/m³)	
		计　算　方　法	结　果
①	直接费		
②	间接费		
③	利　润		
④	计税系数		
⑤	含税造价		

解:

问题1.

表 10-11　单价分析表

序　号	费用项目	全费用单价(元/m³)	
		计　算　方　法	结　果
①	直接费		350.00
②	间接费	350 × 12% × 1.1	46.20
③	利　润	(350 + 46.20) × 10% × 1.2	47.54
④	计税系数	[1/(1 − 3% − 3% × 7% − 3% × 3%) − 1] × 100%	3.41%
⑤	含税造价	(350 + 46.2 + 47.54) × (1 + 3.41%)	458.87

问题2.

　　(1)1 月份工程量价款:500 × 446 = 223000 元。

　　应签证的工程款为 223000 × (1 − 3%) = 216310 元。

　　因低于监理工程师签发进度款的最低限额,所以 1 月份不付款。

　　(2)2 月份工程量价款:1200 × 446 = 535200 元。

　　应签证的工程款为 535200 × (1 − 3%) = 519144 元。

　　2 月份总监理工程师签发的实际付款金额为 519144 + 216310 = 735454 元。

　　(3)3 月份工程量价款:700 × 446 = 312200 元。

　　应签证的工程款为 312200 × (1 − 3%) = 302834 元。

　　3 月份总监理工程师签发的实际付款金额为 302834 元。

　　(4)计划工程量 4300m³,实际工程量 3200m³,比计划少 1100m³,超过计划工程量的 15%以上,因此全部工程量单价应按新的全费用单价计算。

4 月份工程量价款:800×458.87＝367096 元。

应签证的工程款为 367096×(1－3%)＝356083.12 元。

4 月份应增加的工程款:(500＋1200＋700)×(458.87－446)×(1－3%)＝29961.36 元。

4 月份总监理工程师签发的实际付款金额为 356083.12＋29961.36＝386044.48 元。

【例 10-11】 某施工单位承包某工程项目,甲乙双方签订的关于工程价款合同的内容有:

1. 建筑安装工程造价 660 万元,主要材料费占施工产值的比重为 60%。

2. 工程预付款为建筑安装工程造价的 20%;开工后,工程预付款从未施工工程尚需的主要材料和构件的价值相当于工程预付款数额时起扣,从每月结算工程款中按照主要材料占施工产值的比重抵扣工程预付款,竣工前全部扣清。

3. 工程进度款逐月结算。

4. 工程保修金为建筑安装工程造价的 3%,六月份结算时一次扣留,保修期两年。

5. 材料价差调整按规定进行(按有关规定上半年主要材料价差上调 10%,在六月份一次调整)。

工程各月实际完成产值如表 10-12 所示。

表 10-12 (万元)

月　份	二　月	三　月	四　月	五　月	六　月
完成产值	55	110	165	220	110

问:

1. 通常竣工结算的前提是什么?

2. 该工程的预付备料款及起扣点各为多少?

3. 该工程二月至五月,每月拨付工程款为多少?累计工程款为多少?

4. 六月份办理工程竣工结算,该工程结算造价为多少?甲方应付工程尾款为多少?

5. 该工程在保修期间发生屋面漏水,甲方多次催促乙方修理,乙方一再拖延,最后甲方另请施工单位修理,修理费为 1.5 万元,该费用如何处理?

解:

问题 1. 竣工结算的前提条件是承包商按照合同规定的内容全部完成所承包的工程,并符合合同的要求,经验收质量合格。

问题 2. 工程预付备料款:660 万元×20%＝132(万元)

起扣点:660 万元－132 万元/60%＝440(万元)

问题 3. 各月拨付工程款为:

二月:工程款 55 万元,累计工程款 55 万元;

三月:工程款 110 万元;累计工程款 165 万元;

四月:工程款 165 万元;累计工程款 330 万元;

五月:工程款 220 万元－(220 万元＋330 万元－440 万元)×60%＝154(万元),累计工程款 484 万元;

问题 4. 工程结算总造价为:

$$660 \text{ 万元}＋660 \text{ 万元}×0.6×10%＝699.60(\text{万元})$$

甲方应支付的工程结算款：

$$699.6\ \text{万元} - 484\ \text{万元} - (699.6\ \text{万元} \times 3\%) - 132\ \text{万元} = 62.612\ \text{万元}$$

问题 5. 维修费 1.5 万元应从承包方的保修基金中扣除。

【例 10-12】 某工程合同总价为 1000 万元。其组成为：土方工程费 100 万元，占总价 10%，砌体工程费 400 万元，占总价 40%；钢筋混凝土工程费 500 万元，占总价 50%。这三个组成部分的人工费和材料费占工程价款 85%，人工、材料费中各项费用比例如下：

（1）土方工程：人工费 50%，机具折旧费 26%，柴油 24%。

（2）砌体工程：人工费 53%，钢材 5%，水泥 20%，骨料 5%，空心砖 12%，柴油 5%。

（3）钢筋混凝土工程：人工费 53%，钢材 22%，水泥 10%，骨料 7%，木材 4%，柴油 4%。

解：该工程其他费用，即不调值的费用占工程价款的 15%，计算出各项参加调值的费用占工程价款比例如下：

$$\text{人工费}：(50\% \times 10\% + 53\% \times 40\% + 53\% \times 50\%) \times 85\% = 45\%$$
$$\text{钢材}：(5\% \times 40\% + 22\% \times 50\%) \times 85\% = 11\%$$
$$\text{水泥}：(20\% \times 40\% + 10\% \times 50\%) \times 85\% = 11\%$$
$$\text{骨料}：(5\% \times 40\% + 7\% \times 50\%) \times 85\% = 5\%$$
$$\text{柴油}：(24\% \times 10\% + 5\% \times 40\% + 4\% \times 50\%) \times 85\% = 5\%$$
$$\text{机具折旧}：26\% \times 10\% \times 85\% = 2\%$$
$$\text{空心砖}：12\% \times 40\% \times 85\% = 4\%$$
$$\text{木材}：4\% \times 50\% \times 85\% = 2\%$$

不调值费用占工程价款的比例为：15%

具体的人工费及材料费的调值公式为：

$$P = P_0\left(0.15 + 0.45\frac{A}{A_0} + 0.11\frac{B}{B_0} + 0.11\frac{C}{C_0} + 0.05\frac{D}{D_0} + 0.05\frac{E}{E_0} + 0.02\frac{F}{F_0} + 0.04\frac{G}{G_0} + 0.02\frac{H}{H_0}\right)$$

假定该合同的基准日期为 2008 年 1 月 4 日，2008 年 9 月完成的工程价款占合同总价的 10%，按照规定，计算 2008 年 9 月的工程价款应用 2008 年 8 月的指数与基准日期的指数作为依据。有关月报的工资、材料物价指数如表 10-13 所示。

表 10-13　工资、物价指数表

费用名称	代　号	2008 年 1 月指数	代　号	2008 年 8 月指数
人工费	A_0	100.0	A	116.0
钢　材	B_0	153.4	B	187.6
水　泥	C_0	154.8	C	175.0
骨　料	D_0	132.6	D	169.3
柴　油	E_0	178.3	E	192.8
机具折旧	F_0	154.5	F	162.5
空心砖	G_0	160.1	G	162.0
木　材	H_0	142.7	H	159.5

2008 年 9 月的工程款经过调整后为:

$$P = 10\%P_0\left(0.15 + 0.45\frac{A}{A_0} + 0.11\frac{B}{B_0} + 0.11\frac{C}{C_0} + 0.05\frac{D}{D_0} + 0.05\frac{E}{E_0} + \right.$$

$$\left. 0.02\frac{F}{F_0} + 0.04\frac{G}{G_0} + 0.02\frac{H}{H_0}\right)$$

$$= 10\% \times 1000\left(0.15 + 0.45 \times \frac{116}{100} + 0.11 \times \frac{187.6}{153.4} + 0.11 \times \frac{175.0}{154.8} + 0.05 \times \frac{169.3}{132.6}\right.$$

$$\left. + 0.05 \times \frac{192.8}{178.3} + 0.02 \times \frac{162.5}{154.4} + 0.04 \times \frac{162.0}{160.1} + 0.02 \times \frac{159.5}{142.7}\right)$$

$$= 113.3(万元)$$

由此可见,通过调值,2008 年 9 月实得工程款比原价款多 13.3 万元。

二、竣工决算的编制实例

【例 10-13】 根据以下资料编制竣工决算表。某一大型建设项目 2000 年开工建设,2001 年底有关财务核算资料如下:

1. 已经完成部分单项工程,经验收合格后,已经交付使用的资产包括:

(1)固定资产价值 75540 万元。

(2)为生产准备的使用期限在一年以内的备品备件、工具器具等流动资产价值 3000 万元,期限在一年以上,单位价值在 1500 元以下的工具 60 万元。

(3)建造期间购置的专利权、非专利技术等无形资产 2000 万元,摊销期 5 年。

(4)筹建期间发生的开办费 80 万元。

2. 基本建设支出中的未完成项目包括:

(1)建筑安装工程支出 16000 万元。

(2)设备工器具投资 44000 万元。

(3)建设单位管理费、勘察设计费等待摊投资 2400 万元。

(4)通过出让方式购置的土地使用权形成的其他投资 110 万元。

3. 非经营项目发生的待核销基建支出 50 万元。

4. 应收生产单位投资借款 1400 万元。

5. 购置需要安装的器材 50 万元,其中待处理器材 16 万元。

6. 货币资金 470 万元。

7. 预付工程款及应收有偿调出器材款 18 万元。

8. 建设单位自用的固定资产原值 60550 万元,累计折旧 100200 万元。

反映在《资金平衡表》上的各类资金来源的期末余额是:

9. 预算拨款 52000 万元。

10. 自筹资金拨款 58000 万元。

11. 其他拨款 520 万元。

12. 建设单位向商业银行借入的借款 110000 万元。

13. 建设单位当年完成交付生产单位使用的资产价值中,200 万元属于利用投资借款形成的待冲基建支出。

14. 应付器材销售商 40 万元货款和尚未支付的应付工程款 1916 万元,应付款共计 1956 万元。

15. 未交税金 30 万元。

解:根据上述有关资料编制该项目竣工财务决算表,见表10-14。

表 10-14 大、中型建设项目竣工财务决算表

资金来源	金 额	资金占用	金 额	补充资料
一、基建拨款	110520	一、基本建设支出	170240	1. 基建投资
1. 预算拨款	52000	1. 交付使用资产	107680	借款期末余额
2. 基建基金拨款		2. 在建工程	62510	
3. 进口设备转账拨款		3. 待核销基建支出	50	2. 应收生产单位
4. 器材转账款		4. 非经营项目转出投资		投资借款期末余额
5. 煤代油专用基金拨款		二、应收生产单位投资借款	1400	3. 基建结余资金
6. 自筹资金拨款	58000	三、拨款所属投资借款		
7. 其他拨款	520	四、器材	50	
二、项目资金		其中:待处理器材损失	16	
1. 国家资本		五、货币资金	470	
2. 法人资本		六、预付及应收款	18	
3. 个人资本		七、有价证券		
三、项目资本公积金		八、固定资产	50528	
四、基建借款	110000	固定资产原值	60550	
五、上级拨入投资借款		减:累计折旧	10022	
六、企业偿债资金		固定资产净值	50528	
七、待冲基建支出	200	固定资产清理		
八、应付款	1956	待处理固定资产损失		
九、未交款	30			
1. 未交款	30			
2. 未交基建收入				
3. 未交基建包干节余				
4. 其他未交款				
十、上级拨入资金				
十一、留成收入				
合 计	222706	合 计	222706	

注:根据财政部财建〔2002〕394 号文件《基本建设财务管理规定》的要求。

附录:工程量清单计价表格

_____ 工程

工 程 量 清 单

招 标 人：_____
（单位盖章）

工程造价
咨 询 人：_____
（单位资质专用章）

法定代表人
或其授权人：_____
（签字或盖章）

法定代表人
或其授权人：_____
（签字或盖章）

编 制 人：_____
（造价人员签字盖专用章）

复 核 人：_____
（造价工程师签字盖专用章）

编 制 时 间：　　年 月 日　　　　复 核 时 间：　　年 月 日

_____ 工程

招 标 控 制 价

招标控制价(小写)：_____

（大写）：_____

招 标 人：_____
（单位盖章）

工 程 造 价
咨 询 人：_____
（单位资质专用章）

法定代表人
或其授权人：_____
（签字或盖章）

法定代表人
或其授权人：_____
（签字或盖章）

编 制 人：_____
（造价人员签字盖专用章）

复 核 人：_____
（造价工程师签字盖专用章）

编 制 时 间： 年 月 日

复 核 时 间： 年 月 日

投 标 总 价

招 标 人：_____

工 程 名 称：_____

投 标 总 价 (小写)：_____

          (大写)：_____

投 标 人：_____

                    （单位盖章）

法定代表人
或其授权人：_____

                    （签字或盖章）

编 制 人：_____

                （造价人员签字盖专用章）

编 制 时 间： 年 月 日

_____工程

竣 工 结 算 总 价

中标价(小写):_____(大写):_____

结算价(小写):_____(大写):_____

发 包 人:_____ 承 包 人:_____ 工 程 造 价
咨 询 人:_____
　　(单位盖章)　　　　　　　(单位盖章)　　　　　　　(单位资质专用章)

法定代表人　　　　　　法定代表人　　　　　　法定代表人
或其授权人:_____　　或其授权人:_____　　或其授权人:_____
　　(签字或盖章)　　　　　　(签字或盖章)　　　　　　(签字或盖章)

编 制 人:_____　　核 对 人:_____
　　(造价人员签字盖专用章)　　　　　　(造价工程师签字盖专用章)

编制时间:　　年 月 日　　　　核对时间:　　年 月 日

总　说　明

工程名称：

表—01

354

工程项目招标控制价/投标报价汇总表

工程名称：

序号	单项工程名称	金额(元)	其　中		
			暂估价 (元)	安全文明 施工费(元)	规费 (元)
	合　计				

注：本表适用于工程项目招标控制价或投标报价的汇总。

表—02

355

单项工程招标控制价／投标报价汇总表

工程名称：

| 序号 | 单位工程名称 | 金额(元) | 其 中 | | |
			暂估价(元)	安全文明施工费(元)	规费(元)
	合　计				

注：本表适用于单项工程招标控制价或投标报价的汇总。暂估价包括分部分项工程中的暂估价和专业工程暂估价。

表—03

单位工程招标控制价/投标报价汇总表

工程名称：　　　　　　　　　　　标段：　　　　　　　　第　页共　页

序号	汇总内容	金额(元)	其中:暂估价(元)
1	分部分项工程		
1.1			
1.2			
1.3			
1.4			
1.5			
2	措施项目		
2.1	安全文明施工费		
3	其他项目		
3.1	暂列金额		
3.2	专业工程暂估价		
3.3	计日工		
3.4	总承包服务费		
4	规费		
5	税金		
招标控制价合计 = 1 + 2 + 3 + 4 + 5			

注:本表适用于单位工程招标控制价或投标报价的汇总,如无单位工程划分,单项工程也使用本表汇总。

表—04

357

工程项目竣工结算汇总表

工程名称：

序号	单项工程名称	金额(元)	其　　中	
			安全文明施工费(元)	规费(元)
合　计				

表—05

单项工程竣工结算汇总表

工程名称：　　　　　　　　　　　　　　　　　　　　　　　第　页共　页

序号	单位工程名称	金额(元)	其　中	
			安全文明施工费(元)	规费(元)
合　计				

表—06

359

单位工程竣工结算汇总表

工程名称：   标段：   第 页共 页

序号	汇 总 内 容	金 额(元)
1	分部分项工程	
1.1		
1.2		
1.3		
1.4		
1.5		
2	措施项目	
2.1	安全文明施工费	
3	其他项目	
3.1	专业工程结算价	
3.2	计日工	
3.3	总承包服务费	
3.4	索赔与现场签证	
4	规费	
5	税金	
竣工结算总价合计 = 1 + 2 + 3 + 4 + 5		

注：如无单位工程划分，单项工程也使用本表汇总。

表—07

分部分项工程量清单与计价表

工程名称：　　　　　　　　　　　标段：　　　　　　第　页共　页

序号	项目编码	项目名称	项目特征描述	计量单位	工程量	金　额(元)		
						综合单价	合价	其中：暂估价
		本页小计						
		合　计						

注：根据建设部、财政部发布的《建筑安装工程费用组成》(建标[2003]206号)的规定,为计取规费等的使用,可在表中
　　增设其中："直接费"、"人工费"或"人工费＋机械费"。

表—08

工程量清单综合单价分析表

工程名称：　　　　　　　　　　　　标段：　　　　　　　　　第　页共　页

项目编码		项目名称		计量单位	

| | | | | 清单综合单价组成明细 | | | | | | | |

定额编号	定额名称	定额单位	数量	单价				合价			
				人工费	材料费	机械费	管理费和利润	人工费	材料费	机械费	管理费和利润

人工单价			小　　计								
元/工日			未计价材料费								
清单项目综合单价											

	主要材料名称、规格、型号		单位	数量	单价（元）	合价（元）	暂估单价（元）	暂估合价（元）
材料费明细								
	其他材料费				—		—	
	材料费小计				—		—	

注：1. 如不使用省级或行业建设主管部门发布的计价依据，可不填定额项目、编号等。

　　2. 招标文件提供了暂估单价的材料，按暂估的单价填入表内"暂估单价"栏及"暂估合价"栏。

表—09

362

措施项目清单与计价表(一)

工程名称:　　　　　　　　　　　　标段:　　　　　　　第　页共　页

序号	项目名称	计算基础	费率(%)	金额(元)
1	安全文明施工费			
2	夜间施工费			
3	二次搬运费			
4	冬雨季施工			
5	大型机械设备 进出场及安拆费			
6	施工排水			
7	施工降水			
8	地上、地下设施、建筑物的 临时保护设施			
9	已完工程及设备保护			
10	各专业工程的措施项目			
11				
12				
合　计				

注:1. 本表适用于以"项"计价的措施项目。

2. 根据建设部、财政部发布的《建筑安装工程费用组成》(建标〔2003〕206 号)的规定,"计算基础"可为"直接费"、
"人工费"或"人工费 + 机械费"。

表—10

363

措施项目清单与计价表(二)

工程名称:　　　　　　　　　　标段:　　　　　　　　第　页共　页

序号	项目编码	项目名称	项目特征描述	计量单位	工程量	金　额(元)	
						综合单价	合价
	本页小计						
	合　计						

注:本表适用于以综合单价形式计价的措施项目。

表—11

364

其他项目清单与计价汇总表

工程名称：　　　　　　　　　　标段：　　　　　　　　　第　页共　页

序号	项目名称	计量单位	金额(元)	备　注
1	暂列金额			明细详见 表—12—1
2	暂估价			
2.1	材料暂估价			明细详见 表—12—2
2.2	专业工程暂估价			明细详见 表—12—3
3	计日工			明细详见 表—12—4
4	总承包服务费			明细详见 表—12—5
5				
合　计				—

注：材料暂估单价进入清单项目综合单价，此处不汇总。

表—12

365

暂列金额明细表

工程名称：   标段：   第 页共 页

序号	项目名称	计量单位	暂定金额(元)	备 注
1				
2				
3				
4				
5				
6				
7				
8				
9				
10				
11				
合 计				—

注:此表由招标人填写,如不能详列,也可只列暂定金额总额,投标人应将上述暂列金额计入投标总价中。

表—12—1

材料暂估单价表

工程名称：　　　　　　　　　　　标段：　　　　　　　　第　页共　页

序号	材料名称、规格、型号	计量单位	单价(元)	备　注

注：1. 此表由招标人填写，并在备注栏说明暂估价的材料拟用在哪些清单项目上，投标人应将上述材料暂估单价计入工程量清单综合单价报价中。

2. 材料包括原材料、燃料、构配件以及按规定应计入建筑安装工程造价的设备。

表—12—2

367

专业工程暂估价表

工程名称：　　　　　　　　　　　标段：　　　　　　　第 页共 页

序号	工 程 名 称	工程内容	金额(元)	备 注
合　计				

注:此表由招标人填写,投标人应将上述专业工程暂估价计入投标总价中。

表—12—3

368

计 日 工 表

工程名称：   标段：   第 页共 页

编号	项 目 名 称	单位	暂定数量	综合单价	合价
一	人 工				
1					
2					
3					
4					
	人 工 小 计				
二	材 料				
1					
2					
3					
4					
5					
6					
	材 料 小 计				
三	施工机械				
1					
2					
3					
4					
	施工机械小计				
	总 计				

注：此表项目名称、数量由招标人填写，编制招标控制价时，单价由招标人按有关计价规定确定；投标时，单价由投标人
  自主报价，计入投标总价中。

表—12—4

总承包服务费计价表

工程名称：　　　　　　　　　　　标段：　　　　　　　　　第　页共　页

序号	项　目　名　称	项目价值(元)	服务内容	费率(%)	金额(元)
1	发包人发包专业工程				
2	发包人供应材料				
	合　　计				

表—12—5

索赔与现场签证计价汇总表

工程名称：　　　　　　　　　　　　标段：　　　　　　　　　　第　页共　页

序号	签证及索赔项目名称	计量单位	数量	单价(元)	合价(元)	索赔及签证依据
本页小计						—
合　计						—

注：签证及索赔依据是指经双方认可的签证单和索赔依据的编号。

表—12—6

费用索赔申请(核准)表

工程名称:　　　　　　　　　　标段:　　　　　　　　　编号:

致:＿＿＿＿＿＿＿＿＿＿＿＿＿＿＿＿＿＿＿＿＿＿＿＿＿＿＿＿＿＿＿＿＿＿＿＿＿

(发包人全称)

根据施工合同条款第＿＿＿＿条的约定,由于＿＿＿＿＿＿原因,我方要求索赔金额(大写)＿＿＿＿＿＿元,

(小写)＿＿＿＿＿＿元,请予核准。

附:1. 费用索赔的详细理由和依据:

2. 索赔金额的计算:

3. 证明材料:

承包人(章)

承包人代表＿＿＿＿＿

日　　期＿＿＿＿＿

复核意见:

根据施工合同条款第＿＿＿条的约定,你方提出的费用索赔申请经复核:

□不同意此项索赔,具体意见见附件。

□同意此项索赔,索赔金额的计算,由造价工程师复核。

监理工程师＿＿＿＿＿

日　　期＿＿＿＿＿

复核意见:

根据施工合同条款第＿＿＿条的约定,你方＿＿＿＿＿提出的费用索赔申请经复核,索赔金额为(大写)＿＿＿＿＿元,(小写)＿＿＿＿＿元。

造价工程师＿＿＿＿＿

日　　期＿＿＿＿＿

审核意见:

□不同意此项索赔。

□同意此项索赔,与本期进度款同期支付。

发包人(章)

发包人代表＿＿＿＿＿

日　　期＿＿＿＿＿

注:1. 在选择栏中的"□"内作标识"√"。

2. 本表一式四份,由承包人填报,发包人、监理人、造价咨询人、承包人各存一份。

表—12—7

现场签证表

工程名称：   标段：   编号：

施工部位		日　期	

致：_____（发包人全称）

  根据_____（指令人姓名）　年　月　日的口头指令或你方_____（或监理人）　年　月　日的书面通知，我方要求完成此项工作应支付价款金额为（大写）_____元,（小写）_____元,请予核准。

  附：1. 签证事由及原因：

    2. 附图及计算式：

承包人（章）

承包人代表_____

日　　期_____

复核意见：	复核意见：

你方提出的此项签证申请经复核：
□不同意此项签证,具体意见见附件。
□同意此项签证,签证金额的计算,由造价工程师复核。
 	
    监理工程师_____
    日　　期_____
	□此项签证按承包人中标的计日工单价计算,金额为（大写）_____元,（小写）_____元。
	□此项签证因无计日工单价,金额为（大写）_____元,（小写）_____元。
	
	    造价工程师_____
	    日　　期_____

审核意见：

  □不同意此项签证。

  □同意此项签证,价款与本期进度款同期支付。

发包人（承）_____

发包人代表_____

日　　期_____

注：1. 在选择栏中的"□"内作标识"√"。

  2. 本表一式四份,由承包人在收到发包人（监理人）的口头或书面通知后填写,发包人、监理人、造价咨询人、承包人各存一份。

表—12—8

373

规费、税金项目清单与计价表

工程名称：　　　　　　　　　　　标段：　　　　　　　第　页共　页

序号	项目名称	计算基础	费率(%)	金额(元)
1	规费			
1.1	工程排污费			
1.2	社会保障费			
(1)	养老保险费			
(2)	失业保险费			
(3)	医疗保险费			
1.3	住房公积金			
1.4	危险作业意外伤害保险			
1.5	工程定额测定费			
2	税金	分部分项工程费＋措施项目费 ＋其他项目费＋规费		
	合　　计			

注：根据建设部、财政部发布的《建筑安装工程费用组成》(建标[2003]206号)的规定,"计算基础"可为"直接费"、"人工费"或"人工费＋机械费"。

表—13

374

工程款支付申请(核准)表

工程名称：   标段：   编号：

致：＿＿＿＿＿＿＿＿＿＿＿＿＿＿＿＿＿＿＿＿＿＿＿＿＿＿＿＿＿＿＿＿＿＿(发包人全称)

    我方于＿＿＿＿至＿＿＿＿期间已完成了＿＿＿＿工作,根据施工合同的约定,现申请支付本期的工程款额(大写)＿＿＿＿元,(小写)＿＿＿＿元,请予核准。

序号	名　　称	金额(元)	备　注
1	累计已完成的工程价款		
2	累计已实际支付的工程价款		
3	本周期已完成的工程价款		
4	本周期完成的计日工金额		
5	本周期应增加和扣减的变更金额		
6	本周期应增加和扣减的索赔金额		
7	本周期应抵扣的预付款		
8	本周期应扣减的质保金		
9	本周期应增加或扣减的其他金额		
10	本周期实际应支付的工程价款		

承包人(章)

承包人代表＿＿＿＿＿

日　　期＿＿＿＿＿

复核意见：

□与实际施工情况不相符,修改意见见附表。

□与实际施工情况相符,具体金额由造价工程师复核。

监理工程师＿＿＿＿＿

日　　期＿＿＿＿＿

复核意见：

    你方提出的支付申请经复核,本期间已完成工程款额为(大写)＿＿＿＿元,(小写)＿＿＿＿元,本期间应支付金额为(大写)＿＿＿＿元,(小写)＿＿＿＿元。

造价工程师＿＿＿＿＿

日　　期＿＿＿＿＿

审核意见：

□不同意。

□同意,支付时间为本表签发后的15天内。

发包人(承)＿＿＿＿＿

发包人代表＿＿＿＿＿

日　　期＿＿＿＿＿

注:1. 在选择栏中的"□"内作标识"√"。

    2. 本表一式四份,由承包人填报,发包人、监理人、造价咨询人、承包人各存一份。

表—14

参 考 文 献

［1］ 全国造价工程师执业资格考试培训教材编审委员会. 工程造价计价与控制［M］. 北京：中国计划出版社,2003.4.

［2］ 郭婧娟主编. 工程造价管理［M］. 北京：清华大学出版社,北京交通大学出版社,2005.5.

［3］ 刘常英主编. 工程造价管理［M］. 北京：金盾出版社,2003.11.

［4］ 刘秋常主编. 建设项目投资与控制［M］. 北京：中国水利水电出版社,1998.

［5］ 沈蒲生等主编. 注册造价工程师资格考试必读［M］. 北京：中国建筑工业出版社,1997.

［6］ 全国造价工程师执业资格考试培训教材编审委员会. 工程造价管理基础理论与相关法规. 北京：中国计划出版社,2003.4.

［7］ 程鸿群,姬晓辉,陆菊春编著. 工程造价管理［M］. 武汉：武汉大学出版社,2004.

［8］ 郭婧娟,刘伊生编审. 工程造价管理［M］. 北京：清华大学出版社,北京交通大学出版社,2005.

［9］ 徐蓉主编. 工程造价管理［M］. 上海：同济大学出版社,2005.

［10］ 郭琦编著. 工程造价管理的理论与方法［M］. 北京：中国电力出版社,2004.

［11］ 王雪青主编. 建设工程投资控制［M］. 北京：知识产权出版社,2003（全国监理工程师考试培训教材）.

［12］ 王雪青主编. 国际工程项目管理［M］. 北京：中国建筑工业出版社,2000.

［13］ 王雪青主编. 工程建设投资控制［M］. 北京：知识产权出版社,2000.

［14］ 刘国冬,王雪青主编. 工程项目组织与管理［M］. 北京：计划出版社,2004（全国注册咨询工程师执业资格考试统编教材）.

［15］ 丁士昭,王雪青等. 建设工程经济［M］. 北京：中国建筑工业出版社,2004（全国建造师执业资格考试统编教材）.

［16］ 丁士昭,王雪青等. 建设工程项目管理［M］. 北京：中国建筑工业出版社,2004（全国建造师执业资格考试统编教材）.

［17］ 何伯森. 国际工程承包［M］. 北京：中国建筑工业出版社,2000.

［18］ 何伯森. 国际工程招标与投标［M］. 北京：水利水电出版社,1994.

［19］ 何伯森. 国际工程合同管理［M］. 北京：中国建筑工业出版社,2005.

［20］ 王雪青主编. 工程估价［M］. 北京：中国建筑工业出版社,2006.

［21］ 张水波,何伯森. FIDIC 新版合同条件导读与解析［M］. 北京：中国建筑工业出版社,2003.

［22］ 刘尔烈. 国际工程管理概论［M］. 天津：天津大学出版社,2002.

［23］ 孙慧. 项目成本管理［M］. 北京：机械工业出版社,2005.

［24］ 陈建国主编. 工程计量与造价管理［M］. 上海：同济大学出版社,2001.

［25］ 汤礼智. 国际工程承包总论［M］. 北京：中国建筑工业出版社,1997.

［26］ 杜训. 国际工程估价［M］. 北京：中国建筑工业出版社,1996.

［27］ 谭大璐主编. 工程估价. 第二版［M］. 北京：中国建筑工业出版社,2005.

［28］ 梁监. 国际工程索赔. 第二版［M］. 北京：中国建筑工业出版社,2002.

［29］ 工程量清单计价造价员培训教程编委会. 建筑工程［M］. 北京：机械工业出版社,2004.

［30］ 许程沽,周晓静主编. 建筑工程估价［M］. 北京：机械工业出版社,2004.

[31] 郑君君,杨学英主编. 工程估价[M]. 武汉:武汉大学出版社. 2004.

[32] 福昭主编. 工程量清单编制与实例详解[M]. 北京:中国建材工业出版社,2004.

[33] 戎贤. 土木工程概预算[M]. 北京:中国建材工业出版社,2001.

[34] 陶学明主编. 工程造价计价与管理[M]. 北京:中国建筑工业出版社,2004.